Dr.-Ing. Hans-Dieter Nüßler

Gefahrgut-Ersteinsatz

Handbuch für Gefahrgut-Transport-Unfälle mit „MET©-Modell für Effekte mit toxischen Gasen“

Ausgabe 2024

storck
HAMBURG

Bibliografische Informationen der Deutschen Nationalbibliothek
Die Deutsche Nationalbibliothek verzeichnet diese Publikation in der Deutschen Nationalbibliografie; detaillierte bibliografische Daten sind im Internet über <https://portal.dnb.de/opac.htm> abrufbar.

Bei der Herstellung des Werkes haben wir uns zukunftsbewusst für umweltverträgliche und wiederverwertbare Materialien entschieden. Der Inhalt ist auf elementar chlorfreiem Papier gedruckt.

ISBN 978-3-86897-522-2

E-Mail: kundenservice@ecomed-storck.de

Telefon:+49 89/2183-7922
Telefax: +49 89/2183-7620

www.ecomed-storck.de

Satz: preXtension, Grafrath
Druck: novaconcept schorsch GmbH, 95326 Kulmbach
Bildquelle Umschlag: Adobe Stock© Tom

Hinweise zum Handbuch

Dieses Handbuch soll Feuerwehr, Polizei und andere Hilfsdienste im **Ersteinsatz** bei der unfallbedingten Freisetzung von Gefahrgütern bei der Entscheidungsfindung unterstützen, kann jedoch kein Ersatz für die persönliche Ausbildung, Kenntnisse und Beurteilungen sein.

⚠ **Beachten Sie!**

Dieses Handbuch gehört jederzeit griffbereit in Ihr Einsatzfahrzeug.

- **Sie sollten den Gebrauch dieses Handbuchs einüben, bevor Sie es im Ernstfall benötigen.**
- **Beachten Sie auch die Hinweise zum Umgang mit den Gefahrgutinformationsquellen am Ende des Buches.**

Wegen der aus Praktikabilitätsgründen erfolgten Zusammenfassung der unterschiedlichen Chemikalien in **Einsatzgruppen** kann dieses Handbuch detaillierte Stoffinformationen nicht überflüssig machen. Auch weil die jeweilige Lage vor Ort Einfluss auf die zu ergreifenden Maßnahmen hat, können die gegebenen Einsatzempfehlungen **nicht** unter allen Umständen **in jedem Fall** vollständig sein. Wichtige Ergänzungen bieten hier spezielle Nachschlagewerke, Gefahrgutdatenbanken oder die Informationssysteme der Chemischen Industrie (TUIS) und der Flüssiggasindustrie.

Aus prinzipiellen Gründen sind analog zu der in Nordamerika geübten Praxis in den Stofflisten auch Stoffe aufgeführt, die in dem für den Transport auf der Straße in Europa maßgebenden Regelwerk ADR nicht genannt sind.

Da die Bezeichnungen und Zuordnungen der Substanzen den Regelungen einschlägiger Gremien unterworfen sind, hat die 11. Auflage dieses Handbuches – wie alle vorherigen Auflagen auch – nur für einen Zeitraum von **ca. 3–4 Jahren volle Gültigkeit**. Danach sind die jeweiligen Ergänzungen zu neuen Stoffen zu beachten.

Unfallstelle immer mit dem Wind anfahren. Kontakt mit ausgetretenem Produkt, Gasen, Dämpfen oder Rauch vermeiden. Einsatzzeit begrenzen.

Anleitung zur Benutzung dieses Handbuchs

Schritt 1: Identifizierung des Gefahrstoffes durch

- die 4-stellige **UN-Nummer** auf den orangefarbenen Tafeln oder
- die 4-stellige UN-Nummer in den Beförderungsdokumenten oder
- den **Stoffnamen** in den Beförderungsdokumenten oder speziellen Aufdrucken.

Sollten Sie weder UN-Nummer noch Stoffnamen ermitteln können, so verfahren Sie nach: **Beachten Sie!**

Schritt 2: Aufsuchen der dreistelligen Gruppenmerkblatt-Nummer in

- dem **UN-Nummern-Verzeichnis** (gelbe Seiten) oder
- dem alphabetischen Stoffnamen-Verzeichnis (blaue Seiten) oder
- für alle Explosivstoffe der Klassen 1.1, 1.2, 1.3, 1.5 → Merkblatt 112
- für alle Explosivstoffe der Klassen 1.4, 1.6 → Merkblatt 114

Sollte der Stoffname in den Verzeichnissen **fett** gedruckt und mit * markiert sein, lassen sich entweder mit MET© Absperr-, Warn- und Evakuierungsdistanzen berechnen oder Orientierungswerte unmittelbar ablesen (grüne Seiten).

Sollten die Merkblattnummern um ein **P** bzw. **X** ergänzt sein, so weisen diese Stoffe zusätzliche gefährliche Eigenschaften auf (P = Polymerisation; X = Gefährliche Reaktion mit Wasser). Beachten Sie die entsprechenden Hinweise in den jeweiligen Merkblättern.

Schritt 3: Aufschlagen des Gruppenmerkblatts

Lesen Sie das Gruppenmerkblatt sorgfältig durch, bevor Sie irgendwelche Maßnahmen ergreifen (rote Seiten)

⚠ Beachten Sie!

- Sollten Sie in diesen DREI Schritten kein Gruppenmerkblatt finden, Sie haben aber am Gefahrenobjekt einen Gefahrzettel ausgemacht, so sehen Sie in den **Gefahrzettel-Tafeln** auf den nächsten Seiten nach und benutzen das dort angegebene Merkblatt, oder
- benutzen Sie erst einmal das **Merkblatt 111** solange, bis Sie über weitere Informationen verfügen.

Rufen Sie Ihr regionales TUIS-Informationszentrum an (überregionale Rufnummern sind hinten im Handbuch angegeben.)

So benutzen Sie das Handbuch

Schritt 1
Identifizieren

4-stellige UN-Nummer oder Stoffname
(orangefarbene Tafel oder Beförderungspapier)

Schritt 2
Aufsuchen

Schritt 3
Aufschlagen

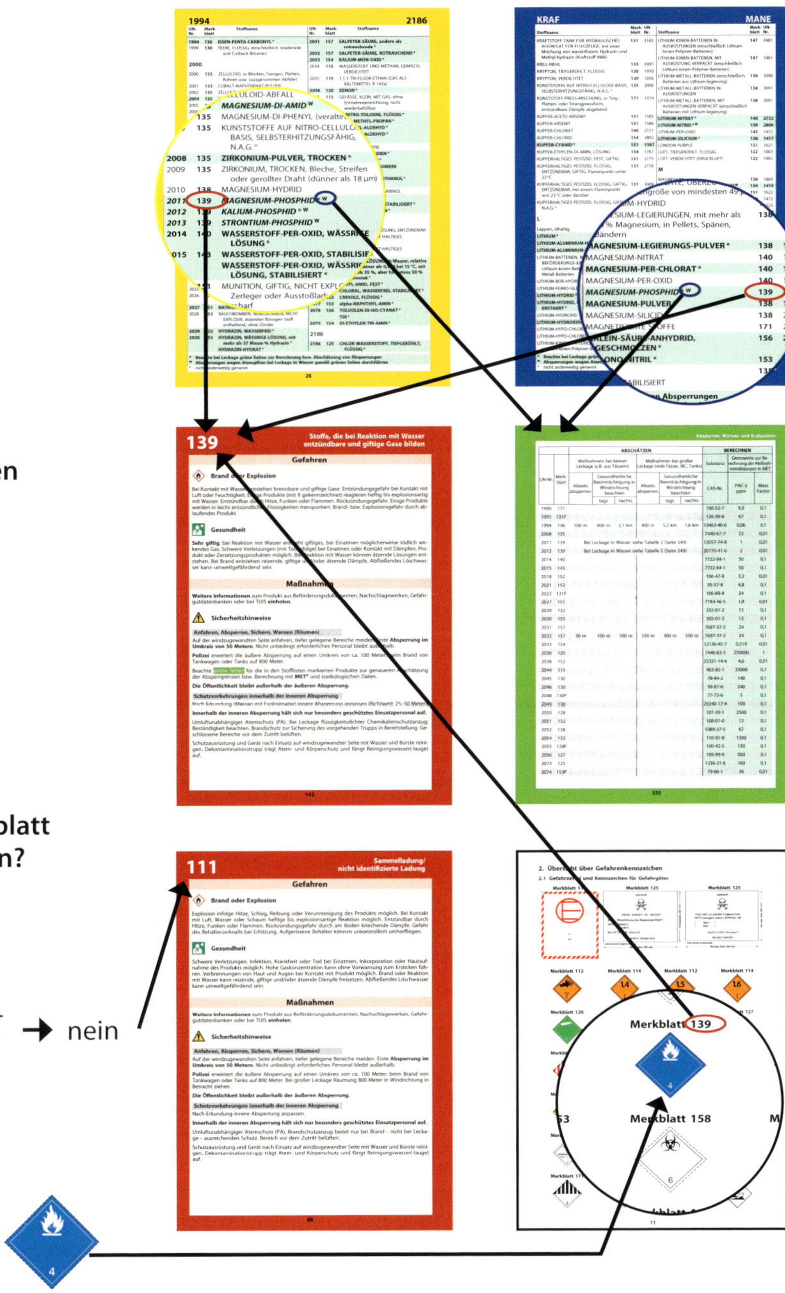

Kein Merkblatt gefunden?

Gefahr-zettel? → nein

ja

Unfallstelle immer mit dem Wind anfahren.
Kontakt mit ausgetretenem Produkt, Gasen, Dämpfen oder Rauch vermeiden.
Einsatzzeit begrenzen

Inhaltsübersicht

I. Verhaltensregeln für den Ersthelfer an der Einsatzstelle

Vorsichtig annähern!

Zügeln Sie den Drang, sofort so nah wie möglich an den Ort des Geschehens zu gelangen. **Wenn man die Lage nicht überschaut, kann man niemandem wirklich helfen.**

Gefahren erkennen!

Gefahrzettel, UN-Nummern, Beförderungsdokumente und/oder anwesende sachkundige Personen sind die besten Informationsquellen. Werten Sie alle aus, lesen Sie dann das zutreffende Merkblatt, bevor Sie sich oder andere einem nicht kalkulierbaren Risiko aussetzen. Seien Sie nicht verwirrt, wenn die speziellen Informationen, die Sie später z. B. über TUIS erhalten, teilweise die im jeweiligen Merkblatt gemachten Aussagen ändern bzw. ergänzen. Bedenken Sie, dass in einem Merkblatt stets nur die für den Ersteinsatz vordringlichen Maßnahmen für eine Gruppe von Gefahrgütern angesprochen werden können. Es ist beabsichtigt, dass sich die zu treffenden Abwehrmaßnahmen umso genauer auf die jeweilige Lage ausrichten lassen, je spezifischer die Information für den jeweiligen Gefahrstoff verfügbar wird.

Einsatzstelle sichern!

Tun Sie alles, um den gefährdeten Bereich abzusperren und damit die Sicherheit vor allem von Menschen zu sichern – betreten Sie dabei aber nicht den unmittelbaren Schadensort. Stellen Sie sicher, dass sich keine Personen am Schadensort oder der näheren Umgebung aufhalten. Sichern Sie sich an der Einsatzstelle genügend Raum für die Entwicklung Ihres Einsatzes, bedenken Sie dabei auch die Möglichkeit eines eventuell notwendig werdenden schnellen Rückzugs.

Sie sollten versuchen, den **Mindestabstand von 50 Metern zum Schadensobjekt auf der windzugewandten Seite** einzuhalten. Bei Explosions- oder Zerknallgefahr mehrere hundert Meter Abstand halten und Deckung ausnutzen.

Hilfe organisieren!

Stellen Sie über Ihre zuständige Leitstelle sicher, dass in jedem Fall **schnellstmöglich qualifiziertes Personal und geeignetes Material** zur Gefahrenabwehr verfügbar ist. Greifen Sie gegebenenfalls auf ortsübergreifende Hilfe, z. B. über TUIS, zurück.

Tätigwerden am Schadensobjekt prüfen!

Jegliche Maßnahmen, die Sie ergreifen, um Personen zu retten oder Material oder die Umgebung zu schützen, **müssen gegen die mögliche Eigengefährdung abgewogen werden.** Betreten Sie den Schadensort nur mit geeigneter Schutzausrüstung. Laufen Sie keinesfalls durch freigewordenes Gefahrgut, vermeiden Sie jeglichen Kontakt mit dem Material. Auch wenn nicht bekannt ist, ob Gefahrgut im vorliegenden Fall beteiligt ist, muss das Einatmen von Gasen, Dämpfen oder Brandrauch in jedem Fall ausgeschlossen werden. **Die Annahme, dass Gase oder Dämpfe harmlos sind, nur weil man sie nicht riechen kann, ist falsch.**

Österreich – spezial (GAMS-Regel)

In österreichischen Ausbildungsunterlagen für Feuerwehren findet als Merksatz für Sofortmaßnahmen (Verhaltensregeln für den Ersthelfer) vielfach die **GAMS**-Regel Anwendung, die sich im gesamten deutschen Sprachraum zunehmend durchgesetzt hat.

G efahr erkennen – Erkundung

Eigene Wahrnehmungen (Rauch, Flammen, Gasschwaden etc.)
Kennzeichnung von Behältern und Verpackungen wie Gefahrzettel und Warntafeln
Beförderungsdokumente, Frachtbrief
Unfallmerkblätter, Sicherheitsdatenblätter

A bsperrung durchführen – Absichern

Mindestens 30 bis 60 m von der Unfallstelle*
Mehrere 100 m bis zu 1.000 m bei Tankbrand, Explosivstoffen und Gasen in Großbehältern
Windrichtung und Gefälle beachten!

* Als Mindestsicherheitsabstand zum Schadensobjekt gilt in Österreich 30 bis 60 Meter, wobei Windrichtung und ein eventuelles Gefälle zu beachten sind.

M enschenrettung

ist unter Beachtung und Einschätzung der eigenen Sicherheit – **Atemschutz und vorhandene Schutzbekleidung** – wenn erforderlich, von der ersten am Einsatzort eingetroffenen Feuerwehr so rasch wie möglich durchzuführen.
Dabei darf sich **nur unbedingt notwendiges Einsatzpersonal** in der Gefahrenzone aufhalten, die **Aufenthaltsdauer** ist **so kurz wie möglich** zu halten und jeder **Kontakt mit dem Schadstoff** ist nach Möglichkeit zu **vermeiden**.

S pezialkräfte anfordern

Als Spezialkräfte sind u.a. zu verstehen:
Stützpunktfeuerwehr mit entsprechender Ausrüstung, Feuerwehrtechniker
Gefährliche-Stoffe-Fahrzeug, Öleinsatzfahrzeug
Strahlenschutzstützpunkt
Rettungsdienst (Rotes Kreuz, Malteser, Johanniter, Arbeiter-Samariter-Bund), Arzt
Polizei, Gendarmerie
Autobahnmeisterei, Straßenmeisterei
TUIS in Österreich bzw. Deutschland, Herstellerfirma
Sachverständige wie Hochschulinstitute, Zivilingenieure, Firmenchemiker

Beachten Sie!

Rauchen, Essen und Trinken im gefährdeten Bereich sind nicht gestattet!

II. Gefahrenkennzeichnung

1. Regeln zum Umgang mit Gefahrenkennzeichnung

Auf den nächsten Seiten sind **Gefahrenkennzeichen** abgebildet, die sich üblicherweise an den **Gefahrgut-Transportfahrzeugen** oder den transportierten **Versandstücken** befinden. Sollten Sie als Ersthelfer mit einem bekannten oder vermuteten Gefahrgutunfall konfrontiert werden, bei dem solchermaßen gekennzeichnete Fahrzeuge oder Versandstücke beteiligt sind, so beachten Sie Folgendes:

1. Nähern Sie sich der Schadensstelle auf der windzugewandten Seite bis zu einem Punkt, von dem aus Sie die Gefahrenkennzeichen oder die orangefarbenen Tafeln identifizieren können. Wenn vorhanden, benutzen Sie dazu auch ein Fernglas.
2. Vergleichen Sie die am Fahrzeug oder den Versandstücken angebrachten Gefahrenkennzeichen mit jenen auf den nächsten Seiten besonders bezüglich der Farbe von Vorder- und Hintergrund, aber auch des Textes bzw. der Abbildungen. Merken Sie sich die zugehörige Merkblattnummer des Gefahrenkennzeichens, das am besten zu dem am Fahrzeug oder dem Versandstück befindlichen Zettel passt.
3. Schlagen Sie das betreffende Merkblatt auf und verfahren Sie nach den dort gegebenen Hinweisen. Für den Fall, dass sich verschiedene Gefahrenkennzeichen am Fahrzeug oder am Versandstück befinden und demzufolge auch verschiedene Merkblätter zu beachten wären, benutzen Sie das Merkblatt, welches von der größeren Gefährdung ausgeht.
4. Wenn genauere Informationen, wie z. B. die **4-stellige UN-Nummer** oder der **Produktname**, bekannt sind, benutzen Sie dann auch das spezifische Merkblatt, welches Sie nach dem auf der vorderen Umschlagseite beschriebenen Verfahren auffinden können.
5. Bedenken Sie, dass die den Gefahrenkennzeichen zugeordneten Merkblätter nur die markantesten Gefahren und Maßnahmen „auf der sicheren Seite" angeben können. Das Buch enthält jedoch ca. 70 weitere Merkblätter, die den jeweiligen stoffspezifischen Eigenschaften unter Umständen mehr gerecht werden können.
6. Benutzen Sie Merkblatt 111, wenn Sie lediglich die **orangefarbene Tafel** ohne Beschriftung ausmachen können und/oder nicht wissen, was brennt oder freigeworden ist.

In jedem Fall ist die Beschaffung von gezielten Angaben, z. B. über TUIS, vordringlich.

2. Übersicht über Gefahrenkennzeichen

2.1 Gefahrzettel und Kennzeichen für Gefahrgüter

Merkblatt 111

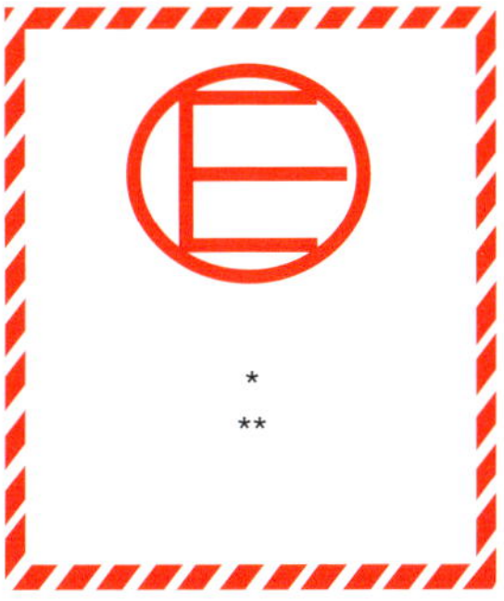

Merkblatt 125

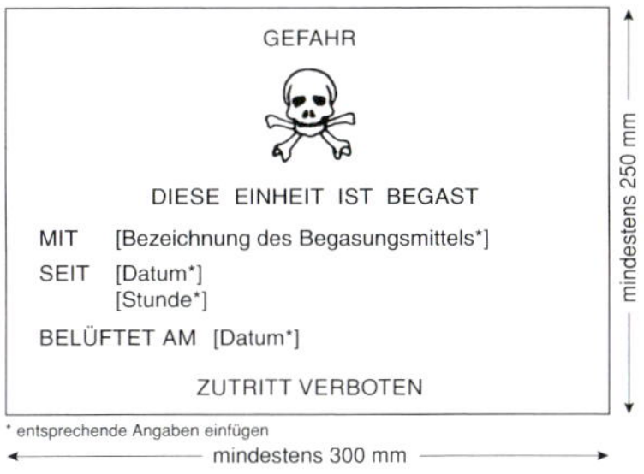

Merkblatt 125

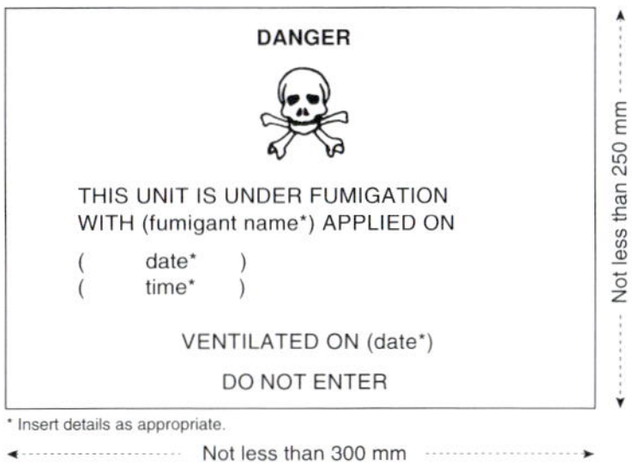

Merkblatt 112

Merkblatt 114

Merkblatt 112

Merkblatt 114

Merkblatt 120

Merkblatt 118

Merkblatt 123

Merkblatt 127

Merkblatt 134

Merkblatt 136

Merkblatt 139

Merkblatt 143

Merkblatt 148

Merkblatt 153

Merkblatt 158

Merkblatt 153

Merkblatt 161

Merkblatt 162

Merkblatt 163

Merkblatt 163

Merkblatt 171

Merkblatt 147

Merkblatt 147

Merkblatt 171

Merkblatt 111

Merkblatt 111

Kennzeichen für „unter erhöhter Temperatur beförderte Stoffe"

Merkblatt 111

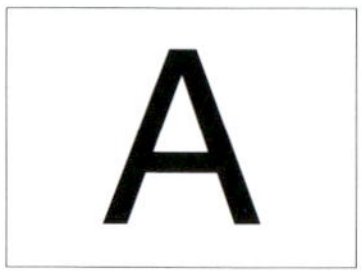

Warntafel für Abfalltransport

Merkblatt 118 oder 127

oder

Merkblatt je nach UN-Nummer

⚠ Beachten Sie!

Nur benutzen, wenn keine andere Information vorhanden ist.

2.2 Kennzeichnung von Gefahrstoffen auf Verpackungen

Physikalische Gefahren

Merkblatt 112

Explosiv; selbstzersetzlich; organisches eroxid

Merkblatt 135

Entzündlich; pyrophor; selbstzersetzlich; organisches Peroxid

Merkblatt 140

Oxidationsmittel

Merkblatt 120

Gas unter Druck

Merkblatt 132

Ätzend für Metalle

Gesundheits- und Umweltgefahren

Merkblatt 153

Ätzwirkung auf die Haut; Schwere Augenschäden

Merkblatt 152

akute Toxizität (tödlich oder giftig)

Merkblatt 159

Akute Toxizität (gesundheitsschädlich)

Merkblatt 158

Mutagen; Karzinogen; Zielorgan-Toxizität

Merkblatt 171

Gefährlich für die aquatische Umwelt

2.3 Kennzeichnung von Kraftstoffarten und Antriebsarten an Kraftfahrzeugen

Jeder, der sich einer Unfallstelle oder einem Fahrzeugbrand nähert, muss in der Lage sein, das Antriebssystem des betroffenen Fahrzeugs zu identifizieren und die Energieverteilung innerhalb des Fahrzeugs zu verstehen, um sicher handeln zu können.

Um alle neuen und bestehenden Sicherheitsrisiken im Zusammenhang mit Straßenrettung, Fahrzeugbränden und -unfällen anzugehen, hat die CTIF Kommission "Extrication and New Technology" in Zusammenarbeit mit der ISO (International Organization for Standardization) die internationale Sicherheitsnorm ISO 17840 entwickelt.

Quelle: https://ctif.org/de/com- missions-and-groups/iso-17840-die-erste-weltweite-norm-fuerfeuerwehren.

ISO 17840 beinhaltet unter anderem ein von dem belgischen Feuerwehrmann Kurt Vollmacher entwickeltes Kennzeichnungssystem für die Außenkennzeichnung von Kraftstoffarten für Busse und andere schwere Fahrzeuge, einschließlich neuer Antriebsarten wie Elektrofahrzeuge, Hybridfahrzeuge und verschiedene Arten von komprimiertem oder flüssigem Erdgas.

Wie bei den Gefahrzetteln handelt es sich bei diesen Etiketten um auf der Spitze stehende Quadrate mit unterschiedlichen Hintergrundfarben, welche die Hauptenergiequelle repräsentieren. Sie enthalten Informationen über zusätzliche Energiequellen (in der oberen Ecke), die Dichte gegenüber Luft (in der linken Ecke) und den gespeicherten Aggregatzustand (in der rechten Ecke).

Farbe	Symbol / Bezeichnung	Kraftstoff/ Antriebsenergie	Merkblatt
GRAU		Flüssige Kraftstoffe der Gruppe 1 (Diesel, Biodiesel, ...)	128
DUNKELROT		Flüssige Kraftstoffe der Gruppe 2 (Benzin, Ethanol, ...)	127 & 128
HELLBLAU	H_2	Wasserstoff-Gruppe	115
GRÜN	CNG	Komprimiertes Erdgas	115
GRÜN	LPG	Flüssiggas	115
GRÜN	DME	Dimethylether	115
WEISS	LNG	Erdgas, tiefgekühlt,verflüssigt	115
ORANGE		Lithium-Ionen-Batterie Lithium-Ionen-Batterie & Diesel Lithium-Ionen-Batterie & Benzin	147 147 & 128 147 & 128

2.4 Farbkennzeichnung – Gasflaschen

Die Farbkennzeichnungen für Gasflaschen sind in der Norm EN 1089 (Teil 3) beschrieben.

Die EN 1089 gilt nicht für tragbare Feuerlöschgeräte und nicht für Flaschen, die Flüssiggas (LPG) enthalten.

Als Kennzeichnung gilt nur die Farbe der Gasflaschenschulter.

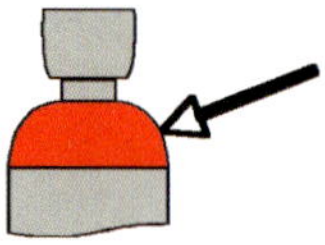

Die bei der Umstellung auf neue Farben wegen Verwechslungsgefahr eingeführte zusätzliche Kennzeichnung mit „N“ ist weiter zu beachten.

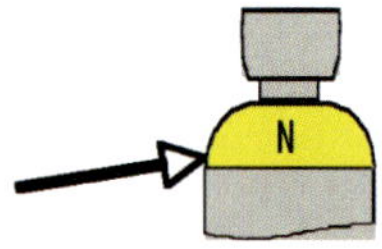

Bei Gas oder Gasgemischen mit zwei Gefahren kann die Gasflaschenschulter auch zwei Farben aufweisen. Wobei folgende Möglichkeiten bestehen:

Beispiel: giftig (und/oder ätzend) und brennbar

ROT	BRENNBAR	DUNKELGRÜN	ARGON
GELB	GIFTIG und/oder ÄTZEND	SCHWARZ	STICKSTOFF
KASTANIEN-BRAUN	ACETYLEN	BRAUN	HELIUM
HELLBLAU	OXIDIEREND	GRAU	KOHLEN-DIOXID
BLAU	LACHGAS	LEUCHTENDES GRÜN	INERTE GASE (ungiftig, nicht korrosiv, nicht brennbar, nicht oxidierend)
WEISS	SAUERSTOFF		

GASGEMISCHE

GELB und ROT	GIFTIG und BRENNBAR	WEISS und SCHWARZ	LUFT (ATEMLUFT)
GELB und HELLBLAU	GIFTIG und OXIDIEREND		

2.5 Farbkennzeichnung – Rohrleitungen nach ihrem Durchflussstoff

DEUTSCHLAND (nach DIN 2403)

NICHT BRENNBARE GASE RAL 1021	BRENNBARE GASE RAL 1021
NICHT BRENNBARE FLÜSSIGKEITEN RAL 8001	BRENNBARE FLÜSSIGKEITEN RAL 8001
SÄUREN RAL 2003	LAUGEN RAL 4001
SAUERSTOFF RAL 5015	LUFT RAL 7001
WASSER RAL 6018	WASSERDAMPF RAL 3000

ÖSTERREICH (nach ÖNORM Z 1001)

Grundfarben

GRAU	NICHT BRENNBARE GASE RAL 7037	GELB	BRENNBARE GASE RAL 1012
SCHWARZ	NICHT BRENNBARE FLÜSSIGKEITEN RAL 9005	BRAUN	BRENNBARE FLÜSSIGKEITEN RAL 8008

III. UN-Nummern-Verzeichnis mit Merkblatt Nummern

Hinweise zur Anwendung des UN-Nummern-Verzeichnisses

- Eine Unterscheidung der Schreibweisen mit k oder c bzw. z oder c ist aus Platzgründen nicht durchgängig aufgenommen worden. Sie können im Bedarfsfall z durch c bzw. k durch c ersetzen.
- Die chemisch korrekte Bezeichnung des jeweiligen Stoffes kann den Beförderungsdokumenten entnommen werden. Einzahl und Mehrzahl sind austauschbar.
- Zur besseren Lesbarkeit und als Buchstabierhilfe sind die Namen der chemischen Substanzen mit Silben-Trennstrichen versehen worden. Machen Sie bei der Durchsage über Funk oder Telefon an diesen Stellen eine Pause und lassen Sie Ihren Gesprächspartner wiederholen. Jeder einzelne Buchstabe und jede Zahl sind wichtig. Deshalb ist das Buchstabieren des Namens die sicherste Methode.
- Zum schnelleren Auffinden der UN-Nummer sind auf jeder Seite im oberen gelben Balken angegeben:
  - links die UN-Nummer des ersten Stoffes auf dieser Seite
  - rechts die UN-Nummer des letzten Stoffes auf dieser Seite

Besondere Kennzeichnungen in der UN-Liste

1. Sind die **UN-Nummer** bzw. der **Stoffname fett** gedruckt, durch **„*"** gekennzeichnet und mit einem grünen Raster hinterlegt, sind bei **Leckage** entweder mit **MET©** entsprechende **Absperr-, Warn- bzw. Evakuierungsdistanzen** zu ermitteln oder die Orientierungswerte unmittelbar in **„Tabelle 1: Absperren, Warnen, Evakuieren bei Gefahrgutfreisetzung"** abzulesen.
2. Sind die ***UN-Nummer*** bzw. der ***Stoffname fettkursiv*** gedruckt, durch **„w"** gekennzeichnet und mit einem grünen Raster hinterlegt, so ist für Absperrungen wegen Atemgiften bei **Leckage in Wasser** die **„Tabelle 2: Warnen, Evakuieren bei Reaktion des Gefahrgutes mit Wasser"** (auf den grünen Seiten) zu beachten. Diese ist jedoch **nur** bei **Austritt des Produktes in Wasser** heranzuziehen.
3. Stoffe, bei denen die angegebene Merkblatt-Nummer ein zusätzliches **P** aufweist, neigen zu einer heftigen Reaktion (Polymerisation).
4. Stoffe, bei denen die angegebene Merkblatt-Nummer ein zusätzliches **X** aufweist, reagieren bei Kontakt mit Wasser äußerst heftig.
5. UN-Nummern sind nicht immer eindeutig einem bestimmten Stoff zugeordnet, sondern es gibt auch Sammeleintragungen für Gefahrgüter mit vergleichbaren chemischen, physikalischen und/oder gefährlichen Eigenschaften. Diese Sammeleintragungen erkennt man an dem Zusatz „**N.A.G.**" oder „**n.a.g.**" (nicht anderweitig genannt) im Stoffnamen.

UN-Nr.	Merkblatt	Stoffname
unter 1000	**112**	EXPLOSIVSTOFFE, DER KLASSEN 1.1, 1.2, 1.3, 1.5
unter 1000	**114**	EXPLOSIVSTOFFE, DER KLASSEN 1.4, 1.6

1000

UN-Nr.	Merkblatt	Stoffname
1001	**175**	**ACETYLEN, GELÖST** *
1002	**122**	LUFT, VERDICHTET (DRUCKLUFT)
1003	**122**	LUFT, TIEFGEKÜHLT, FLÜSSIG
1005	**125**	**AMMONIAK, WASSERFREI** *
1006	**120**	**ARGON, VERDICHTET** *
1008	**125**	**BOR-TRI-FLUORID** *
1009	**126**	**BROM-TRI-FLUOR-METHAN (GAS ALS KÄLTEMITTEL R 13B1)** *
1010	**116P**	BUTADIENE, STABILISIERT
		BUTADIENE UND KOHLEN-WASSERSTOFF, GEMISCH, STABILISIERT, mit mehr als 20 % Butadienen
1011	**115**	**BUTAN** *
1012	**115**	BUTEN
1013	**120**	**KOHLEN-DI-OXID** *
1016	**119**	**KOHLEN-MON-OXID, VERDICHTET** *
1017	**124**	**CHLOR** *
1018	**126**	**CHLOR-DI-FLUOR-METHAN (GAS ALS KÄLTEMITTEL R 22)** *
1020	**126**	**CHLOR-PENTA-FLUOR-ETHAN (GAS ALS KÄLTEMITTEL) R 115** *
1021	**126**	**1-CHLOR-1,2,2,2-TETRA-FLUOR-ETHAN (GAS ALS KÄLTEMITTEL R 124)** *
1022	**126**	**CHLOR-TRI-FLUOR-METHAN (GAS ALS KÄLTEMITTEL R 13)** *
1023	**119**	STADTGAS, VERDICHTET
1026	**119**	**DI-CYAN** *
1027	**115**	**CYCLO-PROPAN** *
1028	**126**	**DI-CHLOR-DI-FLUOR-METHAN (GAS ALS KÄLTEMITTEL R 12)** *
1029	**126**	**DI-CHLOR-MONO-FLUOR-METHAN (GAS ALS KÄLTEMITTEL R 21)** *
1030	**115**	**1,1-DI-FLUOR-ETHAN (GAS ALS KÄLTEMITTEL R 152a)** *
1032	**118**	**DI-METHYL-AMIN, WASSERFREI** *
1033	**115**	**DI-METHYL-ETHER** *
1035	**115**	**ETHAN** *
1036	**118**	ETHYL-AMIN
1037	**115**	**ETHYL-CHLORID** *
1038	**115**	**ETHYLEN, TIEFGEKÜHLT, FLÜSSIG** *
1039	**115**	ETHYL-METHYL-ETHER
1040	**119P**	**ETHYLEN-OXID** *
		ETHYLEN-OXID MIT STICKSTOFF, bis zu einem Gesamtdruck von 1 MPa (10 bar) bei 50 °C *
1041	**115**	ETHYLEN-OXID UND KOHLEN-DI-OXID, GEMISCH, mit mehr als 9 %, aber höchstens 87 % Ethylenoxid
1043	**125**	DÜNGEMITTEL, LÖSUNG, mit freiem Ammoniak
1044	**126**	FEUERLÖSCHER, mit verdichtetem oder verflüssigtem Gas
1045	**124**	**FLUOR, VERDICHTET** *
1046	**120**	**HELIUM, VERDICHTET** *
1048	**125**	**BROM-WASSERSTOFF, WASSERFREI** *
1049	**115**	**WASSERSTOFF, VERDICHTET** *
1050	**125**	**CHLOR-WASSERSTOFF, WASSERFREI** *
1051	**117P**	**CYAN-WASSERSTOFF, STABILISIERT, mit weniger als 3 % Wasser** *
1052	**125**	**FLUOR-WASSERSTOFF, WASSERFREI** *
1053	**117**	**SCHWEFEL-WASSERSTOFF** *
1055	**115**	**ISO-BUTEN** *
1056	**120**	KRYPTON, VERDICHTET
1057	**115**	FEUERZEUGE mit entzündbarem Gas
		NACHFÜLLPATRONEN FÜR FEUERZEUGE mit entzündbarem Gas
1058	**120**	VERFLÜSSIGTE GASE, nicht entzündbar, überlagert mit Stickstoff, Kohlendioxid oder Luft
1060	**116P**	**METHYL-ACETYLEN UND PROPADIEN, GEMISCH, STABILISIERT** *
1061	**118**	**METHYL-AMIN, WASSERFREI** *
1062	**123**	**METHYL-BROMID, mit höchstens 2 % Chlor-pikrin** *
1063	**115**	**METHYL-CHLORID (GAS ALS KÄLTEMITTEL R 40)** *
1064	**117**	**METHYL-MERCAPTAN** *
1065	**120**	**NEON, VERDICHTET** *
1066	**120**	STICKSTOFF, VERDICHTET
1067	**124**	**DI-STICKSTOFF-TETR-OXID** *
		STICKSTOFF-DI-OXID *
1069	**125**	**NITROSYL-CHLORID** *
1070	**122**	DI-STICKSTOFF-MON-OXID
1071	**119**	ÖLGAS, VERDICHTET
1072	**122**	SAUERSTOFF, VERDICHTET
1073	**122**	SAUERSTOFF, TIEFGEKÜHLT, VERFLÜSSIGT
1075	**115**	PETROLEUM-GASE, VERFLÜSSIGT
1076	**125**	**PHOSGEN** *
1077	**115**	**PROPEN** *
1078	**126**	GAS ALS KÄLTEMITTEL N.A.G. [n]
1079	**125**	**SCHWEFEL-DI-OXID** *
1080	**126**	**SCHWEFEL-HEXA-FLUORID** *
1081	**116P**	**TETRA-FLUOR-ETHYLEN, STABILISIERT** *

* **Beachte bei Leckage grüne Seiten zur Berechnung bzw. Abschätzung von Absperrungen**

[n] nicht anderweitig genannt

UN-Nr.	Merkblatt	Stoffname
1082	**119P**	**CHLOR-TRI-FLUOR-ETHYLEN, STABILISIERT (GAS ALS KÄLTEMITTEL R 1113)** *
1083	**118**	**TRI-METHYL-AMIN, WASSERFREI** *
1085	**116P**	**VINYL-BROMID, STABILISIERT** *
1086	**116P**	**VINYL-CHLORID, STABILISIERT** *
1087	**116P**	VINYL-METHYL-ETHER, STABILISIERT
1088	**127**	ACETAL
1089	**129P**	**ACET-ALDEHYD** *
1090	**127**	**ACETON** *
1091	**127**	ACETON-ÖLE
1092	**131P**	**ACROLEIN, STABILISIERT** *
1093	**131P**	**ACRYL-NITRIL, STABILISIERT** *
1098	**131**	**ALLYL-ALKOHOL** *
1099	**131P**	**ALLYL-BROMID** *

1100

UN-Nr.	Merkblatt	Stoffname
1100	**131P**	**ALLYL-CHLORID** *
1104	**129**	AMYL-ACETATE
1105	**129**	PENTANOLE
1106	**132**	**AMYL-AMINE** *
1107	**129**	AMYL-CHLORIDE
1108	**128**	**PENT-1-EN** *
		PROPYL-ETHYLEN *
		normal-AMYLEN *
1109	**129**	AMYL-FORMIATE
1110	**127**	**normal-AMYL-METHYL-KETON** *
1111	**130**	AMYL-MERCAPTAN
1112	**128**	AMYL-NITRATE
1113	**129**	AMYL-NITRITE
1114	**130**	**BENZEN** *
1120	**129**	BUTANOLE
1123	**129**	BUTYL-ACETATE
1125	**132**	**normal-BUTYL-AMIN** *
1126	**130**	**1-BROM-BUTAN** *
1127	**130**	CHLOR-BUTANE
1128	**129**	**normal-BUTYL-FORMIAT** *
1129	**129P**	**BUTYR-ALDEHYD** *
1130	**128**	KAMPFER-ÖL
1131	**131**	**KOHLENSTOFF-DI-SULFID** *
1133	**128**	KLEBSTOFFE, mit entzündbarem flüssigem Stoff
1134	**130**	**CHLOR-BENZEN** *
1135	**131**	**ETHYLEN-CHLOR-HYDRIN** *
1136	**128**	STEINKOHLEN-TEER-DESTILLATE, ENTZÜNDBAR
1139	**127**	SCHUTZANSTRICH-LÖSUNGEN
1143	**131P**	**CROTON-ALDEHYD** *
		CROTON-ALDEHYD, STABILISIERT *

UN-Nr.	Merkblatt	Stoffname
1144	**128**	CROTONYLEN
1145	**128**	**CYCLO-HEXAN** *
1146	**128**	**CYCLO-PENTAN** *
1147	**130**	**DECA-HYDRO-NAPHTHALEN** *
1148	**129**	**DI-ACETON-ALKOHOL** *
1149	**128**	**DI-BUTYL-ETHER** *
1150	**130P**	1,2-DI-CHLOR-ETHYLEN
1152	**130**	DI-CHLOR-PENTANE
1153	**127**	ETHYLEN-GLYCOL-DI-ETHYL-ETHER
1154	**132**	**DI-ETHYL-AMIN** *
1155	**127**	**DI-ETHYL-ETHER** *
		ETHYL-ETHER *
1156	**127**	**DI-ETHYL-KETON** *
1157	**128**	**DI-ISO-BUTYL-KETON** *
1158	**132**	**DI-ISO-PROPYL-AMIN** *
1159	**127**	**DI-ISO-PROPYL-ETHER** *
1160	**132**	**DI-METHYL-AMIN, WÄSSERIGE LÖSUNG** *
1161	**129**	**DI-METHYL-CARBONAT** *
1162	**155X**	***DI-METHYL-DI-CHLOR-SILAN*** * W
1163	**131**	**DI-METHYL-HYDRAZIN, ASYMMETRISCH** *
1164	**130**	**DI-METHYL-SULFID** *
1165	**127**	**DI-OXAN** *
1166	**127**	**DI-OXOLAN** *
1167	**128P**	DI-VINYL-ETHER, STABILISIERT
1169	**127**	ESSENZEN
		EXTRAKTE, AROMATISCH, FLÜSSIG
1170	**127**	**ETHANOL** *
		ETHANOL, LÖSUNG *
		ETHYL-ALKOHOL *
		ETHYL-ALKOHOL, LÖSUNG *
1171	**127**	**ETHYLEN-GLYCOL-MONO-ETHYL-ETHER** *
1172	**129**	**ETHYLEN-GLYCOL-MONO-ETHYL-ETHER-ACETAT** *
1173	**129**	**ETHYL-ACETAT** *
1175	**130**	**ETHYL-BENZEN** *
1176	**129**	TRI-ETHYL-BORAT
1177	**130**	2-ETHYL-BUTYL-ACETAT
1178	**130**	2-ETHYL-BUTYR-ALDEHYD
1179	**127**	ETHYL-BUTYL-ETHER
1180	**130**	ETHYL-BUTYRAT
1181	**155**	**ETHYL-CHLOR-ACETAT** *
1182	**155**	**ETHYL-CHLOR-FORMIAT** *
1183	**139X**	***ETHYL-DI-CHLOR-SILAN*** W
1184	**131**	**ETHYLEN-DI-CHLORID** *
1185	**131P**	**ETHYLEN-IMIN, STABILISIERT** *
1188	**127**	**ETHYLEN-GLYCOL-MONO-METHYL-ETHER** *

* **Beachte bei Leckage grüne Seiten zur Berechnung bzw. Abschätzung von Absperrungen**
W **Absperrungen wegen Atemgiften bei Leckage in Wasser gemäß grünen Seiten durchführen**

UN-Nr.	Merkblatt	Stoffname
1189	**129**	**ETHYLEN-GLYCOL-MONO-METHYL-ETHER-ACETAT** *
1190	**129**	**ETHYL-FORMIAT** *
1191	**129**	OCTYL-ALDEHYDE
1192	**129**	ETHYL-LACTAT
1193	**127**	**ETHYL-METHYL-KETON** *
		METHYL-ETHYL-KETON *
1194	**131**	**ETHYL-NITRIT, LÖSUNG** *
1195	**129**	**ETHYL-PROPIONAT** *
1196	**155X**	***ETHYL-TRI-CHLOR-SILAN*** * W
1197	**127**	EXTRAKTE, GESCHMACKSTOFFE, FLÜSSIG, für Geschmack oder Aroma
1198	**132**	**FORM-ALDEHYD-LÖSUNG, ENTZÜNDBAR** *
1199	**153P**	FUR-ALDEHYDE

1200

UN-Nr.	Merkblatt	Stoffname
1201	**127**	FUSEL-ÖL
1202	**128**	DIESEL-KRAFTSTOFF
		GAS-ÖL
		HEIZÖL, LEICHT
1203	**128**	BENZIN
		OTTO-KRAFTSTOFF
1204	**127**	**NITRO-GLYCERIN-LÖSUNG IN ALKOHOL, mit höchstens 1 % Nitro-glycerin** *
1206	**128**	HEPTANE
1207	**130**	**HEX-ALDEHYD** *
1208	**128**	HEXANE
1210	**129**	DRUCK-FARBE, entzündbar
		DRUCK-FARB-ZUBEHÖR-STOFFE
1212	**129**	**ISO-BUTANOL** *
		ISO-BUTYL-ALKOHOL *
1213	**129**	**ISO-BUTYL-ACETAT** *
1214	**132**	**ISO-BUTYL-AMIN** *
1216	**128**	ISO-OCTENE
1218	**130P**	**ISOPREN, STABILISIERT** *
1219	**129**	**ISO-PROPANOL** *
		ISO-PROPYL-ALKOHOL *
1220	**129**	**ISO-PROPYL-ACETAT** *
1221	**132**	**ISO-PROPYL-AMIN** *
1222	**130**	**ISO-PROPYL-NITRAT** *
1223	**128**	KEROSIN
1224	**127**	KETONE, FLÜSSIG, N.A.G. n
1228	**131**	MERCAPTANE, FLÜSSIG, ENTZÜNDBAR, GIFTIG, N.A.G. n
		MERCAPTANE, MISCHUNG, FLÜSSIG, ENTZÜNDBAR, GIFTIG, N.A.G. n
1229	**129**	**MESITYL-OXID** *
1230	**131**	**METHANOL** *

UN-Nr.	Merkblatt	Stoffname
1231	**129**	**METHYL-ACETAT** *
1233	**130**	METHYL-AMYL-ACETAT
1234	**127**	**METHYLAL** *
1235	**132**	**METHYL-AMIN, WÄSSRIGE LÖSUNG** *
1237	**129**	METHYL-BUTYRAT
1238	**155**	**METHYL-CHLOR-FORMIAT** *
1239	**131**	**METHYL-CHLOR-METHYL-ETHER** *
1242	**139X**	***METHYL-DI-CHLOR-SILAN*** * W
1243	**129**	**METHYL-FORMIAT** *
1244	**131**	**METHYL-HYDRAZIN** *
1245	**127**	**METHYL-ISO-BUTYL-KETON** *
1246	**127P**	METHYL-ISO-PROPENYL-KETON, STABILISIERT
1247	**129P**	**METHYL-METH-ACRYLAT, MONOMER, STABILISIERT** *
1248	**129**	METHYL-PROPIONAT
1249	**127**	**METHYL-PROPYL-KETON** *
1250	**155X**	***METHYL-TRI-CHLOR-SILAN*** * W
1251	**131P**	**METHYL-VINYL-KETON, STABILISIERT** *
1259	**131**	**NICKEL-TETRA-CARBONYL** *
1261	**129**	**NITRO-METHAN** *
1262	**128**	OCTANE
1263	**128**	FARBE (einschließlich Farbe, Lack, Emaille, Beize, Schellack, Firnis, Politur, flüssiger Füllstoff und flüssige Lackgrundlage)
		FARB-ZUBEHÖR-STOFFE (einschließlich Farbverdünnung und -lösemittel)
1264	**129**	PAR-ALDEHYD
1265	**128**	PENTANE, flüssig
1266	**127**	PARFÜMERIE-ERZEUGNISSE, mit entzündbaren Lösemitteln
1267	**128**	ROH-ERDÖL
1268	**128**	ERDÖL-DESTILLATE, N.A.G. n
		ERDÖL-PRODUKTE, N.A.G. n
1272	**129**	KIEFERN-ÖL
1274	**129**	**normal-PROPANOL** *
		normal-PROPYL-ALKOHOL *
1275	**129P**	**PROPION-ALDEHYD** *
1276	**129**	**normal-PROPYL-ACETAT** *
1277	**132**	**PROPYL-AMIN** *
1278	**129**	1-CHLOR-PROPAN
1279	**130**	**1,2-DI-CHLOR-PROPAN** *
1280	**127P**	**PROPYLEN-OXID** *
1281	**129**	PROPYL-FORMIATE
1282	**129**	**PYRIDIN** *
1286	**127**	HARZ-ÖL
1287	**127**	GUMMI-LÖSUNG
1288	**128**	SCHIEFER-ÖL
1289	**132**	**NATRIUM-METHYLAT, LÖSUNG in Alkohol** *

* **Beachte bei Leckage grüne Seiten zur Berechnung bzw. Abschätzung von Absperrungen**
W **Absperrungen wegen Atemgiften bei Leckage in Wasser gemäß grünen Seiten durchführen**
n nicht anderweitig genannt

UN-Nr.	Merkblatt	Stoffname
1292	**129**	**TETRA-ETHYL-SILIKAT** *
1293	**127**	TINKTUREN, MEDIZINISCHE
1294	**130**	**TOLUEN** *
1295	**139X**	***TRI-CHLOR-SILAN*** * W
1296	**132**	**TRI-ETHYL-AMIN** *
1297	**132**	**TRI-METHYL-AMIN, WÄSSERIGE LÖSUNG, mit höchstens 50 Masse-% Tri-methyl-amin** *
1298	**155X**	***TRI-METHYL-CHLOR-SILAN*** * W
1299	**128**	**TERPENTIN** *

1300

UN-Nr.	Merkblatt	Stoffname
1300	**128**	TERPENTIN-ÖL-ERSATZ
1301	**129P**	**VINYL-ACETAT, STABILISIERT** *
1302	**127P**	**VINYL-ETHYL-ETHER, STABILISIERT** *
1303	**130P**	**VINYLIDEN-CHLORID, STABILISIERT** *
1304	**127P**	VINYL-ISO-BUTYL-ETHER, STABILISIERT
1305	**155P**	***VINYL-TRI-CHLOR-SILAN*** * W
1306	**129**	HOLZ-SCHUTZ-MITTEL, FLÜSSIG
1307	**130**	XYLENE
1308	**170**	**ZIRKONIUM, SUSPENDIERT IN EINEM ENTZÜNDAREN FLÜSSIGEN STOFF** *
1309	**170**	ALUMINIUM-PULVER, ÜBERZOGEN
1310	**113**	**AMMONIUM-PIKRAT, ANGEFEUCHTET, mit mindestens 10 Masse-% Wasser** *
1312	**133**	BORNEOL
1313	**133**	CALCIUM-RESINAT
1314	**133**	CALCIUM-RESINAT, GESCHMOLZEN und erstarrt
1318	**133**	KOBALT-RESINAT, GEFÄLLT
1320	**113**	**DI-NITRO-PHENOL, ANGEFEUCHTET, mit mindestens 15 Masse-% Wasser** *
1321	**113**	DI-NITRO-PHENOLATE, ANGEFEUCHTET, mit mindestens 15 Masse-% Wasser
1322	**113**	DI-NITRO-RESORCINOL, ANGEFEUCHTET, mit mindestens 15 Masse-% Wasser
1323	**170**	CER-EISEN
1324	**133**	FILME AUF NITRO-CELLULOSE-BASIS, gelatiniert, ausgenommen Abfälle
1325	**133**	ENTZÜNDBARER ORGANISCHER FESTER STOFF, N.A.G. n
1326	**170**	**HAFNIUM-PULVER, ANGEFEUCHTET, mit mindestens 25 % Wasser** *
1327	**133**	BHUSA, feucht, mit Öl verunreinigt HEU, feucht, mit Öl verunreinigt STROH, feucht, mit Öl verunreinigt
1328	**133**	**HEXA-METHYLEN-TETR-AMIN** *
1330	**133**	MANGAN-RESINAT
1331	**133**	ZÜNDHÖLZER, ÜBERALL ZÜNDBAR
1332	**133**	MET-ALDEHYD
1333	**170**	CER, Platten, Barren oder Stangen MISCH-METALL
1334	**133**	**NAPHTHALEN, ROH** * **NAPHTHALEN, RAFFINIERT** *
1336	**113**	NITRO-GUANIDIN, ANGEFEUCHTET, mit mindestens 20 Masse-% Wasser PICRIT, ANGEFEUCHTET, mit mindestens 20 Masse-% Wasser
1337	**113**	NITRO-STÄRKE, ANGEFEUCHTET, mit mindestens 20 Masse-% Wasser
1338	**133**	**PHOSPHOR, AMORPH** *
1339	**139**	PHOSPHOR-HEPTA-SULFID, frei von gelbem und weißem Phosphor
1340	**139**	***PHOSPHOR-PENTA-SULFID, frei von gelbem und weißem Phosphor*** * W
1341	**139**	PHOSPHOR-SESQUI-SULFID, frei von gelbem und weißem Phosphor
1343	**139**	PHOSPHOR-TRI-SULFID, frei von gelbem und weißem Phosphor
1344	**113**	**TRI-NITRO-PHENOL, ANGEFEUCHTET, mit mindestens 30 Masse-% Wasser** * **PIKRIN-SÄURE, ANGEFEUCHTET, mit mindestens 30 Masse-% Wasser** *
1345	**133**	KAUTSCHUK- (Gummi-) ABFÄLLE KAUTSCHUK- (Gummi-) RESTE, pulverförmig oder granuliert, höchstens 840 µm und mehr als 45 % Kautschuk-Gehalt
1346	**170**	**SILIZIUM-PULVER, AMORPH** *
1347	**113**	SILBER-PIKRAT, ANGEFEUCHTET, mit mindestens 30 Masse-% Wasser
1348	**113**	NATRIUM-DI-NITRO-ORTHO-KRESOLAT, ANGEFEUCHTET, mit mindestens 15 Masse-% Wasser
1349	**113**	NATRIUM-PIKRAMAT, ANGEFEUCHTET, mit mindestens 20 Masse-% Wasser
1350	**133**	SCHWEFEL
1352	**170**	**TITAN-PULVER, ANGEFEUCHTET, mit mindestens 25 % Wasser** *
1353	**133**	FASERN, IMPRÄGNIERT MIT SCHWACH NITRIERTER CELLULOSE, N.A.G. n GEWEBE, IMPRÄGNIERT MIT SCHWACH NITRIERTER CELLULOSE, N.A.G. n
1354	**113**	**TRI-NITRO-BENZEN, ANGEFEUCHTET, mit mindestens 30 Masse-% Wasser** *
1355	**113**	TRI-NITRO-BENZOE-SÄURE, ANGEFEUCHTET, mit mindestens 30 Masse-% Wasser
1356	**113**	**TRI-NITRO-TOLUOL, ANGEFEUCHTET, mit mindestens 30 Masse-% Wasser** * **TNT, ANGEFEUCHTET, mit mindestens 30 Masse-% Wasser** *

* **Beachte bei Leckage grüne Seiten zur Berechnung bzw. Abschätzung von Absperrungen**
W **Absperrungen wegen Atemgiften bei Leckage in Wasser gemäß grünen Seiten durchführen**
n nicht anderweitig genannt

UN-Nr.	Merk-blatt	Stoffname
1357	**113**	HARNSTOFF-NITRAT, ANGEFEUCHTET, mit mindestens 20 Masse-% Wasser
1358	**170**	**ZIRKONIUM-PULVER, ANGEFEUCHTET, mit mindestens 25 % Wasser** *
1360	***139X***	***CALCIUM-PHOSPHID*** * [W]
1361	**133**	KOHLE, tierischen oder pflanzlichen Ursprungs
		RUSS, tierischen oder pflanzlichen Ursprungs
1362	**133**	KOHLE, AKTIVIERT
1363	**135**	KOPRA
1364	**133**	BAUMWOLLABFÄLLE, ÖLHALTIG
1365	**133**	BAUMWOLLE, NASS
1366	**135X**	DI-ETHYL-ZINK (veraltet)
1369	**135**	para-NITROSO-DI-METHYL-ANILIN
1370	**135X**	DI-METHYL-ZINK (veraltet)
1372	**133**	Fasern, tierischen Ursprungs oder Fasern, pflanzlichen Ursprungs, gebrannt, nass oder feucht
1373	**133**	FASERN, TIERISCHEN oder PFLANZLICHEN oder SYNTHETISCHEN URSPRUNGS, N.A.G. [n], imprägniert mit Öl
		GEWEBE, TIERISCHEN oder PFLANZLICHEN oder SYNTHETISCHEN URSPRUNGS, N.A.G. [n], imprägniert mit Öl
1374	**133**	FISCHABFALL, NICHT STABILISIERT
		FISCHMEHL, NICHT STABILISIERT
1376	**135**	EISEN-OXID, GEBRAUCHT, aus der Kokereigasreinigung
		EISEN-SCHWAMM, GEBRAUCHT, aus der Kokereigasreinigung
1378	**170**	METALL-KATALYSATOR, ANGEFEUCHTET, mit einem sichtbaren Überschuss an Flüssigkeit
1379	**133**	PAPIER, MIT UNGESÄTTIGTEN ÖLEN BEHANDELT, unvollständig getrocknet (auch Kohlepapier)
1380	**135**	**PENTA-BORAN** *
1381	**136**	PHOSPHOR WEISS, TROCKEN oder UNTER WASSER oder IN LÖSUNG
		PHOSPHOR GELB, TROCKEN oder UNTER WASSER oder IN LÖSUNG
1382	**135**	KALIUM-SULFID, WASSERFREI
		KALIUM-SULFID, mit weniger als 30 % Kristallwasser
1383	**135**	PYROPHORES METALL, N.A.G. [n]
		PYROPHORE LEGIERUNG, N.A.G. [n]
1384	**135**	***NATRIUM-DI-THIONIT*** * [W]
		NATRIUM-HYDRO-SULFIT * [W]
1385	**135**	**NATRIUM-SULFID, WASSERFREI** *

UN-Nr.	Merk-blatt	Stoffname
1385 (Forts.)	**135**	**NATRIUM-SULFID mit weniger als 30 % Kristallwasser** *
1386	**135**	ÖLSAATKUCHEN, mit mehr als 1,5 Masse-% Öl und höchstens 11 Masse-% Feuchtigkeit
1387	**133**	Wollabfälle nass
1389	**138X**	ALKALI-METALL-AMALGAM, FLÜSSIG
1390	**139**	***ALKALI-METALL-AMIDE*** [W]
1391	**138X**	ALKALI-METALL-DISPERSION
		ERDALKALI-METALL-DISPERSION
1392	**138X**	ERDALKALI-METALL-AMALGAM, FLÜSSIG
1393	**138**	ERDALKALI-METALL-LEGIERUNG, N.A.G. [n]
1394	**138**	**ALUMINIUM-CARBID** *
1395	**139**	ALUMINIUM-FERRO-SILICIUM-PULVER
1396	**138**	ALUMINIUM-PULVER, NICHT ÜBERZOGEN
1397	**139**	***ALUMINIUM-PHOSPHID*** * [W]
1398	**138**	ALUMINIUM-SILICIUM-PULVER, NICHT ÜBERZOGEN

1400

UN-Nr.	Merk-blatt	Stoffname
1400	**138**	**BARIUM** *
1401	**138**	CALCIUM
1402	**138**	**CALCIUM-CARBID** *
1403	**138**	**CALCIUM-CYAN-AMID, mit mehr als 0,1 Masse-% Calcium-carbid** *
1404	**138**	**CALCIUM-HYDRID** *
1405	**138**	CALCIUM-SILICID
1407	**138X**	**CAESIUM** *
		CAESIUM, nicht pyrophor *
1408	**139**	FERRO-SILICIUM, mit mindestens 30 Masse-%, aber weniger al 90 Masse-% Silicium
1409	**138**	METALL-HYDRIDE, MIT WASSER REAGIEREND, N.A.G. [n]
1410	**138**	**LITHIUM-ALUMINIUM-HYDRID** *
1411	**138**	**LITHIUM-ALUMINIUM-HYDRID IN ETHER** *
1413	**138**	LITHIUM-BOR-HYDRID
1414	**138X**	**LITHIUM-HYDRID** *
1415	**138X**	**LITHIUM** *
1417	**138**	**LITHIUM-SILICIUM** *
1418	**138**	**MAGNESIUM-PULVER** *
		MAGNESIUM-LEGIERUNGS-PULVER *
1419	**139**	***MAGNESIUM-ALUMINIUM-PHOSPHID*** [W]
1420	**138X**	KALIUM-METALL-LEGIERUNGEN, FLÜSSIG
1421	**138X**	ALKALI-METALL-LEGIERUNG, FLÜSSIG, N.A.G. [n]
1422	**138X**	KALIUM-NATRIUM-LEGIERUNGEN, FLÜSSIG
1423	**138X**	**RUBIDIUM** *
1426	**138**	**NATRIUM-BOR-HYDRID** *

* **Beachte bei Leckage grüne Seiten zur Berechnung bzw. Abschätzung von Absperrungen**
[W] **Absperrungen wegen Atemgiften bei Leckage in Wasser gemäß grünen Seiten durchführen**
[n] nicht anderweitig genannt

UN-Nr.	Merkblatt	Stoffname
1427	**138**	**NATRIUM-HYDRID** *
1428	**138X**	**NATRIUM** *
1431	**138**	**NATRIUM-METHYLAT** *
1432	**139**	***NATRIUM-PHOSPHID*** * [w]
1433	**139**	ZINN-PHOSPHIDE
1435	**138**	ZINK-ASCHEN
1436	**138**	ZINK-PULVER ZINK-STAUB
1437	**138**	**ZIRKONIUM-HYDRID** *
1438	**140**	**ALUMINIUM-NITRAT** *
1439	**141**	**AMMONIUM-DI-CHROMAT** *
1442	**143**	**AMMONIUM-PER-CHLORAT** *
1444	**140**	**AMMONIUM-PER-SULFAT** *
1445	**141**	BARIUM-CHLORAT, FEST
1446	**141**	**BARIUM-NITRAT** *
1447	**141**	BARIUM-PER-CHLORAT, FEST
1448	**141**	**BARIUM-PER-MANGANAT** *
1449	**141**	**BARIUM-PER-OXID** *
1450	**140**	BROMATE, ANORGANISCHE, N.A.G. [n]
1451	**140**	**CAESIUM-NITRAT** *
1452	**140**	CALCIUM-CHLORAT
1453	**140**	CALCIUM-CHLORIT
1454	**140**	CALCIUM-NITRAT
1455	**140**	CALCIUM-PER-CHLORAT
1456	**140**	CALCIUM-PER-MANGANAT
1457	**140**	CALCIUM-PER-OXID
1458	**140**	CHLORAT UND BORAT, MISCHUNG
1459	**140**	CHLORAT UND MAGNESIUM-CHLORID, MISCHUNG, FEST
1461	**140**	CHLORATE, ANORGANISCHE, N.A.G. [n]
1462	**143**	CHLORITE, ANORGANISCHE, N.A.G. [n]
1463	**141**	**CHROM-TRI-OXID, WASSERFREI** *
1465	**140**	DI-DYMIUM-NITRAT
1466	**140**	EISEN-(3)-NITRAT
1467	**143**	GUANIDIN-NITRAT
1469	**141**	**BLEI-NITRAT** *
1470	**141**	**BLEI-PER-CHLORAT, FEST** *
1471	**140**	LITHIUM-HYPO-CHLORIT, TROCKEN LITHIUM-HYPO-CHLORIT, MISCHUNG
1472	**143**	LITHIUM-PER-OXID
1473	**140**	MAGNESIUM-BROMAT
1474	**140**	MAGNESIUM-NITRAT
1475	**140**	**MAGNESIUM-PER-CHLORAT** *
1476	**140**	MAGNESIUM-PER-OXID
1477	**140**	NITRATE, ANORGANISCHE, N.A.G. [n]
1479	**140**	ENTZÜNDEND (OXIDIEREND) WIRKENDER FESTER STOFF, N.A.G. [n]
1481	**140**	PER-CHLORATE, ANORGANISCHE, N.A.G. [n]
1482	**140**	PER-MANGANATE, ANORGANISCHE, N.A.G. [n]
1483	**140**	PER-OXIDE, ANORGANISCHE, N.A.G. [n]
1484	**140**	**KALIUM-BROMAT** *
1485	**140**	**KALIUM-CHLORAT** *
1486	**140**	**KALIUM-NITRAT** *
1487	**140**	KALIUM-NITRAT UND NATRIUM-NITRIT, MISCHUNG
1488	**140**	**KALIUM-NITRIT** *
1489	**140**	**KALIUM-PER-CHLORAT** *
1490	**140**	**KALIUM-PER-MANGANAT** *
1491	**144**	KALIUM-PER-OXID
1492	**140**	**KALIUM-PER-SULFAT** *
1493	**140**	**SILBER-NITRAT** *
1494	**140**	**NATRIUM-BROMAT** *
1495	**140**	**NATRIUM-CHLORAT** *
1496	**143**	**NATRIUM-CHLORIT** *
1498	**140**	**NATRIUM-NITRAT** *
1499	**140**	KALIUM-NITRAT UND NATRIUM-NITRAT, MISCHUNG

1500

UN-Nr.	Merkblatt	Stoffname
1500	**141**	**NATRIUM-NITRIT** *
1502	**140**	NATRIUM-PER-CHLORAT
1503	**140**	**NATRIUM-PER-MANGANAT** *
1504	**144**	**NATRIUM-PER-OXID** *
1505	**140**	**NATRIUM-PER-SULFAT** *
1506	**143**	STRONTIUM-CHLORAT
1507	**140**	**STRONTIUM-NITRAT** *
1508	**140**	STRONTIUM-PER-CHLORAT
1509	**143**	STRONTIUM-PER-OXID
1510	**143**	**TETRA-NITRO-METHAN** *
1511	**140**	**HARNSTOFF-WASSERSTOFF-PER-OXID** *
1512	**140**	ZINK-AMMONIUM-NITRIT
1513	**140**	ZINK-CHLORAT
1514	**140**	**ZINK-NITRAT** *
1515	**140**	ZINK-PER-MANGANAT
1516	**143**	ZINK-PER-OXID
1517	**113**	ZIRKONIUM-PIKRAMAT, ANGEFEUCHTET, mit mindestens 20 Masse-% Wasser
1541	**156**	***ACETON-CYAN-HYDRIN, STABILISIERT*** * [w]
1544	**151**	ALKALOIDE, FEST, N.A.G. [n] ALKALOID-SALZE, FEST, N.A.G. [n]
1545	**131**	**ALLYL-ISO-THIO-CYANAT, STABILISIERT** *
1546	**151**	AMMONIUM-ARSENAT
1547	**153**	**ANILIN** *
1548	**153**	ANILIN-HYDRO-CHLORID
1549	**157**	ANORGANISCHE ANTIMON-VERBINDUNGEN, FEST, N.A.G. [n]
1550	**151**	ANTIMON-LAKTAT
1551	**151**	**ANTIMON-KALIUM-TARTRAT** *

* **Beachte bei Leckage grüne Seiten zur Berechnung bzw. Abschätzung von Absperrungen**
[w] **Absperrungen wegen Atemgiften bei Leckage in Wasser gemäß grünen Seiten durchführen**
[n] nicht anderweitig genannt

UN-Nr.	Merkblatt	Stoffname
1553	**154**	**ARSEN-SÄURE, FLÜSSIG** *
1554	**154**	ARSEN-SÄURE, FEST
1555	**151**	ARSEN-BROMID
1556	**152**	**ARSEN-VERBINDUNG, FLÜSSIG, N.A.G.[n], anorganisch, einschließlich Arsenate, n.a.g., Arsenite, n.a.g. und Arsensulfide, n.a.g.** *
1557	**152**	ARSEN-VERBINDUNGEN, FEST, N.A.G.[n], anorganisch, einschließlich Arsenate, n.a.g., Arsenite, n.a.g. und Arsensulfide, n.a.g.
1558	**152**	**ARSEN** *
1559	**151**	**ARSEN-PENT-OXID** *
1560	**157**	**ARSEN-TRI-CHLORID** *
1561	**151**	**ARSEN-TRI-OXID** *
1562	**152**	ARSEN-STAUB
1564	**154**	BARIUM-VERBINDUNG, N.A.G.[n]
1565	**157**	**BARIUM-CYANID** *
1566	**154**	BERYLLIUM-VERBINDUNG, N.A.G.[n]
1567	**134**	**BERYLLIUM-PULVER** *
1569	**131**	**BROM-ACETON** *
1570	**151**	**BRUCIN** *
1571	**113**	BARIUM-AZID, ANGEFEUCHTET, mit mindestens 50 Masse-% Wasser
1572	**151**	**KAKODYL-SÄURE** *
1573	**151**	**CALCIUM-ARSENAT** *
1574	**151**	CALCIUM-ARSENAT UND CALCIUM-ARSENIT, MISCHUNG, FEST
1575	**157**	**CALCIUM-CYANID** *
1577	**153**	CHLOR-DI-NITRO-BENZENE, FLÜSSIG
1578	**152**	CHLOR-NITRO-BENZENE, FEST
1579	**153**	4-CHLOR-ortho-TOLUIDIN-HYDRO-CHLORID, FEST
1580	**154**	**CHLOR-PIKRIN** *
1581	**123**	**CHLOR-PIKRIN UND METHYL-BROMID, GEMISCH, mit mehr als 2 % Chlor-pikrin** *
1582	**119**	**CHLOR-PIKRIN UND METHYL-CHLORID, GEMISCH** *
1583	**154**	**CHLOR-PIKRIN, MISCHUNG, N.A.G.[n]** *
1585	**151**	KUPFER-ACETO-ARSENIT
1586	**151**	KUPFER-ARSENIT
1587	**151**	**KUPFER-CYANID** *
1588	**157**	CYANIDE, ANORGANISCH, FEST, N.A.G.[n]
1589	**125**	**CHLOR-CYAN, STABILISIERT** *
1590	**153**	DI-CHLOR-ANILINE, FLÜSSIG
1591	**152**	**ortho-DI-CHLOR-BENZEN** *
1593	**160**	**DI-CHLOR-METHAN** *
1594	**152**	**DI-ETHYL-SULFAT** *
1595	**156**	**DI-METHYL-SULFAT** *
1596	**153**	DI-NITRO-ANILINE
1597	**152**	**DI-NITRO-BENZENE, FLÜSSIG** *
1598	**153**	DI-NITRO-ortho-CRESOL
1599	**153**	**DI-NITRO-PHENOL, LÖSUNG** *

1600

UN-Nr.	Merkblatt	Stoffname
1600	**152**	DI-NITRO-TOLUOLE, GESCHMOLZEN
1601	**151**	DESINFEKTIONSMITTEL, FEST, GIFTIG, N.A.G.[n]
1602	**151**	FARBSTOFF, FLÜSSIG, GIFTIG, N.A.G.[n]
		FARBSTOFF-ZWISCHENPRODUKT, FLÜSSIG, GIFTIG, N.A.G.[n]
1603	**155**	**ETHYL-BROM-ACETAT** *
1604	**132**	**ETHYLEN-DI-AMIN** *
1605	**154**	**ETHYLEN-DI-BROMID** *
1606	**151**	EISEN-(3)-ARSENAT
1607	**151**	EISEN-(3)-ARSENIT
1608	**151**	EISEN-(2)-ARSENAT
1611	**151**	HEXA-ETHYL-TETRA-PHOSPHAT
1612	**123**	**HEXA-ETHYL-TETRA-PHOSPHAT UND VERDICHTETES GAS, GEMISCH** *
1613	**154**	**BLAUSÄURE, WÄSSERIGE LÖSUNG, mit höchstens 20 % Blausäure** *
		CYAN-WASSERSTOFF, WÄSSERIGE LÖSUNG, mit höchstens 20 % Cyanwasserstoff *
		CYAN-WASSERSTOFF-SÄURE, WÄSSERIGE LÖSUNG, mit höchstens 20 % Cyanwasserstoff *
1614	**152**	**BLAUSÄURE, STABILISIERT, mit weniger als 3 % Wasser und aufgesaugt durch ein inertes poröses Material** *
		CYAN-WASSERSTOFF, STABILISIERT, mit weniger als 3 % Wasser und aufgesaugt durch ein inertes poröses Material *
1616	**151**	BLEI-ACETAT
1617	**151**	BLEI-ARSENATE
1618	**151**	**BLEI-ARSENITE** *
1620	**151**	BLEI-CYANID
1621	**151**	LONDON PURPLE
1622	**151**	MAGNESIUM-ARSENAT
1623	**151**	QUECKSILBER-(2)-ARSENAT
1624	**154**	**QUECKSILBER-(2)-CHLORID** *
1625	**141**	QUECKSILBER-(2)-NITRAT
1626	**157**	KALIUM-QUECKSILBER-(2)-CYANID
1627	**141**	**QUECKSILBER-(1)-NITRAT** *
1629	**151**	**QUECKSILBER-ACETAT** *
1630	**151**	QUECKSILBER-(2)-AMMONIUM-CHLORID
1631	**154**	QUECKSILBER-(2)-BENZOAT

* **Beachte bei Leckage grüne Seiten zur Berechnung bzw. Abschätzung von Absperrungen**

[n] nicht anderweitig genannt

UN-Nr.	Merkblatt	Stoffname
1634	**154**	QUECKSILBER-BROMIDE
1636	**154**	**QUECKSILBER-CYANID** *
1637	**151**	QUECKSILBER-GLUCONAT
1638	**151**	**QUECKSILBER-IODID** *
1639	**151**	**QUECKSILBER-NUCLEAT** *
1640	**151**	QUECKSILBER-OLEAT
1641	**151**	**QUECKSILBER-OXID** *
1642	**151**	QUECKSILBER-OXY-CYANID, DESENSIBILISIERT
1643	**151**	KALIUM-QUECKSILBER-(2)-IODID
1644	**151**	QUECKSILBER-SALICYLAT
1645	**151**	**QUECKSILBER-SULFAT** *
1646	**151**	**QUECKSILBER-THIO-CYANAT** *
1647	**151**	**METHYL-BROMID UND ETHYLEN-DI-BROMID, MISCHUNG, FLÜSSIG** *
1648	**127**	**ACETO-NITRIL** *
1649	**152**	**ANTI-KLOPF-MISCHUNG FÜR MOTOR-KRAFT-STOFF** *
1650	**153**	**beta-NAPHTHYL-AMIN, FEST** *
1651	**153**	**NAPHTHYL-THIO-HARNSTOFF** *
1652	**153**	NAPHTHYL-HARNSTOFF
1653	**151**	**NICKEL-CYANID** *
1654	**151**	**NICOTIN** *
1655	**151**	NICOTIN-VERBINDUNG, FEST, N.A.G. [n]
		NICOTIN-ZUBEREITUNG, FEST, N.A.G. [n]
1656	**151**	NICOTIN-HYDRO-CHLORID, FLÜSSIG
		NICOTIN-HYDRO-CHLORID, LÖSUNG
1657	**151**	NICOTIN-SALICYLAT
1658	**151**	**NICOTIN-SULFAT, LÖSUNG** *
1659	**151**	NICOTIN-TARTRAT
1660	**124**	**STICKSTOFF-MON-OXID, VERDICHTET** *
		STICKSTOFF-OXID, VERDICHTET *
1661	**151**	NITRO-ANILINE (ortho-, meta-, para)
1662	**152**	**NITRO-BENZEN** *
1663	**153**	NITRO-PHENOLE (ortho-, meta-, para)
1664	**152**	NITRO-TOLUENE, FLÜSSIG
1665	**152**	NITRO-XYLOLE, FLÜSSIG
1669	**151**	**PENTA-CHLOR-ETHAN** *
1670	**157**	**PER-CHLOR-METHYL-MERCAPTAN** *
1671	**153**	**PHENOL, FEST** *
1672	**151**	**PHENYL-CARBYL-AMIN-CHLORID** *
1673	**153**	PHENYLEN-DI-AMINE (ortho-, meta-, para)
1674	**151**	**PHENYL-QUECKSILBER-(2)-ACETAT** *
1677	**151**	**KALIUM-ARSENAT** *
1678	**154**	KALIUM-ARSENIT
1679	**157**	KALIUM-KUPFER-(1)-CYANID
1680	**157**	***KALIUM-CYANID, FEST*** * [W]
		ZYAN-KALI * [W]
1683	**151**	SILBER-ARSENIT
1684	**151**	**SILBER-CYANID** *
1685	**151**	**NATRIUM-ARSENAT** *
1686	**154**	**NATRIUM-ARSENIT, WÄSSRIGE LÖSUNG** *
1687	**153**	**NATRIUM-AZID** *
1688	**152**	**NATRIUM-KAKODYLAT** *
1689	**157**	***NATRIUM-CYANID, FEST*** * [W]
1690	**154**	**NATRIUM-FLUORID, FEST** *
1691	**151**	STRONTIUM-ARSENIT
1692	**151**	**STRYCHNIN** *
		STRYCHNIN-SALZE *
1693	**159**	STOFFE ZUR HERSTELLUNG VON TRÄNENGASEN, FLÜSSIG, N.A.G. [n]
1694	**159**	**BROM-BENZYL-CYANIDE, FLÜSSIG** *
1695	**131**	**CHLOR-ACETON, STABELISIERT** *
1697	**153**	**CHLOR-ACETO-PHENON, FEST** *
1698	**154**	**DI-PHENYL-AMINO-CHLOR-ARSIN** *
1699	**151**	**DI-PHENYL-CHLOR-ARSIN, FLÜSSIG** *

1700

UN-Nr.	Merkblatt	Stoffname
1700	**159**	TRÄNENGAS-KERZEN
1701	**152**	XYLYL-BROMID, FLÜSSIG
1702	**151**	**1,1,2,2-TETRA-CHLOR-ETHAN** *
1704	**153**	**TETRA-ETHYL-DI-THIO-PYRO-PHOSPHAT** *
1707	**151**	THALLIUM-VERBINDUNG, N.A.G. [n]
1708	**153**	TOLUIDINE, FLÜSSIG
1709	**151**	2,4-TOLUYLEN-DI-AMIN, FEST
1710	**160**	**TRI-CHLOR-ETHYLEN** *
1711	**153**	**XYLIDINE, FLÜSSIG** *
1712	**151**	ZINK-ARSENAT
		ZINK-ARSENAT UND ZINK-ARSENIT, MISCHUNG
		ZINK-ARSENIT
1713	**151**	**ZINK-CYANID** *
1714	**139**	**ZINK-PHOSPHID** *
1715	**137**	**ESSIG-SÄURE-ANHYDRID** *
1716	**156**	***ACETYL-BROMID*** * [W]
1717	**155X**	***ACETYL-CHLORID*** * [W]
1718	**153**	BUTYL-PHOSPHAT
1719	**154**	ÄTZENDER ALKALISCHER FLÜSSIGER STOFF, N.A.G. [n]
1722	**155**	**ALLYL-CHLOR-FORMIAT** *
1723	**132**	ALLYL-IODID
1724	**155X**	***ALLYL-TRI-CHLOR-SILAN, STABILISIERT*** * [W]
1725	**137**	***ALUMINIUM-BROMID, WASSERFREI*** [W]
1726	**137**	***ALUMINIUM-CHLORID, WASSERFREI*** * [W]
1727	**154**	**AMMONIUM-HYDROGEN-DI-FLUORID, FEST** *
1728	**156X**	***AMYL-TRI-CHLOR-SILAN*** * [W]

* **Beachte bei Leckage grüne Seiten zur Berechnung bzw. Abschätzung von Absperrungen**
[W] **Absperrungen wegen Atemgiften bei Leckage in Wasser gemäß grünen Seiten durchführen**
[n] nicht anderweitig genannt

UN-Nr.	Merkblatt	Stoffname
1729	156	ANISOYL-CHLORID
1730	**157X**	**ANTIMON-PENTA-CHLORID, FLÜSSIG** *
1731	**157**	**ANTIMON-PENTA-CHLORID, LÖSUNG** *
1732	**157**	***ANTIMON-PENTA-FLUORID*** * [W]
1733	**157**	**ANTIMON-TRI-CHLORID** *
1736	**137**	**BENZOYL-CHLORID** *
1737	**156**	**BENZYL-BROMID** *
1738	**156**	**BENZYL-CHLORID** *
1739	**137**	**BENZYL-CHLOR-FORMIAT** *
1740	154	HYDROGEN-DI-FLUORIDE, FEST, N.A.G. [n]
1741	**125**	***BOR-TRI-CHLORID*** * [W]
1742	157	BOR-TRI-FLUORID-ESSIG-SÄURE-KOMPLEX, FLÜSSIG
1743	157	BOR-TRI-FLUORID-PROPION-SÄURE-KOMPLEX, FLÜSSIG
1744	**154**	**BROM** *
		BROM, LÖSUNG *
1745	**144**	***BROM-PENTA-FLUORID*** * [W]
1746	**144**	***BROM-TRI-FLUORID*** * [W]
1747	**155X**	***BUTYL-TRI-CHLOR-SILAN*** * [W]
1748	**140**	**CALCIUM-HYPO-CHLORIT, TROCKEN** *
		CALCIUM-HYPO-CHLORIT, MISCHUNG, TROCKEN, mit mehr als 39 % akivem Chlor (8,8 % aktivem Sauerstoff) *
1749	**124**	**CHLOR-TRI-FLUORID** *
1750	**153**	**CHLOR-ESSIG-SÄURE, LÖSUNG** *
1751	**153**	**CHLOR-ESSIG-SÄURE, FEST** *
1752	**156**	***CHLOR-ACETYL-CHLORID*** * [W]
1753	**156X**	***CHLOR-PHENYL-TRI-CHLOR-SILAN*** [W]
1754	**137X**	***CHLOR-SULFON-SÄURE, mit oder ohne Schwefel-trioxid*** * [W]
1755	154	CHROM-SÄURE, LÖSUNG
1756	**154**	**CHROM-FLUORID, FEST** *
1757	**154**	**CHROM-FLUORID, LÖSUNG** *
1758	**137X**	***CHROM-OXY-CHLORID*** [W]
1759	154	ÄTZENDER FESTER STOFF, N.A.G. [n]
1760	154	ÄTZENDER FLÜSSIGER STOFF, N.A.G. [n]
1761	154	KUPFER-ETHYLEN-DI-AMIN, LÖSUNG
1762	**156X**	***CYCLO-HEXENYL-TRI-CHLOR-SILAN*** [W]
1763	**156X**	***CYCLO-HEXYL-TRI-CHLOR-SILAN*** [W]
1764	**153**	**DI-CHLOR-ESSIG-SÄURE** *
1765	**156X**	***DI-CHLOR-ACETYL-CHLORID*** * [W]
1766	**156X**	***DI-CHLOR-PHENYL-TRI-CHLOR-SILAN*** * [W]
1767	**155X**	***DI-ETHYL-DI-CHLOR-SILAN*** * [W]
1768	154	DI-FLUOR-PHOSPHOR-SÄURE, WASSERFREI
1769	**156X**	***DI-PHENYL-DI-CHLOR-SILAN*** * [W]
1770	153	DI-PHENYL-BROM-METHAN
1771	**156X**	***DODECYL-TRI-CHLOR-SILAN*** * [W]
1773	157	EISEN-CHLORID, WASSERFREI
1774	154	FEUERLÖSCHER-LADUNGEN, ätzender flüssiger Stoff
1775	**154**	**FLUOR-BOR-SÄURE** *
1776	154	FLUOR-PHOSPHOR-SÄURE, WASSERFREI
1777	**137**	***FLUOR-SULFON-SÄURE*** * [W]
1778	**154**	**FLUOR-KIESEL-SÄURE** *
1779	**153**	**AMEISEN-SÄURE, mit mehr als 85 Masse-% Säure** *
1780	156	FUMARYL-CHLORID
1781	**156X**	***HEXA-DECYL-TRI-CHLOR-SILAN*** [W]
1782	154	HEXA-FLUOR-PHOSPHOR-SÄURE
1783	153	HEXA-METHYLEN-DI-AMIN, LÖSUNG
1784	**156X**	***HEXYL-TRI-CHLOR-SILAN*** * [W]
1786	157	FLUOR-WASSERSTOFF-SÄURE UND SCHWEFEL-SÄURE, MISCHUNG
1787	**154**	**IOD-WASSERSTOFF-SÄURE** *
1788	**154**	**BROM-WASSERSTOFF-SÄURE** *
1789	**157**	**SALZSÄURE** *
		CHLOR-WASSERSTOFF-SÄURE *
1790	**157**	**FLUOR-WASSERSTOFF-SÄURE** *
		FLUSS-SÄURE *
1791	**154**	**HYPO-CHLORIT, LÖSUNG** *
1792	157	IOD-MONO-CHLORID, FEST
1793	153	ISO-PROPYL-PHOSPHAT
1794	**154**	**BLEI-SULFAT, mit mehr als 3 % freier Säure** *
1796	157	NITRIER-SÄURE-MISCHUNG
1798	**157**	**GEMISCHE AUS SALPETER-SÄURE UND SALZ-SÄURE** *
		KÖNIGSWASSER *
1799	**156X**	***NONYL-TRI-CHLOR-SILAN*** * [W]

1800

UN-Nr.	Merkblatt	Stoffname
1800	**156X**	***OCTA-DECYL-TRI-CHLOR-SILAN*** * [W]
1801	**156X**	***OCTYL-TRI-CHLOR-SILAN*** * [W]
1802	**157**	**PER-CHLOR-SÄURE, mit höchstens 50 Masse-% Säure** *
1803	**153**	**PHENOL-SULFON-SÄURE, FLÜSSIG** *
1804	**156X**	***PHENYL-TRI-CHLOR-SILAN*** * [W]
1805	**154**	**PHOSPHOR-SÄURE, LÖSUNG** *
1806	**137**	***PHOSPHOR-PENTA-CHLORID*** * [W]
1807	**137**	**PHOSPHOR-PENT-OXID** *
1808	**137X**	***PHOSPHOR-TRI-BROMID*** [W]
1809	**137**	***PHOSPHOR-TRI-CHLORID*** * [W]
1810	**137X**	***PHOSPHOR-OXY-CHLORID*** * [W]
1811	**154**	**KALIUM-HYDROGEN-DI-FLUORID, FEST** *
1812	**154**	**KALIUM-FLUORID, FEST** *
1813	**154**	**KALIUM-HYDROXID, FEST** *
1814	**154**	**KALIUM-HYDROXID-LÖSUNG** *

* **Beachte bei Leckage grüne Seiten zur Berechnung bzw. Abschätzung von Absperrungen**
[W] **Absperrungen wegen Atemgiften bei Leckage in Wasser gemäß grünen Seiten durchführen**
[n] nicht anderweitig genannt

UN-Nr.	Merkblatt	Stoffname
1815	155	*PROPIONYL-CHLORID* * [W]
1816	155X	*PROPYL-TRI-CHLOR-SILAN* * [W]
1817	137X	PYRO-SULFURYL-CHLORID
1818	157X	*SILIZIUM-TETRA-CHLORID* * [W]
1819	154	**NATRIUM-ALUMINAT-LÖSUNG** *
1823	154	**NATRIUM-HYDROXID, FEST** *
1824	154	**NATRIUM-HYDROXID-LÖSUNG** *
		NATRON-LAUGE *
1825	157	**NATRIUM-MON-OXID** *
1826	157	ABFALL-NITRIER-SÄURE-MISCHUNG
1827	137X	**ZINN-TETRA-CHLORID, WASSERFREI** *
1828	137X	*SCHWEFEL-CHLORIDE* * [W]
1829	137X	**SCHWEFEL-TRI-OXID, STABILISIERT** *
1830	137	**SCHWEFEL-SÄURE, mit mehr als 51 % Säure** *
1831	137X	**SCHWEFEL-SÄURE, RAUCHEND** *
1832	137	**SCHWEFEL-SÄURE, GEBRAUCHT** *
1833	154	**SCHWEFELIGE SÄURE** *
1834	137X	*SULFURYL-CHLORID* * [W]
1835	153	**TETRA-METHYL-AMMONIUM-HYDROXID, WÄSSERIGE LÖSUNG** *
1836	137X	*THIONYL-CHLORID* * [W]
1837	157X	**THIO-PHOSPHORYL-CHLORID** *
1838	137X	*TITAN-TETRA-CHLORID* * [W]
1839	153	**TRI-CHLOR-ESSIG-SÄURE** *
1840	154	**ZINK-CHLORID, LÖSUNG** *
1841	171	ACET-ALDEHYD-AMMONIAK
1843	141	AMMONIUM-DI-NITRO-ortho-CRESOLAT, FEST
1845	120	**Kohlendioxid, fest** *
		Trockeneis *
1846	151	**TETRA-CHLOR-KOHLENSTOFF** *
1847	153	KALIUM-SULFID, HYDRATISIERT, mit mindestens 30 % Kristallwasser
1848	153	**PROPION-SÄURE, mit mindestens 10 % und weniger als 90 Masse-% Säure** *
1849	153	**NATRIUM-SULFID, HYDRATISIERT, mit mindestens 30 % Kristallwasser** *
1851	151	MEDIKAMENT, FLÜSSIG, GIFTIG, N.A.G. [n]
1854	135	BARIUM-LEGIERUNGEN, PYROPHOR
1855	135	CALCIUM, PYROPHOR
		CALCIUM-LEGIERUNGEN, PYROPHOR
1856	133	Lappen, ölhaltig
1857	133	Textilabfälle, nass
1858	126	**HEXA-FLUOR-PROPYLEN (GAS ALS KÄLTEMITTEL R 1216)** *
1859	125	**SILIZIUM-TETRA-FLUORID** *
1860	116P	**VINYL-FLUORID, STABILISIERT** *
1862	130	ETHYL-CROTONAT
1863	128	DÜSENKRAFTSTOFF

UN-Nr.	Merkblatt	Stoffname
1865	128	**normal-PROPYL-NITRAT** *
1866	128	HARZLÖSUNG, entzündbar
1868	134	**DECA-BORAN** *
1869	138	MAGNESIUM
		MAGNESIUM-LEGIERUNGEN, mit mehr als 50 % Magnesium, in Pellets, Spänen, Bändern
1870	138	KALIUM-BOR-HYDRID
1871	170	**TITAN-HYDRID** *
1872	140	**BLEI-DI-OXID** *
1873	143	**PER-CHLOR-SÄURE, mit mehr als 50 Masse-%, aber höchstens 72 Masse-% Säure** *
1884	157	**BARIUM-OXID** *
1885	153	**BENZIDIN** *
1886	156	**BENZYLIDEN-CHLORID** *
1887	160	**BROM-CHLOR-METHAN** *
1888	151	**CHLOR-O-FORM** *
1889	157	**CYAN-BROMID** *
1891	131	**ETHYL-BROMID** *
1892	151	**ETHYL-DI-CHLOR-ARSIN** *
1894	151	PHENYL-QUECKSILBER-(2)-HYDROXID
1895	151	PHENYL-QUECKSILBER-(2)-NITRAT
1897	160	**TETRA-CHLOR-ETHYLEN** *
1898	156	*ACETYL-IODID* [W]

1900

UN-Nr.	Merkblatt	Stoffname
1902	153	DI-ISO-OCTYL-PHOSPHAT
1903	153	DESINFEKTIONSMITTEL, FLÜSSIG, ÄTZEND, N.A.G. [n]
1905	154	SELEN-SÄURE
1906	153	**ABFALL-SCHWEFEL-SÄURE** *
1907	154	**NATRON-KALK, mit mehr als 4 % Natrium-hydroxid** *
1908	154	**CHLORIT-LÖSUNG** *
1910	157	**Calcium-oxid** *
1911	119	**DI-BORAN** *
1912	115	METHYL-CHLORID UND DI-CHLOR-METHAN, GEMISCH
1913	120	**NEON, TIEFGEKÜHLT, FLÜSSIG** *
1914	130	**BUTYL-PROPIONATE** *
1915	127	**CYCLO-HEXANON** *
1916	152	**2,2'-DI-CHLOR-DI-ETHYL-ETHER** *
1917	129P	**ETHYL-ACRYLAT, STABILISIERT** *
1918	130	**ISO-PROPYL-BENZEN** *
1919	129P	**METHYL-ACRYLAT, STABILISIERT** *
1920	128	NONANE
1921	131P	**PROPYLEN-IMIN, STABILISIERT** *
1922	132	**PYRROLIDIN** *

* **Beachte bei Leckage grüne Seiten zur Berechnung bzw. Abschätzung von Absperrungen**
[W] **Absperrungen wegen Atemgiften bei Leckage in Wasser gemäß grünen Seiten durchführen**
[n] nicht anderweitig genannt

UN-Nr.	Merkblatt	Stoffname
1923	135	CALCIUM-DI-THIONIT [W]
		CALCIUM-HYDRO-SULFIT [W]
1928	138X	METHYL-MAGNESIUM-BROMID IN ETHYL-ETHER *
1929	135	KALIUM-HYDRO-SULFIT [W]
		KALIUM-DI-THIONIT [W]
1931	171	ZINK-DI-THIONIT [W]
1932	135	ZIRKONIUM-ABFALL *
1935	157	CYANID, LÖSUNG, N.A.G. [n]
1938	156	BROM-ESSIG-SÄURE, LÖSUNG *
1939	137	PHOSPHOR-OXY-BROMID
1940	153	THIO-GLYCOL-SÄURE *
1941	171	DI-BROM-DI-FLUOR-METHAN
1942	140	AMMONIUM-NITRAT, mit höchstens 0,2 % brennbaren Stoffen, einschließlich jedes als Kohlenstoff berechneten organischen Stoffes, unter Ausschluss jedes anderen zugesetzten Stoffes *
1944	133	SICHERHEITSZÜNDHÖLZER, (Heftchen, Kärtchen oder Schachteln mit Reibfläche)
1945	133	WACHS-ZÜNDHÖLZER
1950	126	DRUCKGASPACKUNGEN, erstickend
		DRUCKGASPACKUNGEN, ätzend
		DRUCKGASPACKUNGEN, ätzend, oxidierend
		DRUCKGASPACKUNGEN, entzündbar
		DRUCKGASPACKUNGEN, entzündbar, ätzend
		DRUCKGASPACKUNGEN, oxidierend
		DRUCKGASPACKUNGEN, giftig
		DRUCKGASPACKUNGEN, giftig, ätzend
		DRUCKGASPACKUNGEN, giftig, entzündbar
		DRUCKGASPACKUNGEN, giftig, entzündbar, ätzend
		DRUCKGASPACKUNGEN, giftig, oxidierend
		DRUCKGASPACKUNGEN, giftig, oxidierend, ätzend
1951	120	ARGON, TIEFGEKÜHLT, FLÜSSIG *
1952	126	ETHYLEN-OXID UND KOHLEN-DI-OXID, GEMISCH, mit höchstens 9 % Ethylenoxid
1953	119	VERDICHTETES GAS, GIFTIG, ENTZÜNDBAR, N.A.G. [n] *
1954	115	VERDICHTETES GAS, ENTZÜNDBAR, N.A.G. [n]
1955	123	VERDICHTETES GAS, GIFTIG, N.A.G. [n] *
1956	126	VERDICHTETES GAS, N.A.G. [n]
1957	115	DEUTERIUM, VERDICHTET *
1958	126	1,2-DI-CHLOR-1,1,2,2-TETRA-FLUOR-ETHAN (GAS ALS KÄLTEMITTEL R 114) *

UN-Nr.	Merkblatt	Stoffname
1959	116P	1,1-DI-FLUOR-ETHYLEN (GAS ALS KÄLTEMITTEL R 1132a) *
1961	115	ETHAN, TIEFGEKÜHLT, FLÜSSIG *
1962	116P	ETHYLEN *
1963	120	HELIUM, TIEFGEKÜHLT, FLÜSSIG *
1964	115	KOHLEN-WASSERSTOFF-GAS, GEMISCH, VERDICHTET, N.A.G. [n]
1965	115	KOHLEN-WASSERSTOFF-GAS, GEMISCH, VERFLÜSSIGT, N.A.G. [n]
1966	115	WASSERSTOFF, TIEFGEKÜHLT, FLÜSSIG *
1967	123	INSEKTEN-BEKÄMPFUNGSMITTEL, GASFÖRMIG, GIFTIG, N.A.G. [n] *
1968	126	INSEKTEN-BEKÄMPFUNGSMITTEL, GASFÖRMIG, N.A.G. [n]
1969	115	ISO-BUTAN *
1970	120	KRYPTON, TIEFGEKÜHLT, FLÜSSIG
1971	115	ERDGAS, VERDICHTET, mit hohem Methangehalt *
		METHAN, VERDICHTET *
1972	115	ERDGAS, TIEFGEKÜHLT, FLÜSSIG, mit hohem Methangehalt *
		METHAN, TIEFGEKÜHLT, FLÜSSIG *
1973	126	CHLOR-DI-FLUOR-METHAN UND CHLOR-PENTA-FLUOR-ETHAN, GEMISCH (GAS ALS KÄLTEMITTEL R 502)
1974	126	BROM-CHLOR-DI-FLUOR-METHAN (GAS ALS KÄLTEMITTEL R 12B1) *
1975	124	STICKSTOFF-MON-OXID UND DI-STICKSTOFF-TETR-OXID, GEMISCH *
		STICKSTOFF-MON-OXID UND STICKSTOFF-DI-OXID, GEMISCH *
1976	126	OCTA-FLUOR-CYCLO-BUTAN (GAS ALS KÄLTEMITTEL RC 318) *
1977	120	STICKSTOFF, TIEFGEKÜHLT, FLÜSSIG *
1978	115	PROPAN *
1982	126	TETRA-FLUOR-METHAN (GAS ALS KÄLTEMITTEL R 14) *
1983	126	1-CHLOR-2,2,2-TRI-FLUOR-ETHAN (GAS ALS KÄLTEMITTEL R 133a
1984	126	TRI-FLUOR-METHAN (GAS ALS KÄLTEMITTEL R 23) *
1986	131	ALKOHOLE, ENTZÜNDBAR, GIFTIG, N.A.G. [n] *
1987	127	ALKOHOLE, N.A.G. [n]
1988	131P	ALDEHYDE, ENTZÜNDBAR, GIFTIG, N.A.G. [n]
1989	129P	ALDEHYDE, N.A.G. [n]
1990	171	BENZ-ALDEHYD *
1991	131P	CHLOR-O-PREN, STABILISIERT *
1992	131	ENTZÜNDBARER FLÜSSIGER STOFF, GIFTIG, N.A.G. [n]
1993	128	ENTZÜNDBARER FLÜSSIGER STOFF

* Beachte bei Leckage grüne Seiten zur Berechnung bzw. Abschätzung von Absperrungen
W Absperrungen wegen Atemgiften bei Leckage in Wasser gemäß grünen Seiten durchführen
n nicht anderweitig genannt

UN-Nr.	Merkblatt	Stoffname
1994	**136**	**EISEN-PENTA-CARBONYL** *
1999	**130**	TEERE, FLÜSSIG, einschließlich Straßenöle und Cutback-Bitumen

2000

UN-Nr.	Merkblatt	Stoffname
2000	**133**	ZELLULOID, in Blöcken, Stangen, Platten, Rohren usw. (ausgenommen Abfälle)
2001	**133**	COBALT-NAPHTHENAT-PULVER
2002	**135**	ZELLULOID-ABFALL
2004	**135**	***MAGNESIUM-DI-AMID*** W
2005	**135**	MAGNESIUM-DI-PHENYL (veraltet)
2006	**135**	KUNSTSTOFFE AUF NITRO-CELLULOSE-BASIS, SELBSTERHITZUNGSFÄHIG, N.A.G. n
2008	**135**	**ZIRKONIUM-PULVER, TROCKEN** *
2009	**135**	ZIRKONIUM, TROCKEN, Bleche, Streifen oder gerollter Draht (dünner als 18 µm)
2010	**138**	MAGNESIUM-HYDRID
2011	**139**	***MAGNESIUM-PHOSPHID*** * W
2012	**139**	***KALIUM-PHOSPHID*** * W
2013	**139**	***STRONTIUM-PHOSPHID*** W
2014	**140**	**WASSERSTOFF-PER-OXID, WÄSSRIGE LÖSUNG** *
2015	**143**	**WASSERSTOFF-PER-OXID, STABILISIERT** *
		WASSERSTOFF-PER-OXID, WÄSSRIGE LÖSUNG, STABILISIERT *
2016	**151**	MUNITION, GIFTIG, NICHT EXPLOSIV, ohne Zerleger oder Ausstoßladung, nicht scharf
2017	**159**	MUNITION, TRÄNENERZEUGEND, NICHT EXPLOSIV, ohne Zerleger oder Ausstoßladung, nicht scharf
2018	**152**	**CHLOR-ANILINE, FEST** *
2019	**152**	CHLOR-ANILINE, FLÜSSIG
2020	**153**	CHLOR-PHENOLE, FEST
2021	**153**	**CHLOR-PHENOLE, FLÜSSIG** *
2022	**153**	CRESYL-SÄURE
2023	**131P**	**EPI-CHLOR-HYDRIN** *
2024	**151**	QUECKSILBER-VERBINDUNG, FLÜSSIG, N.A.G. n
2025	**151**	QUECKSILBER-VERBINDUNG, FEST, N.A.G. n
2026	**151**	PHENYL-QUECKSILBER-VERBINDUNG, N.A.G. n
2027	**151**	**NATRIUM-ARSENIT, FEST** *
2028	**153**	RAUCHBOMBEN, NEBELBOMBEN, NICHT EXPLOSIV, ätzenden flüssigen Stoff enthaltend, ohne Zünder
2029	**132**	**HYDRAZIN, WASSERFREI** *
2030	**153**	**HYDRAZIN, WÄSSRIGE LÖSUNG, mit mehr als 37 Masse-% Hydrazin** *
		HYDRAZIN-HYDRAT *
2031	**157**	**SALPETER-SÄURE, andere als rotrauchende** *
2032	**157**	**SALPETER-SÄURE, ROTRAUCHEND** *
2033	**154**	**KALIUM-MON-OXID** *
2034	**115**	WASSERSTOFF UND METHAN, GEMISCH, VERDICHTET
2035	**115**	1,1,1-TRI-FLUOR-ETHAN (GAS ALS KÄLTEMITTEL R 143a)
2036	**120**	**XENON** *
2037	**115**	GEFÄSSE, KLEIN, MIT GAS, ohne Entnahmeeinrichtung, nicht wiederbefüllbar
2038	**152**	**DI-NITRO-TOLUENE, FLÜSSIG** *
2044	**115**	**2,2-DI-METHYL-PROPAN** *
2045	**130**	**ISO-BUTYL-ALDEHYD** *
		ISO-BUTYR-ALDEHYD *
2046	**130**	**CYMENE** *
2047	**129**	DI-CHLOR-PROPENE
2048	**130P**	**DI-CYCLO-PENTADIEN** *
2049	**130**	**DI-ETHYL-BENZEN** *
2050	**128**	**DI-ISO-BUTYLEN, ISOMERE VERBINDUNGEN** *
2051	**132**	**DI-METHYL-AMINO-ETHANOL** *
2052	**128**	**DI-PENTEN** *
2053	**129**	METHYL-ISO-BUTYL-CARBINOL
2054	**132**	**MORPHOLIN** *
2055	**128P**	**STYREN-MONOMER, STABILISIERT** *
2056	**127**	**TETRA-HYDRO-FURAN** *
2057	**128**	TRI-PROPYLEN
2058	**129**	VALER-ALDEHYD
2059	**127**	NITRO-CELLULOSE-LÖSUNG, ENTZÜNDBAR
2067	**140**	AMMONIUM-NITRAT-HALTIGES DÜNGEMITTEL
2071	**140**	AMMONIUM-NITRAT-HALTIGES DÜNGEMITTEL
2073	**125**	**AMMONIAK-LÖSUNG, in Wasser, relative Dichte kleiner als 0,880 bei 15 °C, mit mehr als 35 %, aber höchstens 50 % Ammoniak** *
2074	**153P**	**ACRYL-AMID, FEST** *
2075	**153**	**CHLORAL, WASSERFREI, STABILISIERT** *
2076	**153**	**CRESOLE, FLÜSSIG** *
2077	**153**	**alpha-NAPHTHYL-AMIN** *
2078	**156**	**TOLUOLEN-DI-ISO-CYANAT** *
		TDI *
2079	**154**	**DI-ETHYLEN-TRI-AMIN** *

2100

UN-Nr.	Merkblatt	Stoffname
2186	**125**	**CHLOR-WASSERSTOFF, TIEFGEKÜHLT, FLÜSSIG** *

* **Beachte bei Leckage grüne Seiten zur Berechnung bzw. Abschätzung von Absperrungen**
W **Absperrungen wegen Atemgiften bei Leckage in Wasser gemäß grünen Seiten durchführen**
n nicht anderweitig genannt

UN-Nr.	Merkblatt	Stoffname
2187	**120**	**KOHLEN-DI-OXID, TIEFGEKÜHLT, FLÜSSIG** *
2188	**119**	**ARSEN-WASSERSTOFF** *
		ARSIN *
2189	**119**	**DI-CHLOR-SILAN** *
2190	**124**	**SAUERSTOFF-DI-FLUORID, VERDICHTET** *
2191	**123**	**SULFURYL-FLUORID** *
2192	**119**	**GERMAN** *
		GERMANIUM-WASSERSTOFF *
2193	**126**	**HEXA-FLUOR-ETHAN (GAS ALS KÄLTEMITTEL R 116)** *
2194	**125**	**SELEN-HEXA-FLUORID** *
2195	**125**	**TELLUR-HEXA-FLUORID** *
2196	**125**	**WOLFRAM-HEXA-FLUORID** *
2197	**125**	**IOD-WASSERSTOFF, WASSERFREI** *
2198	**125**	**PHOSPHOR-PENTA-FLUORID** *
2199	**119**	**PHOSPHOR-WASSERSTOFF** *
		PHOSPHIN *

2200

UN-Nr.	Merkblatt	Stoffname
2200	**116P**	**PROPADIEN, STABILISIERT** *
2201	**122**	**DI-STICKSTOFF-MON-OXID, TIEFGEKÜHLT, FLÜSSIG** *
2202	**117**	**SELEN-WASSERSTOFF, WASSERFREI** *
2203	**116**	**SILICIUM-WASSERSTOFF** *
		SILAN *
2204	**119**	**CARBONYL-SULFID** *
2205	**153**	**ADIPO-NITRIL** *
2206	**156**	ISO-CYANATE, GIFTIG, N.A.G. [n]
		ISO-CYANAT-LÖSUNG, GIFTIG, N.A.G. [n]
2208	**140**	**CALCIUM-HYPO-CHLORIT-MISCHUNG, TROCKEN, mit mehr als 10 %, aber höchstens 39 % aktivem Chlor** *
2209	**153**	**FORM-ALDEHYD-LÖSUNG mit mindestens 25 % Form-aldehyd** *
2210	**135**	MANEB
		MANEB-ZUBEREITUNGEN, mit mindestens 60 Masse-% Maneb
2211	**171**	SCHÄUMBARE POLYMER-KÜGELCHEN, entzündbare Dämpfe abgebend
2212	**171**	ASBEST, AMPHIBOL (Amosit, Tremolit Aktinolith, Anthophyllit, Krokydolith)
2213	**133**	**PARA-FORM-ALDEHYD** *
2214	**156**	PHTHAL-SÄURE-ANHYDRID, mit mehr als 0,05 % Malein-säure-anhydrid
2215	**156**	**MALEIN-SÄURE-ANHYDRID, GESCHMOLZEN** *
2216	**171**	Fischabfälle, stabilisiert
		Fischmehl, stabilisiert
2217	**135**	ÖL-SAAT-KUCHEN, mit höchstens 1,5 Masse-% Öl und höchstens 11 Masse-% Feuchtigkeit
2218	**132P**	**ACROLEIN-SÄURE, STABILISIERT** *
2219	**129**	ALLYL-GLYCIDYL-ETHER
2222	**128**	**ANISOL** *
2224	**152**	**BENZO-NITRIL** *
2225	**156**	**BENZOL-SULFONYL-CHLORID** *
2226	**156**	**BENZO-TRI-CHLORID** *
2227	**130P**	**normal-BUTYL-METH-ACRYLAT, STABILISIERT** *
2232	**153**	**2-CHLOR-ETHANAL** *
2233	**152**	CHLOR-ANISIDINE
2234	**130**	**CHLOR-BENZO-TRI-FLUORIDE** *
2235	**153**	CHLOR-BENZYL-CHLORIDE, FLÜSSIG
2236	**156**	3-CHLOR-4-METHYL-PHENYL-ISO-CYANAT, FLÜSSIG
2237	**153**	CHLOR-NITRO-ANILINE
2238	**129**	CHLOR-TOLUENE
2239	**153**	CHLOR-TOLUIDINE, FEST
2240	**154**	CHROM-SCHWEFEL-SÄURE
2241	**128**	CYCLO-HEPTAN
2242	**128**	CYCLO-HEPTEN
2243	**130**	CYCLO-HEXYL-ACETAT
2244	**129**	CYCLO-PENTANOL
2245	**128**	**CYCLO-PENTANON** *
2246	**128**	CYCLO-PENTEN
2247	**128**	**normal-DECAN** *
2248	**132**	**DI-normal-BUTYL-AMIN** *
2249	**131**	**DI-CHLOR-DI-METHYL-ETHER, SYMMETRISCH** *
2250	**156**	**DI-CHLOR-PHENYL-ISO-CYANATE** *
2251	**128P**	NORBORNAN-2,5-DIEN, STABILISIERT
		BI-CYCLO-[2,2,1]-HEPTA-2,5-DIEN, STABILISIERT
2252	**127**	**1,2-DI-METH-OXY-ETHAN** *
2253	**153**	**N,N-DI-METHYL-ANILIN** *
2254	**133**	STURMZÜNDHÖLZER
2256	**130**	**CYCLO-HEXEN** *
2257	**138X**	**KALIUM** *
2258	**132**	**1,2-PROPYLEN-DI-AMIN** *
2259	**153**	**TRI-ETHYLEN-TETR-AMIN** *
2260	**132**	**TRI-PROPYL-AMIN** *
2261	**153**	XYLENOLE, FEST
2262	**156**	**N,N-DI-METHYL-CARBAMOYL-CHLORID** *
2263	**128**	**DI-METHYL-CYCLO-HEXANE** *
2264	**132**	**N,N-DI-METHYL-CYCLO-HEXYL-AMIN** *
2265	**129**	**N,N-DI-METHYL-FORM-AMID** *
2266	**132**	DI-METHYL-N-PROPYL-AMIN

* **Beachte bei Leckage grüne Seiten zur Berechnung bzw. Abschätzung von Absperrungen**

[n] nicht anderweitig genannt

UN-Nr.	Merkblatt	Stoffname
2267	**156**	**DI-METHYL-THIO-PHOSPHORYL-CHLORID** *
2269	**153**	**3,3'-IMINO-BIS-PROPYL-AMIN** *
2270	**132**	**ETHYL-AMIN, WÄSSERIGE LÖSUNG, mit mindestens 50 Masse-% und höchstens 70 Masse-% Ethyl-amin** *
2271	**128**	**ETHYL-AMYL-KETON** *
2272	**153**	N-ETHYL-ANILIN
2273	**153**	2-ETHYL-ANILIN
2274	**153**	N-ETHYL-N-BENZYL-ANILIN
2275	**129**	2-ETHYL-BUTANOL
2276	**132**	2-ETHYL-HEXYL-AMIN
2277	**130P**	**ETHYL-METH-ACRYLAT, STABILISIERT** *
2278	**128**	**normal-HEPTEN** *
2279	**151**	**HEXA-CHLOR-BUTADIEN** *
2280	**153**	HEXA-METHYLEN-DI-AMIN, FEST
2281	**156**	HEXA-METHYLEN-DI-ISO-CYANAT
2282	**129**	HEXANOLE
2283	**130P**	ISO-BUTYL-METH-ACRYLAT, STABILISIERT
2284	**131**	**ISO-BUTYRO-NITRIL** *
2285	**155**	**ISO-CYANATO-BENZO-TRI-FLUORIDE** *
2286	**128**	PENTA-METHYL-HEPTAN
2287	**128**	ISO-HEPTENE
2288	**128**	ISO-HEXENE
2289	**153**	ISO-PHORON-DI-AMIN
2290	**156**	**ISO-PHORON-DI-ISO-CYANAT** *
2291	**151**	BLEI-VERBINDUNG, LÖSLICH, N.A.G. [n]
2293	**128**	4-METH-OXY-4-METHYL-PENTAN-2-ON
2294	**153**	**N-METHYL-ANILIN** *
2295	**131**	METHYL-CHLOR-ACETAT
2296	**128**	**METHYL-CYCLO-HEXAN** *
2297	**128**	METHYL-CYCLO-HEXANON
2298	**128**	**METHYL-CYCLO-PENTAN** *
2299	**156**	METHYL-DI-CHLOR-ACETAT

2300

UN-Nr.	Merkblatt	Stoffname
2300	**153**	2-METHYL-5-ETHYL-PYRIDIN
2301	**128**	**2-METHYL-FURAN** *
2302	**127**	**5-METHYL-HEXAN-2-ON** *
2303	**128**	**ISO-PROPENYL-BENZEN** *
2304	**133**	**NAPHTHALEN, GESCHMOLZEN** *
2305	**153**	NITRO-BENZEN-SULFON-SÄURE
2306	**152**	NITRO-BENZO-TRI-FLUORIDE, FLÜSSIG
2307	**152**	3-NITRO-4-CHLOR-BENZO-TRI-FLUORID
2308	**157X**	***NITROSYL-SCHWEFEL-SÄURE, FLÜSSIG*** * [W]
2309	**128P**	OCTA-DIENE
2310	**131**	**PENTAN-2,4-DION** *
2311	**153**	PHENETIDINE
2312	**153**	**PHENOL, GESCHMOLZEN** *
2313	**129**	PICOLINE
2315	**171**	POLY-CHLORIERTE BI-PHENYLE, FLÜSSIG
2316	**157**	NATRIUM-KUPFER-(1)-CYANID, FEST
2317	**157**	NATRIUM-KUPFER-(1)-CYANID, LÖSUNG
2318	**135**	**NATRIUM-HYDROGEN-SULFID, mit weniger als 25 % Kristallwasser** *
2319	**128**	TERPEN-KOHLEN-WASSERSTOFFE, N.A.G. [n]
2320	**153**	**TETRA-ETHYLEN-PENT-AMIN** *
2321	**153**	**TRI-CHLOR-BENZENE, FLÜSSIG** *
2322	**152**	TRI-CHLOR-BUTEN
2323	**130**	**TRI-ETHYL-PHOSPHIT** *
2324	**128**	TRI-ISO-BUTYLEN
2325	**129**	**1,3,5-TRI-METHYL-BENZEN** *
2326	**153**	TRI-METHYL-CYCLO-HEXYL-AMIN
2327	**153**	TRI-METHYL-HEXA-METHYLEN-DI-AMINE
2328	**156**	TRI-METHYL-HEXA-METHYLEN-DI-ISO-CYANAT (und isomere Gemische)
2329	**130**	**TRI-METHYL-PHOSPHIT** *
2330	**128**	**UNDECAN** *
2331	**154**	**ZINK-CHLORID, WASSERFREI** *
2332	**129**	ACET-ALDEHYD-OXIM
2333	**131**	**ALLYL-ACETAT** *
2334	**131**	**ALLYL-AMIN** *
2335	**131**	ALLYL-ETHYL-ETHER
2336	**131**	**ALLYL-FORMIAT** *
2337	**131**	**PHENYL-MERCAPTAN** *
2338	**127**	**BENZO-TRI-FLUORID** *
2339	**130**	2-BROM-BUTAN
2340	**130**	2-BROM-ETHYL-ETHYL-ETHER
2341	**130**	**1-BROM-3-METHYL-BUTAN** *
2342	**130**	BROM-METHYL-PROPANE
2343	**130**	2-BROM-PENTAN
2344	**129**	BROM-PROPANE
2345	**130**	**3-BROM-PROPIN** *
2346	**127**	**BUTAN-DION** *
2347	**130**	BUTYL-MERCAPTAN
2348	**129P**	**BUTYL-ACRYLATE, STABILISIERT** *
2350	**127**	BUTYL-METHYL-ETHER
2351	**129**	BUTYL-NITRITE
2352	**127P**	BUTYL-VINYL-ETHER, STABILISIERT
2353	**155**	***BUTYRYL-CHLORID*** [W]
2354	**131**	CHLOR-METHYL-ETHYL-ETHER
2356	**129**	**2-CHLOR-PROPAN** *
2357	**132**	**CYCLO-HEXYL-AMIN** *
2358	**128P**	**CYCLO-OCTA-TETRA-EN** *
2359	**132**	DI-ALLYL-AMIN
2360	**131P**	DI-ALLYL-ETHER
2361	**132**	**DI-ISO-BUTYL-AMIN** *
2362	**130**	**1,1-DI-CHLOR-ETHAN** *

* **Beachte bei Leckage grüne Seiten zur Berechnung bzw. Abschätzung von Absperrungen**
[W] **Absperrungen wegen Atemgiften bei Leckage in Wasser gemäß grünen Seiten durchführen**
[n] nicht anderweitig genannt

UN-Nr.	Merkblatt	Stoffname
2363	**129**	**ETHYL-MERCAPTAN** *
2364	**128**	**normal-PROPYL-BENZEN** *
2366	**128**	**DI-ETHYL-CARBONAT** *
2367	**130**	alpha-METHYL-VALER-ALDEHYD
2368	**128**	alpha-PINEN
2370	**128**	**HEX-1-EN** *
2371	**128**	ISO-PENTENE
2372	**129**	**1,2-DI-(DI-METHYL-AMINO)-ETHAN** *
2373	**127**	DI-ETHOXY-METHAN
2374	**127**	3,3-DI-ETHOXY-PROPEN
2375	**129**	DI-ETHYL-SULFID
2376	**127**	**2,3-DI-HYDRO-PYRAN** *
2377	**127**	1,1-DI-METH-OXY-ETHAN
2378	**131**	2-DI-METHYL-AMINO-ACETO-NITRIL
2379	**132**	1,3-DI-METHYL-BUTYL-AMIN
2380	**127**	**DI-METHYL-DI-ETHOXY-SILAN** *
2381	**131**	**DI-METHYL-DI-SULFID** *
2382	**131**	**DI-METHYL-HYDRAZIN, SYMMETRISCH** *
2383	**132**	**DI-PROPYL-AMIN** *
2384	**127**	DI-normal-PROPYL-ETHER
2385	**129**	ETHYL-ISO-BUTYRAT
2386	**132**	1-ETHYL-PIPERIDIN
2387	**130**	**FLUOR-BENZEN** *
2388	**130**	FLUOR-TOLUENE
2389	**128**	**FURAN** *
2390	**129**	2-IOD-BUTAN
2391	**129**	IOD-METHYL-PROPANE
2392	**129**	IOD-PROPANE
2393	**129**	ISO-BUTYL-FORMIAT
2394	**129**	ISO-BUTYL-PROPIONAT
2395	**155**	***ISO-BUTYRYL-CHLORID*** [W]
2396	**131P**	**METH-ACRYL-ALDEHYD, STABILISIERT** *
2397	**127**	**3-METHYL-BUTAN-2-ON** *
2398	**127**	**METHYL-tertiär-BUTYL-ETHER** *
2399	**132**	1-METHYL-PIPERIDIN

2400

UN-Nr.	Merkblatt	Stoffname
2400	**130**	METHYL-ISO-VALERAT
2401	**132**	**PIPERIDIN** *
2402	**130**	**PROPAN-THIOLE** *
2403	**129P**	ISO-PROPENYL-ACETAT
2404	**131**	**PROPIO-NITRIL** *
2405	**129**	ISO-PROPYL-BUTYRAT
2406	**127**	ISO-PROPYL-ISO-BUTYRAT
2407	**155**	**ISO-PROPYL-CHLOR-FORMIAT** *
2409	**129**	ISO-PROPYL-PROPIONAT
2410	**129**	**1,2,3,6-TETRA-HYDRO-PYRIDIN** *
2411	**131**	**BUTYRO-NITRIL** *
2412	**130**	TETRA-HYDRO-THIOPHEN

UN-Nr.	Merkblatt	Stoffname
2413	**128**	**TETRA-PROPYL-ORTHO-TITANAT** *
2414	**130**	THIOPHEN
2416	**129**	**TRI-METHYL-BORAT** *
2417	**125**	**CARBONYL-FLUORID** *
2418	**125**	**SCHWEFEL-TETRA-FLUORID** *
2419	**116**	**BROM-TRI-FLUOR-ETHYLEN** *
2420	**125**	**HEXA-FLUOR-ACETON** *
2421	**124**	**DI-STICKSTOFF-TRI-OXID** *
2422	**126**	OCTA-FLUOR-BUT-2-EN (GAS ALS KÄLTEMITTEL R 1318)
2424	**126**	OCTA-FLUOR-PROPAN (GAS ALS KÄLTEMITTEL R 218)
2426	**140**	**AMMONIUM-NITRAT, FLÜSSIG, (heiße konzentrierte Lösung)** *
2427	**140**	**KALIUM-CHLORAT, WÄSSERIGE LÖSUNG** *
2428	**140**	**NATRIUM-CHLORAT, WÄSSERIGE LÖSUNG** *
2429	**140**	CALCIUM-CHLORAT, WÄSSERIGE LÖSUNG
2430	**153**	ALKYL-PHENOLE, FEST, N.A.G.[n], (einschließlich C_2–C_{12}-Homologe)
2431	**153**	**ANISIDINE** *
2432	**153**	**N,N-DI-ETHYL-ANILIN** *
2433	**152**	CHLOR-NITRO-TOLUENE, FLÜSSIG
2434	**156X**	***DI-BENZYL-DI-CHLOR-SILAN*** [W]
2435	**156X**	***ETHYL-PHENYL-DI-CHLOR-SILAN*** [W]
2436	**129**	**THIO-ESSIG-SÄURE** *
2437	**156X**	***METHYL-PHENYL-DI-CHLOR-SILAN*** * [W]
2438	**131**	**TRI-METHYL-ACETYL-CHLORID** *
2439	**154**	**NATRIUM-HYDROGEN-DI-FLUORID** *
2440	**154**	ZINN-TETRA-CHLORID-PENTA-HYDRAT
2441	**135**	**TITAN-TRI-CHLORID, PYROPHOR** * **TITAN-TRI-CHLORID-MISCHUNGEN, PYROPHOR** *
2442	**156X**	**TRI-CHLOR-ACETYL-CHLORID** *
2443	**137**	**VANADIUM-OXY-TRI-CHLORID** *
2444	**137X**	**VANADIUM-TETRA-CHLORID** *
2446	**153**	NITRO-CRESOLE, FEST
2447	**136**	**PHOSPHOR, WEISS, GESCHMOLZEN** *
2448	**133**	SCHWEFEL, GESCHMOLZEN
2451	**122**	**STICKSTOFF-TRI-FLUORID** *
2452	**116P**	ETHYL-ACETYLEN, STABILISIERT
2453	**115**	ETHYL-FLUORID (GAS ALS KÄLTEMITTEL R 161)
2454	**115**	**METHYL-FLUORID (GAS ALS KÄLTEMITTEL R 41)** *
2455	**116**	METHYL-NITRIT
2456	**130P**	**2-CHLOR-PROPEN** *
2457	**128**	2,3-DI-METHYL-BUTAN
2458	**130**	HEXADIENE

* **Beachte bei Leckage grüne Seiten zur Berechnung bzw. Abschätzung von Absperrungen**
W **Absperrungen wegen Atemgiften bei Leckage in Wasser gemäß grünen Seiten durchführen**
n nicht anderweitig genannt

UN-Nr.	Merkblatt	Stoffname
2459	**128**	**2-METHYL-BUT-1-EN** *
2460	**128**	**2-METHYL-BUT-2-EN** *
2461	**128**	METHYL-PENTADIENE
2463	**138**	ALUMINIUM-HYDRID
2464	**141**	**BERYLLIUM-NITRAT** *
2465	**140**	DI-CHLOR-ISO-CYANUR-SÄURE, TROCKEN
		DI-CHLOR-ISO-CYANUR-SÄURE-SALZE
2466	**143**	KALIUM-SUPER-OXID
2468	**140**	**TRI-CHLOR-ISO-CYANUR-SÄURE, TROCKEN** *
2469	**140**	ZINK-BROMAT
2470	**152**	**PHENYL-ACETO-NITRIL, FLÜSSIG** *
2471	**154**	**OSMIUM-TETR-OXID** *
2473	**154**	NATRIUM-ARSANILAT
2474	**156**	**THIO-PHOSGEN** *
2475	**157**	VANADIUM-TRI-CHLORID
2477	**131**	**METHYL-ISO-THIO-CYANAT** *
2478	**155**	**ISO-CYANATE, ENTZÜNDBAR, GIFTIG, N.A.G.** [n] *
		ISO-CYANAT, LÖSUNG, ENTZÜNDBAR, GIFTIG, N.A.G. [n] *
2480	**155P**	**METHYL-ISO-CYANAT** *
2481	**155**	**ETHYL-ISO-CYANAT** *
2482	**155P**	**normal-PROPYL-ISO-CYANAT** *
2483	**155P**	**ISO-PROPYL-ISO-CYANAT** *
2484	**155**	**tertiär-BUTYL-ISO-CYANAT** *
2485	**155P**	**normal-BUTYL-ISO-CYANAT** *
2486	**155P**	**ISO-BUTYL-ISO-CYANAT** *
2487	**155**	**PHENYL-ISO-CYANAT** *
2488	**155**	**CYCLO-HEXYL-ISO-CYANAT** *
2490	**153**	**DI-CHLOR-ISO-PROPYL-ETHER** *
2491	**153**	**ETHANOL-AMIN** *
		ETHANOL-AMIN, LÖSUNG *
2493	**132**	**HEXA-METHYLEN-IMIN** *
2495	**144**	***IOD-PENTA-FLUORID*** [W]
2496	**156**	**PROPION-SÄURE-ANHYDRID** *
2498	**129**	1,2,3,6-TETRA-HYDRO-BENZ-ALDEHYD

2500

UN-Nr.	Merkblatt	Stoffname
2501	**152**	TRIS-(1-AZIRIDINYL)-PHOSPHIN-OXID, LÖSUNG
2502	**132**	VALERYL-CHLORID
2503	**137**	**ZIRKONIUM-TETRA-CHLORID** *
2504	**159**	**TETRA-BROM-ETHAN** *
2505	**154**	**AMMONIUM-FLUORID** *
2506	**154**	**AMMONIUM-HYDROGEN-SULFAT** *
2507	**154**	**HEXA-CHLOR-PLATIN-SÄURE, FEST** *
2508	**156**	**MOLYBDÄN-PENTA-CHLORID** *
2509	**154**	**KALIUM-HYDROGEN-SULFAT** *
2511	**153**	alpha-CHLOR-PROPION-SÄURE
2512	**152**	AMINO-PHENOLE (ortho-, meta-, para)
2513	**156X**	BROM-ACETYL-BROMID
2514	**130**	**BROM-BENZEN** *
2515	**159**	**BROM-O-FORM** *
2516	**151**	TETRA-BROM-KOHLENSTOFF
2517	**115**	**1-CHLOR-1,1-DI-FLUOR-ETHAN (GAS ALS KÄLTEMITTEL R 142b)** *
2518	**153**	1,5,9-CYCLO-DODECA-TRIEN
2520	**130P**	CYCLO-OCTA-DIENE
2521	**131P**	**DI-KETEN, STABILISIERT** *
2522	**153P**	2-DI-METHYL-AMINO-ETHYL-METH-ACRYLAT, STABILISIERT
2524	**129**	ETHYL-ORTHO-FORMIAT
2525	**156**	**ETHYL-OXALAT** *
2526	**132**	FURFURYL-AMIN
2527	**129P**	ISO-BUTYL-ACRYLAT, STABILISIERT
2528	**130**	**ISO-BUTYL-ISO-BUTYRAT** *
2529	**132**	**ISO-BUTTERSÄURE** *
2531	**153P**	**METH-ACRYL-SÄURE, STABILISIERT** *
2533	**156**	METHYL-TRI-CHLOR-ACETAT
2534	**119**	**METHYL-CHLOR-SILAN** *
2535	**132**	**4-METHYL-MORPHOLIN** *
		N-METHYL-MORPHOLIN *
2536	**127**	**METHYL-TETRA-HYDRO-FURAN** *
2538	**133**	NITRO-NAPHTHALEN
2541	**128**	TERPINOLEN
2542	**153**	**TRI-BUTYL-AMIN** *
2545	**135**	**HAFNIUM-PULVER, TROCKEN** *
2546	**135**	**TITAN-PULVER, TROCKEN** *
2547	**143**	NATRIUM-SUPER-OXID
2548	**124**	**CHLOR-PENTA-FLUORID** *
2552	**151**	**HEXA-FLUOR-ACETON-HYDRAT, FLÜSSIG** *
2554	**130P**	**METHYL-ALLYL-CHLORID** *
2555	**113**	NITRO-CELLULOSE MIT mindestens 25 Masse-% WASSER
2556	**113**	NITRO-CELLULOSE MIT mindestens 25 Masse-% ALKOHOL und höchstens 12,6 % Stickstoff in der Trockenmasse
2557	**133**	NITRO-CELLULOSE, MISCHUNG mit höchstens 12,6 % Stickstoff in der Trockenmasse, MIT oder OHNE PLASTIFIZIERUNGSMITTEL, MIT oder OHNE PIGMENT
2558	**131**	**EPI-BROM-HYDRIN** *
2560	**129**	2-METHYL-PENTAN-2-OL
2561	**128**	3-METHYL-BUT-1-EN
2564	**153**	**TRI-CHLOR-ESSIG-SÄURE, LÖSUNG** *
2565	**153**	DI-CYCLO-HEXYL-AMIN

* **Beachte bei Leckage grüne Seiten zur Berechnung bzw. Abschätzung von Absperrungen**
W **Absperrungen wegen Atemgiften bei Leckage in Wasser gemäß grünen Seiten durchführen**
n nicht anderweitig genannt

UN-Nr.	Merkblatt	Stoffname
2567	**154**	**NATRIUM-PENTA-CHLOR-PHENOLAT** *
2570	**154**	CADMIUM-VERBINDUNG
2571	**156**	ALKYL-SCHWEFEL-SÄURE
2572	**153**	**PHENYL-HYDRAZIN** *
2573	**141**	THALLIUM-CHLORAT
2574	**151**	TRI-CRESYL-PHOSPHAT, mit mehr als 3 % ortho-Isomer
2576	**137**	PHOSPHOR-OXY-BROMID, GESCHMOLZEN
2577	**156**	PHENYL-ACETYL-CHLORID
2578	**157**	**PHOSPHOR-TRI-OXID** *
2579	**153**	**PIPERAZIN** *
2580	**154**	ALUMINIUM-BROMID, LÖSUNG
2581	**154**	**ALUMINIUM-CHLORID, LÖSUNG** *
2582	**154**	**EISEN-(3)-CHLORID, LÖSUNG** *
2583	**153**	ALKYL-SULFON-SÄUREN, FEST, mit mehr als 5 % freier Schwefelsäure
		ARYL-SULFON-SÄUREN, FEST, mit mehr als 5 % freier Schwefelsäure
2584	**153**	ALKYL-SULFON-SÄUREN, FLÜSSIG, mit mehr als 5 % freier Schwefelsäure
		ARYL-SULFON-SÄUREN, FLÜSSIG, mit mehr als 5 % freier Schwefelsäure
2585	**153**	ALKYL-SULFON-SÄUREN, FEST, mit höchstens 5 % freier Schwefelsäure
		ARYL-SULFON-SÄUREN, FEST, mit höchstens 5 % freier Schwefelsäure
2586	**153**	ALKYL-SULFON-SÄUREN, FLÜSSIG, mit höchstens 5 % freier Schwefelsäure
		ARYL-SULFON-SÄUREN, FLÜSSIG, mit höchstens 5 % freier Schwefelsäure
2587	**153**	**BENZO-CHINON** *
2588	**151**	PESTIZID, FEST, GIFTIG, N.A.G. [n]
2589	**155**	VINYL-CHLOR-ACETAT
2590	**171**	ASBEST, CHRYSOTIL
2591	**120**	**XENON, TIEFGEKÜHLT, FLÜSSIG** *
2599	**126**	CHLOR-TRI-FLUOR-METHAN UND TRI-FLUOR-METHAN, AZEOTROPES GEMISCH mit ca. 60 % Chlor-tri-fluor-methan (GAS ALS KÄLTEMITTEL R 503)
2600		
2601	**115**	CYCLO-BUTAN
2602	**126**	DI-CHLOR-DI-FLUOR-METHAN UND 1,1-DI-FLUOR-ETHAN, AZEOTROPES GEMISCH mit ca. 74 % Di-chlor-tri-fluor-methan (GAS ALS KÄLTEMITTEL R 500)
2603	**131**	CYCLO-HEPTA-TRIEN
2604	**132**	**BOR-TRI-FLUORID-DI-ETHYL-ETHERAT** *
2605	**155**	**METH-OXY-METHYL-ISO-CYANAT** *
2606	**155**	**METHYL-ORTHO-SILICAT** *
2607	**129P**	ACROLEIN-DIMER, STABILISIERT
2608	**129**	NITRO-PROPANE
2609	**156**	TRI-ALLYL-BORAT
2610	**132**	TRI-ALLYL-AMIN
2611	**131**	1-CHLOR-PROPAN-2-OL
2612	**127**	METHYL-PROPYL-ETHER
2614	**129**	METH-ALLYL-ALKOHOL
2615	**127**	ETHYL-PROPYL-ETHER
2616	**129**	TRI-ISO-PROPYL-BORAT
2617	**129**	METHYL-CYCLO-HEXANOLE, entzündbar
2618	**130P**	VINYL-TOLUENE, STABILISIERT
2619	**132**	**BENZYL-DI-METHYL-AMIN** *
2620	**130**	AMYL-BUTYRATE
2621	**127**	ACETYL-METHYL-CARBINOL
2622	**131P**	**GLYCID-ALDEHYD** *
2623	**133**	FEUERANZÜNDER, FEST, mit entzündbarem flüssigem Stoff getränkt
2624	**138**	MAGNESIUM-SILICID
2626	**140**	CHLOR-SÄURE, WÄSSRIGE LÖSUNG, mit höchstens 10 % Chlor-säure
2627	**140**	NITRITE, ANORGANISCHE, N.A.G. [n]
2628	**151**	KALIUM-FLUOR-ACETAT
2629	**151**	**NATRIUM-FLUOR-ACETAT** *
2630	**151**	SELENATE
		SELENITE
2642	**154**	**FLUOR-ESSIG-SÄURE** *
2643	**153**	**METHYL-BROM-ACETAT** *
2644	**151**	**METHYL-IODID** *
2645	**153**	PHEN-ACYL-BROMID
2646	**151**	**HEXA-CHLOR-CYCLO-PENTADIEN** *
2647	**153**	**MALONO-NITRIL** *
2648	**154**	1,2-DI-BROM-BUTAN-3-ON
2649	**153**	**1,3-DI-CHLOR-ACETON** *
2650	**153**	1,1-DI-CHLOR-1-NITRO-ETHAN
2651	**153**	**4,4-DI-AMINO-DI-PHENYL-METHAN** *
2653	**156**	BENZYL-IODID
2655	**151**	**KALIUM-FLUOR-SILICAT** *
2656	**154**	**CHINOLIN** *
2657	**153**	**SELEN-DI-SULFID** *
2659	**151**	**NATRIUM-CHLOR-ACETAT** *
2660	**153**	NITRO-TOLUIDINE (MONO)
2661	**153**	**HEXA-CHLOR-ACETON** *
2664	**160**	**DI-BROM-METHAN** *
2667	**152**	BUTYL-TOLUENE
2668	**131**	**CHLOR-ACETO-NITRIL** *
2669	**152**	CHLOR-CRESOLE, LÖSUNG
2670	**157**	**CYANUR-CHLORID** *
2671	**153**	AMINO-PYRIDINE (ortho-, meta-, para)

*** Beachte bei Leckage grüne Seiten zur Berechnung bzw. Abschätzung von Absperrungen**

[n] nicht anderweitig genannt

UN-Nr.	Merkblatt	Stoffname
2672	**154**	**AMMONIAK-LÖSUNG, in Wasser, relative Dichte zwischen 0,880 und 0,957 bei 15 °C, mit mehr als 10 %, aber höchstens 35 % Ammoniak** *
2673	**151**	2-AMINO-4-CHLOR-PHENOL
2674	**154**	**NATRIUM-FLUOR-SILICAT** *
2676	**119**	**ANTIMON-WASSERSTOFF** *
		STIBIN *
2677	**154**	**RUBIDIUM-HYDROXID-LÖSUNG** *
2678	**154**	**RUBIDIUM-HYDROXID** *
2679	**154**	**LITHIUM-HYDROXID-LÖSUNG** *
2680	**154**	LITHIUM-HYDROXID
2681	**154**	**CAESIUM-HYDROXID-LÖSUNG** *
2682	**157**	**CAESIUM-HYDROXID** *
2683	**132**	**AMMONIUM-SULFID, LÖSUNG** *
2684	**132**	**3-DI-ETHYL-AMINO-PROPYL-AMIN** *
2685	**132**	N,N-DI-ETHYL-ETHYLEN-DI-AMIN
2686	**132**	**2-DI-ETHYL-AMINO-ETHANOL** *
2687	**133**	DI-CYCLO-HEXYL-AMMONIUM-NITRIT
2688	**159**	1-BROM-3-CHLOR-PROPAN
2689	**153**	**GLYCEROL-alpha-MONO-CHLOR-HYDRIN** *
2690	**152**	N,normal-BUTYL-IMID-AZOL
2691	**137**	***PHOSPHOR-PENTA-BROMID*** [W]
2692	**157X**	***BOR-TRI-BROMID*** * [W]
2693	**154**	HYDROGEN-SULFITE, WÄSSERIGE LÖSUNG, N.A.G.[n]
2698	**156**	TETRA-HYDRO-PHTHAL-SÄURE-ANHYDRIDE, mit mehr als 0,05 % Malein-säure-anhydrid
2699	**154**	**TRI-FLUOR-ESSIG-SÄURE** *

2700

UN-Nr.	Merkblatt	Stoffname
2705	**153P**	1-PENTOL
2707	**127**	DI-METHYL-DI-OXANE
2709	**128**	BUTYL-BENZENE
2710	**128**	**DI-PROPYL-KETON** *
2713	**153**	ACRIDIN
2714	**133**	ZINK-RESINAT
2715	**133**	ALUMINIUM-RESINAT
2716	**153**	**BUTIN-1,4-DIOL** *
2717	**133**	CAMPHER, synthetisch
2719	**141**	BARIUM-BROMAT
2720	**141**	**CHROM-NITRAT** *
2721	**140**	KUPFER-CHLORAT
2722	**140**	**LITHIUM-NITRAT** *
2723	**140**	MAGNESIUM-CHLORAT
2724	**140**	**MANGAN-NITRAT** *
2725	**140**	**NICKEL-NITRAT** *
2726	**140**	**NICKEL-NITRIT** *
2727	**141**	**THALLIUM-NITRAT** *
2728	**140**	**ZIRKONIUM-NITRAT** *
2729	**152**	**HEXA-CHLOR-BENZEN** *
2730	**152**	NITRO-ANISOLE, FLÜSSIG
2732	**152**	NITRO-BROM-BENZENE, FLÜSSIG
2733	**132**	AMINE, ENTZÜNDBAR, ÄTZEND, N.A.G.[n]
		POLY-AMINE, ENTZÜNDBAR, ÄTZEND, N.A.G.[n]
2734	**132**	AMINE, FLÜSSIG, ÄTZEND, ENTZÜNDBAR, N.A.G.[n]
		POLY-AMINE, FLÜSSIG, ÄTZEND, ENTZÜNDBAR, N.A.G.[n]
2735	**153**	AMINE, FLÜSSIG, ÄTZEND, N.A.G.[n]
		POLY-AMINE, FLÜSSIG, ÄTZEND, N.A.G.[n]
2738	**153**	N-BUTYL-ANILIN
2739	**156**	BUTTER-SÄURE-ANHYDRID
2740	**155**	**normal-PROPYL-CHLOR-FORMIAT** *
2741	**141**	BARIUM-HYPO-CHLORIT, mit mehr als 22 % aktivem Chlor
2742	**155**	**CHLOR-FORMIATE, GIFTIG, ÄTZEND, ENTZÜNDBAR, N.A.G.**[n] *
2743	**155**	**normal-BUTYL-CHLOR-FORMIAT** *
2744	**155**	CYCLO-BUTYL-CHLOR-FORMIAT
2745	**157**	CHLOR-METHYL-CHLOR-FORMIAT
2746	**156**	**PHENYL-CHLOR-FORMIAT** *
2747	**156**	tertiär-BUTYL-CYCLO-HEXYL-CHLOR-FORMIAT
2748	**156**	**2-ETHYL-HEXYL-CHLOR-FORMIAT** *
2749	**130**	**TETRA-METHYL-SILAN** *
2750	**153**	**1,3-DI-CHLOR-PROPAN-2-OL** *
2751	**156**	DI-ETHYL-THIO-PHOSPHORYL-CHLORID
2752	**127**	1,2-EPOXY-3-ETHOXY-PROPAN
2753	**153**	N-ETHYL-N-BENZYL-TOLUIDINE, FLÜSSIG
2754	**153**	N-ETHYL-TOLUIDINE
2757	**151**	CARBAMAT-PESTIZID, FEST, GIFTIG
2758	**131**	CARBAMAT-PESTIZID, FLÜSSIG, ENTZÜNDBAR, GIFTIG, Flammpunkt unter 23 °C
2759	**151**	ARSEN-HALTIGES-PESTIZID, FEST, GIFTIG
2760	**131**	ARSEN-HALTIGES-PESTIZID, FLÜSSIG, ENTZÜNDBAR, GIFTIG, Flammpunkt unter 23 °C
2761	**151**	ORGANO-CHLOR-PESTIZID, FEST, GIFTIG
2762	**131**	ORGANO-CHLOR-PESTIZID, FLÜSSIG, ENTZÜNDBAR, GIFTIG, Flammpunkt unter 23 °C
2763	**151**	TRIAZIN-PESTIZID, FEST, GIFTIG
2764	**131**	TRIAZIN-PESTIZID, FLÜSSIG, ENTZÜNDBAR, GIFTIG, Flammpunkt unter 23 °C

* **Beachte bei Leckage grüne Seiten zur Berechnung bzw. Abschätzung von Absperrungen**
W **Absperrungen wegen Atemgiften bei Leckage in Wasser gemäß grünen Seiten durchführen**
n nicht anderweitig genannt

UN-Nr.	Merkblatt	Stoffname
2771	**151**	THIO-CARBAMAT-PESTIZID, FEST, GIFTIG
2772	**131**	THIO-CARBAMAT-PESTIZID, FLÜSSIG, ENTZÜNDBAR, GIFTIG, Flammpunkt unter 23 °C
2775	**151**	KUPFERHALTIGES PESTIZID, FEST, GIFTIG
2776	**131**	KUPFERHALTIGES PESTIZID, FLÜSSIG, ENTZÜNDBAR, GIFTIG, Flammpunkt unter 23 °C
2777	**151**	QUECKSILBERHALTIGES PESTIZID, FEST, GIFTIG
2778	**131**	QUECKSILBERHALTIGES PESTIZID, FLÜSSIG, ENTZÜNDBAR, GIFTIG, Flammpunkt unter 23 °C
2779	**153**	SUBSTITUIERTES NITRO-PHENOL-PESTIZID, FEST, GIFTIG
2780	**131**	SUBSTITUIERTES NITRO-PHENOL-PESTIZIDE, FLÜSSIG, ENTZÜNDBAR, GIFTIG, Flammpunkt unter als 23 °C
2781	**151**	BI-PYRIDILIUM-PESTIZID, FEST, GIFTIG
2782	**131**	BI-PYRIDILIUM-PESTIZID, FLÜSSIG, ENTZÜNDBAR, GIFTIG, Flammpunkt unter als 23 °C
2783	**152**	ORGANO-PHOSPHOR-PESTIZID, FEST, GIFTIG
2784	**131**	ORGANO-PHOSPHOR-PESTIZID, FLÜSSIG, ENTZÜNDBAR, GIFTIG, Flammpunkt unter als 23 °C
2785	**152**	4-THIO-PENTANAL
2786	**153**	ORGANO-ZINN-PESTIZID, FEST, GIFTIG
2787	**131**	ORGANO-ZINN-PESTIZID, FLÜSSIG, ENTZÜNDBAR, GIFTIG, Flammpunkt unter 23 °C
2788	**153**	ORGANISCHE ZINN-VERBINDUNG, FLÜSSIG, N.A.G. [n]
2789	**132**	EIS-ESSIG
		ESSIG-SÄURE, LÖSUNG, mit mehr als 80 % Säure
2790	**153**	ESSIG-SÄURE, LÖSUNG, mit mindestens 50 Masse-% und höchstens 80 Masse-% Säure
2793	**170**	METALLISCHES EISEN als BOHR-SPÄNE, FRÄS-SPÄNE, DREH-SPÄNE, ABFÄLLE, in selbsterhitzungsfähiger Form
2794	**154**	AKKUMULATOREN, NASS, GEFÜLLT MIT SÄURE, elektrische Sammler
		BATTERIEN, NASS, GEFÜLLT MIT SÄURE, elektrische Sammler
2795	**154**	BATTERIEN, NASS, GEFÜLLT MIT ALKALIEN, elektrische Sammler
		AKKUMULATOREN, NASS, GEFÜLLT MIT ALKALIEN, elektrische Sammler
2796	**157**	BATTERIE-FLÜSSIGKEIT, SAUER
2797	**154**	BATTERIE-FLÜSSIGKEIT, ALKALISCH
2798	**137**	PHENYL-PHOSPHOR-DI-CHLORID
2799	**137**	PHENYL-PHOSPHOR-THIO-DI-CHLORID
2800		
2800	**154**	AKKUMULATOREN, NASS, AUSLAUFSICHER
2801	**154**	FARBSTOFF-ZWISCHENPRODUKT, FLÜSSIG, ÄTZEND, N.A.G. [n]
		FARBSTOFF, FLÜSSIG, ÄTZEND, N.A.G. [n]
2802	**154**	KUPFER-CHLORID
2803	**172**	**GALLIUM** *
2805	**138**	**LITHIUM-HYDRID, GESCHMOLZEN UND ERSTARRT** *
2806	**139**	***LITHIUM-NITRID*** * [W]
2807	**171**	MAGNETISIERTE STOFFE
2809	**172**	**QUECKSILBER** *
2810	**153**	**GIFTIGER ORGANISCHER FLÜSSIGER STOFF, N.A.G.** [n] *
2811	**154**	**GIFTIGER ORGANISCHER FESTER STOFF, N.A.G.** [n] *
2812	**154**	**Natrium-aluminat, fest** *
2813	**138X**	MIT WASSER REAGIERENDER FESTER STOFF, N.A.G. [n]
2814	**158**	ANSTECKUNGSGEFÄHRLICHER STOFF, GEFÄHRLICH FÜR MENSCHEN
		ANSTECKUNGSGEFÄHRLICHER STOFF, GEFÄHRLICH FÜR MENSCHEN in tiefgekühlt verflüssigtem Stickstoff
		ANSTECKUNGSGEFÄHRLICHER STOFF, GEFÄHRLICH FÜR MENSCHEN (nur tierische Stoffe)
2815	**153**	**N-AMINO-ETHYL-PIPERAZIN** *
2817	**154**	**AMMONIUM-HYDROGEN-DI-FLUORID, LÖSUNG** *
2818	**154**	AMMONIUM-POLY-SULFID, LÖSUNG
2819	**153**	AMYL-PHOSPHAT
2820	**153**	BUTTER-SÄURE
2821	**153**	**PHENOL, LÖSUNG** *
2822	**153**	2-CHLOR-PYRIDIN
2823	**153**	**CROTON-SÄURE, FEST** *
2826	**155**	**ETHYL-CHLOR-THIO-FORMIAT** *
2829	**153**	**CAPRON-SÄURE** *
2830	**139**	LITHIUM-FERRO-SILICID
2831	**160**	**1,1,1-TRI-CHLOR-ETHAN** *
2834	**154**	**PHOSPHORIGE SÄURE** *
2835	**138**	**NATRIUM-ALUMINIUM-HYDRID** *
2837	**154**	HYDROGEN-SULFATE, WÄSSRIGE LÖSUNG
2838	**129P**	VINYL-BUTYRAT, STABILISIERT
2839	**153**	ALDOL
		3-HYDROXY-BUTYR-ALDEHYD

* **Beachte bei Leckage grüne Seiten zur Berechnung bzw. Abschätzung von Absperrungen**

W **Absperrungen wegen Atemgiften bei Leckage in Wasser gemäß grünen Seiten durchführen**

n nicht anderweitig genannt

UN-Nr.	Merkblatt	Stoffname
2840	**129**	BUTYR-ALD-OXIME
2841	**131**	**DI-normal-AMYL-AMIN** *
2842	**129**	**NITRO-ETHAN** *
2844	**138**	CALCIUM-MANGAN-SILICIUM
2845	**135**	**PYROPHORER ORGANISCHER FLÜSSIGER STOFF, N.A.G.** ⁿ *
2846	**135**	PYROPHORER ORGANISCHER FESTER STOFF, N.A.G. ⁿ
2849	**153**	**3-CHLOR-PROPAN-1-OL** *
2850	**128**	TETRA-PROPYLEN
		PROPYLEN-TETRA-MER
2851	**157**	**BOR-TRI-FLUORID-DI-HYDRAT** *
2852	**113**	DI-PIKRYL-SULFID, ANGEFEUCHTET, mit mindestens 10 Masse-% Wasser
2853	**151**	MAGNESIUM-FLUOR-SILICAT
2854	**151**	**AMMONIUM-FLUOR-SILICAT** *
2855	**151**	ZINK-FLUOR-SILICAT
2856	**151**	FLUOR-SILICATE, N.A.G. ⁿ
2857	**126**	KÄLTEMASCHINEN, mit nicht entzündbaren, nicht giftigen Gasen oder Ammoniak-lösungen (UN 2672)
2858	**170**	ZIRKONIUM, TROCKEN, gerollter Draht, fertige Bleche, Streifen, dünner als 254 µm, aber nicht dünner als 18 µm
2859	**154**	**AMMONIUM-META-VANADAT** *
2861	**151**	AMMONIUM-POLY-VANADAT
2862	**151**	**VANADIUM-PENT-OXID, nicht geschmolzen** *
2863	**154**	NATRIUM-AMMONIUM-VANADAT
2864	**151**	KALIUM-META-VANADAT
2865	**154**	**HYDROXYL-AMIN-SULFAT** *
2869	**157**	**TITAN-TRI-CHLORID, GEMISCH** *
2870	**135X**	ALUMINIUM-BOR-HYDRID
2871	**170**	**ANTIMON-PULVER** *
2872	**159**	DI-BROM-CHLOR-PROPANE
2873	**153**	DI-BUTYL-AMINO-ETHANOL
2874	**153**	**FURFURYL-ALKOHOL** *
2875	**151**	HEXA-CHLOROPHEN
2876	**153**	**RESORCINOL** *
2878	**170**	**TITAN-SCHWAMM-GRANULATE** *
		TITAN-SCHWAMM-PULVER *
2879	**157X**	**SELEN-OXY-CHLORID** *
2880	**140**	**CALCIUM-HYPO-CHLORIT, HYDRATISIERT** *
		CALCIUM-HYPO-CHLORIT, HYDRATISIERTE MISCHUNG, mit mindestens 5,5 %, aber höchstens 16 % Wasser *
2881	**135**	METALL-KATALYSATOR, TROCKEN

2900

UN-Nr.	Merkblatt	Stoffname
2900	**158**	ANSTECKUNGSGEFÄHRLICHER STOFF nur GEFÄHRLICH FÜR TIERE
		ANSTECKUNGSGEFÄHRLICHER STOFF nur GEFÄHRLICH FÜR TIERE, in tiefgekühlt verflüssigtem Stickstoff
		ANSTECKUNGSGEFÄHRLICHER STOFF nur GEFÄHRLICH FÜR TIERE (nur tierische Stoffe)
2901	**124**	**BROM-CHLORID** *
2902	**151**	PESTIZID, FLÜSSIG, GIFTIG, N.A.G. ⁿ
2903	**131**	PESTIZID, FLÜSSIG, GIFTIG, ENTZÜNDBAR, N.A.G. ⁿ, mit einem Flammpunkt von 23 °C oder darüber
2904	**154**	CHLOR-PHENOLATE, FLÜSSIG
		PHENOLATE, FLÜSSIG
2905	**154**	CHLOR-PHENOLATE, FEST
		PHENOLATE, FEST
2907	**133**	ISO-SORBID-DI-NITRAT, MISCHUNG, mit mindestens 60 % Lactose, Mannose, Stärke oder Calcium-hydrogen-phosphat
2908	**161**	RADIOAKTIVE STOFFE, FREIGESTELLTES VERSANDSTÜCK – LEERE VERPACKERUNG
2909	**161**	RADIOAKTIVE STOFFE, FREIGESTELLTES VERSANDSTÜCK – FABRIKATE AUS NATÜRLICHEM URAN oder AUS ABGEREICHERTEM URAN oder AUS NATÜRLICHEM THORIUM
2910	**161**	RADIOAKTIVE STOFFE, FREIGESTELLTES VERSANDSTÜCK – BEGRENZTE STOFFMENGE
2911	**161**	RADIOAKTIVE STOFFE, FREIGESTELLTES VERSANDSTÜCK – INSTRUMENTE oder FABRIKATE
2912	**162**	RADIOAKTIVE STOFFE MIT GERINGER SPEZIFISCHER AKTIVITÄT (LSA-I), nicht spaltbar oder spaltbar, freigestellt
2913	**162**	RADIOAKTIVE STOFFE, OBERFLÄCHENKONTAMINIERTE GEGENSTÄNDE (SCO-I, SCO-II oder SCO-III), nicht spaltbar oder spaltbar, freigestellt
2915	**163**	RADIOAKTIVE STOFFE, TYP A-VERSANDSTÜCK, nicht in besonderer Form, nicht spaltbar oder spaltbar, freigestellt
2916	**163**	RADIOAKTIVE STOFFE, TYP B(U)-VERSANDSTÜCK, nicht spaltbar oder spaltbar, freigestellt

*** Beachte bei Leckage grüne Seiten zur Berechnung bzw. Abschätzung von Absperrungen**

ⁿ nicht anderweitig genannt

UN-Nr.	Merkblatt	Stoffname
2917	**163**	RADIOAKTIVE STOFFE, TYP B(M)-VERSANDSTÜCK, nicht spaltbar oder spaltbar, freigestellt
2919	**163**	RADIOAKTIVE STOFFE, UNTER SONDERVEREINBARUNG BEFÖRDERT, nicht spaltbar oder spaltbar, freigestellt
2920	**132**	ÄTZENDER FLÜSSIGER STOFF, ENTZÜNDBAR, N.A.G. [n]
2921	**134**	ÄTZENDER FESTER STOFF, ENTZÜNDBAR, N.A.G. [n]
2922	**154**	ÄTZENDER FLÜSSIGER STOFF, GIFTIG, N.A.G. [n]
2923	**154**	ÄTZENDER FESTER STOFF, GIFTIG, N.A.G. [n]
2924	**132**	ENTZÜNDBARER FLÜSSIGER STOFF, ÄTZEND, N.A.G. [n]
2925	**134**	ENTZÜNDBARER ORGANISCHER FESTER STOFF, ÄTZEND, N.A.G. [n]
2926	**134**	ENTZÜNDBARER ORGANISCHER FESTER STOFF, GIFTIG, N.A.G. [n]
2927	**154**	**GIFTIGER ORGANISCHER FLÜSSIGER STOFF, ÄTZEND, N.A.G. [n] ***
2928	**154**	GIFTIGER ORGANISCHER FESTER STOFF, ÄTZEND, N.A.G. [n]
2929	**131**	GIFTIGER ORGANISCHER FLÜSSIGER STOFF, ENTZÜNDBAR, N.A.G. [n]
2930	**134**	GIFTIGER ORGANISCHER FESTER STOFF, ENTZÜNDBAR, N.A.G. [n]
2931	**151**	VANADYL-SULFAT
2933	**129**	METHYL-2-CHLOR-PROPIONAT
2934	**129**	ISO-PROPYL-2-CHLOR-PROPIONAT
2935	**129**	ETHYL-2-CHLOR-PROPIONAT
2936	**153**	THIO-MILCH-SÄURE
2937	**153**	alpha-METHYL-BENZYL-ALKOHOL, FLÜSSIG
2940	**135**	9-PHOSPHA-BI-CYCLO-NONANE CYCLO-OCTA-DIEN-PHOSPHINE
2941	**153**	FLUOR-ANILINE
2942	**153**	2-TRI-FLUORID-METHYL-ANILIN
2943	**129**	TETRA-HYDRO-FURFURYL-AMIN
2945	**132**	**N-METHYL-BUTYL-AMIN ***
2946	**153**	2-AMINO-5-DI-ETHYL-AMINO-PENTAN
2947	**127**	ISO-PROPYL-CHLOR-ACETAT
2948	**153**	**3-TRI-FLUOR-METHYL-ANILIN ***
2949	**154**	**NATRIUM-HYDROGEN-SULFID, HYDRATISIERT, mit mindestens 25 % Kristallwasser ***
2950	**138**	MAGNESIUM-GRANULATE, ÜBERZOGEN, mit einer Teilchengröße von mindesten 49 µm
2956	**149**	5-tertiär-BUTYL-2,4,6-TRI-NITRO-meta-XYLEN XYLEN-MOSCHUS
2965	**139**	***BOR-TRI-FLUORID-DI-METHYL-ETHERAT * [W]***
2966	**153**	**THIO-GLYCOL ***
2967	**154**	**SULF-AMIN-SÄURE ***
2968	**135**	MANEB, STABILISIERT MANEB-ZUBEREITUNGEN, STABILISIERT, gegen Selbstentzündung
2969	**171**	RIZINUS-SAAT RIZINUS-SAAT-KUCHEN RIZINUS-MEHL RIZINUS-FLOCKEN
2977	**166**	***RADIOAKTIVE STOFFE, URAN-HEXA-FLUORID, SPALTBAR [W]***
2978	**166**	***RADIOAKTIVE STOFFE, URAN-HEXA-FLUORID, nicht spaltbar oder spaltbar, freigestellt [W]***
2983	**131P**	ETHYLEN-OXID UND PROPYLEN-OXID, MISCHUNG, mit höchstens 30 % Ethylen-oxid
2984	**140**	**WASSERSTOFF-PER-OXID, WÄSSRIGE LÖSUNG, mit mindestens 8 %, aber weniger als 20 % Wasserstoff-per-oxid (Stabilisierung nach Bedarf) ***
2985	**155X**	***CHLOR-SILANE, ENTZÜNDBAR, ÄTZEND, N.A.G. [n] [W]***
2986	**155X**	***CHLOR-SILANE, ÄTZEND, ENTZÜNDBAR, N.A.G. [n] [W]***
2987	**156X**	***CHLOR-SILANE, ÄTZEND, N.A.G. [n] [W]***
2988	**139X**	***CHLOR-SILANE, MIT WASSER REAGIEREND, ENTZÜNDBAR, ÄTZEND, N.A.G. [n] [W]***
2989	**133**	BLEI-PHOSPHIT, ZWEIBASIG
2990	**171**	RETTUNGSMITTEL, SELBSTAUFBLASEND
2991	**131**	CARBAMAT-PESTIZID, FLÜSSIG, GIFTIG, ENTZÜNDBAR, mit einem Flammpunkt von 23 °C oder darüber
2992	**151**	CARBAMAT-PESTIZID, FLÜSSIG, GIFTIG
2993	**131**	ARSEN-HALTIGES PESTIZID, FLÜSSIG, GIFTIG, ENTZÜNDBAR, mit einem Flammpunkt von 23 °C oder darüber
2994	**151**	ARSEN-HALTIGES PESTIZID, FLÜSSIG, GIFTIG
2995	**131**	ORGANO-CHLOR-PESTIZID, FLÜSSIG, GIFTIG, ENTZÜNDBAR, mit einem Flammpunkt von 23 °C oder darüber
2996	**151**	ORGANO-CHLOR-PESTIZID, FLÜSSIG, GIFTIG
2997	**131**	TRIAZIN-PESTIZID, FLÜSSIG, GIFTIG, ENTZÜNDBAR, mit einem Flammpunkt von 23 °C oder darüber
2998	**151**	TRIAZIN-PESTIZID, FLÜSSIG, GIFTIG

* **Beachte bei Leckage grüne Seiten zur Berechnung bzw. Abschätzung von Absperrungen**
[W] **Absperrungen wegen Atemgiften bei Leckage in Wasser gemäß grünen Seiten durchführen**
[n] nicht anderweitig genannt

3000

UN-Nr.	Merkblatt	Stoffname
3002	**151**	PHENYL-HARNSTOFF-PESTIZIDE, FLÜSSIG, GIFTIG, N.A.G.[n]
3005	**131**	THIO-CARBAMAT-PESTIZIDE, FLÜSSIG, GIFTIG, ENTZÜNDBAR, mit einem Flammpunkt von 23 °C oder darüber
3006	**151**	THIO-CARBAMAT-PESTIZIDE, FLÜSSIG, GIFTIG
3009	**131**	KUPFERHALTIGES PESTIZID, FLÜSSIG, GIFTIG, ENTZÜNDBAR, mit einem Flammpunkt von 23 °C oder darüber
3010	**151**	KUPFERHALTIGES PESTIZID, FLÜSSIG, GIFTIG, N.A.G.[n]
3011	**131**	QUECKSILBER-HALTIGES PESTIZID, FLÜSSIG, GIFTIG, ENTZÜNDBAR, mit einem Flammpunkt von 23 °C oder darüber
3012	**151**	QUECKSILBER-HALTIGES PESTIZID, FLÜSSIG, GIFTIG
3013	**131**	SUBSTITUIERTES NITRO-PHENOL-PESTIZID, FLÜSSIG, GIFTIG, ENTZÜNDBAR, mit einem Flammpunkt von 23 °C oder darüber
3014	**153**	SUBSTITUIERTES NITRO-PHENOL-PESTIZID, FLÜSSIG, GIFTIG
3015	**131**	BI-PYRIDILIUM-PESTIZID, FLÜSSIG, GIFTIG, ENTZÜNDBAR, mit einem Flammpunkt von 23 °C oder darüber
3016	**151**	BI-PYRIDILIUM-PESTIZID, FLÜSSIG, GIFTIG
3017	**131**	ORGANO-PHOSPHOR-PESTIZID, FLÜSSIG, GIFTIG, ENTZÜNDBAR, mit einem Flammpunkt von 23 °C oder darüber
3018	**152**	ORGANO-PHOSPHOR-PESTIZID, FLÜSSIG, GIFTIG
3019	**131**	ORGANO-ZINN-PESTIZID, FLÜSSIG, GIFTIG, ENTZÜNDBAR, mit einem Flammpunkt von 23 °C oder darüber
3020	**153**	ORGANO-ZINN-PESTIZID, FLÜSSIG, GIFTIG
3021	**131**	PESTIZID, FLÜSSIG, ENTZÜNDBAR, GIFTIG, N.A.G.[n], Flammpunkt unter 23 °C
3022	**127P**	**1,2-BUTYLEN-OXID, STABILISIERT** *
3023	**131**	**2-METHYL-2-HEPTAN-THIOL** *
3024	**131**	CUMARIN-PESTIZID, FLÜSSIG, ENTZÜNDBAR, GIFTIG, Flammpunkt unter 23 °C
3025	**131**	CUMARIN-PESTIZID, FLÜSSIG, GIFTIG, ENTZÜNDBAR, mit einem Flammpunkt von 23 °C oder darüber
3026	**151**	CUMARIN-PESTIZID, FLÜSSIG, GIFTIG
3027	**151**	CUMARIN-PESTIZID, FEST, GIFTIG
3028	**154**	BATTERIEN, TROCKEN, KALIUM-HYDROXID, FEST, ENTHALTEND, elektrische Sammler

UN-Nr.	Merkblatt	Stoffname
3028 (Forts.)	**154**	AKKUMULATOREN, TROCKEN, KALIUM-HYDROXID, FEST, ENTHALTEND
3048	**157**	***ALUMINIUM-PHOSPHID-PESTIZID*** * [W]
3054	**129**	CYCLO-HEXYL-MERCAPTAN
3055	**154**	**2-(2-AMINO-ETHOXY)-ETHANOL** *
3056	**129**	normal-HEPT-ALDEHYD
3057	**125**	**TRI-FLUOR-ACETYL-CHLORID** *
3064	**127**	**NITRO-GLYCERIN, LÖSUNG IN ALKOHOL , mit mehr als 1 %, aber höchstens 5 % Nitro-glycerin** *
3065	**127**	ALKOHOLISCHE GETRÄNKE
3066	**153**	FARBE, (einschließlich Farbe, Lack, Emaille, Beize, Schellack, Firnis, Politur, flüssiger Füllstoff und flüssige Lackgrundlage)
		FARBZUBEHÖR-STOFFE (einschließlich Farbverdünnung und -lösemittel)
3070	**126**	ETHYLEN-OXID UND DI-CHLOR-DI-FLUOR-METHAN, GEMISCH, mit höchstens 12,5 % Ethylen-oxid
3071	**131**	MERCAPTANE, FLÜSSIG, GIFTIG, ENTZÜNDBAR, N.A.G.[n]
		MERCAPTANE, MISCHUNG, FLÜSSIG, GIFTIG, ENTZÜNDBAR, N.A.G.[n]
3072	**171**	RETTUNGSMITTEL, NICHT SELBSTAUFBLASEND, gefährliche Güter als Ausrüstung enthaltend
3073	**131P**	VINYL-PYRIDINE, STABILISIERT
3077	**171**	GEFÄHRLICHER ABFALL, FEST, N.A.G.[n]
		UMWELTGEFÄHRDENDER STOFF, FEST, N.A.G.[n]
3078	**138**	CER, Späne oder Grieß
3079	**131P**	**METH-ACRYL-NITRIL, STABILISIERT** *
3080	**155**	ISO-CYANATE, GIFTIG, ENTZÜNDBAR, N.A.G.[n]
		ISO-CYANAT, LÖSUNG, GIFTIG, ENTZÜNDBAR, N.A.G.[n]
3082	**171**	UMWELTGEFÄHRDENDER STOFF, FLÜSSIG, N.A.G.[n]
3083	**124**	**PER-CHLORYL-FLUORID** *
3084	**157**	ÄTZENDER FESTER STOFF, ENTZÜNDEND (OXIDIEREND) WIRKEND, N.A.G.[n]
3085	**140**	ENTZÜNDEND (OXIDIEREND) WIRKENDER FESTER STOFFE, ÄTZEND, N.A.G.[n]
3086	**141**	GIFTIGER FESTER STOFF, ENTZÜNDEND (OXIDIEREND) WIRKEND, N.A.G.[n]
3087	**141**	ENTZÜNDEND (OXIDIEREND) WIRKENDER FESTER STOFF, GIFTIG, N.A.G.[n]
3088	**135**	SELBST-ERHITZUNGSFÄHIGER ORGANISCHER FESTER STOFF, N.A.G.[n]
		SULFIDE, N.A.G.[n]
3089	**170**	ENTZÜNDBARES METALL-PULVER, N.A.G.[n]

* **Beachte bei Leckage grüne Seiten zur Berechnung bzw. Abschätzung von Absperrungen**
[W] **Absperrungen wegen Atemgiften bei Leckage in Wasser gemäß grünen Seiten durchführen**
[n] nicht anderweitig genannt

UN-Nr.	Merkblatt	Stoffname
3090	**138**	LITHIUM-METALL-BATTERIEN (einschließlich Batterien aus Lithium-legierung)
3091	**138**	LITHIUM-METALL-BATTERIEN IN AUSRÜSTUNGEN
		LITHIUM-METALL-BATTERIEN, MIT AUSRÜSTUNGEN VERPACKT (einschließlich Batterien mit Lithium-legierung)
3092	**129**	**1-METH-OXY-2-PROPANOL** *
3093	**157**	ÄTZENDER FLÜSSIGER STOFF, ENTZÜNDEND (OXIDIEREND) WIRKEND, N.A.G. [n]
3094	**138**	ÄTZENDER FLÜSSIGER STOFF, MIT WASSER REAGIEREND, N.A.G. [n]
3095	**136**	ÄTZENDER FESTER STOFF, SELBSTERHITZUNGSFÄHIG, N.A.G. [n]
3096	**138**	ÄTZENDER FESTER STOFF, MIT WASSER REAGIEREND, N.A.G. [n]
3097	**140**	ENTZÜNDBARER FESTER STOFF, ENTZÜNDEND (OXIDIEREND) WIRKEND, N.A.G. [n]
3098	**140**	ENTZÜNDEND (OXIDIEREND) WIRKENDER FLÜSSIGER STOFF, ÄTZEND, N.A.G. [n]
3099	**142**	ENTZÜNDEND (OXIDIEREND) WIRKENDER FLÜSSIGER STOFF, GIFTIG, N.A.G. [n]

3100

UN-Nr.	Merkblatt	Stoffname
3100	**135**	ENTZÜNDEND (OXIDIEREND) WIRKENDER FESTER STOFF, SELBSTERHITZUNGSFÄHIG, N.A.G. [n]
3101	**146**	ORGANISCHES PER-OXID, TYP B, FLÜSSIG
3102	**146**	ORGANISCHES PER-OXID, TYP B, FEST
3103	**146**	ORGANISCHES PER-OXID, TYP C, FLÜSSIG
3104	**146**	ORGANISCHES PER-OXID, TYP C, FEST
3105	**145**	ORGANISCHES PER-OXID, TYP D, FLÜSSIG
3106	**145**	ORGANISCHES PER-OXID, TYP D, FEST
3107	**145**	ORGANISCHES PER-OXID, TYP E, FLÜSSIG
3108	**145**	ORGANISCHES PER-OXID, TYP E, FEST
3109	**145**	ORGANISCHES PER-OXID, TYP F, FLÜSSIG
3110	**145**	ORGANISCHES PER-OXID, TYP F, FEST
3111	**148**	ORGANISCHES PER-OXID, TYP B, FLÜSSIG, TEMPERATURKONTROLLIERT
3112	**148**	ORGANISCHES PER-OXID, TYP B, FEST, TEMPERATURKONTROLLIERT
3113	**148**	ORGANISCHES PER-OXID, TYP C, FLÜSSIG, TEMPERATURKONTROLLIERT
3114	**148**	ORGANISCHES PER-OXID, TYP C, FEST, TEMPERATURKONTROLLIERT
3115	**148**	ORGANISCHES PER-OXID, TYP D, FLÜSSIG, TEMPERATURKONTROLLIERT
3116	**148**	ORGANISCHES PER-OXID, TYP D, FEST, TEMPERATURKONTROLLIERT
3117	**148**	ORGANISCHES PER-OXID, TYP E, FLÜSSIG, TEMPERATURKONTROLLIERT
3118	**148**	ORGANISCHES PER-OXID, TYP E, FEST, TEMPERATURKONTROLLIERT
3119	**148**	ORGANISCHES PER-OXID, TYP F, FLÜSSIG, TEMPERATURKONTROLLIERT
3120	**148**	ORGANISCHES PER-OXID, TYP F, FEST, TEMPERATURKONTROLLIERT
3121	**144**	ENTZÜNDEND (OXIDIEREND) WIRKENDER FESTER STOFF, MIT WASSER REAGIEREND, N.A.G. [n]
3122	**142**	GIFTIGER FLÜSSIGER STOFF, ENTZÜNDEND (OXIDIEREND) WIRKEND, N.A.G. [n]
3123	**139**	GIFTIGER FLÜSSIGER STOFF, MIT WASSER REAGIEREND, N.A.G. [n]
3124	**136**	GIFTIGER FESTER STOFF, SELBSTERHITZUNGSFÄHIG, N.A.G. [n]
3125	**139**	GIFTIGER FESTER STOFF, MIT WASSER REAGIEREND, N.A.G. [n]
3126	**136**	SELBST-ERHITZUNGSFÄHIGER ORGANISCHER FESTER STOFF, ÄTZEND, N.A.G. [n]
3127	**135**	SELBST-ERHITZUNGSFÄHIGER FESTER STOFF, ENTZÜNDEND (OXIDIEREND) WIRKEND, N.A.G. [n]
3128	**136**	SELBST-ERHITZUNGSFÄHIGER ORGANISCHER FESTER STOFF, GIFTIG, N.A.G. [n]
3129	**138X**	MIT WASSER REAGIERENDER FLÜSSIGER STOFF, ÄTZEND, N.A.G. [n]
3130	**139X**	MIT WASSER REAGIERENDER FLÜSSIGER STOFF, GIFTIG, N.A.G. [n]
3131	**138X**	MIT WASSER REAGIERENDER FESTER STOFF, ÄTZEND, N.A.G. [n]
3132	**138**	MIT WASSER REAGIERENDER FESTER STOFF, ENTZÜNDBAR, N.A.G. [n]
3133	**138**	MIT WASSER REAGIERENDER FESTER STOFF, ENTZÜNDEND (OXIDIEREND) WIRKEND, N.A.G. [n]
3134	**139**	MIT WASSER REAGIERENDER FESTER STOFF, GIFTIG, N.A.G. [n]
3135	**138**	MIT WASSER REAGIERENDER FESTER STOFF, SELBST-ERHITZUNGSFÄHIG, N.A.G. [n]
3136	**120**	**TRI-FLUOR-METHAN, TIEFGEKÜHLT, FLÜSSIG** *
3137	**140**	ENTZÜNDEND (OXIDIEREND) WIRKENDER FESTER STOFF, ENTZÜNDBAR, N.A.G. [n]

* **Beachte bei Leckage grüne Seiten zur Berechnung bzw. Abschätzung von Absperrungen**
[n] nicht anderweitig genannt

UN-Nr.	Merkblatt	Stoffname
3138	**115**	ETHYLEN, ACETYLEN UND PROPYLEN, GEMISCH, TIEFGEKÜHLT, FLÜSSIG, mit mindestens 71,5 % Ethylen, höchstens 22,5 % Acetylen mit höchstens 6 % Propylen
3139	**140**	ENTZÜNDEND (OXIDIEREND) WIRKENDER FLÜSSIGER STOFF, N.A.G.[n]
3140	**151**	ALKALOIDE, FLÜSSIG, N.A.G.[n]
		ALKALOID-SALZE, FLÜSSIG, N.A.G.[n]
3141	**157**	ANORGANISCHE ANTIMON-VERBINDUNGEN, FLÜSSIG, N.A.G.[n]
3142	**151**	DESINFEKTIONSMITTEL, FLÜSSIG, GIFTIG, N.A.G.[n]
3143	**151**	FARBSTOFF, FEST, GIFTIG, N.A.G.[n]
		FARBSTOFF-ZWISCHENPRODUKT, FEST, GIFTIG, N.A.G.[n]
3144	**151**	NIKOTIN-VERBINDUNG, FLÜSSIG, N.A.G.[n]
		NIKOTIN-ZUBEREITUNG, FLÜSSIG, N.A.G.[n]
3145	**153**	ALKYL-PHENOLE, FLÜSSIG, N.A.G.[n], (einschließlich C_2–C_{12}-Homologe)
3146	**153**	ORGANISCHE ZINN-VERBINDUNG, FEST, N.A.G.[n]
3147	**154**	FARBSTOFF, FEST, ÄTZEND, N.A.G.[n]
		FARBSTOFF-ZWISCHENPRODUKT, FEST, ÄTZEND, N.A.G.[n]
3148	**138X**	MIT WASSER REAGIERENDER FLÜSSIGER STOFF, N.A.G.[n]
3149	**140**	WASSERSTOFF-PER-OXID UND PER-ESSIG-SÄURE, MISCHUNG, mit Säure(n), Wasser und höchstens 5 % Per-essig-säure, STABILISIERT
3150	**115**	GERÄTE, KLEIN, MIT KOHLEN-WASSERSTOFF-GAS, mit Entnahmeeinrichtung
		KOHLEN-WASSERSTOFF-GAS-NACHFÜLL-PATRONEN FÜR KLEINE GERÄTE, mit Entnahmeeinrichtung
3151	**171**	POLY-HALOGENIERTE BI-PHENYLE, FLÜSSIG
		HALOGENIERTE MONO-METHYL-DI-PHENYL-METHANE, FLÜSSIG
		POLY-HALOGENIERTE TER-PHENYLE, FLÜSSIG
3152	**171**	POLY-HALOGENIERTE BI-PHENYLE, FEST
		PHALOGENIERTE MONO-METHYL-DI-PHENYL-METHANE, FEST
		POLY-HALOGENIERTE TER-PHENYLE, FEST
3153	**115**	PER-FLUOR (METHYL-VINYL-ETHER)
3154	**115**	PER-FLUOR (ETHYL-FENYL-ETHER)
3155	**154**	**PENTA-CHLOR-PHENOL** *
3156	**122**	VERDICHTETES GAS, OXIDIEREND, N.A.G.[n]
3157	**122**	VERFLÜSSIGTES GAS, OXIDIEREND, N.A.G.[n]
3158	**120**	GAS TIEFGEKÜHLT, FLÜSSIG, N.A.G.[n]
3159	**126**	**1,1,1,2-TETRA-FLUOR-ETHAN (GAS ALS KÄLTEMITTEL R 134a)** *
3160	**119**	**VERFLÜSSIGTES GAS, GIFTIG, ENTZÜNDBAR, N.A.G.**[n] *
3161	**115**	VERFLÜSSIGTES GAS, ENTZÜNDBAR, N.A.G.[n]
3162	**123**	**VERFLÜSSIGTES GAS, GIFTIG, N.A.G.**[n] *
3163	**126**	VERFLÜSSIGTES GAS, N.A.G.[n]
3164	**126**	GEGENSTÄNDE UNTER PNEUMATISCHEM DRUCK
		GEGENSTÄNDE UNTER HYDRAULISCHEM DRUCK, (mit nicht entzündbarem Gas)
3165	**131**	KRAFTSTOFF-TANK FÜR HYDRAULISCHES AGGREGAT FÜR FLUGZEUGE, mit einer Mischung von wasserfreiem Hydrazin und Methyl-hydrazin (Kraftstoff M86)
3166	**128**	BRENNSTOFFZELLEN-FAHRZEUG MIT ANTRIEB DURCH ENTZÜNDBARES GAS
3166	**115**	BRENNSTOFFZELLEN-FAHRZEUG MIT ANTRIEB DURCH ENTZÜNDBARE FLÜSSIGKEIT
3166	**128**	FAHRZEUG MIT ANTRIEB DURCH ENTZÜNDBARES GAS
3166	**115**	FAHRZEUG MIT ANTRIEB DURCH ENTZÜNDBARE FLÜSSIGKEIT
3167	**115**	GAS-PROBE, NICHT UNTER DRUCK STEHEND, ENTZÜNDBAR, N.A.G.[n], nicht tiefgekühlt flüssig
3168	**119**	GAS-PROBE, NICHT UNTER DRUCK STEHEND, GIFTIG, ENTZÜNDBAR, N.A.G.[n], nicht tiefgekühlt flüssig
3169	**123**	GAS-PROBE, NICHT UNTER DRUCK STEHEND, GIFTIG, N.A.G.[n], nicht tiefgekühlt flüssig
3170	**138**	NEBENPRODUKTE DER ALUMINIUMHERSTELLUNG
		NEBENPRODUKTE DER ALUMINIUMUMSCHMELZUNG
3171	**154**	BATTERIEBETRIEBENES FAHRZEUG oder BATTERIEBETRIEBENES GERÄT
3171	**147**	BATTERIEBETRIEBENES FAHRZEUG oder BATTERIEBETRIEBENES GERÄT, (mit Lithium-Ionen-Batterie)
3171	**138**	BATTERIEBETRIEBENES FAHRZEUG oder BATTERIEBETRIEBENES GERÄT (mit Lithium-Metall- oder Natrium-Ionen-Batterie)
3172	**152**	TOXINE, GEWONNEN AUS LEBENDEN ORGANISMEN, FLÜSSIG, N.A.G.[n]
3174	**135**	TITAN-DI-SULFID

*** Beachte bei Leckage grüne Seiten zur Berechnung bzw. Abschätzung von Absperrungen**

[n] nicht anderweitig genannt

UN-Nr.	Merkblatt	Stoffname
3175	**133**	FESTE STOFFE oder Gemische aus festen SToffen (wie Präparate, Zubereitungen und Abfälle) DIE ENTZÜNDBARE FLÜSSIGE STOFFE mit einem Flammpunkt von höchstens 60 °C ENTHALTEN, N.A.G. [n]
3176	**133**	ENTZÜNDBARER ORGANISCHER FESTER STOFF IN GESCHMOLZENEM ZUSTAND, N.A.G. [n]
3178	**133**	ENTZÜNDBARER ANORGANISCHER FESTER STOFF, N.A.G. [n]
3179	**134**	ENTZÜNDBARER ANORGANISCHER FESTER STOFF, GIFTIG, N.A.G. [n]
3180	**134**	ENTZÜNDBARER ANORGANISCHER FESTER STOFF, ÄTZEND, N.A.G. [n]
3181	**133**	ENTZÜNDBARE METALL-SALZE ORGANISCHER VERBINDUNGEN, N.A.G. [n]
3182	**170**	ENTZÜNDBARE METALL-HYDRIDE, N.A.G. [n]
3183	**135**	SELBST-ERHITZUNGSFÄHIGER ORANISCHER FLÜSSIGER STOFF, N.A.G. [n]
3184	**136**	SELBST-ERHITZUNGSFÄHIGER ORANISCHER FLÜSSIGER STOFF, GIFTIG, N.A.G. [n]
3185	**136**	SELBST-ERHITZUNGSFÄHIGER ORANISCHER FLÜSSIGER STOFF, ÄTZEND, N.A.G. [n]
3186	**135**	SELBST-ERHITZUNGSFÄHIGER ANORANISCHER FLÜSSIGER STOFF, N.A.G. [n]
3187	**136**	SELBST-ERHITZUNGSFÄHIGER ANORANISCHER FLÜSSIGER STOFF, GIFTIG, N.A.G. [n]
3188	**136**	SELBST-ERHITZUNGSFÄHIGER ANORANISCHER FLÜSSIGER STOFF, ÄTZEND, N.A.G. [n]
3189	**135**	SELBSTERHITZUNGSFÄHIGES METALL-PULVER, N.A.G. [n]
3190	**135**	SELBST-ERHITZUNGSFÄHIGER ANORGANISCHER FESTER STOFF, N.A.G. [n]
3191	**136**	SELBST-ERHITZUNGSFÄHIGER ANORGANISCHER FESTER STOFF, GIFTIG, N.A.G. [n]
3192	**136**	SELBST-ERHITZUNGSFÄHIGER ANORGANISCHER FESTER STOFF, ÄTZEND, N.A.G. [n]
3194	**135**	PYROPHORER ANORGANISCHER FLÜSSIGER STOFF, N.A.G. [n]

3200

UN-Nr.	Merkblatt	Stoffname
3200	**135**	PYROPHORER ANORGANISCHER FESTER STOFF, N.A.G. [n]
3205	**135**	ERDALKALI-METALL-ALKOHOLATE, N.A.G. [n]
3206	**136**	ALKALI-METALL-ALKOHOLATE, SELBSTERHITZUNGSFÄHIG, ÄTZEND, N.A.G. [n]
3208	**138**	METALLISCHER STOFF, MIT WASSER REAGIEREND, N.A.G. [n]
3209	**138**	METALLISCHER STOFF, MIT WASSER REAGIEREND, SELBST-ERHITZUNGSFÄHIG, N.A.G. [n]
3210	**140**	CHLORATE, ANORGANISCHE, WÄSSRIGE LÖSUNG, N.A.G. [n]
3211	**140**	PER-CHLORATE, ANORGANISCHE, WÄSSRIGE LÖSUNG, N.A.G. [n]
3212	**140**	HYDRO-CHLORITE, ANORGANISCHE, N.A.G. [n]
3213	**140**	BROMATE, ANORGANISCHE, WÄSSRIGE LÖSUNG, N.A.G. [n]
3214	**140**	PER-MANGANATE, ANORGANISCHE, WÄSSRIGE LÖSUNG, N.A.G. [n]
3215	**140**	PER-SULFATE, ANORGANISCHE, N.A.G. [n]
3216	**140**	PER-SULFATE, ANORGANISCHE, WÄSSRIGE LÖSUNG, N.A.G. [n]
3218	**140**	NITRATE, ANORGANISCHE, WÄSSRIGE LÖSUNG, N.A.G. [n]
3219	**140**	NITRITE, ANORGANISCHE, WÄSSRIGE LÖSUNG, N.A.G. [n]
3220	**126**	PENTA-FLUOR-ETHAN (GAS ALS KÄLTEMITTEL R 125)
3221	**149**	SELBST-ZERSETZLICHER STOFF TYP B, FLÜSSIG
3222	**149**	SELBST-ZERSETZLICHER STOFF TYP B, FEST
3223	**149**	SELBST-ZERSETZLICHER STOFF TYP C, FLÜSSIG
3224	**149**	SELBST-ZERSETZLICHER STOFF TYP C, FEST
3225	**149**	SELBST-ZERSETZLICHER STOFF TYP D, FLÜSSIG
3226	**149**	SELBST-ZERSETZLICHER STOFF TYP D, FEST
3227	**149**	SELBST-ZERSETZLICHER STOFF TYP E, FLÜSSIG
3228	**149**	SELBST-ZERSETZLICHER STOFF TYP E, FEST
3229	**149**	SELBST-ZERSETZLICHER STOFF TYP F, FLÜSSIG
3230	**149**	SELBST-ZERSETZLICHER STOFF TYP F, FEST
3231	**150**	SELBST-ZERSETZLICHER STOFF TYP B, FLÜSSIG, TEMPERATURKONTROLLIERT
3232	**150**	SELBST-ZERSETZLICHER STOFF TYP B, FEST, TEMPERATURKONTROLLIERT
3233	**150**	SELBST-ZERSETZLICHER STOFF TYP C, FLÜSSIG, TEMPERATURKONTROLLIERT
3234	**150**	SELBST-ZERSETZLICHER STOFF TYP C, FEST, TEMPERATURKONTROLLIERT
3235	**150**	SELBST-ZERSETZLICHER STOFF TYP D, FLÜSSIG, TEMPERATURKONTROLLIERT

[n] nicht anderweitig genannt

UN-Nr.	Merkblatt	Stoffname
3236	**150**	SELBST-ZERSETZLICHER STOFF TYP D, FEST, TEMPERATURKONTROLLIERT
3237	**150**	SELBST-ZERSETZLICHER STOFF TYP E, FLÜSSIG, TEMPERATURKONTROLLIERT
3238	**150**	SELBST-ZERSETZLICHER STOFF TYP E, FEST, TEMPERATURKONTROLLIERT
3239	**150**	SELBST-ZERSETZLICHER STOFF TYP F, FLÜSSIG, TEMPERATURKONTROLLIERT
3240	**150**	SELBST-ZERSETZLICHER STOFF TYP F, FEST, TEMPERATURKONTROLLIERT
3241	**133**	2-BROM-2-NITRO-PROPAN-1,3-DIOL
3242	**149**	AZO-DI-CARBON-AMID
3243	**151**	FESTE STOFFE MIT GIFTIGEM FLÜSSIGEM STOFF, N.A.G. [n]
3244	**154**	FESTE STOFFE MIT ÄTZENDEM FLÜSSIGEM STOFF, N.A.G. [n]
3245	**171**	GENETISCH VERÄNDERTE MIKRO-ORGANISMEN
		GENETISCH VERÄNDERTE ORGANISMEN
3246	**156**	**METHAN-SULFONYL-CHLORID** *
3247	**140**	NATRIUM-PER-OXO-BORAT, WASSERFREI
3248	**131**	MEDIKAMENT, FLÜSSIG, ENTZÜNDBAR, GIFTIG, N.A.G. [n]
3249	**151**	MEDIKAMENT, FEST, GIFTIG, N.A.G. [n]
3250	**153**	**CHLOR-ESSIG-SÄURE, GESCHMOLZEN** *
3251	**133**	ISO-SORBID-5-MONO-NITRAT
3252	**115**	**DI-FLUOR-METHAN (GAS ALS KÄLTEMITTEL R 32)** *
3253	**154**	DI-NATRIUM-TRI-OXO-SILICAT
3254	**135**	**TRI-BUTYL-PHOSPHAN** *
3255	**135**	tertiär-BUTYL-HYPO-CHLORIT
3256	**128**	ERWÄRMTER FLÜSSIGER STOFF, ENTZÜNDBAR, N.A.G. [n], mit einem Flammpunkt über 60 °C, bei oder über seinem Flammpunkt und unter 100 °C
3257	**171**	ERWÄRMTER FLÜSSIGER STOFF, N.A.G. [n]
3258	**171**	ERWÄRMTER FESTER STOFF, N.A.G. [n], bei oder über 240 °C
3259	**154**	AMINE, FEST, ÄTZEND, N.A.G. [n]
		POLY-AMINE, FEST, ÄTZEND, N.A.G. [n]
3260	**154**	ÄTZENDER SAURER ANORGANISCHER FESTER STOFF, N.A.G. [n]
3261	**154**	ÄTZENDER SAURER ORGANISCHER FESTER STOFF, N.A.G. [n]
3262	**154**	ÄTZENDER BASISCHER ANORGANISCHER FESTER STOFF, N.A.G. [n]
3263	**154**	ÄTZENDER BASISCHER ORGANISCHER FESTER STOFF, N.A.G. [n]
3264	**154**	ÄTZENDER SAURER ANORGANISCHER FLÜSSIGER STOFF, N.A.G. [n]
3265	**153**	ÄTZENDER SAURER ORGANISCHER FLÜSSIGER STOFF, N.A.G. [n]
3266	**154**	ÄTZENDER BASISCHER ANORGANISCHER FLÜSSIGER STOFF, N.A.G. [n]
3267	**153**	ÄTZENDER BASISCHER ORGANISCHER FLÜSSIGER STOFF, N.A.G. [n]
3268	**171**	SICHERHEITSEINRICHTUNGEN (Airbag, Gurtstraffer) elektrische Auslösung
3269	**128**	POLY-ESTER-HARZ-MEHRKOMPONENTEN-SYSTEME flüssiges Grundprodukt
3270	**133**	MEMBRAN-FILTER AUS NITRO-CELLULOSE, mit höchstens 12,6 % Stickstoff in der Trockenmasse
3271	**127**	ETHER, N.A.G. [n]
3272	**127**	ESTER, N.A.G. [n]
3273	**131**	NITRILE, ENTZÜNDBAR, GIFTIG, N.A.G. [n]
3274	**132**	ALKOHOLATE, LÖSUNG in Alkohol, N.A.G. [n]
3275	**131**	**NITRILE, GIFTIG, ENTZÜNDBAR, N.A.G.** [n] *
3276	**151**	**NITRILE, FLÜSSIG, GIFTIG, N.A.G.** [n] *
3277	**154**	CHLOR-FORMIATE, GIFTIG, ÄTZEND, N.A.G. [n]
3278	**151**	**ORGANISCHE PHOSPHOR-VERBINDUNG, FLÜSSIG, GIFTIG, N.A.G.** [n] *
3279	**131**	**ORGANISCHE PHOSPHOR-VERBINDUNG, GIFTIG, ENTZÜNDBAR, N.A.G.** [n] *
3280	**151**	**ORGANISCHE ARSEN-VERBINDUNG, FLÜSSIG, N.A.G.** [n] *
3281	**151**	**METALL-CARBONYLE, FLÜSSIG, N.A.G.** [n] *
3282	**151**	METALLORGANISCHE VERBINDUNG, FLÜSSIG, GIFTIG, N.A.G. [n]
3283	**151**	SELEN-VERBINDUNG, FEST, N.A.G. [n]
3284	**151**	TELLUR-VERBINDUNG, N.A.G. [n]
3285	**151**	VANADIUM-VERBINDUNG, N.A.G. [n]
3286	**131**	ENTZÜNDBARER FLÜSSIGER STOFF, GIFTIG, ÄTZEND, N.A.G. [n]
3287	**151**	GIFTIGER ANORGANISCHER FLÜSSIGER STOFF, N.A.G. [n]
3288	**151**	GIFTIGER ANORGANISCHER FESTER STOFF, N.A.G. [n]
3289	**154**	GIFTIGER ANORGANISCHER FLÜSSIGER STOFF, ÄTZEND, N.A.G. [n]
3290	**154**	GIFTIGER ANORGANISCHER FESTER STOFF, ÄTZEND, N.A.G. [n]
3291	**158**	KLINISCHER ABFALL, UNSPEZIFIZIERT, N.A.G. [n]
		UNTER DIE VORSCHRIFTEN FALLENDER MEDIZINISCHER ABFALL, N.A.G. [n], in tiefgekühlt verflüssigtem Stickstoff
		(BIO)MEDIZINISCHER ABFALL, N.A.G. [n]
3292	**138**	BATTERIEN, DIE METALLISCHES NATRIUM ODER NATRIUMLEGIERUNGEN ENTHALTEN

*** Beachte bei Leckage grüne Seiten zur Berechnung bzw. Abschätzung von Absperrungen**

[n] nicht anderweitig genannt

UN-Nr.	Merkblatt	Stoffname
3292 (Forts.)	**138**	ZELLEN, DIE METALLISCHES NATRIUM ODER NATRIUMLEGIERUNGEN ENTHALTEN
3293	**153**	**HYDRAZIN, WÄSSRIGE LÖSUNG, mit höchstens 37 Masse-% Hydrazin** *
3294	**131**	**BLAUSÄURE, LÖSUNG IN ALKOHOL, mit höchstens 45 % Blausäure** *
		CYAN-WASSERSTOFF, LÖSUNG IN ALKOHOL, mit höchstens 45 % Cyanwasserstoff *
3295	**128**	KOHLEN-WASSERSTOFFE, FLÜSSIG, N.A.G.[n]
3296	**126**	HEPTA-FLUOR-PROPAN (GAS ALS KÄLTEMITTEL R 227)
3297	**126**	ETHYLEN-OXID UND CHLOR-TETRA-FLUOR-ETHAN, GEMISCH, mit höchstens 8,8 % Ethylen-oxid
3298	**126**	ETHYLEN-OXID UND PENTA-FLUOR-ETHAN, GEMISCH, mit höchstens 7,9 % Ethylen-oxid
3299	**126**	ETHYLEN-OXID UND TETRA-FLUOR-ETHAN, GEMISCH, mit höchstens 5,6 % Ethylen-oxid

3300

UN-Nr.	Merkblatt	Stoffname
3300	**119P**	**ETHYLEN-OXID UND KOHLEN-DI-OXID, GEMISCH, mit mehr als 87 % Ethylen-oxid** *
3301	**136**	ÄTZENDER FLÜSSIGER STOFF, SELBSTERHITZUNGSFÄHIG, N.A.G.[n]
3302	**152P**	2-DI-METHYL-AMINO-ETHYL-ACRYLAT, STABILISIERT
3303	**124**	**VERDICHTETES GAS, GIFTIG, OXIDIEREND, N.A.G.**[n] *
3304	**125**	**VERDICHTETES GAS, GIFTIG, ÄTZEND, N.A.G.**[n] *
3305	**119**	**VERDICHTETES GAS, GIFTIG, ENTZÜNDBAR, ÄTZEND, N.A.G.**[n] *
3306	**124**	**VERDICHTETES GAS, GIFTIG, OXIDIEREND, ÄTZEND, N.A.G.**[n] *
3307	**124**	**VERFLÜSSIGTES GAS, GIFTIG, OXIDIEREND, N.A.G.**[n] *
3308	**125**	**VERFLÜSSIGTES GAS, GIFTIG, ÄTZEND, N.A.G.**[n] *
3309	**119**	**VERFLÜSSIGTES GAS, GIFTIG, ENTZÜNDBAR, ÄTZEND, N.A.G.**[n] *
3310	**124**	**VERFLÜSSIGTES GAS, GIFTIG, OXIDIEREND, ÄTZEND, N.A.G.**[n] *
3311	**122**	GAS, TIEFGEKÜHLT, FLÜSSIG, OXIDIEREND, N.A.G.[n]
3312	**115**	GAS, TIEFGEKÜHLT, FLÜSSIG, ENTZÜNDBAR, N.A.G.[n]
3313	**135**	SELBSTERHITZUNGSFÄHIGE ORGANISCHE PIGMENTE
3314	**171**	KUNSTSTOFF-PRESS-MISCHUNG, in Teig-, Platten- oder Strangpressform, entzündbare Dämpfe abgebend
3315	**151**	CHEMISCHE PROBE, GIFTIG
3316	**171**	CHEMIE-TESTSATZ
		ERSTE-HILFE-AUSRÜSTUNG
3317	**113**	2-AMINO-4,6-DI-NITRO-PHENOL, ANGEFEUCHTET, mit mindestens 20 Masse-% Wasser
3318	**125**	**AMMONIAK-LÖSUNG, in Wasser, relative Dichte kleiner als 0,880 bei 15 °C, mit mehr als 50 % Ammoniak** *
3319	**125**	**NITRO-GLYCERIN, GEMISCH, DESENSIBILISIERT, FEST, N.A.G.**[n]**, mit mehr als 2 Masse-% und höchstens 10 Masse-% Nitro-Glycerin** *
3320	**157**	NATRIUM-BOR-HYDRID UND NATRIUM-HYDROXID, LÖSUNG, mit höchstens 12 Masse-% Natrium-bor-hydrid und höchstens 40 Masse-% Natrium-hydroxid
3321	**162**	RADIOAKTIVE STOFFE MIT GERINGER SPEZIFISCHER AKTIVITÄT (LSA-II), nicht spaltbar oder spaltbar, freigestellt
3322	**162**	RADIOAKTIVE STOFFE MIT GERINGER SPEZIFISCHER AKTIVITÄT (LSA-III), nicht spaltbar oder spaltbar, freigestellt
3323	**163**	RADIOAKTIVE STOFFE, TYP C-VERSANDSTÜCK, nicht spaltbar oder spaltbar, freigestellt
3324	**165**	RADIOAKTIVE STOFFE MIT GERINGER SPEZIFISCHER AKTIVITÄT (LSA-II), SPALTBAR
3325	**165**	RADIOAKTIVE STOFFE MIT GERINGER SPEZIFISCHER AKTIVITÄT (LSA-III), SPALTBAR
3326	**165**	RADIOAKTIVE STOFFE, OBERFLÄCHENKONTAMINIERTE GEGENSTÄNDE (SCO-I oder SCO-II), SPALTBAR
3327	**165**	RADIOAKTIVE STOFFE, TYP A-VERSANDSTÜCK, SPALTBAR, nicht in besonderer Form
3328	**165**	RADIOAKTIVE STOFFE, TYP B(U)-VERSANDSTÜCK, SPALTBAR
3329	**165**	RADIOAKTIVE STOFFE, TYP B(M)-VERSANDSTÜCK, SPALTBAR
3330	**165**	RADIOAKTIVE STOFFE, TYP C-VERSANDSTÜCK, SPALTBAR
3331	**165**	RADIOAKTIVE STOFFE, UNTER SONDERVEREINBARUNG BEFÖRDERT, SPALTBAR

* **Beachte bei Leckage grüne Seiten zur Berechnung bzw. Abschätzung von Absperrungen**

[n] nicht anderweitig genannt

UN-Nr.	Merkblatt	Stoffname
3332	**164**	RADIOAKTIVE STOFFE, TYP A-VERSANDSTÜCK, IN BESONDERER FORM, nicht spaltbar oder spaltbar, freigestellt
3333	**165**	RADIOAKTIVE STOFFE, TYP A-VERSANDSTÜCK, IN BESONDERER FORM, SPALTBAR
3334	**171**	Flüssiger Stoff, den für die Luftfahrt geltenden Vorschriften unterliegend, n.a.g. [n]
3335	**171**	Fester Stoff, den für die Luftfahrt geltenden Vorschriften unterliegend, n.a.g. [n]
3336	**130**	MERCAPTANE, FLÜSSIG, ENTZÜNDBAR, N.A.G. [n]
		MERCAPTANE, MISCHUNG, FLÜSSIG, ENTZÜNDBAR, N.A.G. [n], (Dampfdruck bei 50 °C höchsten 110 kPa)
3337	**126**	GAS ALS KÄLTEMITTEL R 404A, (Penta-fluor-ethan, 1,1,1-Tri-fluor-ethan und 1,1,1,2-Tetra-fluor-ethan, zeotropes Gemisch mit ca. 44 % Penta-fluor-ethan und 52 % 1,1,1-Tri-fluor-ethan)
3338	**126**	GAS ALS KÄLTEMITTEL R 407A, (Di-fluor-methan, Penta-fluor-ethan und 1,1,1,2-Tetra-fluor-ethan, zeotropes Gemisch mit ca. 20 % Di-fluor-methan und 40 % Penta-fluor-ethan)
3339	**126**	GAS ALS KÄLTEMITTEL R 407B, (Di-fluor-methan, Penta-fluor-ethan und 1,1,1,2-Tetra-fluor-ethan, zeotropes Gemisch mit ca. 10 % Di-fluor-methan und 70 % Penta-fluor-ethan)
3340	**126**	GAS ALS KÄLTEMITTEL R 407C, (Di-fluor-methan, Penta-fluor-ethan und 1,1,1,2-Tetra-fluor-ethan, zeotropes Gemisch mit ca. 23 % Di-fluor-methan und 25 % Penta-fluor-ethan)
3341	**135**	THIO-HARNSTOFF-DI-OXID
3342	**135**	XANTHATE
3343	**113**	NITRO-GLYCERIN, GEMISCH, DESENSIBILISIERT, FLÜSSIG, ENTZÜNDBAR, N.A.G. [n], mit höchstens 30 Masse-% Nitro-glycerin
3344	**113**	**PENTA-ERYTHRIT-TETRA-NITRAT, GEMISCH, DESENSIBILISIERT, FEST, N.A.G. [n], mit mehr als 10 Masse-%, aber höchstens 20 Masse-% PETN** *
		PETN, GEMISCH, DESENSIBILISIERT, FEST, N.A.G. [n], mit mehr als 10 Masse-%, aber höchstens 20 Masse-% PETN *
3344 (Forts.)	**113**	**PENTA-ERYTHRITOL-TETRA-NITRAT, GEMISCH, DESENSIBILISIERT, FEST, N.A.G. [n], mit mehr als 10 Masse-%, aber höchstens 20 Masse-% PETN** *
3345	**153**	PHEN-OXY-ESSIG-SÄURE-DERIVAT-PESTIZID, FEST, GIFTIG
3346	**131**	PHEN-OXY-ESSIG-SÄURE-DERIVAT-PESTIZID, FLÜSSIG, ENTZÜNDBAR, GIFTIG, Flammpunkt unter 23 °C
3347	**131**	PHEN-OXY-ESSIG-SÄURE-DERIVAT-PESTIZID, FLÜSSIG, GIFTIG, ENTZÜNDBAR, mit einem Flammpunkt von 23 °C oder darüber
3348	**153**	PHEN-OXY-ESSIG-SÄURE-DERIVAT-PESTIZID, FLÜSSIG, GIFTIG
3349	**151**	PYRETHROID-PESTID, FEST, GIFTIG
3350	**131**	PYRETHROID-PESTID, FLÜSSIG, ENTZÜNDBAR, GIFTIG, Flammpunkt unter 23 °C
3351	**131**	PYRETHROID-PESTID, FLÜSSIG, GIFTIG, ENTZÜNDBAR, mit einem Flammpunkt von 23 °C oder darüber
3352	**151**	**PYRETHROID-PESTID, FLÜSSIG, GIFTIG** *
3354	**115**	INSEKTENBEKÄMPFUNGSMITTEL, GASFÖRMIG, ENTZÜNDBAR, N.A.G. [n]
3355	**119**	**INSEKTENBEKÄMPFUNGSMITTEL, GASFÖRMIG, GIFTIG, ENTZÜNDBAR, N.A.G.** [n] *
3356	**140**	SAUERSTOFF-GENERATOR, CHEMISCH
3357	**113**	NITRO-GLYCERIN, GEMISCH, DESENSIBILISIERT, FLÜSSIG, N.A.G. [n], mit höchstens 30 Masse-% Nitro-glycerin
3358	**115**	KÄLTEMASCHINEN, mit entzündbarem, nicht giftigem verflüssigtem Gas
3359	**171**	BEGASTE GÜTER-BEFÖRDERUNGS-EINHEIT
3360	**133**	Fasern pflanzlichen Ursprungs, trocken
3361	**156**	***CHLOR-SILANE, GIFTIG, ÄTZEND, N.A.G.*** [n] [W]
3362	**155**	***CHLOR-SILANE, GIFTIG, ÄTZEND, ENTZÜNDBAR, N.A.G.*** [n] [W]
3363	**171**	GEFÄHRLICHE GÜTER IN GEGENSTÄNDEN
		GEFÄHRLICHE GÜTER IN MASCHINEN
		GEFÄHRLICHE GÜTER IN GERÄTEN
3364	**113**	**PIKRIN-SÄURE, ANGEFEUCHTET, mit mindestens 10 Masse-% Wasser** *
		TRI-NITRO-PHENOL, ANGEFEUCHTET, mit mindestens 10 Masse-% Wasser *
3365	**113**	PIKRYL-CHLORID, ANGEFEUCHTET, mit mindestens 10 Masse-% Wasser
		TRI-NITRO-CHLOR-BENZEN, angefeuchtet mit mindestens 10 Masse-% Wasser

* **Beachte bei Leckage grüne Seiten zur Berechnung bzw. Abschätzung von Absperrungen**
W **Absperrungen wegen Atemgiften bei Leckage in Wasser gemäß grünen Seiten durchführen**
n nicht anderweitig genannt

UN-Nr.	Merkblatt	Stoffname
3366	**113**	**TNT, ANGEFEUCHTET, mit mindestens 10 Masse-% Wasser** *
		TRI-NITRO-TOLUEN, ANGEFEUCHTET, mit mindestens 10 Masse-% Wasser *
3367	**113**	**TRI-NITRO-BENZEN, ANGEFEUCHTET, mit mindestens 10 Masse-% Wasser** *
3368	**113**	TRI-NITRO-BENZOE-SÄURE, ANGEFEUCHTET, mit mindestens 10 Masse-% Wasser
3369	**113**	NATRIUM-DI-NITRO-ORTHO-CRESOLAT, ANGEFEUCHTET, mit mindestens 10 Masse-% Wasser
3370	**113**	HARNSTOFF-NITRAT, ANGEFEUCHTET, mit mindestens 10 Masse-% Wasser
3371	**129**	2-METHYL-BUTANAL
3373	**158**	BIOLOGISCHER STOFF, KATEGORIE B
3374	**175**	**ACETYLEN, LÖSUNGSMITTELFREI** *
3375	**140**	AMMONIUM-NITRAT-EMULSION, Zwischenprodukt für die Herstellung von Sprengstoffen
		AMMONIUM-NITRAT-GEL, Zwischenprodukt für die Herstellung von Sprengstoffen
		AMMONIUM-NITRAT-SUSPENSION, Zwischenprodukt für die Herstellung von Sprengstoffen
3376	**113**	4-NITRO-PHENYL-HYDRAZIN, mit mindestens 30 Masse-% Wasser
3377	**140**	NATRIUM-PER-BORAT-MONO-HYDRAT
3378	**140**	NATRIUM-CARBONAT-PER-OXY-HYDRAT
3379	**113**	DESENSIBILISIERTER EXPLOSIVER FLÜSSIGER STOFF, N.A.G. ^{n}
3380	**113**	DESENSIBILISIERTER EXPLOSIVER FESTER STOFF, N.A.G. ^{n}
3381	**151**	**BEIM EINATMEN GIFTIGER FLÜSSIGER STOFF, N.A.G.** ^{n}**, mit einem** LC_{50}**-Wert von höchstens 200 ml/m**^{3} **und einer gesättigten Dampfkonzentration von mindestens 500** LC_{50} *
3382	**151**	**BEIM EINATMEN GIFTIGER FLÜSSIGER STOFF, N.A.G.** ^{n}**, mit einem** LC_{50}**-Wert von höchstens 1000 ml/m**^{3} **und einer gesättigten Dampfkonzentration von mindestens 10** LC_{50} *
3383	**131**	**BEIM EINATMEN GIFTIGER FLÜSSIGER STOFF, ENTZÜNDBAR, N.A.G.** ^{n}**, mit einem** LC_{50}**-Wert von höchstens 200 ml/m**^{3} **und einer gesättigten Dampfkonzentration von mindestens 500** LC_{50} *
3384	**131**	**BEIM EINATMEN GIFTIGER FLÜSSIGER STOFF, ENTZÜNDBAR, N.A.G.** ^{n}**, mit einem** LC_{50}**-Wert von höchstens 1000 ml/m**^{3} **und einer gesättigten Dampfkonzentration von mindestens 10** LC_{50} *
3385	**139**	**BEIM EINATMEN GIFTIGER FLÜSSIGER STOFF, MIT WASSER REAGIEREND, N.A.G.** ^{n}**, mit einem** LC_{50}**-Wert von höchstens 200 ml/m**^{3} **und einer gesättigten Dampfkonzentration von mindestens 500** LC_{50} *
3386	**139**	**BEIM EINATMEN GIFTIGER FLÜSSIGER STOFF, MIT WASSER REAGIEREND, N.A.G.** ^{n}**, mit einem** LC_{50}**-Wert von höchstens 200 ml/m**^{3} **und einer gesättigten Dampfkonzentration von mindestens 500** LC_{50} *
3387	**142**	**BEIM EINATMEN GIFTIGER FLÜSSIGER STOFF, ENTZÜNDEND (OXIDIEREND) WIRKEND, N.A.G.** ^{n}**, mit einem** LC_{50}**-Wert von höchstens 200 ml/m**^{3} **und einer gesättigten Dampfkonzentration von mindestens 500** LC_{50} *
3388	**142**	**BEIM EINATMEN GIFTIGER FLÜSSIGER STOFF, ENTZÜNDEND (OXIDIEREND) WIRKEND, N.A.G.** ^{n}**, mit einem** LC_{50}**-Wert von höchstens 1000 ml/m**^{3} **und einer gesättigten Dampfkonzentration von mindestens 10** LC_{50} *
3389	**154**	**BEIM EINATMEN GIFTIGER FLÜSSIGER STOFF, ÄTZEND, N.A.G.** ^{n}**, mit einem** LC_{50}**-Wert von höchstens 200 ml/m**^{3} **und einer gesättigten Dampfkonzentration von mindestens 500** LC_{50} *
3390	**154**	**BEIM EINATMEN GIFTIGER FLÜSSIGER STOFF, ÄTZEND, N.A.G.** ^{n}**, mit einem** LC_{50}**-Wert von höchstens 1000 ml/m**^{3} **und einer gesättigten Dampfkonzentration von mindestens 10** LC_{50} *
3391	**135**	PYROPHORER METALLORGANISCHER FESTER STOFF
3392	**135**	PYROPHORER METALLORGANISCHER FLÜSSIGER STOFF
3393	**135X**	PYROPHORER METALLORGANISCHER FESTER STOFF, MIT WASSER REAGIEREND
3394	**135X**	PYROPHORER METALLORGANISCHER FLÜSSIGER STOFF, MIT WASSER REAGIEREND
3395	**135X**	MIT WASSER REAGIERENDER METALLORGANISCHER FESTER STOFF

* **Beachte bei Leckage grüne Seiten zur Berechnung bzw. Abschätzung von Absperrungen**

^{n} nicht anderweitig genannt

UN-Nr.	Merkblatt	Stoffname
3396	**138X**	MIT WASSER REAGIERENDER METALLORGANISCHER FESTER STOFF, ENTZÜNDBAR
3397	**138X**	MIT WASSER REAGIERENDER METALLORGANISCHER FESTER STOFF, SELBSTERHITZUNGSFÄHIG
3398	**135X**	MIT WASSER REAGIERENDER METALLORGANISCHER FLÜSSIGER STOFF
3399	**138X**	MIT WASSER REAGIERENDER METALLORGANISCHER FLÜSSIGER STOFF, ENTZÜNDBAR

3400

UN-Nr.	Merkblatt	Stoffname
3400	**138**	SELBST-ERHITZUNGSFÄHIGER METALLORGANISCHER FESTER STOFF
3401	**138X**	ALKALI-METALL-AMALGAM, FEST
3402	**138X**	ERD-ALKALI-METALL-AMALGAM, FEST
3403	**138X**	KALIUM-METALL-LEGIERUNGEN, FEST
3404	**138X**	**KALIUM-NATRIUM-LEGIERUNGEN, FEST** *
3405	**141**	BARIUM-CHLORAT, LÖSUNG
3406	**141**	BARIUM-PER-CHLORAT, LÖSUNG
3407	**140**	CHLORAT UND MAGNESIUM-CHLORID, MISCHUNG, LÖSUNG
3408	**141**	BLEI-PER-CHLORAT, LÖSUNG
3409	**152**	CHLOR-NITRO-BENZENE, FLÜSSIG
3410	**153**	4-CHLOR-ortho-TOLUIDIN-HYDRO-CHLORID, LÖSUNG
3411	**153**	**beta-NAPHTHYL-AMIN, LÖSUNG** *
3412	**153**	**AMEISENSÄURE, mit mindestens 10 Masse-%, aber höchstens 85 Masse-% Säure** *
		AMEISENSÄURE , mit mindestens 5 Masse-%, aber weniger als 10 Masse-% Säure *
3413	**157**	**KALIUM-CYANID, LÖSUNG** *
3414	**157**	**NATRIUM-CYANID, LÖSUNG** *
3415	**154**	**NATRIUM-FLUORID, LÖSUNG** *
3416	**153**	CHLOR-ACETO-PHENON, FLÜSSIG
3417	**152**	XYLYL-BROMID, FEST
3418	**151**	**2,4-TOLUYLEN-DI-AMIN, LÖSUNG** *
3419	**157**	BOR-TRI-FLUORID-ESSIG-SÄURE-KOMPLEX, FEST
3420	**157**	BOR-TRI-FLUORID-PROPION-SÄURE-KOMPLEX, FEST
3421	**154**	**KALIUM-HYDROGEN-DI-FLUORID, LÖSUNG** *
3422	**154**	**KALIUM-FLUORID, LÖSUNG** *
3423	**153**	**TETRA-METHYL-AMMONIUM-HYDROXID, FEST** *
3424	**141**	AMMONIUM-DI-NITRO-ortho-CRESOLAT, LÖSUNG

UN-Nr.	Merkblatt	Stoffname
3425	**156**	**BROM-ESSIG-SÄURE, FEST** *
3426	**153P**	**ACRYL-AMID, LÖSUNG** *
3427	**153**	CHLOR-BENZYL-CHLORIDE, FEST
3428	**156**	3-CHLOR-4-METHYL-PHENYL-ISO-CYANAT, FEST
3429	**153**	CHLOR-TOLUIDINE, FLÜSSIG
3430	**153**	XYLENOLE, FLÜSSIG
3431	**152**	NITRO-BENZO-TRI-FLUORIDE, FEST
3432	**171**	POLY-CHLORIERTE BI-PHENYLE, FEST PCB
3434	**153**	NITRO-CRESOLE, FLÜSSIG
3436	**151**	HEXA-FLUOR-ACETON-HYDRAT, FEST
3437	**152**	CHLOR-CRESOLE, FEST
3438	**153**	alpha-METHYL-BENZYL-ALKOHOL, FEST
3439	**151**	NITRILE, FEST, GIFTIG, N.A.G. [n]
3440	**151**	SELEN-VERBINDUNG, FLÜSSIG, N.A.G. [n]
3441	**153**	**CHLOR-DI-NITRO-BENZENE, FEST** *
3442	**153**	DI-CHLOR-ANILINE, FEST
3443	**152**	**DI-NITRO-BENZENE, FEST** *
3444	**151**	NICOTIN-HYDRO-CHLORID, FEST
3445	**151**	**NICOTIN-SULFAT, FEST** *
3446	**152**	NITRO-TOLUENE, FEST
3447	**152**	NITRO-XYLENE, FEST
3448	**159**	STOFF ZUR HERSTELLUNG VON TRÄNENGASEN, FEST, N.A.G. [n]
3449	**159**	BROM-BENZYL-CYANIDE, FEST
3450	**151**	**DI-PHENYL-CHLOR-ARSIN, FEST** *
3451	**153**	**TOLUIDINE, FEST** *
3452	**153**	**XYLIDINE, FEST** *
3453	**154**	**PHOSPHOR-SÄURE, FEST** *
3454	**152**	DI-NITRO-TOLUENE, FEST
3455	**153**	**CRESOLE, FEST** *
3456	**157X**	***NITROSYL-SCHWEFEL-SÄURE, FEST*** * [W]
3457	**152**	CHLOR-NITRO-TOLUENE, FEST
3458	**152**	NITRO-ANISOLE, FEST
3459	**152**	NITRO-BROM-BENZENE, FEST
3460	**153**	N-ETHYL-N-BENZYL-TOLUIDINE, FEST
3462	**152**	TOXINE, GEWONNEN AUS LEBENDEN ORGANISMEN, FEST, N.A.G. [n]
3463	**153**	**PROPIONSÄURE, mit mindestens 90 Masse-% Säure** *
3464	**151**	ORGANISCHE PHOSPHOR-VERBINDUNG, FEST, GIFTIG, N.A.G. [n]
3465	**151**	ORGANISCHE ARSEN-VERBINDUNG, FEST, N.A.G. [n]
3466	**151**	METALL-CARBONYLE, FEST, N.A.G. [n]
3467	**151**	METALLORGANISCHE VERBINDUNG, FEST, GIFTIG, N.A.G. [n]
3468	**115**	**WASSERSTOFF IN EINEM METALL-HYDRID-SPEICHERSYSTEM** *

* **Beachte bei Leckage grüne Seiten zur Berechnung bzw. Abschätzung von Absperrungen**
W **Absperrungen wegen Atemgiften bei Leckage in Wasser gemäß grünen Seiten durchführen**
n nicht anderweitig genannt

UN-Nr.	Merkblatt	Stoffname
3468 (Forts.)	**115**	**WASSERSTOFF IN EINEM METALL-HYDRID-SPEICHERSYSTEM IN AUSRÜSTUNGEN** *
		WASSERSTOFF IN EINEM METALL-HYDRID-SPEICHERSYSTEM, MIT AUSRÜSTUNGEN VERPACKT *
3469	**132**	FARBE, ENTZÜNDBAR, ÄTZEND (einschließlich Farbe, Lack, Emaille, Beize, Schellack, Firnis, Politur, flüssiger Füllstoff und flüssige Lackgrundlage)
		FARB-ZUBEHÖR-STOFFE, ENTZÜNDBAR, ÄTZEND (einschließlich Farbverdünnung und -lösemittel)
3470	**132**	FARBE, ÄTZEND, ENTZÜNDBAR (einschließlich Farbe, Lack, Emaille, Beize, Schellack, Firnis, Politur, flüssiger Füllstoff und flüssige Lackgrundlage)
		FARB-ZUBEHÖR-STOFFE, ÄTZEND, ENTZÜNDBAR (einschließlich Farbverdünnung und -lösemittel)
3471	**154**	HYDROGEN-DI-FLUORIDE, LÖSUNG, N.A.G. ^{n}
3472	**153**	**CROTON-SÄURE, FLÜSSIG** *
3473	**128**	BRENNSTOFFZELLEN-KARTUSCHEN, entzündbare flüssige Stoffe enthaltend
		BRENNSTOFFZELLEN-KARTUSCHEN IN AUSRÜSTUNGEN VERPACKT, entzündbare flüssige Stoffe enthaltend
		BRENNSTOFFZELLEN-KARTUSCHEN MIT AUSRÜSTUNGEN, entzündbare flüssige Stoffe enthaltend
3474	**113**	**1-HYDROXY-BENZO-TRIAZOL-MONO-HYDRAT** *
3475	**127**	ETHANOL UND OTTOKRAFTSTOFF, GEMISCH, mit mehr als 10 % Ethanol
		ETHANOL UND BENZIN, GEMISCH, mit mehr als 10 % Ethanol
3476	**138**	BRENNSTOFFZELLEN-KARTUSCHEN, mit Wasser reagierende Stoffe enthaltend
		BRENNSTOFFZELLEN-KARTUSCHEN IN AUSRÜSTUNGEN, mit Wasser reagierende Stoffe enthaltend
		BRENNSTOFFZELLEN-KARTUSCHEN, MIT AUSRÜSTUNGEN VERPACKT, mit Wasser reagierende Stoffe enthaltend
3477	**153**	BRENNSTOFFZELLEN-KARTUSCHEN, ätzende Stoffe enthaltend
		BRENNSTOFFZELLEN-KARTUSCHEN IN AUSRÜSTUNGEN, ätzende Stoffe enthaltend
		BRENNSTOFFZELLEN-KARTUSCHEN, MIT AUSRÜSTUNGEN VERPACKT, ätzende Stoffe enthaltend

UN-Nr.	Merkblatt	Stoffname
3478	**115**	BRENNSTOFFZELLEN-KARTUSCHEN, verflüssigtes brennbares Gas enthaltend
		BRENNSTOFFZELLEN-KARTUSCHEN IN AUSRÜSTUNGEN, verflüssigtes brennbares Gas enthaltend
		BRENNSTOFFZELLEN-KARTUSCHEN, MIT AUSRÜSTUNGEN VERPACKT, verflüssigtes brennbares Gas enthaltend
3479	**115**	BRENNSTOFFZELLEN-KARTUSCHEN, Wasserstoff in Metall-hydrid enthaltend
		BRENNSTOFFZELLEN-KARTUSCHEN IN AUSRÜSTUNGEN, Wasserstoff in Metall-hydrid enthaltend
		BRENNSTOFFZELLEN-KARTUSCHEN, MIT AUSRÜSTUNGEN VERPACKT, Wasserstoff in Metall-hydrid enthaltend
3480	**147**	LITHIUM-IONEN-BATTERIEN (einschließlich Lithium-Ionen-Polymer-Batterien)
3481	**147**	LITHIUM-IONEN-BATTERIEN IN AUSRÜSTUNGEN (einschließlich Lithium-Ionen-Polymer-Batterien)
		LITHIUM-IONEN-BATTERIEN, MIT AUSRÜSTUNG VERPACKT (einschließlich Lithium-Ionen-Polymer-Batterien)
3482	**138X**	ALKALI-METALL-DISPERSIONEN, ENTZÜNDBAR
		ERDALKALI-METALL-DISPERSIONEN, ENTZÜNDBAR
3483	**131**	ANTIKLOPFMISCHUNG FÜR MOTORKRAFTSTOFF, ENTZÜNDBAR
		TETRA-METHYL-BLEI
3484	**132**	**HYDRAZIN, WÄSSERIGE LÖSUNG, ENTZÜNDBAR, mit mehr als 37 Masse-% Hydrazin** *
3485	**140**	**CALCIUM-HYPO-CHLORIT, MISCHUNG, TROCKEN, ÄTZEND , mit mehr als 39 % aktivem Chlor (8,8 % aktivem Sauerstoff)** *
		CALCIUM-HYPO-CHLORIT, TROCKEN, ÄTZEND , mit mehr als 39 % aktivem Chlor (8,8 % aktivem Sauerstoff) *
3486	**140**	**CALCIUM-HYPO-CHLORIT, MISCHUNG, TROCKEN, ÄTZEND , mit mehr als 10 %, aber höchstens 39 % aktivem Chlor** *
3487	**140**	CALCIUM-HYPO-CHLORIT, HYDRATISIERT, ÄTZEND , mit mindestes 5,5 %, aber höchstens 16 % Wasser
		CALCIUM-HYPO-CHLORIT, HYDRATISIERTE MISCHUNG, ÄTZEND , mit mindestes 5,5 %, aber höchstens 16 % Wasser

* **Beachte bei Leckage grüne Seiten zur Berechnung bzw. Abschätzung von Absperrungen**

^{n} nicht anderweitig genannt

UN-Nr.	Merkblatt	Stoffname
3488	**131**	**BEIM EINATMEN GIFTIGER FLÜSSIGER STOFF, ENTZÜNDBAR, ÄTZEND, N.A.G.[n], mit einem LC_{50}-Wert von höchstens 200 ml/m^3 und einer gesättigten Dampfkonzentration von mindestens 500 LC_{50} ***
3489	**131**	**BEIM EINATMEN GIFTIGER FLÜSSIGER STOFF, ENTZÜNDBAR, ÄTZEND, N.A.G.[n], mit einem LC_{50}-Wert von höchstens 1000 ml/m^3 und einer gesättigten Dampfkonzentration von mindestens 10 LC_{50} ***
3490	**155**	**BEIM EINATMEN GIFTIGER FLÜSSIGER STOFF, MIT WASSER REAGIEREND, ENTZÜNDBAR, N.A.G.[n], mit einem LC_{50}-Wert von höchstens 200 ml/m^3 und einer gesättigten Dampfkonzentration von mindestens 500 LC_{50}, ***
3491	**155**	**BEIM EINATMEN GIFTIGER FLÜSSIGER STOFF, MIT WASSER REAGIEREND, ENTZÜNDBAR, N.A.G.[n], mit einem LC_{50}-Wert von höchstens 1000 ml/m^3 und einer gesättigten Dampfkonzentration von mindestens 10 LC_{50} ***
3492	**131**	**BEIM EINATMEN GIFTIGER FLÜSSIGER STOFF, ÄTZEND, ENTZÜNDBAR, N.A.G.[n] ***
3493	**131**	**BEIM EINATMEN GIFTIGER FLÜSSIGER STOFF, ÄTZEND, ENTZÜNDBAR, N.A.G.[n], mit einem LC_{50}-Wert von höchstens 1000 ml/m^3 und einer gesättigten Dampfkonzentration von mindestens 10 LC_{50} ***
3494	**131**	**SCHWEFELREICHES ROHERDÖL, ENTZÜNDBAR, GIFTIG ***
3495	**154**	**IOD ***
3496	**171**	Batterien, Nickel-Metall-Hydrid
3497	**133**	KRILL-MEHL
3498	**157**	IOD-MONO-CHLORID, FLÜSSIG
3499	**171**	KONDENSATOR, ELEKTRISCHE DOPPELSCHICHT , (mit einer Energiespeicherkapazität von mehr als 0,3 Wh)

3500

UN-Nr.	Merkblatt	Stoffname
3500	**126**	CHEMIKALIE UNTER DRUCK, N.A.G.[n]
3501	**115**	CHEMIKALIE UNTER DRUCK, ENTZÜNDBAR, N.A.G.[n]
3502	**123**	CHEMIKALIE UNTER DRUCK, GIFTIG, N.A.G.[n]
3503	**125**	CHEMIKALIE UNTER DRUCK, ÄTZEND, N.A.G.[n]
3504	**119**	CHEMIKALIE UNTER DRUCK, ENTZÜNDBAR, GIFTIG, N.A.G.[n]
3505	**118**	CHEMIKALIE UNTER DRUCK, ENTZÜNDBAR, ÄTZEND, N.A.G.[n]
3506	**172**	QUECKSILBER IN HERGESTELLTEN GEGENSTÄNDEN
3507	**166**	***URAN-HEXA-FLUORID, RADIOAKTIVE STOFFE, FREIGESTELLTES VERSANDSTÜCK, mit weniger als 0,1 kg je Versandstück, nicht spaltbar oder spaltbar, freigestellt* [W]***
3508	**171**	KONDENSATOR, ASYMMETRISCH, (mit einer Energiespeicherkapazität von mehr als 0,3 Wh)
3509	**171**	ALTVERPACKUNGEN, LEER, UNGEREINIGT
3510	**174**	ADSORBIERTES GAS, ENTZÜNDBAR, N.A.G.[n]
3511	**174**	ADSORBIERTES GAS, N.A.G.[n]
3512	**173**	**ADSORBIERTES GAS, GIFTIG, N.A.G.[n] ***
3513	**174**	ADSORBIERTES GAS, OXIDIEREND, N.A.G.[n]
3514	**173**	**ADSORBIERTES GAS, GIFTIG, ENTZÜNDBAR, N.A.G.[n] ***
3515	**173**	**ADSORBIERTES GAS, GIFTIG, OXIDIEREND, N.A.G.[n] ***
3516	**173**	**ADSORBIERTES GAS, GIFTIG, ÄTZEND, N.A.G.[n] ***
3517	**173**	**ADSORBIERTES GAS, GIFTIG, ENTZÜNDBAR, ÄTZEND, N.A.G.[n] ***
3518	**173**	**ADSORBIERTES GAS, GIFTIG, OXIDIEREND, ÄTZEND, N.A.G.[n] ***
3519	**173**	**BOR-TRI-FLUORID, ADSORBIERT ***
3520	**173**	**CHLOR, ADSORBIERT ***
3521	**173**	**SILICIUM-TETRA-FLUORID, ADSORBIERT ***
3522	**173**	**ARSEN-WASSERSTOFF, ADSORBIERT ***
		ARSIN, ADSORBIERT *
3523	**173**	**GERMANIUM-WASSERSTOFF, ADSORBIERT ***
		GERMAN, ADSORBIERT *
3524	**173**	**PHOSPHOR-PENTA-FLUORID, ADSORBIERT ***
3525	**173**	**PHOSPHOR-WASSERSTOFF, ADSORBIERT ***
		PHOSPHIN, ADSORBIERT *
3526	**173**	**SELEN-WASSERSTOFF, ADSORBIERT ***
3527	**128P**	POLY-ESTER-HARZ-MEHRKOMPONENTEN-SYTEME, festes Grundprodukt
3528	**128**	VERBRENNUNGSMOTOR MIT ANTRIEB DURCH ENTZÜNDBARE FLÜSSIGKEIT
		BRENNSTOFFZELLEN-MOTOR MIT ANTRIEB DURCH ENTZÜNDBARE FLÜSSIGKEIT
		VERBRENNUNGSMASCHINE MIT ANTRIEB DURCH ENTZÜNDBARE FLÜSSIGKEIT

*** Beachte bei Leckage grüne Seiten zur Berechnung bzw. Abschätzung von Absperrungen**
[W] Absperrungen wegen Atemgiften bei Leckage in Wasser gemäß grünen Seiten durchführen
[n] nicht anderweitig genannt

UN-Nr.	Merkblatt	Stoffname
3528 (Forts.)	**128**	MASCHINE MIT BRENNSTOFFZELLEN-MOTOR MIT ANTRIEB DURCH ENTZÜNDBARE FLÜSSIGKEIT
3529	**115**	VERBRENNUNGSMOTOR MIT ANTRIEB DURCH ENTZÜNBARES GAS BRENNSTOFFZELLEN-MOTOR MIT ANTRIEB DURCH ENTZÜNDBARES GAS VERBRENNUNGSMASCHINE MIT ANTRIEB DURCH ENTZÜNDBARES GAS MASCHINE MIT BRENNSTOFFZELLEN-MOTOR MIT ANTRIEB DURCH ENTZÜNDBARES GAS
3530	**171**	VERBRENNUNGSMOTOR VERBRENNUNGSMASCHINE
3531	**149P**	POLYMERISIERENDER STOFF, FEST, STABILISIERT, N.A.G. [n]
3532	**149P**	POLYMERISIERENDER STOFF, FLÜSSIG, STABILISIERT, N.A.G. [n]
3533	**150P**	POLYMERISIERENDER STOFF, FEST, TEMPERATURKONTROLLIERT, N.A.G. [n]
3534	**150P**	POLYMERISIERENDER STOFF, FLÜSSIG, TEMPERATURKONTROLLIERT, N.A.G. [n]
3535	**134**	GIFTIGER ANORGANISCHER FESTER STOFF, ENTZÜNDBAR, N.A.G. [n]
3536	**147**	LITHIUM-BATTERIEN, IN GÜTERBEFÖRDERUNGS-EINHEITEN EINGEBAUT, Lithium-Ionen-Batterien und Lithium-Metall-Batterien
3537	**115**	GEGENSTÄNDE, DIE ENTZÜNDBARES GAS ENTHALTEN, N.A.G. [n]
3538	**120**	GEGENSTÄNDE, DIE NICHT ENTZÜNDBARES, NICHT GIFTIGES GAS ENTHALTEN, N.A.G. [n]
3539	**123**	**GEGENSTÄNDE, DIE GIFTIGES GAS ENTHALTEN, N.A.G.** [n] *
3540	**127**	GEGENSTÄNDE, DIE EINEN ENTZÜNDBAREN FLÜSSIGEN STOFF ENTHALTEN, N.A.G. [n]
3541	**133**	GEGENSTÄNDE, DIE EINEN ENTZÜNDBAREN FESTEN STOFF ENTHALTEN, N.A.G. [n]
3542	**135**	GEGENSTÄNDE, DIE EINEN SELBSTENTZÜNDLICHEN STOFF ENTHALTEN, N.A.G. [n]
3543	**138**	GEGENSTÄNDE, DIE EINEN STOFF ENTHALTEN, DER IN BERÜHRUNG MIT WASSER ENTZÜNDBARE GASE ENTWICKELT, N.A.G. [n]
3544	**140**	GEGENSTÄNDE, DIE EINEN ENTZÜNDEND (OXIDIEREND) WIRKENDEN STOFF ENTHALTEN, N.A.G. [n]
3545	**145**	GEGENSTÄNDE, DIE ORGANISCHES PEROXID ENTHALTEN, N.A.G. [n]
3546	**151**	GEGENSTÄNDE, DIE EINEN GIFTIGEN STOFF ENTHALTEN, N.A.G. [n]
3547	**154**	GEGENSTÄNDE, DIE EINEN ÄTZENDEN STOFF ENTHALTEN, N.A.G. [n]
3548	**171**	GEGENSTÄNDE, DIE VERSCHIEDENE GEFÄHRLICHE GÜTER ENTHALTEN, N.A.G. [n]
3549	**158**	MEDIZINISCHE ABFÄLLE, KATEGORIE A, GEFÄHRLICH FÜR MENSCHEN, fest MEDIZINISCHE ABFÄLLE, KATEGORIE A, nur GEFÄHRLICH FÜR TIERE, fest
3550	**151**	**COBALT-DI-HYDROXID-PULVER, mit mindestens 10 % lungengängigen Partikeln** *
3551	**147**	NATRIUM-IONEN-BATTERIEN, mit einem organischen Elektrolyt
3552	**147**	NATRIUM-IONEN-BATTERIEN IN AUSRÜSTUNGEN, mit einem organischen Elektrolyt NATRIUM-IONEN-BATTERIEN, MIT AUSRÜSTUNGEN VERPACKT, mit einem organischen Elektrolyt
3553	**116**	DI-SILAN
3554	**172**	GALLIUM IN HERGESTELLTEN GEGENSTÄNDEN
3555	**113**	TRI-FLUOR-METHYL-TETRAZOL-NATRIUM-SALZ IN ACETON, mit mindestens 68 Masse-% Aceton
3556	**147**	FAHRZEUG MIT ANTRIEB DURCH LITHIUM-IONEN-BATTERIEN
3557	**138**	FAHRZEUG MIT ANTRIEB DURCH LITHIUM-METALL-BATTERIEN
3558	**147**	FAHRZEUG MIT ANTRIEB DURCH NATRIUM-IONEN-BATTERIEN
3559	**171**	FEUER-LÖSCH-MITTEL-DISPERGIER-VORRICHTUNGEN
3560	**153**	**TETRA-METHYL-AMMONIUM-HYDROXID, WÄSSERIGE LÖSUNG, mit mindestens 25 % Tetra-methyl-ammonium-hydroxid** *
3561	**153**	CHLOR-PHENOLE, ÄTZEND, GIFTIG, FEST, N.A.G. [n]
3562	**153**	CHLOR-PHENOLE, ÄTZEND, FEST, N.A.G. [n]
ohne	**167**	FLUOR, TIEFGEKÜHLT, VERFLÜSSIGT
ohne	**168**	KOHLEN-MON-OXID, TIEFKALT, VERFLÜSSIGT
ohne	**169**	ALUMINIUM, HEISSE SCHMELZE

* **Beachte bei Leckage grüne Seiten zur Berechnung bzw. Abschätzung von Absperrungen**

[n] nicht anderweitig genannt

IV. Alphabetisches Stoffnamen-Verzeichnis mit Merkblatt-Nummer

Hinweise zur Anwendung des alphabetischen Stoffnamen-Verzeichnisses

- Eine Unterscheidung der Schreibweisen mit k oder c bzw. z oder c ist aus Platzgründen nicht durchgängig aufgenommen worden. Sie können im Bedarfsfall z durch c bzw. k durch c ersetzen.
- Die chemisch korrekte Bezeichnung des jeweiligen Stoffes kann den Beförderungsdokumenten entnommen werden. Einzahl und Mehrzahl sind austauschbar.
- Zur besseren Lesbarkeit und als Buchstabierhilfe sind die Namen der chemischen Substanzen mit Silben-Trennstrichen versehen worden. Machen Sie bei der Durchsage über Funk oder Telefon an diesen Stellen eine Pause und lassen Sie Ihren Gesprächspartner wiederholen. Jeder einzelne Buchstabe und jede Zahl sind wichtig. Deshalb ist das Buchstabieren des Namens die sicherste Methode.
- Zum schnelleren Auffinden des Stoffnamens sind auf jeder Seite im oberen blauen Balken angegeben:
  - links die ersten vier Buchstaben des ersten Stoffnamens auf dieser Seite
  - rechts die ersten vier Buchstaben des letzten Stoffnamens auf dieser Seite

Besondere Kennzeichnungen in der alphabetischen Stoffliste

1. Sind die **UN-Nummer** bzw. der **Stoffname fett** gedruckt, durch „*" gekennzeichnet und mit einem grünen Raster hinterlegt, sind bei **Leckage** entweder mit **MET©** entsprechende **Absperr-, Warn- bzw. Evakuierungsdistanzen** zu ermitteln oder die Orientierungswerte unmittelbar in **„Tabelle 1: Absperren, Warnen, Evakuieren bei Gefahrgutfreisetzung"** abzulesen.
2. Sind die ***UN-Nummer*** bzw. der ***Stoffname fettkursiv*** gedruckt, durch „W" gekennzeichnet und mit einem grünen Raster hinterlegt, so ist für Absperrungen wegen Atemgiften bei **Leckage in Wasser** die **„Tabelle 2: Warnen, Evakuieren bei Reaktion des Gefahrgutes mit Wasser"** (auf den grünen Seiten) zu beachten. Diese ist jedoch **nur** bei **Austritt des Produktes in Wasser** heranzuziehen.
3. Stoffe, bei denen die angegebene Merkblatt-Nummer ein zusätzliches **P** aufweist, neigen zu einer heftigen Reaktion (Polymerisation).
4. Stoffe, bei denen die angegebene Merkblatt-Nummer ein zusätzliches **X** aufweist, reagieren bei Kontakt mit Wasser äußerst heftig.
5. Wenn ein Stoffname den Zusatz **„N.A.G."** oder **„n.a.g."** (nicht anderweitig genannt) enthält, so handelt es sich um eine Sammeleintragung für Gefahrgüter mit vergleichbaren chemischen, physikalischen und/oder gefährlichen Eigenschaften, welche nicht einer spezifischen UN-Nummer zugeordnet worden sind.

Stoffname	Merk-blatt	UN-Nr.
A		
ABFALL-NITRIER-SÄURE-MISCHUNG	157	1826
ABFALL-SCHWEFEL-SÄURE *	153	**1906**
ACETAL	127	1088
ACET-ALDEHYD *	129P	**1089**
ACET-ALDEHYD-AMMONIAK	171	1841
ACET-ALDEHYD-OXIM	129	2332
ACETON *	127	**1090**
ACETON-CYAN-HYDRIN, STABILISIERT * [W]	156	***1541***
ACETO-NITRIL *	127	**1648**
ACETON-ÖLE	127	1091
ACETYL-BROMID * [W]	156	***1716***
ACETYL-CHLORID * [W]	155X	***1717***
ACETYLEN, GELÖST *	175	**1001**
ACETYLEN, LÖSUNGSMITTELFREI *	175	**3374**
ACETYL-IODID [W]	156	***1898***
ACETYL-METHYL-CARBINOL	127	2621
ACRIDIN	153	2713
ACROLEIN, STABILISIERT *	131P	**1092**
ACROLEIN-DIMER, STABILISIERT	129P	2607
ACROLEIN-SÄURE, STABILISIERT *	132P	**2218**
ACRYL-AMID, FEST *	153P	**2074**
ACRYL-AMID, LÖSUNG *	153P	**3426**
ACRYL-NITRIL, STABILISIERT *	131P	**1093**
ADIPO-NITRIL *	153	**2205**
ADSORBIERTES GAS, ENTZÜNDBAR, N.A.G. [n]	174	3510
ADSORBIERTES GAS, GIFTIG, ÄTZEND, N.A.G. [n] *	173	**3516**
ADSORBIERTES GAS, GIFTIG, ENTZÜNDBAR, ÄTZEND, N.A.G. [n] *	173	**3517**
ADSORBIERTES GAS, GIFTIG, ENTZÜNDBAR, N.A.G. [n] *	173	**3514**
ADSORBIERTES GAS, GIFTIG, N.A.G. [n] *	173	**3512**
ADSORBIERTES GAS, GIFTIG, OXIDIEREND, ÄTZEND, N.A.G. [n] *	173	**3518**
ADSORBIERTES GAS, GIFTIG, OXIDIEREND, N.A.G. [n] *	173	**3515**
ADSORBIERTES GAS, N.A.G. [n]	174	3511
ADSORBIERTES GAS, OXIDIEREND, N.A.G. [n]	174	3513
AKKUMULATOREN, NASS, AUSLAUFSICHER	154	2800
AKKUMULATOREN, NASS, GEFÜLLT MIT ALKALIEN, elektrische Sammler	154	2795
AKKUMULATOREN, NASS, GEFÜLLT MIT SÄURE, elektrische Sammler	154	2794
AKKUMULATOREN, TROCKEN, KALIUM-HYDROXID, FEST, ENTHALTEND	154	3028
ALDEHYDE, ENTZÜNDBAR, GIFTIG, N.A.G. [n]	131P	1988
ALDEHYDE, N.A.G. [n]	129P	1989

Stoffname	Merk-blatt	UN-Nr.
ALDOL	153	2839
ALKALI-METALL-ALKOHOLATE, SELBSTERHITZUNGSFÄHIG, ÄTZEND, N.A.G. [n]	136	3206
ALKALI-METALL-AMALGAM, FEST	138X	3401
ALKALI-METALL-AMALGAM, FLÜSSIG	138X	1389
ALKALI-METALL-AMIDE [W]	139	***1390***
ALKALI-METALL-DISPERSION	138X	1391
ALKALI-METALL-DISPERSIONEN, ENTZÜNDBAR	138X	3482
ALKALI-METALL-LEGIERUNG, FLÜSSIG, N.A.G. [n]	138X	1421
ALKALOIDE, FEST, N.A.G. [n]	151	1544
ALKALOIDE, FLÜSSIG, N.A.G. [n]	151	3140
ALKALOID-SALZE, FEST, N.A.G. [n]	151	1544
ALKALOID-SALZE, FLÜSSIG, N.A.G. [n]	151	3140
ALKOHOLATE, LÖSUNG in Alkohol, N.A.G. [n]	132	3274
ALKOHOLE, ENTZÜNDBAR, GIFTIG, N.A.G. [n] *	131	**1986**
ALKOHOLE, N.A.G. [n]	127	1987
ALKOHOLISCHE GETRÄNKE	127	3065
ALKYL-PHENOLE, FEST, N.A.G. [n], (einschließlich C_2–C_{12}-Homologe)	153	2430
ALKYL-PHENOLE, FLÜSSIG, N.A.G. [n], (einschließlich C_2–C_{12}-Homologe)	153	3145
ALKYL-SCHWEFEL-SÄURE	156	2571
ALKYL-SULFON-SÄUREN, FEST, mit höchstens 5 % freier Schwefelsäure	153	2585
ALKYL-SULFON-SÄUREN, FEST, mit mehr als 5 % freier Schwefelsäure	153	2583
ALKYL-SULFON-SÄUREN, FLÜSSIG, mit höchstens 5 % freier Schwefelsäure	153	2586
ALKYL-SULFON-SÄUREN, FLÜSSIG, mit mehr als 5 % freier Schwefelsäure	153	2584
ALLYL-ACETAT *	131	**2333**
ALLYL-ALKOHOL *	131	**1098**
ALLYL-AMIN *	131	**2334**
ALLYL-BROMID *	131P	**1099**
ALLYL-CHLOR-FORMIAT *	155	**1722**
ALLYL-CHLORID *	131P	**1100**
ALLYL-ETHYL-ETHER	131	2335
ALLYL-FORMIAT *	131	**2336**
ALLYL-GLYCIDYL-ETHER	129	2219
ALLYL-IODID	132	1723
ALLYL-ISO-THIO-CYANAT, STABILISIERT *	131	**1545**
ALLYL-TRI-CHLOR-SILAN, STABILISIERT * [W]	155X	***1724***
alpha-CHLOR-PROPION-SÄURE	153	2511
alpha-METHYL-BENZYL-ALKOHOL, FEST	153	3438
alpha-METHYL-BENZYL-ALKOHOL, FLÜSSIG	153	2937

*** Beachte bei Leckage grüne Seiten zur Berechnung bzw. Abschätzung von Absperrungen**
[W] Absperrungen wegen Atemgiften bei Leckage in Wasser gemäß grünen Seiten durchführen
[n] nicht anderweitig genannt

Stoffname	Merk-blatt	UN-Nr.
alpha-METHYL-VALER-ALDEHYD	130	2367
alpha-NAPHTHYL-AMIN *	**153**	**2077**
alpha-PINEN	128	2368
ALTVERPACKUNGEN, LEER, UNGEREINIGT	171	3509
ALUMINIUM, HEISSE SCHMELZE	169	ohne
ALUMINIUM-BOR-HYDRID	135X	2870
ALUMINIUM-BROMID, LÖSUNG	154	2580
ALUMINIUM-BROMID, WASSERFREI [W]	**137**	***1725***
ALUMINIUM-CARBID *	**138**	**1394**
ALUMINIUM-CHLORID, LÖSUNG *	**154**	**2581**
ALUMINIUM-CHLORID, WASSERFREI * [W]	**137**	***1726***
ALUMINIUM-FERRO-SILICIUM-PULVER	139	1395
ALUMINIUM-HYDRID	138	2463
ALUMINIUM-NITRAT *	**140**	**1438**
ALUMINIUM-PHOSPHID * [W]	**139**	***1397***
ALUMINIUM-PHOSPHID-PESTIZID * [W]	**157**	***3048***
ALUMINIUM-PULVER, NICHT ÜBERZOGEN	138	1396
ALUMINIUM-PULVER, ÜBERZOGEN	170	1309
ALUMINIUM-RESINAT	133	2715
ALUMINIUM-SILICIUM-PULVER, NICHT ÜBERZOGEN	138	1398
AMEISENSÄURE , mit mindestens 5 Masse-%, aber weniger als 10 Masse-% Säure *	**153**	**3412**
AMEISEN-SÄURE, mit mehr als 85 Masse-% Säure *	**153**	**1779**
AMEISENSÄURE, mit mindestens 10 Masse-%, aber höchstens 85 Masse-% Säure *	**153**	**3412**
AMINE, ENTZÜNDBAR, ÄTZEND, N.A.G. [n]	132	2733
AMINE, FEST, ÄTZEND, N.A.G. [n]	154	3259
AMINE, FLÜSSIG, ÄTZEND, ENTZÜNDBAR, N.A.G. [n]	132	2734
AMINE, FLÜSSIG, ÄTZEND, N.A.G. [n]	153	2735
2-AMINO-4-CHLOR-PHENOL	151	2673
2-AMINO-5-DI-ETHYL-AMINO-PENTAN	153	2946
2-AMINO-4,6-DI-NITRO-PHENOL, ANGEFEUCHTET, mit mindestens 20 Masse-% Wasser	113	3317
2-(2-AMINO-ETHOXY)-ETHANOL *	**154**	**3055**
AMINO-PHENOLE (ortho-, meta-, para)	152	2512
AMINO-PYRIDINE (ortho-, meta-, para)	153	2671
AMMONIAK, WASSERFREI *	**125**	**1005**
AMMONIAK-LÖSUNG, in Wasser, relative Dichte kleiner als 0,880 bei 15 °C, mit mehr als 35 %, aber höchstens 50 % Ammoniak *	**125**	**2073**
AMMONIAK-LÖSUNG, in Wasser, relative Dichte kleiner als 0,880 bei 15 °C, mit mehr als 50 % Ammoniak *	**125**	**3318**
AMMONIAK-LÖSUNG, in Wasser, relative Dichte zwischen 0,880 und 0,957 bei 15 °C, mit mehr als 10 %, aber höchstens 35 % Ammoniak *	**154**	**2672**
AMMONIUM-ARSENAT	151	1546
AMMONIUM-DI-CHROMAT *	**141**	**1439**
AMMONIUM-DI-NITRO-ortho-CRESOLAT, FEST	141	1843
AMMONIUM-DI-NITRO-ortho-CRESOLAT, LÖSUNG	141	3424
AMMONIUM-FLUORID *	**154**	**2505**
AMMONIUM-FLUOR-SILICAT *	**151**	**2854**
AMMONIUM-HYDROGEN-DI-FLUORID, FEST *	**154**	**1727**
AMMONIUM-HYDROGEN-DI-FLUORID, LÖSUNG *	**154**	**2817**
AMMONIUM-HYDROGEN-SULFAT *	**154**	**2506**
AMMONIUM-META-VANADAT *	**154**	**2859**
AMMONIUM-NITRAT, FLÜSSIG, (heiße konzentrierte Lösung) *	**140**	**2426**
AMMONIUM-NITRAT, mit höchstens 0,2 % brennbaren Stoffen, einschließlich jedes als Kohlenstoff berechneten organischen Stoffes, unter Ausschluss jedes anderen zugesetzten Stoffes *	**140**	**1942**
AMMONIUM-NITRAT-EMULSION, Zwischenprodukt für die Herstellung von Sprengstoffen	140	3375
AMMONIUM-NITRAT-GEL, Zwischenprodukt für die Herstellung von Sprengstoffen	140	3375
AMMONIUM-NITRAT-HALTIGES DÜNGEMITTEL	140	2067
AMMONIUM-NITRAT-HALTIGES DÜNGEMITTEL	140	2071
AMMONIUM-NITRAT-SUSPENSION, Zwischenprodukt für die Herstellung von Sprengstoffen	140	3375
AMMONIUM-PER-CHLORAT *	**143**	**1442**
AMMONIUM-PER-SULFAT *	**140**	**1444**
AMMONIUM-PIKRAT, ANGEFEUCHTET, mit mindestens 10 Masse-% Wasser *	**113**	**1310**
AMMONIUM-POLY-SULFID, LÖSUNG	154	2818
AMMONIUM-POLY-VANADAT	151	2861
AMMONIUM-SULFID, LÖSUNG *	**132**	**2683**
AMYL-ACETATE	129	1104
AMYL-AMINE *	**132**	**1106**
AMYL-BUTYRATE	130	2620
AMYL-CHLORIDE	129	1107
AMYL-FORMIATE	129	1109
AMYL-MERCAPTAN	130	1111

* **Beachte bei Leckage grüne Seiten zur Berechnung bzw. Abschätzung von Absperrungen**
W **Absperrungen wegen Atemgiften bei Leckage in Wasser gemäß grünen Seiten durchführen**
n nicht anderweitig genannt

Stoffname	Merk-blatt	UN-Nr.
AMYL-NITRATE	**128**	1112
AMYL-NITRITE	**129**	1113
AMYL-PHOSPHAT	**153**	2819
AMYL-TRI-CHLOR-SILAN *[W]	**156X**	***1728***
ANILIN *	**153**	**1547**
ANILIN-HYDRO-CHLORID	**153**	1548
ANISIDINE *	**153**	**2431**
ANISOL *	**128**	**2222**
ANISOYL-CHLORID	**156**	1729
ANORGANISCHE ANTIMON-VERBINDUNGEN, FEST, N.A.G.[n]	**157**	1549
ANORGANISCHE ANTIMON-VERBINDUNGEN, FLÜSSIG, N.A.G.[n]	**157**	3141
ANSTECKUNGSGEFÄHRLICHER STOFF, GEFÄHRLICH FÜR MENSCHEN	**158**	2814
ANSTECKUNGSGEFÄHRLICHER STOFF, GEFÄHRLICH FÜR MENSCHEN in tiefgekühlt verflüssigtem Stickstoff	**158**	2814
ANSTECKUNGSGEFÄHRLICHER STOFF, GEFÄHRLICH FÜR MENSCHEN (nur tierische Stoffe)	**158**	2814
ANSTECKUNGSGEFÄHRLICHER STOFF nur GEFÄHRLICH FÜR TIERE	**158**	2900
ANSTECKUNGSGEFÄHRLICHER STOFF nur GEFÄHRLICH FÜR TIERE, in tiefgekühlt verflüssigtem Stickstoff	**158**	2900
ANSTECKUNGSGEFÄHRLICHER STOFF nur GEFÄHRLICH FÜR TIERE (nur tierische Stoffe)	**158**	2900
ANTI-KLOPF-MISCHUNG FÜR MOTOR-KRAFT-STOFF *	**152**	**1649**
ANTIKLOPFMISCHUNG FÜR MOTORKRAFTSTOFF, ENTZÜNDBAR	**131**	3483
ANTIMON-KALIUM-TARTRAT *	**151**	**1551**
ANTIMON-LAKTAT	**151**	1550
ANTIMON-PENTA-CHLORID, FLÜSSIG *	**157X**	**1730**
ANTIMON-PENTA-CHLORID, LÖSUNG *	**157**	**1731**
ANTIMON-PENTA-FLUORID *[W]	**157**	***1732***
ANTIMON-PULVER *	**170**	**2871**
ANTIMON-TRI-CHLORID *	**157**	**1733**
ANTIMON-WASSERSTOFF *	**119**	**2676**
ARGON, TIEFGEKÜHLT, FLÜSSIG *	**120**	**1951**
ARGON, VERDICHTET *	**120**	**1006**
ARSEN *	**152**	**1558**
ARSEN-BROMID	**151**	1555
ARSEN-HALTIGES PESTIZID, FLÜSSIG, GIFTIG	**151**	2994
ARSEN-HALTIGES PESTIZID, FLÜSSIG, GIFTIG, ENTZÜNDBAR, mit einem Flammpunkt von 23 °C oder darüber	**131**	2993
ARSEN-HALTIGES-PESTIZID, FEST, GIFTIG	**151**	2759
ARSEN-HALTIGES-PESTIZID, FLÜSSIG, ENTZÜNDBAR, GIFTIG, Flammpunkt unter 23 °C	**131**	2760
ARSEN-PENT-OXID *	**151**	**1559**
ARSEN-SÄURE, FEST	**154**	1554
ARSEN-SÄURE, FLÜSSIG *	**154**	**1553**
ARSEN-STAUB	**152**	1562
ARSEN-TRI-CHLORID *	**157**	**1560**
ARSEN-TRI-OXID *	**151**	**1561**
ARSEN-VERBINDUNG, FLÜSSIG, N.A.G.[n], anorganisch, einschließlich Arsenate, n.a.g., Arsenite, n.a.g. und Arsensulfide, n.a.g. *	**152**	**1556**
ARSEN-VERBINDUNGEN, FEST, N.A.G.[n], anorganisch, einschließlich Arsenate, n.a.g., Arsenite, n.a.g. und Arsensulfide, n.a.g.	**152**	1557
ARSEN-WASSERSTOFF *	**119**	**2188**
ARSEN-WASSERSTOFF, ADSORBIERT *	**173**	**3522**
ARSIN *	**119**	**2188**
ARSIN, ADSORBIERT *	**173**	**3522**
ARYL-SULFON-SÄUREN, FEST, mit höchstens 5 % freier Schwefelsäure	**153**	2585
ARYL-SULFON-SÄUREN, FEST, mit mehr als 5 % freier Schwefelsäure	**153**	2583
ARYL-SULFON-SÄUREN, FLÜSSIG, mit höchstens 5 % freier Schwefelsäure	**153**	2586
ARYL-SULFON-SÄUREN, FLÜSSIG, mit mehr als 5 % freier Schwefelsäure	**153**	2584
ASBEST, AMPHIBOL (Amosit, Tremolit Aktinolith, Anthophyllit, Krokydolith)	**171**	2212
ASBEST, CHRYSOTIL	**171**	2590
ÄTZENDER ALKALISCHER FLÜSSIGER STOFF, N.A.G.[n]	**154**	1719
ÄTZENDER BASISCHER ANORGANISCHER FESTER STOFF, N.A.G.[n]	**154**	3262
ÄTZENDER BASISCHER ANORGANISCHER FLÜSSIGER STOFF, N.A.G.[n]	**154**	3266
ÄTZENDER BASISCHER ORGANISCHER FESTER STOFF, N.A.G.[n]	**154**	3263
ÄTZENDER BASISCHER ORGANISCHER FLÜSSIGER STOFF, N.A.G.[n]	**153**	3267
ÄTZENDER FESTER STOFF, ENTZÜNDBAR, N.A.G.[n]	**134**	2921
ÄTZENDER FESTER STOFF, ENTZÜNDEND (OXIDIEREND) WIRKEND, N.A.G.[n]	**157**	3084
ÄTZENDER FESTER STOFF, GIFTIG, N.A.G.[n]	**154**	2923
ÄTZENDER FESTER STOFF, MIT WASSER REAGIEREND, N.A.G.[n]	**138**	3096
ÄTZENDER FESTER STOFF, N.A.G.[n]	**154**	1759

* **Beachte bei Leckage grüne Seiten zur Berechnung bzw. Abschätzung von Absperrungen**
[W] **Absperrungen wegen Atemgiften bei Leckage in Wasser gemäß grünen Seiten durchführen**
[n] nicht anderweitig genannt

Stoffname	Merk-blatt	UN-Nr.
ÄTZENDER FESTER STOFF, SELBSTERHITZUNGSFÄHIG, N.A.G. [n]	**136**	3095
ÄTZENDER FLÜSSIGER STOFF, ENTZÜNDBAR, N.A.G. [n]	**132**	2920
ÄTZENDER FLÜSSIGER STOFF, ENTZÜNDEND (OXIDIEREND) WIRKEND, N.A.G. [n]	**157**	3093
ÄTZENDER FLÜSSIGER STOFF, GIFTIG, N.A.G. [n]	**154**	2922
ÄTZENDER FLÜSSIGER STOFF, MIT WASSER REAGIEREND, N.A.G. [n]	**138**	3094
ÄTZENDER FLÜSSIGER STOFF, N.A.G. [n]	**154**	1760
ÄTZENDER FLÜSSIGER STOFF, SELBSTERHITZUNGSFÄHIG, N.A.G. [n]	**136**	3301
ÄTZENDER SAURER ANORGANISCHER FESTER STOFF, N.A.G. [n]	**154**	3260
ÄTZENDER SAURER ANORGANISCHER FLÜSSIGER STOFF, N.A.G. [n]	**154**	3264
ÄTZENDER SAURER ORGANISCHER FESTER STOFF, N.A.G. [n]	**154**	3261
ÄTZENDER SAURER ORGANISCHER FLÜSSIGER STOFF, N.A.G. [n]	**153**	3265
AZO-DI-CARBON-AMID	**149**	3242
B		
BARIUM *	**138**	**1400**
BARIUM-AZID, ANGEFEUCHTET, mit mindestens 50 Masse-% Wasser	**113**	1571
BARIUM-BROMAT	**141**	2719
BARIUM-CHLORAT, FEST	**141**	1445
BARIUM-CHLORAT, LÖSUNG	**141**	3405
BARIUM-CYANID *	**157**	**1565**
BARIUM-HYPO-CHLORIT, mit mehr als 22 % aktivem Chlor	**141**	2741
BARIUM-LEGIERUNGEN, PYROPHOR	**135**	1854
BARIUM-NITRAT *	**141**	**1446**
BARIUM-OXID *	**157**	**1884**
BARIUM-PER-CHLORAT, FEST	**141**	1447
BARIUM-PER-CHLORAT, LÖSUNG	**141**	3406
BARIUM-PER-MANGANAT *	**141**	**1448**
BARIUM-PER-OXID *	**141**	**1449**
BARIUM-VERBINDUNG, N.A.G. [n]	**154**	1564
BATTERIEBETRIEBENES FAHRZEUG oder BATTERIEBETRIEBENES GERÄT	**154**	3171
BATTERIEBETRIEBENES FAHRZEUG oder BATTERIEBETRIEBENES GERÄT, (mit Lithium-Ionen-Batterie)	**147**	3171
BATTERIEBETRIEBENES FAHRZEUG oder BATTERIEBETRIEBENES GERÄT (mit Lithium-Metall- oder Natrium-Ionen-Batterie)	**138**	3171
BATTERIE-FLÜSSIGKEIT, ALKALISCH	**154**	2797

Stoffname	Merk-blatt	UN-Nr.
BATTERIE-FLÜSSIGKEIT, SAUER	**157**	2796
BATTERIEN, DIE METALLISCHES NATRIUM ODER NATRIUMLEGIERUNGEN ENTHALTEN	**138**	3292
BATTERIEN, NASS, GEFÜLLT MIT ALKALIEN, elektrische Sammler	**154**	2795
BATTERIEN, NASS, GEFÜLLT MIT SÄURE, elektrische Sammler	**154**	2794
Batterien, Nickel-Metall-Hydrid	**171**	3496
BATTERIEN, TROCKEN, KALIUM-HYDROXID, FEST, ENTHALTEND, elektrische Sammler	**154**	3028
BAUMWOLLABFÄLLE, ÖLHALTIG	**133**	1364
BAUMWOLLE, NASS	**133**	1365
BEGASTE GÜTER-BEFÖRDERUNGS-EINHEIT	**171**	3359
BEIM EINATMEN GIFTIGER FLÜSSIGER STOFF, ÄTZEND, ENTZÜNDBAR, N.A.G. [n] *	**131**	**3492**
BEIM EINATMEN GIFTIGER FLÜSSIGER STOFF, ÄTZEND, ENTZÜNDBAR, N.A.G. [n], mit einem LC_{50}-Wert von höchstens 1000 ml/m^3 und einer gesättigten Dampfkonzentration von mindestens 10 LC_{50} *	**131**	**3493**
BEIM EINATMEN GIFTIGER FLÜSSIGER STOFF, ÄTZEND, N.A.G. [n], mit einem LC_{50}-Wert von höchstens 1000 ml/m^3 und einer gesättigten Dampfkonzentration von mindestens 10 LC_{50} *	**154**	**3390**
BEIM EINATMEN GIFTIGER FLÜSSIGER STOFF, ÄTZEND, N.A.G. [n], mit einem LC_{50}-Wert von höchstens 200 ml/m^3 und einer gesättigten Dampfkonzentration von mindestens 500 LC_{50} *	**154**	**3389**
BEIM EINATMEN GIFTIGER FLÜSSIGER STOFF, ENTZÜNDBAR, ÄTZEND, N.A.G. [n], mit einem LC_{50}-Wert von höchstens 1000 ml/m^3 und einer gesättigten Dampfkonzentration von mindestens 10 LC_{50} *	**131**	**3489**
BEIM EINATMEN GIFTIGER FLÜSSIGER STOFF, ENTZÜNDBAR, ÄTZEND, N.A.G. [n], mit einem LC_{50}-Wert von höchstens 200 ml/m^3 und einer gesättigten Dampfkonzentration von mindestens 500 LC_{50} *	**131**	**3488**
BEIM EINATMEN GIFTIGER FLÜSSIGER STOFF, ENTZÜNDBAR, N.A.G. [n], mit einem LC_{50}-Wert von höchstens 1000 ml/m^3 und einer gesättigten Dampfkonzentration von mindestens 10 LC_{50} *	**131**	**3384**

* **Beachte bei Leckage grüne Seiten zur Berechnung bzw. Abschätzung von Absperrungen**

[n] nicht anderweitig genannt

Stoffname	Merk-blatt	UN-Nr.
BEIM EINATMEN GIFTIGER FLÜSSIGER STOFF, ENTZÜNDBAR, N.A.G.[n], mit einem LC_{50}-Wert von höchstens 200 ml/m^3 und einer gesättigten Dampfkonzentration von mindestens 500 LC_{50} *	**131**	**3383**
BEIM EINATMEN GIFTIGER FLÜSSIGER STOFF, ENTZÜNDEND (OXIDIEREND) WIRKEND, N.A.G.[n], mit einem LC_{50}-Wert von höchstens 1000 ml/m^3 und einer gesättigten Dampfkonzentration von mindestens 10 LC_{50} *	**142**	**3388**
BEIM EINATMEN GIFTIGER FLÜSSIGER STOFF, ENTZÜNDEND (OXIDIEREND) WIRKEND, N.A.G.[n], mit einem LC_{50}-Wert von höchstens 200 ml/m^3 und einer gesättigten Dampfkonzentration von mindestens 500 LC_{50} *	**142**	**3387**
BEIM EINATMEN GIFTIGER FLÜSSIGER STOFF, MIT WASSER REAGIEREND, ENTZÜNDBAR, N.A.G.[n], mit einem LC_{50}-Wert von höchstens 1000 ml/m^3 und einer gesättigten Dampfkonzentration von mindestens 10 LC_{50} *	**155**	**3491**
BEIM EINATMEN GIFTIGER FLÜSSIGER STOFF, MIT WASSER REAGIEREND, ENTZÜNDBAR, N.A.G.[n], mit einem LC_{50}-Wert von höchstens 200 ml/m^3 und einer gesättigten Dampfkonzentration von mindestens 500 LC_{50}, *	**155**	**3490**
BEIM EINATMEN GIFTIGER FLÜSSIGER STOFF, MIT WASSER REAGIEREND, N.A.G.[n], mit einem LC_{50}-Wert von höchstens 200 ml/m^3 und einer gesättigten Dampfkonzentration von mindestens 500 LC_{50} *	**139**	**3385**
BEIM EINATMEN GIFTIGER FLÜSSIGER STOFF, MIT WASSER REAGIEREND, N.A.G.[n], mit einem LC_{50}-Wert von höchstens 200 ml/m^3 und einer gesättigten Dampfkonzentration von mindestens 500 LC_{50} *	**139**	**3386**
BEIM EINATMEN GIFTIGER FLÜSSIGER STOFF, N.A.G.[n], mit einem LC_{50}-Wert von höchstens 1000 ml/m^3 und einer gesättigten Dampfkonzentration von mindestens 10 LC_{50} *	**151**	**3382**
BEIM EINATMEN GIFTIGER FLÜSSIGER STOFF, N.A.G.[n], mit einem LC_{50}-Wert von höchstens 200 ml/m^3 und einer gesättigten Dampfkonzentration von mindestens 500 LC_{50} *	**151**	**3381**
BENZ-ALDEHYD *	**171**	**1990**

Stoffname	Merk-blatt	UN-Nr.
BENZEN *	**130**	**1114**
BENZIDIN *	**153**	**1885**
BENZIN	**128**	1203
BENZO-CHINON *	**153**	**2587**
BENZOL-SULFONYL-CHLORID *	**156**	**2225**
BENZO-NITRIL *	**152**	**2224**
BENZO-TRI-CHLORID *	**156**	**2226**
BENZO-TRI-FLUORID *	**127**	**2338**
BENZOYL-CHLORID *	**137**	**1736**
BENZYL-BROMID *	**156**	**1737**
BENZYL-CHLOR-FORMIAT *	**137**	**1739**
BENZYL-CHLORID *	**156**	**1738**
BENZYL-DI-METHYL-AMIN *	**132**	**2619**
BENZYLIDEN-CHLORID *	**156**	**1886**
BENZYL-IODID	**156**	2653
BERYLLIUM-NITRAT *	**141**	**2464**
BERYLLIUM-PULVER *	**134**	**1567**
BERYLLIUM-VERBINDUNG, N.A.G.[n]	**154**	1566
beta-NAPHTHYL-AMIN, FEST *	**153**	**1650**
beta-NAPHTHYL-AMIN, LÖSUNG *	**153**	**3411**
BHUSA, feucht, mit Öl verunreinigt	**133**	1327
BI-CYCLO-[2,2,1]-HEPTA-2,5-DIEN, STABILISIERT	**128P**	2251
BIOLOGISCHER STOFF, KATEGORIE B	**158**	3373
(BIO)MEDIZINISCHER ABFALL, N.A.G.[n]	**158**	3291
BI-PYRIDILIUM-PESTIZID, FEST, GIFTIG	**151**	2781
BI-PYRIDILIUM-PESTIZID, FLÜSSIG, ENTZÜNDBAR, GIFTIG, Flammpunkt unter als 23 °C	**131**	2782
BI-PYRIDILIUM-PESTIZID, FLÜSSIG, GIFTIG	**151**	3016
BI-PYRIDILIUM-PESTIZID, FLÜSSIG, GIFTIG, ENTZÜNDBAR, mit einem Flammpunkt von 23 °C oder darüber	**131**	3015
BLAUSÄURE, LÖSUNG IN ALKOHOL, mit höchstens 45 % Blausäure *	**131**	**3294**
BLAUSÄURE, STABILISIERT, mit weniger als 3 % Wasser und aufgesaugt durch ein inertes poröses Material *	**152**	**1614**
BLAUSÄURE, WÄSSERIGE LÖSUNG, mit höchstens 20 % Blausäure *	**154**	**1613**
BLEI-ACETAT	**151**	1616
BLEI-ARSENATE	**151**	1617
BLEI-ARSENITE *	**151**	**1618**
BLEI-CYANID	**151**	1620
BLEI-DI-OXID *	**140**	**1872**
BLEI-NITRAT *	**141**	**1469**
BLEI-PER-CHLORAT, FEST *	**141**	**1470**
BLEI-PER-CHLORAT, LÖSUNG	**141**	3408
BLEI-PHOSPHIT, ZWEIBASIG	**133**	2989

*** Beachte bei Leckage grüne Seiten zur Berechnung bzw. Abschätzung von Absperrungen**

[n] nicht anderweitig genannt

Stoffname	Merk-blatt	UN-Nr.
BLEI-SULFAT, mit mehr als 3 % freier Säure *	**154**	**1794**
BLEI-VERBINDUNG, LÖSLICH, N.A.G. [n]	**151**	2291
BORNEOL	**133**	1312
BOR-TRI-BROMID * [W]	**157X**	***2692***
BOR-TRI-CHLORID * [W]	**125**	***1741***
BOR-TRI-FLUORID *	**125**	**1008**
BOR-TRI-FLUORID, ADSORBIERT *	**173**	**3519**
BOR-TRI-FLUORID-DI-ETHYL-ETHERAT *	**132**	**2604**
BOR-TRI-FLUORID-DI-HYDRAT *	**157**	**2851**
BOR-TRI-FLUORID-DI-METHYL-ETHERAT * [W]	**139**	***2965***
BOR-TRI-FLUORID-ESSIG-SÄURE-KOMPLEX, FEST	**157**	3419
BOR-TRI-FLUORID-ESSIG-SÄURE-KOMPLEX, FLÜSSIG	**157**	1742
BOR-TRI-FLUORID-PROPION-SÄURE-KOMPLEX, FEST	**157**	3420
BOR-TRI-FLUORID-PROPION-SÄURE-KOMPLEX, FLÜSSIG	**157**	1743
BRENNSTOFFZELLEN-FAHRZEUG MIT ANTRIEB DURCH ENTZÜNDBARE FLÜSSIGKEIT	**115**	3166
BRENNSTOFFZELLEN-FAHRZEUG MIT ANTRIEB DURCH ENTZÜNDBARES GAS	**128**	3166
BRENNSTOFFZELLEN-KARTUSCHEN, ätzende Stoffe enthaltend	**153**	3477
BRENNSTOFFZELLEN-KARTUSCHEN, entzündbare flüssige Stoffe enthaltend	**128**	3473
BRENNSTOFFZELLEN-KARTUSCHEN IN AUSRÜSTUNGEN, ätzende Stoffe enthaltend	**153**	3477
BRENNSTOFFZELLEN-KARTUSCHEN IN AUSRÜSTUNGEN, mit Wasser reagierende Stoffe enthaltend	**138**	3476
BRENNSTOFFZELLEN-KARTUSCHEN IN AUSRÜSTUNGEN, verflüssigtes brennbares Gas enthaltend	**115**	3478
BRENNSTOFFZELLEN-KARTUSCHEN IN AUSRÜSTUNGEN VERPACKT, entzündbare flüssige Stoffe enthaltend	**128**	3473
BRENNSTOFFZELLEN-KARTUSCHEN IN AUSRÜSTUNGEN, Wasserstoff in Metall-hydrid enthaltend	**115**	3479
BRENNSTOFFZELLEN-KARTUSCHEN MIT AUSRÜSTUNGEN, entzündbare flüssige Stoffe enthaltend	**128**	3473
BRENNSTOFFZELLEN-KARTUSCHEN, MIT AUSRÜSTUNGEN VERPACKT, ätzende Stoffe enthaltend	**153**	3477
BRENNSTOFFZELLEN-KARTUSCHEN, MIT AUSRÜSTUNGEN VERPACKT, mit Wasser reagierende Stoffe enthaltend	**138**	3476
BRENNSTOFFZELLEN-KARTUSCHEN, MIT AUSRÜSTUNGEN VERPACKT, verflüssigtes brennbares Gas enthaltend	**115**	3478
BRENNSTOFFZELLEN-KARTUSCHEN, MIT AUSRÜSTUNGEN VERPACKT, Wasserstoff in Metall-hydrid enthaltend	**115**	3479
BRENNSTOFFZELLEN-KARTUSCHEN, mit Wasser reagierende Stoffe enthaltend	**138**	3476
BRENNSTOFFZELLEN-KARTUSCHEN, verflüssigtes brennbares Gas enthaltend	**115**	3478
BRENNSTOFFZELLEN-KARTUSCHEN, Wasserstoff in Metall-hydrid enthaltend	**115**	3479
BRENNSTOFFZELLEN-MOTOR MIT ANTRIEB DURCH ENTZÜNDBARE FLÜSSIGKEIT	**128**	3528
BRENNSTOFFZELLEN-MOTOR MIT ANTRIEB DURCH ENTZÜNDBARES GAS	**115**	3529
BROM *	**154**	**1744**
BROM, LÖSUNG *	**154**	**1744**
BROM-ACETON *	**131**	**1569**
BROM-ACETYL-BROMID	**156X**	2513
BROMATE, ANORGANISCHE, N.A.G. [n]	**140**	1450
BROMATE, ANORGANISCHE, WÄSSRIGE LÖSUNG, N.A.G. [n]	**140**	3213
BROM-BENZEN *	**130**	**2514**
BROM-BENZYL-CYANIDE, FEST	**159**	3449
BROM-BENZYL-CYANIDE, FLÜSSIG *	**159**	**1694**
1-BROM-BUTAN *	**130**	**1126**
2-BROM-BUTAN	**130**	2339
BROM-CHLOR-DI-FLUOR-METHAN (GAS ALS KÄLTEMITTEL R 12B1) *	**126**	**1974**
BROM-CHLORID *	**124**	**2901**
BROM-CHLOR-METHAN *	**160**	**1887**
1-BROM-3-CHLOR-PROPAN	**159**	2688
BROM-ESSIG-SÄURE, FEST *	**156**	**3425**
BROM-ESSIG-SÄURE, LÖSUNG *	**156**	**1938**
2-BROM-ETHYL-ETHYL-ETHER	**130**	2340
1-BROM-3-METHYL-BUTAN *	**130**	**2341**
BROM-METHYL-PROPANE	**130**	2342
2-BROM-2-NITRO-PROPAN-1,3-DIOL	**133**	3241
BROM-O-FORM *	**159**	**2515**
BROM-PENTA-FLUORID * [W]	**144**	***1745***
2-BROM-PENTAN	**130**	2343
BROM-PROPANE	**129**	2344
3-BROM-PROPIN *	**130**	**2345**
BROM-TRI-FLUOR-ETHYLEN *	**116**	**2419**
BROM-TRI-FLUORID * [W]	**144**	***1746***

* **Beachte bei Leckage grüne Seiten zur Berechnung bzw. Abschätzung von Absperrungen**
W **Absperrungen wegen Atemgiften bei Leckage in Wasser gemäß grünen Seiten durchführen**
n nicht anderweitig genannt

Stoffname	Merkblatt	UN-Nr.
BROM-TRI-FLUOR-METHAN (GAS ALS KÄLTEMITTEL R 13B1) *	**126**	**1009**
BROM-WASSERSTOFF, WASSERFREI *	**125**	**1048**
BROM-WASSERSTOFF-SÄURE *	**154**	**1788**
BRUCIN *	**151**	**1570**
BUTADIENE, STABILISIERT	**116P**	1010
BUTADIENE UND KOHLEN-WASSERSTOFF, GEMISCH, STABILISIERT, mit mehr als 20 % Butadienen	**116P**	1010
BUTAN *	**115**	**1011**
BUTAN-DION *	**127**	**2346**
BUTANOLE	**129**	1120
BUTEN	**115**	1012
BUTIN-1,4-DIOL *	**153**	**2716**
BUTTER-SÄURE	**153**	2820
BUTTER-SÄURE-ANHYDRID	**156**	2739
BUTYL-ACETATE	**129**	1123
BUTYL-ACRYLATE, STABILISIERT *	**129P**	**2348**
BUTYL-BENZENE	**128**	2709
1,2-BUTYLEN-OXID, STABILISIERT *	**127P**	**3022**
BUTYL-MERCAPTAN	**130**	2347
BUTYL-METHYL-ETHER	**127**	2350
BUTYL-NITRITE	**129**	2351
BUTYL-PHOSPHAT	**153**	1718
BUTYL-PROPIONATE *	**130**	**1914**
BUTYL-TOLUENE	**152**	2667
BUTYL-TRI-CHLOR-SILAN * W	**155X**	***1747***
BUTYL-VINYL-ETHER, STABILISIERT	**127P**	2352
BUTYR-ALDEHYD *	**129P**	**1129**
BUTYR-ALD-OXIME	**129**	2840
BUTYRO-NITRIL *	**131**	**2411**
BUTYRYL-CHLORID W	**155**	***2353***

C

Stoffname	Merkblatt	UN-Nr.
CADMIUM-VERBINDUNG	**154**	2570
CAESIUM *	**138X**	**1407**
CAESIUM, nicht pyrophor *	**138X**	**1407**
CAESIUM-HYDROXID *	**157**	**2682**
CAESIUM-HYDROXID-LÖSUNG *	**154**	**2681**
CAESIUM-NITRAT *	**140**	**1451**
CALCIUM	**138**	1401
CALCIUM, PYROPHOR	**135**	1855
CALCIUM-ARSENAT *	**151**	**1573**
CALCIUM-ARSENAT UND CALCIUM-ARSENIT, MISCHUNG, FEST	**151**	1574
CALCIUM-CARBID *	**138**	**1402**
CALCIUM-CHLORAT	**140**	1452
CALCIUM-CHLORAT, WÄSSERIGE LÖSUNG	**140**	2429
CALCIUM-CHLORIT	**140**	1453
CALCIUM-CYAN-AMID, mit mehr als 0,1 Masse-% Calcium-carbid *	**138**	**1403**
CALCIUM-CYANID *	**157**	**1575**
CALCIUM-DI-THIONIT W	**135**	***1923***
CALCIUM-HYDRID *	**138**	**1404**
CALCIUM-HYDRO-SULFIT W	**135**	***1923***
CALCIUM-HYPO-CHLORIT, HYDRATISIERT *	**140**	**2880**
CALCIUM-HYPO-CHLORIT, HYDRATISIERT, ÄTZEND , mit mindestes 5,5 %, aber höchstens 16 % Wasser	**140**	3487
CALCIUM-HYPO-CHLORIT, HYDRATISIERTE MISCHUNG, ÄTZEND , mit mindestes 5,5 %, aber höchstens 16 % Wasser	**140**	3487
CALCIUM-HYPO-CHLORIT, HYDRATISIERTE MISCHUNG, mit mindestens 5,5 %, aber höchstens 16 % Wasser *	**140**	**2880**
CALCIUM-HYPO-CHLORIT, MISCHUNG, TROCKEN, ÄTZEND , mit mehr als 10 %, aber höchstens 39 % aktivem Chlor *	**140**	**3486**
CALCIUM-HYPO-CHLORIT, MISCHUNG, TROCKEN, ÄTZEND , mit mehr als 39 % aktivem Chlor (8,8 % aktivem Sauerstoff) *	**140**	**3485**
CALCIUM-HYPO-CHLORIT, MISCHUNG, TROCKEN, mit mehr als 39 % akivem Chlor (8,8 % aktivem Sauerstoff) *	**140**	**1748**
CALCIUM-HYPO-CHLORIT, TROCKEN *	**140**	**1748**
CALCIUM-HYPO-CHLORIT, TROCKEN, ÄTZEND , mit mehr als 39 % aktivem Chlor (8,8 % aktivem Sauerstoff) *	**140**	**3485**
CALCIUM-HYPO-CHLORIT-MISCHUNG, TROCKEN, mit mehr als 10 %, aber höchstens 39 % aktivem Chlor *	**140**	**2208**
CALCIUM-LEGIERUNGEN, PYROPHOR	**135**	1855
CALCIUM-MANGAN-SILICIUM	**138**	2844
CALCIUM-NITRAT	**140**	1454
Calcium-oxid *	**157**	**1910**
CALCIUM-PER-CHLORAT	**140**	1455
CALCIUM-PER-MANGANAT	**140**	1456
CALCIUM-PER-OXID	**140**	1457
CALCIUM-PHOSPHID * W	**139X**	***1360***
CALCIUM-RESINAT	**133**	1313
CALCIUM-RESINAT, GESCHMOLZEN und erstarrt	**133**	1314
CALCIUM-SILICID	**138**	1405
CAMPHER, synthetisch	**133**	2717
CAPRON-SÄURE *	**153**	**2829**
CARBAMAT-PESTIZID, FEST, GIFTIG	**151**	2757

*** Beachte bei Leckage grüne Seiten zur Berechnung bzw. Abschätzung von Absperrungen**
W Absperrungen wegen Atemgiften bei Leckage in Wasser gemäß grünen Seiten durchführen

Stoffname	Merk-blatt	UN-Nr.
CARBAMAT-PESTIZID, FLÜSSIG, ENTZÜNDBAR, GIFTIG, Flammpunkt unter 23 °C	131	2758
CARBAMAT-PESTIZID, FLÜSSIG, GIFTIG	151	2992
CARBAMAT-PESTIZID, FLÜSSIG, GIFTIG, ENTZÜNDBAR, mit einem Flammpunkt von 23 °C oder darüber	131	2991
CARBONYL-FLUORID *	**125**	**2417**
CARBONYL-SULFID *	**119**	**2204**
CER, Platten, Barren oder Stangen	170	1333
CER, Späne oder Grieß	138	3078
CER-EISEN	170	1323
CHEMIE-TESTSATZ	171	3316
CHEMIKALIE UNTER DRUCK, ÄTZEND, N.A.G. [n]	125	3503
CHEMIKALIE UNTER DRUCK, ENTZÜNDBAR, ÄTZEND, N.A.G. [n]	118	3505
CHEMIKALIE UNTER DRUCK, ENTZÜNDBAR, GIFTIG, N.A.G. [n]	119	3504
CHEMIKALIE UNTER DRUCK, ENTZÜNDBAR, N.A.G. [n]	115	3501
CHEMIKALIE UNTER DRUCK, GIFTIG, N.A.G. [n]	123	3502
CHEMIKALIE UNTER DRUCK, N.A.G. [n]	126	3500
CHEMISCHE PROBE, GIFTIG	151	3315
CHINOLIN *	**154**	**2656**
CHLOR *	**124**	**1017**
CHLOR, ADSORBIERT *	**173**	**3520**
CHLOR-ACETON, STABELISIERT *	**131**	**1695**
CHLOR-ACETO-NITRIL *	**131**	**2668**
CHLOR-ACETO-PHENON, FEST *	**153**	**1697**
CHLOR-ACETO-PHENON, FLÜSSIG	153	3416
CHLOR-ACETYL-CHLORID * [W]	**156**	***1752***
CHLORAL, WASSERFREI, STABILISIERT *	**153**	**2075**
CHLOR-ANILINE, FEST *	**152**	**2018**
CHLOR-ANILINE, FLÜSSIG	152	2019
CHLOR-ANISIDINE	152	2233
CHLORAT UND BORAT, MISCHUNG	140	1458
CHLORAT UND MAGNESIUM-CHLORID, MISCHUNG, FEST	140	1459
CHLORAT UND MAGNESIUM-CHLORID, MISCHUNG, LÖSUNG	140	3407
CHLORATE, ANORGANISCHE, N.A.G. [n]	140	1461
CHLORATE, ANORGANISCHE, WÄSSRIGE LÖSUNG, N.A.G. [n]	140	3210
CHLOR-BENZEN *	**130**	**1134**
CHLOR-BENZO-TRI-FLUORIDE *	**130**	**2234**
CHLOR-BENZYL-CHLORIDE, FEST	153	3427
CHLOR-BENZYL-CHLORIDE, FLÜSSIG	153	2235
CHLOR-BUTANE	130	1127
CHLOR-CRESOLE, FEST	152	3437

Stoffname	Merk-blatt	UN-Nr.
CHLOR-CRESOLE, LÖSUNG	152	2669
CHLOR-CYAN, STABILISIERT *	**125**	**1589**
1-CHLOR-1,1-DI-FLUOR-ETHAN (GAS ALS KÄLTEMITTEL R 142b) *	**115**	**2517**
CHLOR-DI-FLUOR-METHAN (GAS ALS KÄLTEMITTEL R 22) *	**126**	**1018**
CHLOR-DI-FLUOR-METHAN UND CHLOR-PENTA-FLUOR-ETHAN, GEMISCH (GAS ALS KÄLTEMITTEL R 502)	126	1973
CHLOR-DI-NITRO-BENZENE, FEST *	**153**	**3441**
CHLOR-DI-NITRO-BENZENE, FLÜSSIG	153	1577
CHLOR-ESSIG-SÄURE, FEST *	**153**	**1751**
CHLOR-ESSIG-SÄURE, GESCHMOLZEN *	**153**	**3250**
CHLOR-ESSIG-SÄURE, LÖSUNG *	**153**	**1750**
2-CHLOR-ETHANAL *	**153**	**2232**
CHLOR-FORMIATE, GIFTIG, ÄTZEND, ENTZÜNDBAR, N.A.G. [n] *	**155**	**2742**
CHLOR-FORMIATE, GIFTIG, ÄTZEND, N.A.G. [n]	154	3277
CHLORITE, ANORGANISCHE, N.A.G. [n]	143	1462
CHLORIT-LÖSUNG *	**154**	**1908**
CHLOR-METHYL-CHLOR-FORMIAT	157	2745
CHLOR-METHYL-ETHYL-ETHER	131	2354
3-CHLOR-4-METHYL-PHENYL-ISO-CYANAT, FEST	156	3428
3-CHLOR-4-METHYL-PHENYL-ISO-CYANAT, FLÜSSIG	156	2236
CHLOR-NITRO-ANILINE	153	2237
CHLOR-NITRO-BENZENE, FEST	152	1578
CHLOR-NITRO-BENZENE, FLÜSSIG	152	3409
CHLOR-NITRO-TOLUENE, FEST	152	3457
CHLOR-NITRO-TOLUENE, FLÜSSIG	152	2433
CHLOR-O-FORM *	**151**	**1888**
CHLOR-O-PREN, STABILISIERT *	**131P**	**1991**
4-CHLOR-ortho-TOLUIDIN-HYDRO-CHLORID, FEST	153	1579
4-CHLOR-ortho-TOLUIDIN-HYDRO-CHLORID, LÖSUNG	153	3410
CHLOR-PENTA-FLUOR-ETHAN (GAS ALS KÄLTEMITTEL) R 115 *	**126**	**1020**
CHLOR-PENTA-FLUORID *	**124**	**2548**
CHLOR-PHENOLATE, FEST	154	2905
CHLOR-PHENOLATE, FLÜSSIG	154	2904
CHLOR-PHENOLE, ÄTZEND, FEST, N.A.G. [n]	153	3562
CHLOR-PHENOLE, ÄTZEND, GIFTIG, FEST, N.A.G. [n]	153	3561
CHLOR-PHENOLE, FEST	153	2020
CHLOR-PHENOLE, FLÜSSIG *	**153**	**2021**
CHLOR-PHENYL-TRI-CHLOR-SILAN [W]	**156X**	***1753***
CHLOR-PIKRIN *	**154**	**1580**

* **Beachte bei Leckage grüne Seiten zur Berechnung bzw. Abschätzung von Absperrungen**
W **Absperrungen wegen Atemgiften bei Leckage in Wasser gemäß grünen Seiten durchführen**
n nicht anderweitig genannt

Stoffname	Merkblatt	UN-Nr.
CHLOR-PIKRIN, MISCHUNG, N.A.G. ⁿ *	**154**	**1583**
CHLOR-PIKRIN UND METHYL-BROMID, GEMISCH, mit mehr als 2 % Chlorpikrin *	**123**	**1581**
CHLOR-PIKRIN UND METHYL-CHLORID, GEMISCH *	**119**	**1582**
2-CHLOR-PROPAN *	**129**	**2356**
1-CHLOR-PROPAN	**129**	1278
3-CHLOR-PROPAN-1-OL *	**153**	**2849**
1-CHLOR-PROPAN-2-OL	**131**	2611
2-CHLOR-PROPEN *	**130P**	**2456**
2-CHLOR-PYRIDIN	**153**	2822
CHLOR-SÄURE, WÄSSRIGE LÖSUNG, mit höchstens 10 % Chlor-säure	**140**	2626
CHLOR-SILANE, ÄTZEND, ENTZÜNDBAR, N.A.G. ⁿ W	**155X**	***2986***
CHLOR-SILANE, ÄTZEND, N.A.G. ⁿ W	**156X**	***2987***
CHLOR-SILANE, ENTZÜNDBAR, ÄTZEND, N.A.G. ⁿ W	**155X**	***2985***
CHLOR-SILANE, GIFTIG, ÄTZEND, ENTZÜNDBAR, N.A.G. ⁿ W	**155**	***3362***
CHLOR-SILANE, GIFTIG, ÄTZEND, N.A.G. ⁿ W	**156**	***3361***
CHLOR-SILANE, MIT WASSER REAGIEREND, ENTZÜNDBAR, ÄTZEND, N.A.G. ⁿ W	**139X**	***2988***
CHLOR-SULFON-SÄURE, mit oder ohne Schwefel-trioxid * W	**137X**	***1754***
1-CHLOR-1,2,2,2-TETRA-FLUOR-ETHAN (GAS ALS KÄLTEMITTEL R 124) *	**126**	**1021**
CHLOR-TOLUENE	**129**	2238
CHLOR-TOLUIDINE, FEST	**153**	2239
CHLOR-TOLUIDINE, FLÜSSIG	**153**	3429
1-CHLOR-2,2,2-TRI-FLUOR-ETHAN (GAS ALS KÄLTEMITTEL R 133a	**126**	1983
CHLOR-TRI-FLUOR-ETHYLEN, STABILISIERT (GAS ALS KÄLTEMITTEL R 1113) *	**119P**	**1082**
CHLOR-TRI-FLUORID *	**124**	**1749**
CHLOR-TRI-FLUOR-METHAN (GAS ALS KÄLTEMITTEL R 13) *	**126**	**1022**
CHLOR-TRI-FLUOR-METHAN UND TRI-FLUOR-METHAN, AZEOTROPES GEMISCH mit ca. 60 % Chlor-tri-fluor-methan (GAS ALS KÄLTEMITTEL R 503)	**126**	2599
CHLOR-WASSERSTOFF, TIEFGEKÜHLT, FLÜSSIG *	**125**	**2186**
CHLOR-WASSERSTOFF, WASSERFREI *	**125**	**1050**
CHLOR-WASSERSTOFF-SÄURE *	**157**	**1789**
CHROM-FLUORID, FEST *	**154**	**1756**
CHROM-FLUORID, LÖSUNG *	**154**	**1757**
CHROM-NITRAT *	**141**	**2720**
CHROM-OXY-CHLORID W	**137X**	***1758***
CHROM-SÄURE, LÖSUNG	**154**	1755
CHROM-SCHWEFEL-SÄURE	**154**	2240
CHROM-TRI-OXID, WASSERFREI *	**141**	**1463**
COBALT-DI-HYDROXID-PULVER, mit mindestens 10 % lungengängigen Partikeln *	**151**	**3550**
COBALT-NAPHTHENAT-PULVER	**133**	2001
CRESOLE, FEST *	**153**	**3455**
CRESOLE, FLÜSSIG *	**153**	**2076**
CRESYL-SÄURE	**153**	2022
CROTON-ALDEHYD *	**131P**	**1143**
CROTON-ALDEHYD, STABILISIERT *	**131P**	**1143**
CROTON-SÄURE, FEST *	**153**	**2823**
CROTON-SÄURE, FLÜSSIG *	**153**	**3472**
CROTONYLEN	**128**	1144
CUMARIN-PESTIZID, FEST, GIFTIG	**151**	3027
CUMARIN-PESTIZID, FLÜSSIG, ENTZÜNDBAR, GIFTIG, Flammpunkt unter 23 °C	**131**	3024
CUMARIN-PESTIZID, FLÜSSIG, GIFTIG	**151**	3026
CUMARIN-PESTIZID, FLÜSSIG, GIFTIG, ENTZÜNDBAR, mit einem Flammpunkt von 23 °C oder darüber	**131**	3025
CYAN-BROMID *	**157**	**1889**
CYANID, LÖSUNG, N.A.G. ⁿ	**157**	1935
CYANIDE, ANORGANISCH, FEST, N.A.G. ⁿ	**157**	1588
CYANUR-CHLORID *	**157**	**2670**
CYAN-WASSERSTOFF, LÖSUNG IN ALKOHOL, mit höchstens 45 % Cyanwasserstoff *	**131**	**3294**
CYAN-WASSERSTOFF, STABILISIERT, mit weniger als 3 % Wasser *	**117P**	**1051**
CYAN-WASSERSTOFF, STABILISIERT, mit weniger als 3 % Wasser und aufgesaugt durch ein inertes poröses Material *	**152**	**1614**
CYAN-WASSERSTOFF, WÄSSERIGE LÖSUNG, mit höchstens 20 % Cyanwasserstoff *	**154**	**1613**
CYAN-WASSERSTOFF-SÄURE, WÄSSERIGE LÖSUNG, mit höchstens 20 % Cyanwasserstoff *	**154**	**1613**
CYCLO-BUTAN	**115**	2601
CYCLO-BUTYL-CHLOR-FORMIAT	**155**	2744
1,5,9-CYCLO-DODECA-TRIEN	**153**	2518
CYCLO-HEPTAN	**128**	2241
CYCLO-HEPTA-TRIEN	**131**	2603
CYCLO-HEPTEN	**128**	2242
CYCLO-HEXAN *	**128**	**1145**
CYCLO-HEXANON *	**127**	**1915**
CYCLO-HEXEN *	**130**	**2256**
CYCLO-HEXENYL-TRI-CHLOR-SILAN W	**156X**	***1762***

* **Beachte bei Leckage grüne Seiten zur Berechnung bzw. Abschätzung von Absperrungen**
W **Absperrungen wegen Atemgiften bei Leckage in Wasser gemäß grünen Seiten durchführen**
ⁿ nicht anderweitig genannt

Stoffname	Merkblatt	UN-Nr.
CYCLO-HEXYL-ACETAT	**130**	2243
CYCLO-HEXYL-AMIN *	**132**	**2357**
CYCLO-HEXYL-ISO-CYANAT *	**155**	**2488**
CYCLO-HEXYL-MERCAPTAN	**129**	3054
CYCLO-HEXYL-TRI-CHLOR-SILAN [W]	**156X**	***1763***
CYCLO-OCTA-DIENE	**130P**	2520
CYCLO-OCTA-DIEN-PHOSPHINE	**135**	2940
CYCLO-OCTA-TETRA-EN *	**128P**	**2358**
CYCLO-PENTAN *	**128**	**1146**
CYCLO-PENTANOL	**129**	2244
CYCLO-PENTANON *	**128**	**2245**
CYCLO-PENTEN	**128**	2246
CYCLO-PROPAN *	**115**	**1027**
CYMENE *	**130**	**2046**

D

Stoffname	Merkblatt	UN-Nr.
DECA-BORAN *	**134**	**1868**
DECA-HYDRO-NAPHTHALEN *	**130**	**1147**
DESENSIBILISIERTER EXPLOSIVER FESTER STOFF, N.A.G. [n]	**113**	3380
DESENSIBILISIERTER EXPLOSIVER FLÜSSIGER STOFF, N.A.G. [n]	**113**	3379
DESINFEKTIONSMITTEL, FEST, GIFTIG, N.A.G. [n]	**151**	1601
DESINFEKTIONSMITTEL, FLÜSSIG, ÄTZEND, N.A.G. [n]	**153**	1903
DESINFEKTIONSMITTEL, FLÜSSIG, GIFTIG, N.A.G. [n]	**151**	3142
DEUTERIUM, VERDICHTET *	**115**	**1957**
DI-ACETON-ALKOHOL *	**129**	**1148**
DI-ALLYL-AMIN	**132**	2359
DI-ALLYL-ETHER	**131P**	2360
4,4-DI-AMINO-DI-PHENYL-METHAN *	**153**	**2651**
DI-BENZYL-DI-CHLOR-SILAN [W]	**156X**	***2434***
DI-BORAN *	**119**	**1911**
1,2-DI-BROM-BUTAN-3-ON	**154**	2648
DI-BROM-CHLOR-PROPANE	**159**	2872
DI-BROM-DI-FLUOR-METHAN	**171**	1941
DI-BROM-METHAN *	**160**	**2664**
DI-BUTYL-AMINO-ETHANOL	**153**	2873
DI-BUTYL-ETHER *	**128**	**1149**
1,3-DI-CHLOR-ACETON *	**153**	**2649**
DI-CHLOR-ACETYL-CHLORID * [W]	**156X**	***1765***
DI-CHLOR-ANILINE, FEST	**153**	3442
DI-CHLOR-ANILINE, FLÜSSIG	**153**	1590
2,2'-DI-CHLOR-DI-ETHYL-ETHER *	**152**	**1916**
DI-CHLOR-DI-FLUOR-METHAN (GAS ALS KÄLTEMITTEL R 12) *	**126**	**1028**

Stoffname	Merkblatt	UN-Nr.
DI-CHLOR-DI-FLUOR-METHAN UND 1,1-DI-FLUOR-ETHAN, AZEOTROPES GEMISCH mit ca. 74 % Di-chlor-tri-fluor-methan (GAS ALS KÄLTEMITTEL R 500)	**126**	2602
DI-CHLOR-DI-METHYL-ETHER, SYMMETRISCH *	**131**	**2249**
DI-CHLOR-ESSIG-SÄURE *	**153**	**1764**
1,1-DI-CHLOR-ETHAN *	**130**	**2362**
1,2-DI-CHLOR-ETHYLEN	**130P**	1150
DI-CHLOR-ISO-CYANUR-SÄURE, TROCKEN	**140**	2465
DI-CHLOR-ISO-CYANUR-SÄURE-SALZE	**140**	2465
DI-CHLOR-ISO-PROPYL-ETHER *	**153**	**2490**
DI-CHLOR-METHAN *	**160**	**1593**
DI-CHLOR-MONO-FLUOR-METHAN (GAS ALS KÄLTEMITTEL R 21) *	**126**	**1029**
1,1-DI-CHLOR-1-NITRO-ETHAN	**153**	2650
DI-CHLOR-PENTANE	**130**	1152
DI-CHLOR-PHENYL-ISO-CYANATE *	**156**	**2250**
DI-CHLOR-PHENYL-TRI-CHLOR-SILAN * [W]	**156X**	***1766***
1,2-DI-CHLOR-PROPAN *	**130**	**1279**
1,3-DI-CHLOR-PROPAN-2-OL *	**153**	**2750**
DI-CHLOR-PROPENE	**129**	2047
DI-CHLOR-SILAN *	**119**	**2189**
1,2-DI-CHLOR-1,1,2,2-TETRA-FLUOR-ETHAN (GAS ALS KÄLTEMITTEL R 114) *	**126**	**1958**
DI-CYAN *	**119**	**1026**
DI-CYCLO-HEXYL-AMIN	**153**	2565
DI-CYCLO-HEXYL-AMMONIUM-NITRIT	**133**	2687
DI-CYCLO-PENTADIEN *	**130P**	**2048**
1,2-DI-(DI-METHYL-AMINO)-ETHAN *	**129**	**2372**
DI-DYMIUM-NITRAT	**140**	1465
DIESEL-KRAFTSTOFF	**128**	1202
DI-ETHOXY-METHAN	**127**	2373
3,3-DI-ETHOXY-PROPEN	**127**	2374
DI-ETHYL-AMIN *	**132**	**1154**
2-DI-ETHYL-AMINO-ETHANOL *	**132**	**2686**
3-DI-ETHYL-AMINO-PROPYL-AMIN *	**132**	**2684**
DI-ETHYL-BENZEN *	**130**	**2049**
DI-ETHYL-CARBONAT *	**128**	**2366**
DI-ETHYL-DI-CHLOR-SILAN * [W]	**155X**	***1767***
DI-ETHYLEN-TRI-AMIN *	**154**	**2079**
DI-ETHYL-ETHER *	**127**	**1155**
DI-ETHYL-KETON *	**127**	**1156**
DI-ETHYL-SULFAT *	**152**	**1594**
DI-ETHYL-SULFID	**129**	2375
DI-ETHYL-THIO-PHOSPHORYL-CHLORID	**156**	2751
DI-ETHYL-ZINK (veraltet)	**135X**	1366
1,1-DI-FLUOR-ETHAN (GAS ALS KÄLTEMITTEL R 152a) *	**115**	**1030**

*** Beachte bei Leckage grüne Seiten zur Berechnung bzw. Abschätzung von Absperrungen**
[W] Absperrungen wegen Atemgiften bei Leckage in Wasser gemäß grünen Seiten durchführen
[n] nicht anderweitig genannt

Stoffname	Merk-blatt	UN-Nr.
1,1-DI-FLUOR-ETHYLEN (GAS ALS KÄLTEMITTEL R 1132a) *	116P	1959
DI-FLUOR-METHAN (GAS ALS KÄLTEMITTEL R 32) *	115	3252
DI-FLUOR-PHOSPHOR-SÄURE, WASSERFREI	154	1768
2,3-DI-HYDRO-PYRAN *	127	2376
DI-ISO-BUTYL-AMIN *	132	2361
DI-ISO-BUTYLEN, ISOMERE VERBINDUNGEN *	128	2050
DI-ISO-BUTYL-KETON *	128	1157
DI-ISO-OCTYL-PHOSPHAT	153	1902
DI-ISO-PROPYL-AMIN *	132	1158
DI-ISO-PROPYL-ETHER *	127	1159
DI-KETEN, STABILISIERT *	131P	2521
1,2-DI-METH-OXY-ETHAN *	127	2252
1,1-DI-METH-OXY-ETHAN	127	2377
DI-METHYL-AMIN, WASSERFREI *	118	1032
DI-METHYL-AMIN, WÄSSERIGE LÖSUNG *	132	1160
2-DI-METHYL-AMINO-ACETO-NITRIL	131	2378
DI-METHYL-AMINO-ETHANOL *	132	2051
2-DI-METHYL-AMINO-ETHYL-ACRYLAT, STABILISIERT	152P	3302
2-DI-METHYL-AMINO-ETHYL-METH-ACRYLAT, STABILISIERT	153P	2522
2,3-DI-METHYL-BUTAN	128	2457
1,3-DI-METHYL-BUTYL-AMIN	132	2379
DI-METHYL-CARBONAT *	129	1161
DI-METHYL-CYCLO-HEXANE *	128	2263
DI-METHYL-DI-CHLOR-SILAN * W	155X	*1162*
DI-METHYL-DI-ETHOXY-SILAN *	127	2380
DI-METHYL-DI-OXANE	127	2707
DI-METHYL-DI-SULFID *	131	2381
DI-METHYL-ETHER *	115	1033
DI-METHYL-HYDRAZIN, ASYMMETRISCH *	131	1163
DI-METHYL-HYDRAZIN, SYMMETRISCH *	131	2382
DI-METHYL-N-PROPYL-AMIN	132	2266
2,2-DI-METHYL-PROPAN *	115	2044
DI-METHYL-SULFAT *	156	1595
DI-METHYL-SULFID *	130	1164
DI-METHYL-THIO-PHOSPHORYL-CHLORID *	156	2267
DI-METHYL-ZINK (veraltet)	135X	1370
DI-NATRIUM-TRI-OXO-SILICAT	154	3253
DI-NITRO-ANILINE	153	1596
DI-NITRO-BENZENE, FEST *	152	3443
DI-NITRO-BENZENE, FLÜSSIG *	152	1597
DI-NITRO-ortho-CRESOL	153	1598
DI-NITRO-PHENOL, ANGEFEUCHTET, mit mindestens 15 Masse-% Wasser *	113	1320

Stoffname	Merk-blatt	UN-Nr.
DI-NITRO-PHENOL, LÖSUNG *	153	1599
DI-NITRO-PHENOLATE, ANGEFEUCHTET, mit mindestens 15 Masse-% Wasser	113	1321
DI-NITRO-RESORCINOL, ANGEFEUCHTET, mit mindestens 15 Masse-% Wasser	113	1322
DI-NITRO-TOLUENE, FEST	152	3454
DI-NITRO-TOLUENE, FLÜSSIG *	152	2038
DI-NITRO-TOLUOLE, GESCHMOLZEN	152	1600
DI-normal-AMYL-AMIN *	131	2841
DI-normal-BUTYL-AMIN *	132	2248
DI-normal-PROPYL-ETHER	127	2384
DI-OXAN *	127	1165
DI-OXOLAN *	127	1166
DI-PENTEN *	128	2052
DI-PHENYL-AMINO-CHLOR-ARSIN *	154	1698
DI-PHENYL-BROM-METHAN	153	1770
DI-PHENYL-CHLOR-ARSIN, FEST *	151	3450
DI-PHENYL-CHLOR-ARSIN, FLÜSSIG *	151	1699
DI-PHENYL-DI-CHLOR-SILAN * W	156X	*1769*
DI-PIKRYL-SULFID, ANGEFEUCHTET, mit mindestens 10 Masse-% Wasser	113	2852
DI-PROPYL-AMIN *	132	2383
DI-PROPYL-KETON *	128	2710
DI-SILAN	116	3553
DI-STICKSTOFF-MON-OXID	122	1070
DI-STICKSTOFF-MON-OXID, TIEFGEKÜHLT, FLÜSSIG *	122	2201
DI-STICKSTOFF-TETR-OXID *	124	1067
DI-STICKSTOFF-TRI-OXID *	124	2421
DI-VINYL-ETHER, STABILISIERT	128P	1167
DODECYL-TRI-CHLOR-SILAN * W	156X	*1771*
DRUCK-FARBE, entzündbar	129	1210
DRUCK-FARB-ZUBEHÖR-STOFFE	129	1210
DRUCKGASPACKUNGEN, ätzend	126	1950
DRUCKGASPACKUNGEN, ätzend, oxidierend	126	1950
DRUCKGASPACKUNGEN, entzündbar	126	1950
DRUCKGASPACKUNGEN, entzündbar, ätzend	126	1950
DRUCKGASPACKUNGEN, erstickend	126	1950
DRUCKGASPACKUNGEN, giftig	126	1950
DRUCKGASPACKUNGEN, giftig, ätzend	126	1950
DRUCKGASPACKUNGEN, giftig, entzündbar	126	1950
DRUCKGASPACKUNGEN, giftig, entzündbar, ätzend	126	1950
DRUCKGASPACKUNGEN, giftig, oxidierend	126	1950
DRUCKGASPACKUNGEN, giftig, oxidierend, ätzend	126	1950
DRUCKGASPACKUNGEN, oxidierend	126	1950
DÜNGEMITTEL, LÖSUNG, mit freiem Ammoniak	125	1043

* Beachte bei Leckage grüne Seiten zur Berechnung bzw. Abschätzung von Absperrungen
W Absperrungen wegen Atemgiften bei Leckage in Wasser gemäß grünen Seiten durchführen

Stoffname	Merk-blatt	UN-Nr.
DÜSENKRAFTSTOFF	**128**	1863
E		
EISEN-(2)-ARSENAT	**151**	1608
EISEN-(3)-ARSENAT	**151**	1606
EISEN-(3)-ARSENIT	**151**	1607
EISEN-(3)-CHLORID, LÖSUNG *	**154**	**2582**
EISEN-CHLORID, WASSERFREI	**157**	1773
EISEN-(3)-NITRAT	**140**	1466
EISEN-OXID, GEBRAUCHT, aus der Kokereigasreinigung	**135**	1376
EISEN-PENTA-CARBONYL *	**136**	**1994**
EISEN-SCHWAMM, GEBRAUCHT, aus der Kokereigasreinigung	**135**	1376
EIS-ESSIG	**132**	2789
ENTZÜNDBARE METALL-HYDRIDE, N.A.G. [n]	**170**	3182
ENTZÜNDBARE METALL-SALZE ORGANISCHER VERBINDUNGEN, N.A.G. [n]	**133**	3181
ENTZÜNDBARER ANORGANISCHER FESTER STOFF, ÄTZEND, N.A.G. [n]	**134**	3180
ENTZÜNDBARER ANORGANISCHER FESTER STOFF, GIFTIG, N.A.G. [n]	**134**	3179
ENTZÜNDBARER ANORGANISCHER FESTER STOFF, N.A.G. [n]	**133**	3178
ENTZÜNDBARER FESTER STOFF, ENTZÜNDEND (OXIDIEREND) WIRKEND, N.A.G. [n]	**140**	3097
ENTZÜNDBARER FLÜSSIGER STOFF	**128**	1993
ENTZÜNDBARER FLÜSSIGER STOFF, ÄTZEND, N.A.G. [n]	**132**	2924
ENTZÜNDBARER FLÜSSIGER STOFF, GIFTIG, ÄTZEND, N.A.G. [n]	**131**	3286
ENTZÜNDBARER FLÜSSIGER STOFF, GIFTIG, N.A.G. [n]	**131**	1992
ENTZÜNDBARER ORGANISCHER FESTER STOFF, ÄTZEND, N.A.G. [n]	**134**	2925
ENTZÜNDBARER ORGANISCHER FESTER STOFF, GIFTIG, N.A.G. [n]	**134**	2926
ENTZÜNDBARER ORGANISCHER FESTER STOFF IN GESCHMOLZENEM ZUSTAND, N.A.G. [n]	**133**	3176
ENTZÜNDBARER ORGANISCHER FESTER STOFF, N.A.G. [n]	**133**	1325
ENTZÜNDBARES METALL-PULVER, N.A.G. [n]	**170**	3089
ENTZÜNDEND (OXIDIEREND) WIRKENDER FESTER STOFF, ENTZÜNDBAR, N.A.G. [n]	**140**	3137
ENTZÜNDEND (OXIDIEREND) WIRKENDER FESTER STOFF, GIFTIG, N.A.G. [n]	**141**	3087

Stoffname	Merk-blatt	UN-Nr.
ENTZÜNDEND (OXIDIEREND) WIRKENDER FESTER STOFF, MIT WASSER REAGIEREND, N.A.G. [n]	**144**	3121
ENTZÜNDEND (OXIDIEREND) WIRKENDER FESTER STOFF, N.A.G. [n]	**140**	1479
ENTZÜNDEND (OXIDIEREND) WIRKENDER FESTER STOFF, SELBSTERHITZUNGSFÄHIG, N.A.G. [n]	**135**	3100
ENTZÜNDEND (OXIDIEREND) WIRKENDER FESTER STOFFE, ÄTZEND, N.A.G. [n]	**140**	3085
ENTZÜNDEND (OXIDIEREND) WIRKENDER FLÜSSIGER STOFF, ÄTZEND, N.A.G. [n]	**140**	3098
ENTZÜNDEND (OXIDIEREND) WIRKENDER FLÜSSIGER STOFF, GIFTIG, N.A.G. [n]	**142**	3099
ENTZÜNDEND (OXIDIEREND) WIRKENDER FLÜSSIGER STOFF, N.A.G. [n]	**140**	3139
EPI-BROM-HYDRIN *	**131**	**2558**
EPI-CHLOR-HYDRIN *	**131P**	**2023**
1,2-EPOXY-3-ETHOXY-PROPAN	**127**	2752
ERDALKALI-METALL-ALKOHOLATE, N.A.G. [n]	**135**	3205
ERD-ALKALI-METALL-AMALGAM, FEST	**138X**	3402
ERDALKALI-METALL-AMALGAM, FLÜSSIG	**138X**	1392
ERDALKALI-METALL-DISPERSION	**138X**	1391
ERDALKALI-METALL-DISPERSIONEN, ENTZÜNDBAR	**138X**	3482
ERDALKALI-METALL-LEGIERUNG, N.A.G. [n]	**138**	1393
ERDGAS, TIEFGEKÜHLT, FLÜSSIG, mit hohem Methangehalt *	**115**	**1972**
ERDGAS, VERDICHTET, mit hohem Methangehalt *	**115**	**1971**
ERDÖL-DESTILLATE, N.A.G. [n]	**128**	1268
ERDÖL-PRODUKTE, N.A.G. [n]	**128**	1268
ERSTE-HILFE-AUSRÜSTUNG	**171**	3316
ERWÄRMTER FESTER STOFF, N.A.G. [n], bei oder über 240 °C	**171**	3258
ERWÄRMTER FLÜSSIGER STOFF, ENTZÜNDBAR, N.A.G. [n], mit einem Flammpunkt über 60 °C, bei oder über seinem Flammpunkt und unter 100 °C	**128**	3256
ERWÄRMTER FLÜSSIGER STOFF, N.A.G. [n]	**171**	3257
ESSENZEN	**127**	1169
ESSIG-SÄURE, LÖSUNG, mit mehr als 80 % Säure	**132**	2789
ESSIG-SÄURE, LÖSUNG, mit mindestens 50 Masse-% und höchstens 80 Masse-% Säure	**153**	2790
ESSIG-SÄURE-ANHYDRID *	**137**	**1715**
ESTER, N.A.G. [n]	**127**	3272
ETHAN *	**115**	**1035**
ETHAN, TIEFGEKÜHLT, FLÜSSIG *	**115**	**1961**

* **Beachte bei Leckage grüne Seiten zur Berechnung bzw. Abschätzung von Absperrungen**

[n] nicht anderweitig genannt

Stoffname	Merk-blatt	UN-Nr.
ETHANOL *	**127**	**1170**
ETHANOL, LÖSUNG *	**127**	**1170**
ETHANOL UND BENZIN, GEMISCH, mit mehr als 10 % Ethanol	**127**	3475
ETHANOL UND OTTOKRAFTSTOFF, GEMISCH, mit mehr als 10 % Ethanol	**127**	3475
ETHANOL-AMIN *	**153**	**2491**
ETHANOL-AMIN, LÖSUNG *	**153**	**2491**
ETHER, N.A.G.[n]	**127**	3271
ETHYL-ACETAT *	**129**	**1173**
ETHYL-ACETYLEN, STABILISIERT	**116P**	2452
ETHYL-ACRYLAT, STABILISIERT *	**129P**	**1917**
ETHYL-ALKOHOL *	**127**	**1170**
ETHYL-ALKOHOL, LÖSUNG *	**127**	**1170**
ETHYL-AMIN	**118**	1036
ETHYL-AMIN, WÄSSERIGE LÖSUNG, mit mindestens 50 Masse-% und höchstens 70 Masse-% Ethyl-amin *	**132**	**2270**
ETHYL-AMYL-KETON *	**128**	**2271**
2-ETHYL-ANILIN	**153**	2273
ETHYL-BENZEN *	**130**	**1175**
ETHYL-BROM-ACETAT *	**155**	**1603**
ETHYL-BROMID *	**131**	**1891**
2-ETHYL-BUTANOL	**129**	2275
2-ETHYL-BUTYL-ACETAT	**130**	1177
ETHYL-BUTYL-ETHER	**127**	1179
2-ETHYL-BUTYR-ALDEHYD	**130**	1178
ETHYL-BUTYRAT	**130**	1180
ETHYL-CHLOR-ACETAT *	**155**	**1181**
ETHYL-CHLOR-FORMIAT *	**155**	**1182**
ETHYL-CHLORID *	**115**	**1037**
ETHYL-2-CHLOR-PROPIONAT	**129**	2935
ETHYL-CHLOR-THIO-FORMIAT *	**155**	**2826**
ETHYL-CROTONAT	**130**	1862
ETHYL-DI-CHLOR-ARSIN *	**151**	**1892**
ETHYL-DI-CHLOR-SILAN [W]	**139X**	***1183***
ETHYLEN *	**116P**	**1962**
ETHYLEN, ACETYLEN UND PROPYLEN, GEMISCH, TIEFGEKÜHLT, FLÜSSIG, mit mindestens 71,5 % Ethylen, höchstens 22,5 % Acetylen mit höchstens 6 % Propylen	**115**	3138
ETHYLEN, TIEFGEKÜHLT, FLÜSSIG *	**115**	**1038**
ETHYLEN-CHLOR-HYDRIN *	**131**	**1135**
ETHYLEN-DI-AMIN *	**132**	**1604**
ETHYLEN-DI-BROMID *	**154**	**1605**
ETHYLEN-DI-CHLORID *	**131**	**1184**
ETHYLEN-GLYCOL-DI-ETHYL-ETHER	**127**	1153
ETHYLEN-GLYCOL-MONO-ETHYL-ETHER *	**127**	**1171**
ETHYLEN-GLYCOL-MONO-ETHYL-ETHER-ACETAT *	**129**	**1172**
ETHYLEN-GLYCOL-MONO-METHYL-ETHER *	**127**	**1188**
ETHYLEN-GLYCOL-MONO-METHYL-ETHER-ACETAT *	**129**	**1189**
ETHYLEN-IMIN, STABILISIERT *	**131P**	**1185**
ETHYLEN-OXID *	**119P**	**1040**
ETHYLEN-OXID MIT STICKSTOFF, bis zu einem Gesamtdruck von 1 MPa (10 bar) bei 50 °C *	**119P**	**1040**
ETHYLEN-OXID UND CHLOR-TETRA-FLUOR-ETHAN, GEMISCH, mit höchstens 8,8 % Ethylen-oxid	**126**	3297
ETHYLEN-OXID UND DI-CHLOR-DI-FLUOR-METHAN, GEMISCH, mit höchstens 12,5 % Ethylen-oxid	**126**	3070
ETHYLEN-OXID UND KOHLEN-DI-OXID, GEMISCH, mit höchstens 9 % Ethylen-oxid	**126**	1952
ETHYLEN-OXID UND KOHLEN-DI-OXID, GEMISCH, mit mehr als 9 %, aber höchstens 87 % Ethylenoxid	**115**	1041
ETHYLEN-OXID UND KOHLEN-DI-OXID, GEMISCH, mit mehr als 87 % Ethylen-oxid *	**119P**	**3300**
ETHYLEN-OXID UND PENTA-FLUOR-ETHAN, GEMISCH, mit höchstens 7,9 % Ethylen-oxid	**126**	3298
ETHYLEN-OXID UND PROPYLEN-OXID, MISCHUNG, mit höchstens 30 % Ethylen-oxid	**131P**	2983
ETHYLEN-OXID UND TETRA-FLUOR-ETHAN, GEMISCH, mit höchstens 5,6 % Ethylen-oxid	**126**	3299
ETHYL-ETHER *	**127**	**1155**
ETHYL-FLUORID (GAS ALS KÄLTEMITTEL R 161)	**115**	2453
ETHYL-FORMIAT *	**129**	**1190**
2-ETHYL-HEXYL-AMIN	**132**	2276
2-ETHYL-HEXYL-CHLOR-FORMIAT *	**156**	**2748**
ETHYL-ISO-BUTYRAT	**129**	2385
ETHYL-ISO-CYANAT *	**155**	**2481**
ETHYL-LACTAT	**129**	1192
ETHYL-MERCAPTAN *	**129**	**2363**
ETHYL-METH-ACRYLAT, STABILISIERT *	**130P**	**2277**
ETHYL-METHYL-ETHER	**115**	1039
ETHYL-METHYL-KETON *	**127**	**1193**
ETHYL-NITRIT, LÖSUNG *	**131**	**1194**
ETHYL-ORTHO-FORMIAT	**129**	2524
ETHYL-OXALAT *	**156**	**2525**
ETHYL-PHENYL-DI-CHLOR-SILAN [W]	**156X**	***2435***

* **Beachte bei Leckage grüne Seiten zur Berechnung bzw. Abschätzung von Absperrungen**
[W] **Absperrungen wegen Atemgiften bei Leckage in Wasser gemäß grünen Seiten durchführen**
[n] nicht anderweitig genannt

Stoffname	Merk-blatt	UN-Nr.
1-ETHYL-PIPERIDIN	**132**	2386
ETHYL-PROPIONAT *	**129**	**1195**
ETHYL-PROPYL-ETHER	**127**	2615
ETHYL-TRI-CHLOR-SILAN * W	**155X**	***1196***
EXPLOSIVSTOFFE, DER KLASSEN 1.1, 1.2, 1.3, 1.5	**112**	unter 1000
EXPLOSIVSTOFFE, DER KLASSEN 1.4, 1.6	**114**	unter 1000
EXTRAKTE, AROMATISCH, FLÜSSIG	**127**	1169
EXTRAKTE, GESCHMACKSTOFFE, FLÜSSIG, für Geschmack oder Aroma	**127**	1197

F

Stoffname	Merk-blatt	UN-Nr.
FAHRZEUG MIT ANTRIEB DURCH ENTZÜNDBARE FLÜSSIGKEIT	**115**	3166
FAHRZEUG MIT ANTRIEB DURCH ENTZÜNDBARES GAS	**128**	3166
FAHRZEUG MIT ANTRIEB DURCH LITHIUM-IONEN-BATTERIEN	**147**	3556
FAHRZEUG MIT ANTRIEB DURCH LITHIUM-METALL-BATTERIEN	**138**	3557
FAHRZEUG MIT ANTRIEB DURCH NATRIUM-IONEN-BATTERIEN	**147**	3558
FARBE, ÄTZEND, ENTZÜNDBAR (einschließlich Farbe, Lack, Emaille, Beize, Schellack, Firnis, Politur, flüssiger Füllstoff und flüssige Lackgrundlage)	**132**	3470
FARBE (einschließlich Farbe, Lack, Emaille, Beize, Schellack, Firnis, Politur, flüssiger Füllstoff und flüssige Lackgrundlage)	**128**	1263
FARBE, (einschließlich Farbe, Lack, Emaille, Beize, Schellack, Firnis, Politur, flüssiger Füllstoff und flüssige Lackgrundlage)	**153**	3066
FARBE, ENTZÜNDBAR, ÄTZEND (einschließlich Farbe, Lack, Emaille, Beize, Schellack, Firnis, Politur, flüssiger Füllstoff und flüssige Lackgrundlage)	**132**	3469
FARBSTOFF, FEST, ÄTZEND, N.A.G. n	**154**	3147
FARBSTOFF, FEST, GIFTIG, N.A.G. n	**151**	3143
FARBSTOFF, FLÜSSIG, ÄTZEND, N.A.G. n	**154**	2801
FARBSTOFF, FLÜSSIG, GIFTIG, N.A.G. n	**151**	1602
FARBSTOFF-ZWISCHENPRODUKT, FEST, ÄTZEND, N.A.G. n	**154**	3147
FARBSTOFF-ZWISCHENPRODUKT, FEST, GIFTIG, N.A.G. n	**151**	3143
FARBSTOFF-ZWISCHENPRODUKT, FLÜSSIG, ÄTZEND, N.A.G. n	**154**	2801
FARBSTOFF-ZWISCHENPRODUKT, FLÜSSIG, GIFTIG, N.A.G. n	**151**	1602
FARB-ZUBEHÖR-STOFFE, ÄTZEND, ENTZÜNDBAR (einschließlich Farbverdünnung und -lösemittel)	**132**	3470
FARB-ZUBEHÖR-STOFFE (einschließlich Farbverdünnung und -lösemittel)	**128**	1263
FARBZUBEHÖR-STOFFE (einschließlich Farbverdünnung und -lösemittel)	**153**	3066
FARB-ZUBEHÖR-STOFFE, ENTZÜNDBAR, ÄTZEND (einschließlich Farbverdünnung und -lösemittel)	**132**	3469
FASERN, IMPRÄGNIERT MIT SCHWACH NITRIERTER CELLULOSE, N.A.G. n	**133**	1353
Fasern pflanzlichen Ursprungs, trocken	**133**	3360
FASERN, TIERISCHEN oder PFLANZLICHEN oder SYNTHETISCHEN URSPRUNGS, N.A.G. n, imprägniert mit Öl	**133**	1373
Fasern, tierischen Ursprungs oder Fasern, pflanzlichen Ursprungs, gebrannt, nass oder feucht	**133**	1372
FERRO-SILICIUM, mit mindestens 30 Masse-%, aber weniger al 90 Masse-% Silicium	**139**	1408
FESTE STOFFE MIT ÄTZENDEM FLÜSSIGEM STOFF, N.A.G. n	**154**	3244
FESTE STOFFE MIT GIFTIGEM FLÜSSIGEM STOFF, N.A.G. n	**151**	3243
FESTE STOFFE oder Gemische aus festen STоffen (wie Präparate, Zubereitungen und Abfälle) DIE ENTZÜNDBARE FLÜSSIGE STOFFE mit einem Flammpunkt von höchstens 60 °C ENTHALTEN, N.A.G. n	**133**	3175
Fester Stoff, den für die Luftfahrt geltenden Vorschriften unterliegend, n.a.g. n	**171**	3335
FEUERANZÜNDER, FEST, mit entzündbarem flüssigem Stoff getränkt	**133**	2623
FEUERLÖSCHER, mit verdichtetem oder verflüssigtem Gas	**126**	1044
FEUERLÖSCHER-LADUNGEN, ätzender flüssiger Stoff	**154**	1774
FEUER-LÖSCH-MITTEL-DISPERGIER-VORRICHTUNGEN	**171**	3559
FEUERZEUGE mit entzündbarem Gas	**115**	1057
FILME AUF NITRO-CELLULOSE-BASIS, gelatiniert, ausgenommen Abfälle	**133**	1324
FISCHABFALL, NICHT STABILISIERT	**133**	1374
Fischabfälle, stabilisiert	**171**	2216
FISCHMEHL, NICHT STABILISIERT	**133**	1374
Fischmehl, stabilisiert	**171**	2216
FLUOR, TIEFGEKÜHLT, VERFLÜSSIGT	**167**	ohne
FLUOR, VERDICHTET *	**124**	**1045**
FLUOR-ANILINE	**153**	2941
FLUOR-BENZEN *	**130**	**2387**
FLUOR-BOR-SÄURE *	**154**	**1775**
FLUOR-ESSIG-SÄURE *	**154**	**2642**

* **Beachte bei Leckage grüne Seiten zur Berechnung bzw. Abschätzung von Absperrungen**
W **Absperrungen wegen Atemgiften bei Leckage in Wasser gemäß grünen Seiten durchführen**
n nicht anderweitig genannt

Stoffname	Merk-blatt	UN-Nr.
FLUOR-KIESEL-SÄURE *	**154**	**1778**
FLUOR-PHOSPHOR-SÄURE, WASSERFREI	**154**	1776
FLUOR-SILICATE, N.A.G. [n]	**151**	2856
FLUOR-SULFON-SÄURE * [W]	**137**	***1777***
FLUOR-TOLUENE	**130**	2388
FLUOR-WASSERSTOFF, WASSERFREI *	**125**	**1052**
FLUOR-WASSERSTOFF-SÄURE *	**157**	**1790**
FLUOR-WASSERSTOFF-SÄURE UND SCHWEFEL-SÄURE, MISCHUNG	**157**	1786
Flüssiger Stoff, den für die Luftfahrt geltenden Vorschriften unterliegend, n.a.g. [n]	**171**	3334
FLUSS-SÄURE *	**157**	**1790**
FORM-ALDEHYD-LÖSUNG, ENTZÜNDBAR *	**132**	**1198**
FORM-ALDEHYD-LÖSUNG mit mindestens 25 % Form-aldehyd *	**153**	**2209**
FUMARYL-CHLORID	**156**	1780
FUR-ALDEHYDE	**153P**	1199
FURAN *	**128**	**2389**
FURFURYL-ALKOHOL *	**153**	**2874**
FURFURYL-AMIN	**132**	2526
FUSEL-ÖL	**127**	1201

G

Stoffname	Merk-blatt	UN-Nr.
GALLIUM *	**172**	**2803**
GALLIUM IN HERGESTELLTEN GEGENSTÄNDEN	**172**	3554
GAS ALS KÄLTEMITTEL N.A.G. [n]	**126**	1078
GAS ALS KÄLTEMITTEL R 407A, (Di-fluor-methan, Penta-fluor-ethan und 1,1,1,2-Tetra-fluor-ethan, zeotropes Gemisch mit ca. 20 % Di-fluor-methan und 40 % Penta-fluor-ethan)	**126**	3338
GAS ALS KÄLTEMITTEL R 404A, (Penta-fluor-ethan, 1,1,1-Tri-fluor-ethan und 1,1,1,2-Tetra-fluor-ethan, zeotropes Gemisch mit ca. 44 % Penta-fluor-ethan und 52 % 1,1,1-Tri-fluor-ethan)	**126**	3337
GAS ALS KÄLTEMITTEL R 407B, (Di-fluor-methan, Penta-fluor-ethan und 1,1,1,2-Tetra-fluor-ethan, zeotropes Gemisch mit ca. 10 % Di-fluor-methan und 70 % Penta-fluor-ethan)	**126**	3339
GAS ALS KÄLTEMITTEL R 407C, (Di-fluor-methan, Penta-fluor-ethan und 1,1,1,2-Tetra-fluor-ethan, zeotropes Gemisch mit ca. 23 % Di-fluor-methan und 25 % Penta-fluor-ethan)	**126**	3340
GAS, TIEFGEKÜHLT, FLÜSSIG, ENTZÜNDBAR, N.A.G. [n]	**115**	3312
GAS TIEFGEKÜHLT, FLÜSSIG, N.A.G. [n]	**120**	3158
GAS, TIEFGEKÜHLT, FLÜSSIG, OXIDIEREND, N.A.G. [n]	**122**	3311
GAS-ÖL	**128**	1202
GAS-PROBE, NICHT UNTER DRUCK STEHEND, ENTZÜNDBAR, N.A.G. [n], nicht tiefgekühlt flüssig	**115**	3167
GAS-PROBE, NICHT UNTER DRUCK STEHEND, GIFTIG, ENTZÜNDBAR, N.A.G. [n], nicht tiefgekühlt flüssig	**119**	3168
GAS-PROBE, NICHT UNTER DRUCK STEHEND, GIFTIG, N.A.G. [n], nicht tiefgekühlt flüssig	**123**	3169
GEFÄHRLICHE GÜTER IN GEGENSTÄNDEN	**171**	3363
GEFÄHRLICHE GÜTER IN GERÄTEN	**171**	3363
GEFÄHRLICHE GÜTER IN MASCHINEN	**171**	3363
GEFÄHRLICHER ABFALL, FEST, N.A.G. [n]	**171**	3077
GEFÄSSE, KLEIN, MIT GAS, ohne Entnahmeeinrichtung, nicht wiederbefüllbar	**115**	2037
GEGENSTÄNDE, DIE EINEN ÄTZENDEN STOFF ENTHALTEN, N.A.G. [n]	**154**	3547
GEGENSTÄNDE, DIE EINEN ENTZÜNDBAREN FESTEN STOFF ENTHALTEN, N.A.G. [n]	**133**	3541
GEGENSTÄNDE, DIE EINEN ENTZÜNDBAREN FLÜSSIGEN STOFF ENTHALTEN, N.A.G. [n]	**127**	3540
GEGENSTÄNDE, DIE EINEN ENTZÜNDEND (OXIDIEREND) WIRKENDEN STOFF ENTHALTEN, N.A.G. [n]	**140**	3544
GEGENSTÄNDE, DIE EINEN GIFTIGEN STOFF ENTHALTEN, N.A.G. [n]	**151**	3546
GEGENSTÄNDE, DIE EINEN SELBSTENTZÜNDLICHEN STOFF ENTHALTEN, N.A.G. [n]	**135**	3542
GEGENSTÄNDE, DIE EINEN STOFF ENTHALTEN, DER IN BERÜHRUNG MIT WASSER ENTZÜNDBARE GASE ENTWICKELT, N.A.G. [n]	**138**	3543
GEGENSTÄNDE, DIE ENTZÜNDBARES GAS ENTHALTEN, N.A.G. [n]	**115**	3537
GEGENSTÄNDE, DIE GIFTIGES GAS ENTHALTEN, N.A.G. [n] *	**123**	**3539**
GEGENSTÄNDE, DIE NICHT ENTZÜNDBARES, NICHT GIFTIGES GAS ENTHALTEN, N.A.G. [n]	**120**	3538
GEGENSTÄNDE, DIE ORGANISCHES PER-OXID ENTHALTEN, N.A.G. [n]	**145**	3545
GEGENSTÄNDE, DIE VERSCHIEDENE GEFÄHRLICHE GÜTER ENTHALTEN, N.A.G. [n]	**171**	3548
GEGENSTÄNDE UNTER HYDRAULISCHEM DRUCK, (mit nicht entzündbarem Gas)	**126**	3164
GEGENSTÄNDE UNTER PNEUMATISCHEM DRUCK	**126**	3164

* **Beachte bei Leckage grüne Seiten zur Berechnung bzw. Abschätzung von Absperrungen**
W **Absperrungen wegen Atemgiften bei Leckage in Wasser gemäß grünen Seiten durchführen**
n nicht anderweitig genannt

Stoffname	Merkblatt	UN-Nr.
GEMISCHE AUS SALPETER-SÄURE UND SALZ-SÄURE *	**157**	**1798**
GENETISCH VERÄNDERTE MIKRO-ORGANISMEN	**171**	3245
GENETISCH VERÄNDERTE ORGANISMEN	**171**	3245
GERÄTE, KLEIN, MIT KOHLEN-WASSERSTOFF-GAS, mit Entnahmeeinrichtung	**115**	3150
GERMAN *	**119**	**2192**
GERMAN, ADSORBIERT *	**173**	**3523**
GERMANIUM-WASSERSTOFF *	**119**	**2192**
GERMANIUM-WASSERSTOFF, ADSORBIERT *	**173**	**3523**
GEWEBE, IMPRÄGNIERT MIT SCHWACH NITRIERTER CELLULOSE, N.A.G.[n]	**133**	1353
GEWEBE, TIERISCHEN oder PFLANZLICHEN oder SYNTHETISCHEN URSPRUNGS, N.A.G.[n], imprägniert mit Öl	**133**	1373
GIFTIGER ANORGANISCHER FESTER STOFF, ÄTZEND, N.A.G.[n]	**154**	3290
GIFTIGER ANORGANISCHER FESTER STOFF, ENTZÜNDBAR, N.A.G.[n]	**134**	3535
GIFTIGER ANORGANISCHER FESTER STOFF, N.A.G.[n]	**151**	3288
GIFTIGER ANORGANISCHER FLÜSSIGER STOFF, ÄTZEND, N.A.G.[n]	**154**	3289
GIFTIGER ANORGANISCHER FLÜSSIGER STOFF, N.A.G.[n]	**151**	3287
GIFTIGER FESTER STOFF, ENTZÜNDEND (OXIDIEREND) WIRKEND, N.A.G.[n]	**141**	3086
GIFTIGER FESTER STOFF, MIT WASSER REAGIEREND, N.A.G.[n]	**139**	3125
GIFTIGER FESTER STOFF, SELBSTERHITZUNGSFÄHIG, N.A.G.[n]	**136**	3124
GIFTIGER FLÜSSIGER STOFF, ENTZÜNDEND (OXIDIEREND) WIRKEND, N.A.G.[n]	**142**	3122
GIFTIGER FLÜSSIGER STOFF, MIT WASSER REAGIEREND, N.A.G.[n]	**139**	3123
GIFTIGER ORGANISCHER FESTER STOFF, ÄTZEND, N.A.G.[n]	**154**	2928
GIFTIGER ORGANISCHER FESTER STOFF, ENTZÜNDBAR, N.A.G.[n]	**134**	2930
GIFTIGER ORGANISCHER FESTER STOFF, N.A.G.[n] *	**154**	**2811**
GIFTIGER ORGANISCHER FLÜSSIGER STOFF, ÄTZEND, N.A.G.[n] *	**154**	**2927**
GIFTIGER ORGANISCHER FLÜSSIGER STOFF, ENTZÜNDBAR, N.A.G.[n]	**131**	2929
GIFTIGER ORGANISCHER FLÜSSIGER STOFF, N.A.G.[n] *	**153**	**2810**
GLYCEROL-alpha-MONO-CHLOR-HYDRIN *	**153**	**2689**
GLYCID-ALDEHYD *	**131P**	**2622**
GUANIDIN-NITRAT	**143**	1467
GUMMI-LÖSUNG	**127**	1287
H		
HAFNIUM-PULVER, ANGEFEUCHTET, mit mindestens 25 % Wasser *	**170**	**1326**
HAFNIUM-PULVER, TROCKEN *	**135**	**2545**
HALOGENIERTE MONO-METHYL-DI-PHENYL-METHANE, FLÜSSIG	**171**	3151
HARNSTOFF-NITRAT, ANGEFEUCHTET, mit mindestens 10 Masse-% Wasser	**113**	3370
HARNSTOFF-NITRAT, ANGEFEUCHTET, mit mindestens 20 Masse-% Wasser	**113**	1357
HARNSTOFF-WASSERSTOFF-PER-OXID *	**140**	**1511**
HARZLÖSUNG, entzündbar	**128**	1866
HARZ-ÖL	**127**	1286
HEIZÖL, LEICHT	**128**	1202
HELIUM, TIEFGEKÜHLT, FLÜSSIG *	**120**	**1963**
HELIUM, VERDICHTET *	**120**	**1046**
HEPTA-FLUOR-PROPAN (GAS ALS KÄLTEMITTEL R 227)	**126**	3296
HEPTANE	**128**	1206
HEU, feucht, mit Öl verunreinigt	**133**	1327
HEXA-CHLOR-ACETON *	**153**	**2661**
HEXA-CHLOR-BENZEN *	**152**	**2729**
HEXA-CHLOR-BUTADIEN *	**151**	**2279**
HEXA-CHLOR-CYCLO-PENTADIEN *	**151**	**2646**
HEXA-CHLOROPHEN	**151**	2875
HEXA-CHLOR-PLATIN-SÄURE, FEST *	**154**	**2507**
HEXA-DECYL-TRI-CHLOR-SILAN [W]	**156X**	***1781***
HEXADIENE	**130**	2458
HEXA-ETHYL-TETRA-PHOSPHAT	**151**	1611
HEXA-ETHYL-TETRA-PHOSPHAT UND VERDICHTETES GAS, GEMISCH *	**123**	**1612**
HEXA-FLUOR-ACETON *	**125**	**2420**
HEXA-FLUOR-ACETON-HYDRAT, FEST	**151**	3436
HEXA-FLUOR-ACETON-HYDRAT, FLÜSSIG *	**151**	**2552**
HEXA-FLUOR-ETHAN (GAS ALS KÄLTEMITTEL R 116) *	**126**	**2193**
HEXA-FLUOR-PHOSPHOR-SÄURE	**154**	1782
HEXA-FLUOR-PROPYLEN (GAS ALS KÄLTEMITTEL R 1216) *	**126**	**1858**
HEX-ALDEHYD *	**130**	**1207**
HEXA-METHYLEN-DI-AMIN, FEST	**153**	2280
HEXA-METHYLEN-DI-AMIN, LÖSUNG	**153**	1783
HEXA-METHYLEN-DI-ISO-CYANAT	**156**	2281
HEXA-METHYLEN-IMIN *	**132**	**2493**
HEXA-METHYLEN-TETR-AMIN *	**133**	**1328**
HEXANE	**128**	1208

*** Beachte bei Leckage grüne Seiten zur Berechnung bzw. Abschätzung von Absperrungen**
W Absperrungen wegen Atemgiften bei Leckage in Wasser gemäß grünen Seiten durchführen
n nicht anderweitig genannt

Stoffname	Merk-blatt	UN-Nr.
HEXANOLE	**129**	2282
HEX-1-EN *	**128**	**2370**
HEXYL-TRI-CHLOR-SILAN * W	**156X**	***1784***
HOLZ-SCHUTZ-MITTEL, FLÜSSIG	**129**	1306
HYDRAZIN, WASSERFREI *	**132**	**2029**
HYDRAZIN, WÄSSERIGE LÖSUNG, ENTZÜNDBAR, mit mehr als 37 Masse-% Hydrazin *	**132**	**3484**
HYDRAZIN, WÄSSRIGE LÖSUNG, mit höchstens 37 Masse-% Hydrazin *	**153**	**3293**
HYDRAZIN, WÄSSRIGE LÖSUNG, mit mehr als 37 Masse-% Hydrazin *	**153**	**2030**
HYDRAZIN-HYDRAT *	**153**	**2030**
HYDRO-CHLORITE, ANORGANISCHE, N.A.G. n	**140**	3212
HYDROGEN-DI-FLUORIDE, FEST, N.A.G. n	**154**	1740
HYDROGEN-DI-FLUORIDE, LÖSUNG, N.A.G. n	**154**	3471
HYDROGEN-SULFATE, WÄSSRIGE LÖSUNG	**154**	2837
HYDROGEN-SULFITE, WÄSSERIGE LÖSUNG, N.A.G. n	**154**	2693
1-HYDROXY-BENZO-TRIAZOL-MONO-HYDRAT *	**113**	**3474**
3-HYDROXY-BUTYR-ALDEHYD	**153**	2839
HYDROXYL-AMIN-SULFAT *	**154**	**2865**
HYPO-CHLORIT, LÖSUNG *	**154**	**1791**

I

Stoffname	Merk-blatt	UN-Nr.
3,3'-IMINO-BIS-PROPYL-AMIN *	**153**	**2269**
INSEKTENBEKÄMPFUNGSMITTEL, GASFÖRMIG, ENTZÜNDBAR, N.A.G. n	**115**	3354
INSEKTENBEKÄMPFUNGSMITTEL, GASFÖRMIG, GIFTIG, ENTZÜNDBAR, N.A.G. n *	**119**	**3355**
INSEKTEN-BEKÄMPFUNGSMITTEL, GASFÖRMIG, GIFTIG, N.A.G. n *	**123**	**1967**
INSEKTEN-BEKÄMPFUNGSMITTEL, GASFÖRMIG, N.A.G. n	**126**	1968
IOD *	**154**	**3495**
2-IOD-BUTAN	**129**	2390
IOD-METHYL-PROPANE	**129**	2391
IOD-MONO-CHLORID, FEST	**157**	1792
IOD-MONO-CHLORID, FLÜSSIG	**157**	3498
IOD-PENTA-FLUORID W	**144**	***2495***
IOD-PROPANE	**129**	2392
IOD-WASSERSTOFF, WASSERFREI *	**125**	**2197**
IOD-WASSERSTOFF-SÄURE *	**154**	**1787**
ISO-BUTAN *	**115**	**1969**
ISO-BUTANOL *	**129**	**1212**
ISO-BUTEN *	**115**	**1055**
ISO-BUTTERSÄURE *	**132**	**2529**

Stoffname	Merk-blatt	UN-Nr.
ISO-BUTYL-ACETAT *	**129**	**1213**
ISO-BUTYL-ACRYLAT, STABILISIERT	**129P**	2527
ISO-BUTYL-ALDEHYD *	**130**	**2045**
ISO-BUTYL-ALKOHOL *	**129**	**1212**
ISO-BUTYL-AMIN *	**132**	**1214**
ISO-BUTYL-FORMIAT	**129**	2393
ISO-BUTYL-ISO-BUTYRAT *	**130**	**2528**
ISO-BUTYL-ISO-CYANAT *	**155P**	**2486**
ISO-BUTYL-METH-ACRYLAT, STABILISIERT	**130P**	2283
ISO-BUTYL-PROPIONAT	**129**	2394
ISO-BUTYR-ALDEHYD *	**130**	**2045**
ISO-BUTYRO-NITRIL *	**131**	**2284**
ISO-BUTYRYL-CHLORID W	**155**	***2395***
ISO-CYANAT, LÖSUNG, ENTZÜNDBAR, GIFTIG, N.A.G. n *	**155**	**2478**
ISO-CYANAT, LÖSUNG, GIFTIG, ENTZÜNDBAR, N.A.G. n	**155**	3080
ISO-CYANATE, ENTZÜNDBAR, GIFTIG, N.A.G. n *	**155**	**2478**
ISO-CYANATE, GIFTIG, ENTZÜNDBAR, N.A.G. n	**155**	3080
ISO-CYANATE, GIFTIG, N.A.G. n	**156**	2206
ISO-CYANAT-LÖSUNG, GIFTIG, N.A.G. n	**156**	2206
ISO-CYANATO-BENZO-TRI-FLUORIDE *	**155**	**2285**
ISO-HEPTENE	**128**	2287
ISO-HEXENE	**128**	2288
ISO-OCTENE	**128**	1216
ISO-PENTENE	**128**	2371
ISO-PHORON-DI-AMIN	**153**	2289
ISO-PHORON-DI-ISO-CYANAT *	**156**	**2290**
ISOPREN, STABILISIERT *	**130P**	**1218**
ISO-PROPANOL *	**129**	**1219**
ISO-PROPENYL-ACETAT	**129P**	2403
ISO-PROPENYL-BENZEN *	**128**	**2303**
ISO-PROPYL-ACETAT *	**129**	**1220**
ISO-PROPYL-ALKOHOL *	**129**	**1219**
ISO-PROPYL-AMIN *	**132**	**1221**
ISO-PROPYL-BENZEN *	**130**	**1918**
ISO-PROPYL-BUTYRAT	**129**	2405
ISO-PROPYL-CHLOR-ACETAT	**127**	2947
ISO-PROPYL-CHLOR-FORMIAT *	**155**	**2407**
ISO-PROPYL-2-CHLOR-PROPIONAT	**129**	2934
ISO-PROPYL-ISO-BUTYRAT	**127**	2406
ISO-PROPYL-ISO-CYANAT *	**155P**	**2483**
ISO-PROPYL-NITRAT *	**130**	**1222**
ISO-PROPYL-PHOSPHAT	**153**	1793
ISO-PROPYL-PROPIONAT	**129**	2409
ISO-SORBID-DI-NITRAT, MISCHUNG, mit mindestens 60 % Lactose, Mannose, Stärke oder Calcium-hydrogen-phosphat	**133**	2907

* **Beachte bei Leckage grüne Seiten zur Berechnung bzw. Abschätzung von Absperrungen**
W **Absperrungen wegen Atemgiften bei Leckage in Wasser gemäß grünen Seiten durchführen**
n nicht anderweitig genannt

Stoffname	Merk-blatt	UN-Nr.
ISO-SORBID-5-MONO-NITRAT	**133**	3251
K		
KAKODYL-SÄURE *	**151**	**1572**
KALIUM *	**138X**	**2257**
KALIUM-ARSENAT *	**151**	**1677**
KALIUM-ARSENIT	**154**	1678
KALIUM-BOR-HYDRID	**138**	1870
KALIUM-BROMAT *	**140**	**1484**
KALIUM-CHLORAT *	**140**	**1485**
KALIUM-CHLORAT, WÄSSERIGE LÖSUNG *	**140**	**2427**
KALIUM-CYANID, FEST * [W]	**157**	***1680***
KALIUM-CYANID, LÖSUNG *	**157**	**3413**
KALIUM-DI-THIONIT [W]	**135**	***1929***
KALIUM-FLUOR-ACETAT	**151**	2628
KALIUM-FLUORID, FEST *	**154**	**1812**
KALIUM-FLUORID, LÖSUNG *	**154**	**3422**
KALIUM-FLUOR-SILICAT *	**151**	**2655**
KALIUM-HYDROGEN-DI-FLUORID, FEST *	**154**	**1811**
KALIUM-HYDROGEN-DI-FLUORID, LÖSUNG *	**154**	**3421**
KALIUM-HYDROGEN-SULFAT *	**154**	**2509**
KALIUM-HYDRO-SULFIT [W]	**135**	***1929***
KALIUM-HYDROXID, FEST *	**154**	**1813**
KALIUM-HYDROXID-LÖSUNG *	**154**	**1814**
KALIUM-KUPFER-(1)-CYANID	**157**	1679
KALIUM-METALL-LEGIERUNGEN, FEST	**138X**	3403
KALIUM-METALL-LEGIERUNGEN, FLÜSSIG	**138X**	1420
KALIUM-META-VANADAT	**151**	2864
KALIUM-MON-OXID *	**154**	**2033**
KALIUM-NATRIUM-LEGIERUNGEN, FEST *	**138X**	**3404**
KALIUM-NATRIUM-LEGIERUNGEN, FLÜSSIG	**138X**	1422
KALIUM-NITRAT *	**140**	**1486**
KALIUM-NITRAT UND NATRIUM-NITRAT, MISCHUNG	**140**	1499
KALIUM-NITRAT UND NATRIUM-NITRIT, MISCHUNG	**140**	1487
KALIUM-NITRIT *	**140**	**1488**
KALIUM-PER-CHLORAT *	**140**	**1489**
KALIUM-PER-MANGANAT *	**140**	**1490**
KALIUM-PER-OXID	**144**	1491
KALIUM-PER-SULFAT *	**140**	**1492**
KALIUM-PHOSPHID * [W]	**139**	***2012***
KALIUM-QUECKSILBER-(2)-CYANID	**157**	1626
KALIUM-QUECKSILBER-(2)-IODID	**151**	1643
KALIUM-SULFID, HYDRATISIERT, mit mindestens 30 % Kristallwasser	**153**	1847
KALIUM-SULFID, mit weniger als 30 % Kristallwasser	**135**	1382
KALIUM-SULFID, WASSERFREI	**135**	1382
KALIUM-SUPER-OXID	**143**	2466
KÄLTEMASCHINEN, mit entzündbarem, nicht giftigem verflüssigtem Gas	**115**	3358
KÄLTEMASCHINEN, mit nicht entzündbaren, nicht giftigen Gasen oder Ammoniaklösungen (UN 2672)	**126**	2857
KAMPFER-ÖL	**128**	1130
KAUTSCHUK- (Gummi-) ABFÄLLE	**133**	1345
KAUTSCHUK- (Gummi-) RESTE, pulverförmig oder granuliert, höchstens 840 µm und mehr als 45 % Kautschuk- Gehalt	**133**	1345
KEROSIN	**128**	1223
KETONE, FLÜSSIG, N.A.G. [n]	**127**	1224
KIEFERN-ÖL	**129**	1272
KLEBSTOFFE, mit entzündbarem flüssigem Stoff	**128**	1133
KLINISCHER ABFALL, UNSPEZIFIZIERT, N.A.G. [n]	**158**	3291
KOBALT-RESINAT, GEFÄLLT	**133**	1318
KOHLE, AKTIVIERT	**133**	1362
KOHLE, tierischen oder pflanzlichen Ursprungs	**133**	1361
KOHLEN-DI-OXID *	**120**	**1013**
Kohlendioxid, fest *	**120**	**1845**
KOHLEN-DI-OXID, TIEFGEKÜHLT, FLÜSSIG *	**120**	**2187**
KOHLEN-MON-OXID, TIEFKALT, VERFLÜSSIGT	**168**	ohne
KOHLEN-MON-OXID, VERDICHTET *	**119**	**1016**
KOHLENSTOFF-DI-SULFID *	**131**	**1131**
KOHLEN-WASSERSTOFFE, FLÜSSIG, N.A.G. [n]	**128**	3295
KOHLEN-WASSERSTOFF-GAS, GEMISCH, VERDICHTET, N.A.G. [n]	**115**	1964
KOHLEN-WASSERSTOFF-GAS, GEMISCH, VERFLÜSSIGT, N.A.G. [n]	**115**	1965
KOHLEN-WASSERSTOFF-GAS-NACHFÜLL-PATRONEN FÜR KLEINE GERÄTE, mit Entnahmeeinrichtung	**115**	3150
KONDENSATOR, ASYMMETRISCH, (mit einer Energiespeicherkapazität von mehr als 0,3 Wh)	**171**	3508
KONDENSATOR, ELEKTRISCHE DOPPELSCHICHT , (mit einer Energiespeicherkapazität von mehr als 0,3 Wh)	**171**	3499
KÖNIGSWASSER *	**157**	**1798**
KOPRA	**135**	1363

*** Beachte bei Leckage grüne Seiten zur Berechnung bzw. Abschätzung von Absperrungen**
W Absperrungen wegen Atemgiften bei Leckage in Wasser gemäß grünen Seiten durchführen
n nicht anderweitig genannt

Stoffname	Merk-blatt	UN-Nr.
KRAFTSTOFF-TANK FÜR HYDRAULISCHES AGGREGAT FÜR FLUGZEUGE, mit einer Mischung von wasserfreiem Hydrazin und Methyl-hydrazin (Kraftstoff M86)	**131**	3165
KRILL-MEHL	**133**	3497
KRYPTON, TIEFGEKÜHLT, FLÜSSIG	**120**	1970
KRYPTON, VERDICHTET	**120**	1056
KUNSTSTOFFE AUF NITRO-CELLULOSE-BASIS, SELBSTERHITZUNGSFÄHIG, N.A.G. [n]	**135**	2006
KUNSTSTOFF-PRESS-MISCHUNG, in Teig-, Platten- oder Strangpressform, entzündbare Dämpfe abgebend	**171**	3314
KUPFER-ACETO-ARSENIT	**151**	1585
KUPFER-ARSENIT	**151**	1586
KUPFER-CHLORAT	**140**	2721
KUPFER-CHLORID	**154**	2802
KUPFER-CYANID *	**151**	**1587**
KUPFER-ETHYLEN-DI-AMIN, LÖSUNG	**154**	1761
KUPFERHALTIGES PESTIZID, FEST, GIFTIG	**151**	2775
KUPFERHALTIGES PESTIZID, FLÜSSIG, ENTZÜNDBAR, GIFTIG, Flammpunkt unter 23 °C	**131**	2776
KUPFERHALTIGES PESTIZID, FLÜSSIG, GIFTIG, ENTZÜNDBAR, mit einem Flammpunkt von 23 °C oder darüber	**131**	3009
KUPFERHALTIGES PESTIZID, FLÜSSIG, GIFTIG, N.A.G. [n]	**151**	3010

L

Stoffname	Merk-blatt	UN-Nr.
Lappen, ölhaltig	**133**	1856
LITHIUM *	**138X**	**1415**
LITHIUM-ALUMINIUM-HYDRID *	**138**	**1410**
LITHIUM-ALUMINIUM-HYDRID IN ETHER *	**138**	**1411**
LITHIUM-BATTERIEN, IN GÜTER-BEFÖRDERUNGS-EINHEITEN EINGEBAUT, Lithium-Ionen-Batterien und Lithium-Metall-Batterien	**147**	3536
LITHIUM-BOR-HYDRID	**138**	1413
LITHIUM-FERRO-SILICID	**139**	2830
LITHIUM-HYDRID *	**138X**	**1414**
LITHIUM-HYDRID, GESCHMOLZEN UND ERSTARRT *	**138**	**2805**
LITHIUM-HYDROXID	**154**	2680
LITHIUM-HYDROXID-LÖSUNG *	**154**	**2679**
LITHIUM-HYPO-CHLORIT, MISCHUNG	**140**	1471
LITHIUM-HYPO-CHLORIT, TROCKEN	**140**	1471
LITHIUM-IONEN-BATTERIEN (einschließlich Lithium-Ionen-Polymer-Batterien)	**147**	3480
LITHIUM-IONEN-BATTERIEN IN AUSRÜSTUNGEN (einschließlich Lithium-Ionen-Polymer-Batterien)	**147**	3481
LITHIUM-IONEN-BATTERIEN, MIT AUSRÜSTUNG VERPACKT (einschließlich Lithium-Ionen-Polymer-Batterien)	**147**	3481
LITHIUM-METALL-BATTERIEN (einschließlich Batterien aus Lithium-legierung)	**138**	3090
LITHIUM-METALL-BATTERIEN IN AUSRÜSTUNGEN	**138**	3091
LITHIUM-METALL-BATTERIEN, MIT AUSRÜSTUNGEN VERPACKT (einschließlich Batterien mit Lithium-legierung)	**138**	3091
LITHIUM-NITRAT *	**140**	**2722**
LITHIUM-NITRID * W	**139**	***2806***
LITHIUM-PER-OXID	**143**	1472
LITHIUM-SILICIUM *	**138**	**1417**
LONDON PURPLE	**151**	1621
LUFT, TIEFGEKÜHLT, FLÜSSIG	**122**	1003
LUFT, VERDICHTET (DRUCKLUFT)	**122**	1002

M

Stoffname	Merk-blatt	UN-Nr.
MAGNESIUM	**138**	1869
MAGNESIUM-ALUMINIUM-PHOSPHID W	**139**	***1419***
MAGNESIUM-ARSENAT	**151**	1622
MAGNESIUM-BROMAT	**140**	1473
MAGNESIUM-CHLORAT	**140**	2723
MAGNESIUM-DI-AMID W	**135**	***2004***
MAGNESIUM-DI-PHENYL (veraltet)	**135**	2005
MAGNESIUM-FLUOR SILICAT	**151**	2853
MAGNESIUM-GRANULATE, ÜBERZOGEN, mit einer Teilchengröße von mindesten 49 µm	**138**	2950
MAGNESIUM-HYDRID	**138**	2010
MAGNESIUM-LEGIERUNGEN, mit mehr als 50 % Magnesium, in Pellets, Spänen, Bändern	**138**	1869
MAGNESIUM-LEGIERUNGS-PULVER *	**138**	**1418**
MAGNESIUM-NITRAT	**140**	1474
MAGNESIUM-PER-CHLORAT *	**140**	**1475**
MAGNESIUM-PER-OXID	**140**	1476
MAGNESIUM-PHOSPHID * W	**139**	***2011***
MAGNESIUM-PULVER *	**138**	**1418**
MAGNESIUM-SILICID	**138**	2624
MAGNETISIERTE STOFFE	**171**	2807
MALEIN-SÄURE-ANHYDRID, GESCHMOLZEN *	**156**	**2215**
MALONO-NITRIL *	**153**	**2647**
MANEB	**135**	2210
MANEB, STABILISIERT	**135**	2968

* **Beachte bei Leckage grüne Seiten zur Berechnung bzw. Abschätzung von Absperrungen**
W **Absperrungen wegen Atemgiften bei Leckage in Wasser gemäß grünen Seiten durchführen**
n nicht anderweitig genannt

Stoffname	Merk-blatt	UN-Nr.
MANEB-ZUBEREITUNGEN, mit mindestens 60 Masse-% Maneb	**135**	2210
MANEB-ZUBEREITUNGEN, STABILISIERT, gegen Selbstentzündung	**135**	2968
MANGAN-NITRAT *	**140**	**2724**
MANGAN-RESINAT	**133**	1330
MASCHINE MIT BRENNSTOFFZELLEN-MOTOR MIT ANTRIEB DURCH ENTZÜNDBARE FLÜSSIGKEIT	**128**	3528
MASCHINE MIT BRENNSTOFFZELLEN-MOTOR MIT ANTRIEB DURCH ENTZÜNDBARES GAS	**115**	3529
MEDIKAMENT, FEST, GIFTIG, N.A.G. n	**151**	3249
MEDIKAMENT, FLÜSSIG, ENTZÜNDBAR, GIFTIG, N.A.G. n	**131**	3248
MEDIKAMENT, FLÜSSIG, GIFTIG, N.A.G. n	**151**	1851
MEDIZINISCHE ABFÄLLE, KATEGORIE A, GEFÄHRLICH FÜR MENSCHEN, fest	**158**	3549
MEDIZINISCHE ABFÄLLE, KATEGORIE A, nur GEFÄHRLICH FÜR TIERE, fest	**158**	3549
MEMBRAN-FILTER AUS NITRO-CELLULOSE, mit höchstens 12,6 % Stickstoff in der Trockenmasse	**133**	3270
MERCAPTANE, FLÜSSIG, ENTZÜNDBAR, GIFTIG, N.A.G. n	**131**	1228
MERCAPTANE, FLÜSSIG, ENTZÜNDBAR, N.A.G. n	**130**	3336
MERCAPTANE, FLÜSSIG, GIFTIG, ENTZÜNDBAR, N.A.G. n	**131**	3071
MERCAPTANE, MISCHUNG, FLÜSSIG, ENTZÜNDBAR, GIFTIG, N.A.G. n	**131**	1228
MERCAPTANE, MISCHUNG, FLÜSSIG, ENTZÜNDBAR, N.A.G. n, (Dampfdruck bei 50 °C höchsten 110 kPa)	**130**	3336
MERCAPTANE, MISCHUNG, FLÜSSIG, GIFTIG, ENTZÜNDBAR, N.A.G. n	**131**	3071
MESITYL-OXID *	**129**	**1229**
MET-ALDEHYD	**133**	1332
METALL-CARBONYLE, FEST, N.A.G. n	**151**	3466
METALL-CARBONYLE, FLÜSSIG, N.A.G. n *	**151**	**3281**
METALL-HYDRIDE, MIT WASSER REAGIEREND, N.A.G. n	**138**	1409
METALLISCHER STOFF, MIT WASSER REAGIEREND, N.A.G. n	**138**	3208
METALLISCHER STOFF, MIT WASSER REAGIEREND, SELBST-ERHITZUNGSFÄHIG, N.A.G. n	**138**	3209
METALLISCHES EISEN als BOHR-SPÄNE, FRÄS-SPÄNE, DREH-SPÄNE, ABFÄLLE, in selbsterhitzungsfähiger Form	**170**	2793
METALL-KATALYSATOR, ANGEFEUCHTET, mit einem sichtbaren Überschuss an Flüssigkeit	**170**	1378
METALL-KATALYSATOR, TROCKEN	**135**	2881
METALLORGANISCHE VERBINDUNG, FEST, GIFTIG, N.A.G. n	**151**	3467
METALLORGANISCHE VERBINDUNG, FLÜSSIG, GIFTIG, N.A.G. n	**151**	3282
METH-ACRYL-ALDEHYD, STABILISIERT *	**131P**	**2396**
METH-ACRYL-NITRIL, STABILISIERT *	**131P**	**3079**
METH-ACRYL-SÄURE, STABILISIERT *	**153P**	**2531**
METH-ALLYL-ALKOHOL	**129**	2614
METHAN, TIEFGEKÜHLT, FLÜSSIG *	**115**	**1972**
METHAN, VERDICHTET *	**115**	**1971**
METHANOL *	**131**	**1230**
METHAN-SULFONYL-CHLORID *	**156**	**3246**
METH-OXY-METHYL-ISO-CYANAT *	**155**	**2605**
4-METH-OXY-4-METHYL-PENTAN-2-ON	**128**	2293
1-METH-OXY-2-PROPANOL *	**129**	**3092**
METHYL-ACETAT *	**129**	**1231**
METHYL-ACETYLEN UND PROPADIEN, GEMISCH, STABILISIERT *	**116P**	**1060**
METHYL-ACRYLAT, STABILISIERT *	**129P**	**1919**
METHYLAL *	**127**	**1234**
METHYL-ALLYL-CHLORID *	**130P**	**2554**
METHYL-AMIN, WASSERFREI *	**118**	**1061**
METHYL-AMIN, WÄSSRIGE LÖSUNG *	**132**	**1235**
METHYL-AMYL-ACETAT	**130**	1233
METHYL-BROM-ACETAT *	**153**	**2643**
METHYL-BROMID, mit höchstens 2 % Chlor-pikrin *	**123**	**1062**
METHYL-BROMID UND ETHYLEN-DI-BROMID, MISCHUNG, FLÜSSIG *	**151**	**1647**
2-METHYL-BUTANAL	**129**	3371
3-METHYL-BUTAN-2-ON *	**127**	**2397**
2-METHYL-BUT-1-EN *	**128**	**2459**
2-METHYL-BUT-2-EN *	**128**	**2460**
3-METHYL-BUT-1-EN	**128**	2561
METHYL-BUTYRAT	**129**	1237
METHYL-CHLOR-ACETAT	**131**	2295
METHYL-CHLOR-FORMIAT *	**155**	**1238**
METHYL-CHLORID (GAS ALS KÄLTEMITTEL R 40) *	**115**	**1063**
METHYL-CHLORID UND DI-CHLOR-METHAN, GEMISCH	**115**	1912
METHYL-CHLOR-METHYL-ETHER *	**131**	**1239**
METHYL-2-CHLOR-PROPIONAT	**129**	2933
METHYL-CHLOR-SILAN *	**119**	**2534**
METHYL-CYCLO-HEXAN *	**128**	**2296**

* **Beachte bei Leckage grüne Seiten zur Berechnung bzw. Abschätzung von Absperrungen**

n nicht anderweitig genannt

Stoffname	Merk-blatt	UN-Nr.
METHYL-CYCLO-HEXANOLE, entzündbar	**129**	2617
METHYL-CYCLO-HEXANON	**128**	2297
METHYL-CYCLO-PENTAN *	**128**	**2298**
METHYL-DI-CHLOR-ACETAT	**156**	2299
METHYL-DI-CHLOR-SILAN * W	**139X**	*1242*
METHYL-ETHYL-KETON *	**127**	**1193**
2-METHYL-5-ETHYL-PYRIDIN	**153**	2300
METHYL-FLUORID (GAS ALS KÄLTEMITTEL R 41) *	**115**	**2454**
METHYL-FORMIAT *	**129**	**1243**
2-METHYL-FURAN *	**128**	**2301**
2-METHYL-2-HEPTAN-THIOL *	**131**	**3023**
5-METHYL-HEXAN-2-ON *	**127**	**2302**
METHYL-HYDRAZIN *	**131**	**1244**
METHYL-IODID *	**151**	**2644**
METHYL-ISO-BUTYL-CARBINOL	**129**	2053
METHYL-ISO-BUTYL-KETON *	**127**	**1245**
METHYL-ISO-CYANAT *	**155P**	**2480**
METHYL-ISO-PROPENYL-KETON, STABILISIERT	**127P**	1246
METHYL-ISO-THIO-CYANAT *	**131**	**2477**
METHYL-ISO-VALERAT	**130**	2400
METHYL-MAGNESIUM-BROMID IN ETHYL-ETHER *	**138X**	**1928**
METHYL-MERCAPTAN *	**117**	**1064**
METHYL-METH-ACRYLAT, MONOMER, STABILISIERT *	**129P**	**1247**
4-METHYL-MORPHOLIN *	**132**	**2535**
METHYL-NITRIT	**116**	2455
METHYL-ORTHO-SILICAT *	**155**	**2606**
METHYL-PENTADIENE	**128**	2461
2-METHYL-PENTAN-2-OL	**129**	2560
METHYL-PHENYL-DI-CHLOR-SILAN * W	**156X**	*2437*
1-METHYL-PIPERIDIN	**132**	2399
METHYL-PROPIONAT	**129**	1248
METHYL-PROPYL-ETHER	**127**	2612
METHYL-PROPYL-KETON *	**127**	**1249**
METHYL-tertiär-BUTYL-ETHER *	**127**	**2398**
METHYL-TETRA-HYDRO-FURAN *	**127**	**2536**
METHYL-TRI-CHLOR-ACETAT	**156**	2533
METHYL-TRI-CHLOR-SILAN * W	**155X**	*1250*
METHYL-VINYL-KETON, STABILISIERT *	**131P**	**1251**
MISCH-METALL	**170**	1333
MIT WASSER REAGIERENDER FESTER STOFF, ÄTZEND, N.A.G. n	**138X**	3131
MIT WASSER REAGIERENDER FESTER STOFF, ENTZÜNDBAR, N.A.G. n	**138**	3132
MIT WASSER REAGIERENDER FESTER STOFF, ENTZÜNDEND (OXIDIEREND) WIRKEND, N.A.G. n	**138**	3133
MIT WASSER REAGIERENDER FESTER STOFF, GIFTIG, N.A.G. n	**139**	3134
MIT WASSER REAGIERENDER FESTER STOFF, N.A.G. n	**138X**	2813
MIT WASSER REAGIERENDER FESTER STOFF, SELBST-ERHITZUNGSFÄHIG, N.A.G. n	**138**	3135
MIT WASSER REAGIERENDER FLÜSSIGER STOFF, ÄTZEND, N.A.G. n	**138X**	3129
MIT WASSER REAGIERENDER FLÜSSIGER STOFF, GIFTIG, N.A.G. n	**139X**	3130
MIT WASSER REAGIERENDER FLÜSSIGER STOFF, N.A.G. n	**138X**	3148
MIT WASSER REAGIERENDER METALLORGANISCHER FESTER STOFF	**135X**	3395
MIT WASSER REAGIERENDER METALLORGANISCHER FESTER STOFF, ENTZÜNDBAR	**138X**	3396
MIT WASSER REAGIERENDER METALLORGANISCHER FESTER STOFF, SELBSTERHITZUNGSFÄHIG	**138X**	3397
MIT WASSER REAGIERENDER METALLORGANISCHER FLÜSSIGER STOFF	**135X**	3398
MIT WASSER REAGIERENDER METALLORGANISCHER FLÜSSIGER STOFF, ENTZÜNDBAR	**138X**	3399
MOLYBDÄN-PENTA-CHLORID *	**156**	**2508**
MORPHOLIN *	**132**	**2054**
MUNITION, GIFTIG, NICHT EXPLOSIV, ohne Zerleger oder Ausstoßladung, nicht scharf	**151**	2016
MUNITION, TRÄNENERZEUGEND, NICHT EXPLOSIV, ohne Zerleger oder Ausstoßladung, nicht scharf	**159**	2017

N

Stoffname	Merk-blatt	UN-Nr.
NACHFÜLLPATRONEN FÜR FEUERZEUGE mit entzündbarem Gas	**115**	1057
N-AMINO-ETHYL-PIPERAZIN *	**153**	**2815**
NAPHTHALEN, GESCHMOLZEN *	**133**	**2304**
NAPHTHALEN, RAFFINIERT *	**133**	**1334**
NAPHTHALEN, ROH *	**133**	**1334**
NAPHTHYL-HARNSTOFF	**153**	1652
NAPHTHYL-THIO-HARNSTOFF *	**153**	**1651**
NATRIUM *	**138X**	**1428**
Natrium-aluminat, fest *	**154**	**2812**
NATRIUM-ALUMINAT-LÖSUNG *	**154**	**1819**
NATRIUM-ALUMINIUM-HYDRID *	**138**	**2835**
NATRIUM-AMMONIUM-VANADAT	**154**	2863
NATRIUM-ARSANILAT	**154**	2473
NATRIUM-ARSENAT *	**151**	**1685**
NATRIUM-ARSENIT, FEST *	**151**	**2027**

* **Beachte bei Leckage grüne Seiten zur Berechnung bzw. Abschätzung von Absperrungen**
W **Absperrungen wegen Atemgiften bei Leckage in Wasser gemäß grünen Seiten durchführen**
n nicht anderweitig genannt

Stoffname	Merk-blatt	UN-Nr.
NATRIUM-ARSENIT, WÄSSRIGE LÖSUNG *	**154**	**1686**
NATRIUM-AZID *	**153**	**1687**
NATRIUM-BOR-HYDRID *	**138**	**1426**
NATRIUM-BOR-HYDRID UND NATRIUM-HYDROXID, LÖSUNG, mit höchstens 12 Masse-% Natrium-bor-hydrid und höchstens 40 Masse-% Natrium-hydroxid	**157**	3320
NATRIUM-BROMAT *	**140**	**1494**
NATRIUM-CARBONAT-PER-OXY-HYDRAT	**140**	3378
NATRIUM-CHLOR-ACETAT *	**151**	**2659**
NATRIUM-CHLORAT *	**140**	**1495**
NATRIUM-CHLORAT, WÄSSERIGE LÖSUNG *	**140**	**2428**
NATRIUM-CHLORIT *	**143**	**1496**
NATRIUM-CYANID, FEST * [W]	**157**	***1689***
NATRIUM-CYANID, LÖSUNG *	**157**	**3414**
NATRIUM-DI-NITRO-ORTHO-CRESOLAT, ANGEFEUCHTET, mit mindestens 10 Masse-% Wasser	**113**	3369
NATRIUM-DI-NITRO-ORTHO-KRESOLAT, ANGEFEUCHTET, mit mindestens 15 Masse-% Wasser	**113**	1348
NATRIUM-DI-THIONIT * [W]	**135**	***1384***
NATRIUM-FLUOR-ACETAT *	**151**	**2629**
NATRIUM-FLUORID, FEST *	**154**	**1690**
NATRIUM-FLUORID, LÖSUNG *	**154**	**3415**
NATRIUM-FLUOR-SILICAT *	**154**	**2674**
NATRIUM-HYDRID *	**138**	**1427**
NATRIUM-HYDROGEN-DI-FLUORID *	**154**	**2439**
NATRIUM-HYDROGEN-SULFID, HYDRATISIERT, mit mindestens 25 % Kristallwasser *	**154**	**2949**
NATRIUM-HYDROGEN-SULFID, mit weniger als 25 % Kristallwasser *	**135**	**2318**
NATRIUM-HYDRO-SULFIT * [W]	**135**	***1384***
NATRIUM-HYDROXID, FEST *	**154**	**1823**
NATRIUM-HYDROXID-LÖSUNG *	**154**	**1824**
NATRIUM-IONEN-BATTERIEN IN AUSRÜSTUNGEN, mit einem organischen Elektrolyt	**147**	3552
NATRIUM-IONEN-BATTERIEN, MIT AUSRÜSTUNGEN VERPACKT, mit einem organischen Elektrolyt	**147**	3552
NATRIUM-IONEN-BATTERIEN, mit einem organischen Elektrolyt	**147**	3551
NATRIUM-KAKODYLAT *	**152**	**1688**
NATRIUM-KUPFER-(1)-CYANID, FEST	**157**	2316
NATRIUM-KUPFER-(1)-CYANID, LÖSUNG	**157**	2317
NATRIUM-METHYLAT *	**138**	**1431**

Stoffname	Merk-blatt	UN-Nr.
NATRIUM-METHYLAT, LÖSUNG in Alkohol *	**132**	**1289**
NATRIUM-MON-OXID *	**157**	**1825**
NATRIUM-NITRAT *	**140**	**1498**
NATRIUM-NITRIT *	**141**	**1500**
NATRIUM-PENTA-CHLOR-PHENOLAT *	**154**	**2567**
NATRIUM-PER-BORAT-MONO-HYDRAT	**140**	3377
NATRIUM-PER-CHLORAT	**140**	1502
NATRIUM-PER-MANGANAT *	**140**	**1503**
NATRIUM-PER-OXID *	**144**	**1504**
NATRIUM-PER-OXO-BORAT, WASSERFREI	**140**	3247
NATRIUM-PER-SULFAT *	**140**	**1505**
NATRIUM-PHOSPHID * [W]	**139**	***1432***
NATRIUM-PIKRAMAT, ANGEFEUCHTET, mit mindestens 20 Masse-% Wasser	**113**	1349
NATRIUM-SULFID, HYDRATISIERT, mit mindestens 30 % Kristallwasser *	**153**	**1849**
NATRIUM-SULFID mit weniger als 30 % Kristallwasser *	**135**	**1385**
NATRIUM-SULFID, WASSERFREI *	**135**	**1385**
NATRIUM-SUPER-OXID	**143**	2547
NATRON-KALK, mit mehr als 4 % Natrium-hydroxid *	**154**	**1907**
NATRON-LAUGE *	**154**	**1824**
N-BUTYL-ANILIN	**153**	2738
NEBENPRODUKTE DER ALUMINIUMHERSTELLUNG	**138**	3170
NEBENPRODUKTE DER ALUMINIUMUMSCHMELZUNG	**138**	3170
NEON, TIEFGEKÜHLT, FLÜSSIG *	**120**	**1913**
NEON, VERDICHTET *	**120**	**1065**
N-ETHYL-ANILIN	**153**	2272
N-ETHYL-N-BENZYL-ANILIN	**153**	2274
N-ETHYL-N-BENZYL-TOLUIDINE, FEST	**153**	3460
N-ETHYL-N-BENZYL-TOLUIDINE, FLÜSSIG	**153**	2753
N-ETHYL-TOLUIDINE	**153**	2754
NICKEL-CYANID *	**151**	**1653**
NICKEL-NITRAT *	**140**	**2725**
NICKEL-NITRIT *	**140**	**2726**
NICKEL-TETRA-CARBONYL *	**131**	**1259**
NICOTIN *	**151**	**1654**
NICOTIN-HYDRO-CHLORID, FEST	**151**	3444
NICOTIN-HYDRO-CHLORID, FLÜSSIG	**151**	1656
NICOTIN-HYDRO-CHLORID, LÖSUNG	**151**	1656
NICOTIN-SALICYLAT	**151**	1657
NICOTIN-SULFAT, FEST *	**151**	**3445**
NICOTIN-SULFAT, LÖSUNG *	**151**	**1658**
NICOTIN-TARTRAT	**151**	1659
NICOTIN-VERBINDUNG, FEST, N.A.G. [n]	**151**	1655

*** Beachte bei Leckage grüne Seiten zur Berechnung bzw. Abschätzung von Absperrungen**
W Absperrungen wegen Atemgiften bei Leckage in Wasser gemäß grünen Seiten durchführen
n nicht anderweitig genannt

Stoffname	Merk-blatt	UN-Nr.
NICOTIN-ZUBEREITUNG, FEST, N.A.G.[n]	**151**	1655
NIKOTIN-VERBINDUNG, FLÜSSIG, N.A.G.[n]	**151**	3144
NIKOTIN-ZUBEREITUNG, FLÜSSIG, N.A.G.[n]	**151**	3144
NITRATE, ANORGANISCHE, N.A.G.[n]	**140**	1477
NITRATE, ANORGANISCHE, WÄSSRIGE LÖSUNG, N.A.G.[n]	**140**	3218
NITRIER-SÄURE-MISCHUNG	**157**	1796
NITRILE, ENTZÜNDBAR, GIFTIG, N.A.G.[n]	**131**	3273
NITRILE, FEST, GIFTIG, N.A.G.[n]	**151**	3439
NITRILE, FLÜSSIG, GIFTIG, N.A.G.[n] *	**151**	**3276**
NITRILE, GIFTIG, ENTZÜNDBAR, N.A.G.[n] *	**131**	**3275**
NITRITE, ANORGANISCHE, N.A.G.[n]	**140**	2627
NITRITE, ANORGANISCHE, WÄSSRIGE LÖSUNG, N.A.G.[n]	**140**	3219
NITRO-ANILINE (ortho-, meta-, para)	**151**	1661
NITRO-ANISOLE, FEST	**152**	3458
NITRO-ANISOLE, FLÜSSIG	**152**	2730
NITRO-BENZEN *	**152**	**1662**
NITRO-BENZEN-SULFON-SÄURE	**153**	2305
NITRO-BENZO-TRI-FLUORIDE, FEST	**152**	3431
NITRO-BENZO-TRI-FLUORIDE, FLÜSSIG	**152**	2306
NITRO-BROM-BENZENE, FEST	**152**	3459
NITRO-BROM-BENZENE, FLÜSSIG	**152**	2732
NITRO-CELLULOSE, MISCHUNG mit höchstens 12,6 % Stickstoff in der Trockenmasse, MIT oder OHNE PLASTIFIZIERUNGSMITTEL, MIT oder OHNE PIGMENT	**133**	2557
NITRO-CELLULOSE MIT mindestens 25 Masse-% ALKOHOL und höchstens 12,6 % Stickstoff in der Trockenmasse	**113**	2556
NITRO-CELLULOSE MIT mindestens 25 Masse-% WASSER	**113**	2555
NITRO-CELLULOSE-LÖSUNG, ENTZÜNDBAR	**127**	2059
3-NITRO-4-CHLOR-BENZO-TRI-FLUORID	**152**	2307
NITRO-CRESOLE, FEST	**153**	2446
NITRO-CRESOLE, FLÜSSIG	**153**	3434
NITRO-ETHAN *	**129**	**2842**
NITRO-GLYCERIN, GEMISCH, DESENSIBILISIERT, FEST, N.A.G.[n], mit mehr als 2 Masse-% und höchstens 10 Masse-% Nitro-Glycerin *	**125**	**3319**
NITRO-GLYCERIN, GEMISCH, DESENSIBILISIERT, FLÜSSIG, ENTZÜNDBAR, N.A.G.[n], mit höchstens 30 Masse-% Nitro-glycerin	**113**	3343
NITRO-GLYCERIN, GEMISCH, DESENSIBILISIERT, FLÜSSIG, N.A.G.[n], mit höchstens 30 Masse-% Nitro-glycerin	**113**	3357
NITRO-GLYCERIN, LÖSUNG IN ALKOHOL, mit mehr als 1 %, aber höchstens 5 % Nitro-glycerin *	**127**	**3064**
NITRO-GLYCERIN-LÖSUNG IN ALKOHOL, mit höchstens 1 % Nitro-glycerin *	**127**	**1204**
NITRO-GUANIDIN, ANGEFEUCHTET, mit mindestens 20 Masse-% Wasser	**113**	1336
NITRO-METHAN *	**129**	**1261**
NITRO-NAPHTHALEN	**133**	2538
NITRO-PHENOLE (ortho-, meta-, para)	**153**	1663
4-NITRO-PHENYL-HYDRAZIN, mit mindestens 30 Masse-% Wasser	**113**	3376
NITRO-PROPANE	**129**	2608
NITRO-STÄRKE, ANGEFEUCHTET, mit mindestens 20 Masse-% Wasser	**113**	1337
NITROSYL-CHLORID *	**125**	**1069**
NITROSYL-SCHWEFEL-SÄURE, FEST * [W]	**157X**	***3456***
NITROSYL-SCHWEFEL-SÄURE, FLÜSSIG * [W]	**157X**	***2308***
NITRO-TOLUENE, FEST	**152**	3446
NITRO-TOLUENE, FLÜSSIG	**152**	1664
NITRO-TOLUIDINE (MONO)	**153**	2660
NITRO-XYLENE, FEST	**152**	3447
NITRO-XYLOLE, FLÜSSIG	**152**	1665
N-METHYL-ANILIN *	**153**	**2294**
N-METHYL-BUTYL-AMIN *	**132**	**2945**
N-METHYL-MORPHOLIN *	**132**	**2535**
N,N-DI-ETHYL-ANILIN *	**153**	**2432**
N,N-DI-ETHYL-ETHYLEN-DI-AMIN	**132**	2685
N,N-DI-METHYL-ANILIN *	**153**	**2253**
N,N-DI-METHYL-CARBAMOYL-CHLORID *	**156**	**2262**
N,N-DI-METHYL-CYCLO-HEXYL-AMIN *	**132**	**2264**
N,N-DI-METHYL-FORM-AMID *	**129**	**2265**
N,normal-BUTYL-IMID-AZOL	**152**	2690
NONANE	**128**	1920
NONYL-TRI-CHLOR-SILAN * [W]	**156X**	***1799***
NORBORNAN-2,5-DIEN, STABILISIERT	**128P**	2251
normal-AMYLEN *	**128**	**1108**
normal-AMYL-METHYL-KETON *	**127**	**1110**
normal-BUTYL-AMIN *	**132**	**1125**
normal-BUTYL-CHLOR-FORMIAT *	**155**	**2743**
normal-BUTYL-FORMIAT *	**129**	**1128**
normal-BUTYL-ISO-CYANAT *	**155P**	**2485**
normal-BUTYL-METH-ACRYLAT, STABILISIERT *	**130P**	**2227**
normal-DECAN *	**128**	**2247**
normal-HEPT-ALDEHYD	**129**	3056
normal-HEPTEN *	**128**	**2278**
normal-PROPANOL *	**129**	**1274**
normal-PROPYL-ACETAT *	**129**	**1276**

* **Beachte bei Leckage grüne Seiten zur Berechnung bzw. Abschätzung von Absperrungen**
[W] **Absperrungen wegen Atemgiften bei Leckage in Wasser gemäß grünen Seiten durchführen**
[n] nicht anderweitig genannt

Stoffname	Merk-blatt	UN-Nr.
normal-PROPYL-ALKOHOL *	**129**	**1274**
normal-PROPYL-BENZEN *	**128**	**2364**
normal-PROPYL-CHLOR-FORMIAT *	**155**	**2740**
normal-PROPYL-ISO-CYANAT *	**155P**	**2482**
normal-PROPYL-NITRAT *	**128**	**1865**
O		
OCTA-DECYL-TRI-CHLOR-SILAN * W	**156X**	***1800***
OCTA-DIENE	**128P**	2309
OCTA-FLUOR-BUT-2-EN (GAS ALS KÄLTEMITTEL R 1318)	**126**	2422
OCTA-FLUOR-CYCLO-BUTAN (GAS ALS KÄLTEMITTEL RC 318) *	**126**	**1976**
OCTA-FLUOR-PROPAN (GAS ALS KÄLTEMITTEL R 218)	**126**	2424
OCTANE	**128**	1262
OCTYL-ALDEHYDE	**129**	1191
OCTYL-TRI-CHLOR-SILAN * W	**156X**	***1801***
ÖLGAS, VERDICHTET	**119**	1071
ÖL-SAAT-KUCHEN, mit höchstens 1,5 Masse-% Öl und höchstens 11 Masse-% Feuchtigkeit	**135**	2217
ÖLSAATKUCHEN, mit mehr als 1,5 Masse-% Öl und höchstens 11 Masse-% Feuchtigkeit	**135**	1386
ORGANISCHE ARSEN-VERBINDUNG, FEST, N.A.G. n	**151**	3465
ORGANISCHE ARSEN-VERBINDUNG, FLÜSSIG, N.A.G. n *	**151**	**3280**
ORGANISCHE PHOSPHOR-VERBINDUNG, FEST, GIFTIG, N.A.G. n	**151**	3464
ORGANISCHE PHOSPHOR-VERBINDUNG, FLÜSSIG, GIFTIG, N.A.G. n *	**151**	**3278**
ORGANISCHE PHOSPHOR-VERBINDUNG, GIFTIG, ENTZÜNDBAR, N.A.G. n *	**131**	**3279**
ORGANISCHE ZINN-VERBINDUNG, FEST, N.A.G. n	**153**	3146
ORGANISCHE ZINN-VERBINDUNG, FLÜSSIG, N.A.G. n	**153**	2788
ORGANISCHES PER-OXID, TYP B, FEST	**146**	3102
ORGANISCHES PER-OXID, TYP B, FEST, TEMPERATURKONTROLLIERT	**148**	3112
ORGANISCHES PER-OXID, TYP B, FLÜSSIG	**146**	3101
ORGANISCHES PER-OXID, TYP B, FLÜSSIG, TEMPERATURKONTROLLIERT	**148**	3111
ORGANISCHES PER-OXID, TYP C, FEST	**146**	3104
ORGANISCHES PER-OXID, TYP C, FEST, TEMPERATURKONTROLLIERT	**148**	3114
ORGANISCHES PER-OXID, TYP C, FLÜSSIG	**146**	3103
ORGANISCHES PER-OXID, TYP C, FLÜSSIG, TEMPERATURKONTROLLIERT	**148**	3113
ORGANISCHES PER-OXID, TYP D, FEST	**145**	3106
ORGANISCHES PER-OXID, TYP D, FEST, TEMPERATURKONTROLLIERT	**148**	3116
ORGANISCHES PER-OXID, TYP D, FLÜSSIG	**145**	3105
ORGANISCHES PER-OXID, TYP D, FLÜSSIG, TEMPERATURKONTROLLIERT	**148**	3115
ORGANISCHES PER-OXID, TYP E, FEST	**145**	3108
ORGANISCHES PER-OXID, TYP E, FEST, TEMPERATURKONTROLLIERT	**148**	3118
ORGANISCHES PER-OXID, TYP E, FLÜSSIG	**145**	3107
ORGANISCHES PER-OXID, TYP E, FLÜSSIG, TEMPERATURKONTROLLIERT	**148**	3117
ORGANISCHES PER-OXID, TYP F, FEST	**145**	3110
ORGANISCHES PER-OXID, TYP F, FEST, TEMPERATURKONTROLLIERT	**148**	3120
ORGANISCHES PER-OXID, TYP F, FLÜSSIG	**145**	3109
ORGANISCHES PER-OXID, TYP F, FLÜSSIG, TEMPERATURKONTROLLIERT	**148**	3119
ORGANO-CHLOR-PESTIZID, FEST, GIFTIG	**151**	2761
ORGANO-CHLOR-PESTIZID, FLÜSSIG, ENTZÜNDBAR, GIFTIG, Flammpunkt unter 23 °C	**131**	2762
ORGANO-CHLOR-PESTIZID, FLÜSSIG, GIFTIG	**151**	2996
ORGANO-CHLOR-PESTIZID, FLÜSSIG, GIFTIG, ENTZÜNDBAR, mit einem Flammpunkt von 23 °C oder darüber	**131**	2995
ORGANO-PHOSPHOR-PESTIZID, FEST, GIFTIG	**152**	2783
ORGANO-PHOSPHOR-PESTIZID, FLÜSSIG, ENTZÜNDBAR, GIFTIG, Flammpunkt unter als 23 °C	**131**	2784
ORGANO-PHOSPHOR-PESTIZID, FLÜSSIG, GIFTIG	**152**	3018
ORGANO-PHOSPHOR-PESTIZID, FLÜSSIG, GIFTIG, ENTZÜNDBAR, mit einem Flammpunkt von 23 °C oder darüber	**131**	3017
ORGANO-ZINN-PESTIZID, FEST, GIFTIG	**153**	2786
ORGANO-ZINN-PESTIZID, FLÜSSIG, ENTZÜNDBAR, GIFTIG, Flammpunkt unter 23 °C	**131**	2787
ORGANO-ZINN-PESTIZID, FLÜSSIG, GIFTIG	**153**	3020
ORGANO-ZINN-PESTIZID, FLÜSSIG, GIFTIG, ENTZÜNDBAR, mit einem Flammpunkt von 23 °C oder darüber	**131**	3019
ortho-DI-CHLOR-BENZEN *	**152**	**1591**
OSMIUM-TETR-OXID *	**154**	**2471**
OTTO-KRAFTSTOFF	**128**	1203

* **Beachte bei Leckage grüne Seiten zur Berechnung bzw. Abschätzung von Absperrungen**
W **Absperrungen wegen Atemgiften bei Leckage in Wasser gemäß grünen Seiten durchführen**
n nicht anderweitig genannt

Stoffname	Merk-blatt	UN-Nr.
P		
PAPIER, MIT UNGESÄTTIGTEN ÖLEN BEHANDELT, unvollständig getrocknet (auch Kohlepapier)	**133**	1379
PARA-FORM-ALDEHYD *	**133**	**2213**
PAR-ALDEHYD	**129**	1264
para-NITROSO-DI-METHYL-ANILIN	**135**	1369
PARFÜMERIE-ERZEUGNISSE, mit entzündbaren Lösemitteln	**127**	1266
PCB	**171**	3432
PENTA-BORAN *	**135**	**1380**
PENTA-CHLOR-ETHAN *	**151**	**1669**
PENTA-CHLOR-PHENOL *	**154**	**3155**
PENTA-ERYTHRITOL-TETRA-NITRAT, GEMISCH, DESENSIBILISIERT, FEST, N.A.G. n**, mit mehr als 10 Masse-%, aber höchstens 20 Masse-% PETN** *	**113**	**3344**
PENTA-ERYTHRIT-TETRA-NITRAT, GEMISCH, DESENSIBILISIERT, FEST, N.A.G. n**, mit mehr als 10 Masse-%, aber höchstens 20 Masse-% PETN** *	**113**	**3344**
PENTA-FLUOR-ETHAN (GAS ALS KÄLTEMITTEL R 125)	**126**	3220
PENTA-METHYL-HEPTAN	**128**	2286
PENTAN-2,4-DION *	**131**	**2310**
PENTANE, flüssig	**128**	1265
PENTANOLE	**129**	1105
PENT-1-EN *	**128**	**1108**
1-PENTOL	**153P**	2705
PER-CHLORATE, ANORGANISCHE, N.A.G. n	**140**	1481
PER-CHLORATE, ANORGANISCHE, WÄSSRIGE LÖSUNG, N.A.G. n	**140**	3211
PER-CHLOR-METHYL-MERCAPTAN *	**157**	**1670**
PER-CHLOR-SÄURE, mit höchstens 50 Masse-% Säure *	**157**	**1802**
PER-CHLOR-SÄURE, mit mehr als 50 Masse-%, aber höchstens 72 Masse-% Säure *	**143**	**1873**
PER-CHLORYL-FLUORID *	**124**	**3083**
PER-FLUOR (METHYL-FENYL-ETHER)	**115**	3154
PER-FLUOR (ETHYL-VINYL-ETHER)	**115**	3153
PER-MANGANATE, ANORGANISCHE, N.A.G. n	**140**	1482
PER-MANGANATE, ANORGANISCHE, WÄSSRIGE LÖSUNG, N.A.G. n	**140**	3214
PER-OXIDE, ANORGANISCHE, N.A.G. n	**140**	1483
PER-SULFATE, ANORGANISCHE, N.A.G. n	**140**	3215
PER-SULFATE, ANORGANISCHE, WÄSSRIGE LÖSUNG, N.A.G. n	**140**	3216
PESTIZID, FEST, GIFTIG, N.A.G. n	**151**	2588
PESTIZID, FLÜSSIG, ENTZÜNDBAR, GIFTIG, N.A.G. n, Flammpunkt unter 23 °C	**131**	3021
PESTIZID, FLÜSSIG, GIFTIG, ENTZÜNDBAR, N.A.G. n, mit einem Flammpunkt von 23 °C oder darüber	**131**	2903
PESTIZID, FLÜSSIG, GIFTIG, N.A.G. n	**151**	2902
PETN, GEMISCH, DESENSIBILISIERT, FEST, N.A.G. n**, mit mehr als 10 Masse-%, aber höchstens 20 Masse-% PETN** *	**113**	**3344**
PETROLEUM-GASE, VERFLÜSSIGT	**115**	1075
PHALOGENIERTE MONO-METHYL-DI-PHENYL-METHANE, FEST	**171**	3152
PHEN-ACYL-BROMID	**153**	2645
PHENETIDINE	**153**	2311
PHENOL, FEST *	**153**	**1671**
PHENOL, GESCHMOLZEN *	**153**	**2312**
PHENOL, LÖSUNG *	**153**	**2821**
PHENOLATE, FEST	**154**	2905
PHENOLATE, FLÜSSIG	**154**	2904
PHENOL-SULFON-SÄURE, FLÜSSIG *	**153**	**1803**
PHEN-OXY-ESSIG-SÄURE-DERIVAT-PESTIZID, FEST, GIFTIG	**153**	3345
PHEN-OXY-ESSIG-SÄURE-DERIVAT-PESTIZID, FLÜSSIG, ENTZÜNDBAR, GIFTIG, Flammpunkt unter 23 °C	**131**	3346
PHEN-OXY-ESSIG-SÄURE-DERIVAT-PESTIZID, FLÜSSIG, GIFTIG	**153**	3348
PHEN-OXY-ESSIG-SÄURE-DERIVAT-PESTIZID, FLÜSSIG, GIFTIG, ENTZÜNDBAR, mit einem Flammpunkt von 23 °C oder darüber	**131**	3347
PHENYL-ACETO-NITRIL, FLÜSSIG *	**152**	**2470**
PHENYL-ACETYL-CHLORID	**156**	2577
PHENYL-CARBYL-AMIN-CHLORID *	**151**	**1672**
PHENYL-CHLOR-FORMIAT *	**156**	**2746**
PHENYLEN-DI-AMINE (ortho-, meta-, para)	**153**	1673
PHENYL-HARNSTOFF-PESTIZIDE, FLÜSSIG, GIFTIG, N.A.G. n	**151**	3002
PHENYL-HYDRAZIN *	**153**	**2572**
PHENYL-ISO-CYANAT *	**155**	**2487**
PHENYL-MERCAPTAN *	**131**	**2337**
PHENYL-PHOSPHOR-DI-CHLORID	**137**	2798
PHENYL-PHOSPHOR-THIO-DI-CHLORID	**137**	2799
PHENYL-QUECKSILBER-(2)-ACETAT *	**151**	**1674**
PHENYL-QUECKSILBER-(2)-HYDROXID	**151**	1894
PHENYL-QUECKSILBER-(2)-NITRAT	**151**	1895
PHENYL-QUECKSILBER-VERBINDUNG, N.A.G. n	**151**	2026
PHENYL-TRI-CHLOR-SILAN * W	**156X**	***1804***
PHOSGEN *	**125**	**1076**
9-PHOSPHA-BI-CYCLO-NONANE	**135**	2940
PHOSPHIN *	**119**	**2199**

* **Beachte bei Leckage grüne Seiten zur Berechnung bzw. Abschätzung von Absperrungen**
W **Absperrungen wegen Atemgiften bei Leckage in Wasser gemäß grünen Seiten durchführen**
n nicht anderweitig genannt

Stoffname	Merk-blatt	UN-Nr.
PHOSPHIN, ADSORBIERT *	**173**	**3525**
PHOSPHOR, AMORPH *	**133**	**1338**
PHOSPHOR GELB, TROCKEN oder UNTER WASSER oder IN LÖSUNG	**136**	1381
PHOSPHOR, WEISS, GESCHMOLZEN *	**136**	**2447**
PHOSPHOR WEISS, TROCKEN oder UNTER WASSER oder IN LÖSUNG	**136**	1381
PHOSPHOR-HEPTA-SULFID, frei von gelbem und weißem Phosphor	**139**	1339
PHOSPHORIGE SÄURE *	**154**	**2834**
PHOSPHOR-OXY-BROMID	**137**	1939
PHOSPHOR-OXY-BROMID, GESCHMOLZEN	**137**	2576
PHOSPHOR-OXY-CHLORID * [W]	**137X**	***1810***
PHOSPHOR-PENTA-BROMID [W]	**137**	***2691***
PHOSPHOR-PENTA-CHLORID * [W]	**137**	***1806***
PHOSPHOR-PENTA-FLUORID *	**125**	**2198**
PHOSPHOR-PENTA-FLUORID, ADSORBIERT *	**173**	**3524**
PHOSPHOR-PENTA-SULFID, frei von gelbem und weißem Phosphor * [W]	**139**	***1340***
PHOSPHOR-PENT-OXID *	**137**	**1807**
PHOSPHOR-SÄURE, FEST *	**154**	**3453**
PHOSPHOR-SÄURE, LÖSUNG *	**154**	**1805**
PHOSPHOR-SESQUI-SULFID, frei von gelbem und weißem Phosphor	**139**	1341
PHOSPHOR-TRI-BROMID [W]	**137X**	***1808***
PHOSPHOR-TRI-CHLORID * [W]	**137**	***1809***
PHOSPHOR-TRI-OXID *	**157**	**2578**
PHOSPHOR-TRI-SULFID, frei von gelbem und weißem Phosphor	**139**	1343
PHOSPHOR-WASSERSTOFF *	**119**	**2199**
PHOSPHOR-WASSERSTOFF, ADSORBIERT *	**173**	**3525**
PHTHAL-SÄURE-ANHYDRID, mit mehr als 0,05 % Malein-säure-anhydrid	**156**	2214
PICOLINE	**129**	2313
PICRIT, ANGEFEUCHTET, mit mindestens 20 Masse-% Wasser	**113**	1336
PIKRIN-SÄURE, ANGEFEUCHTET, mit mindestens 10 Masse-% Wasser *	**113**	**3364**
PIKRIN-SÄURE, ANGEFEUCHTET, mit mindestens 30 Masse-% Wasser *	**113**	**1344**
PIKRYL-CHLORID, ANGEFEUCHTET, mit mindestens 10 Masse-% Wasser	**113**	3365
PIPERAZIN *	**153**	**2579**
PIPERIDIN *	**132**	**2401**
POLY-AMINE, ENTZÜNDBAR, ÄTZEND, N.A.G. [n]	**132**	2733
POLY-AMINE, FEST, ÄTZEND, N.A.G. [n]	**154**	3259
POLY-AMINE, FLÜSSIG, ÄTZEND, ENTZÜNDBAR, N.A.G. [n]	**132**	2734

Stoffname	Merk-blatt	UN-Nr.
POLY-AMINE, FLÜSSIG, ÄTZEND, N.A.G. [n]	**153**	2735
POLY-CHLORIERTE BI-PHENYLE, FEST	**171**	3432
POLY-CHLORIERTE BI-PHENYLE, FLÜSSIG	**171**	2315
POLY-ESTER-HARZ-MEHRKOMPONENTEN-SYSTEME flüssiges Grundprodukt	**128**	3269
POLY-ESTER-HARZ-MEHRKOMPONENTEN-SYTEME, festes Grundprodukt	**128P**	3527
POLY-HALOGENIERTE BI-PHENYLE, FEST	**171**	3152
POLY-HALOGENIERTE BI-PHENYLE, FLÜSSIG	**171**	3151
POLY-HALOGENIERTE TER-PHENYLE, FEST	**171**	3152
POLY-HALOGENIERTE TER-PHENYLE, FLÜSSIG	**171**	3151
POLYMERISIERENDER STOFF, FEST, STABILISIERT, N.A.G. [n]	**149P**	3531
POLYMERISIERENDER STOFF, FEST, TEMPERATURKONTROLLIERT, N.A.G. [n]	**150P**	3533
POLYMERISIERENDER STOFF, FLÜSSIG, STABILISIERT, N.A.G. [n]	**149P**	3532
POLYMERISIERENDER STOFF, FLÜSSIG, TEMPERATURKONTROLLIERT, N.A.G. [n]	**150P**	3534
PROPADIEN, STABILISIERT *	**116P**	**2200**
PROPAN *	**115**	**1978**
PROPAN-THIOLE *	**130**	**2402**
PROPEN *	**115**	**1077**
PROPION-ALDEHYD *	**129P**	**1275**
PROPIO-NITRIL *	**131**	**2404**
PROPION-SÄURE, mit mindestens 10 % und weniger als 90 Masse-% Säure *	**153**	**1848**
PROPIONSÄURE, mit mindestens 90 Masse-% Säure *	**153**	**3463**
PROPION-SÄURE-ANHYDRID *	**156**	**2496**
PROPIONYL-CHLORID * [W]	**155**	***1815***
PROPYL-AMIN *	**132**	**1277**
1,2-PROPYLEN-DI-AMIN *	**132**	**2258**
PROPYLEN-IMIN, STABILISIERT *	**131P**	**1921**
PROPYLEN-OXID *	**127P**	**1280**
PROPYLEN-TETRA-MER	**128**	2850
PROPYL-ETHYLEN *	**128**	**1108**
PROPYL-FORMIATE	**129**	1281
PROPYL-TRI-CHLOR-SILAN * [W]	**155X**	***1816***
PYRETHROID-PESTID, FEST, GIFTIG	**151**	3349
PYRETHROID-PESTID, FLÜSSIG, ENTZÜNDBAR, GIFTIG, Flammpunkt unter 23 °C	**131**	3350
PYRETHROID-PESTID, FLÜSSIG, GIFTIG *	**151**	**3352**
PYRETHROID-PESTID, FLÜSSIG, GIFTIG, ENTZÜNDBAR, mit einem Flammpunkt von 23 °C oder darüber	**131**	3351
PYRIDIN *	**129**	**1282**
PYROPHORE LEGIERUNG, N.A.G. [n]	**135**	1383

* **Beachte bei Leckage grüne Seiten zur Berechnung bzw. Abschätzung von Absperrungen**
[W] **Absperrungen wegen Atemgiften bei Leckage in Wasser gemäß grünen Seiten durchführen**
[n] nicht anderweitig genannt

Stoffname	Merk-blatt	UN-Nr.
PYROPHORER ANORGANISCHER FESTER STOFF, N.A.G. [n]	**135**	3200
PYROPHORER ANORGANISCHER FLÜSSIGER STOFF, N.A.G. [n]	**135**	3194
PYROPHORER METALLORGANISCHER FESTER STOFF	**135**	3391
PYROPHORER METALLORGANISCHER FESTER STOFF, MIT WASSER REAGIEREND	**135X**	3393
PYROPHORER METALLORGANISCHER FLÜSSIGER STOFF	**135**	3392
PYROPHORER METALLORGANISCHER FLÜSSIGER STOFF, MIT WASSER REAGIEREND	**135X**	3394
PYROPHORER ORGANISCHER FESTER STOFF, N.A.G. [n]	**135**	2846
PYROPHORER ORGANISCHER FLÜSSIGER STOFF, N.A.G. [n] *	**135**	**2845**
PYROPHORES METALL, N.A.G. [n]	**135**	1383
PYRO-SULFURYL-CHLORID	**137X**	1817
PYRROLIDIN *	**132**	**1922**

Q

Stoffname	Merk-blatt	UN-Nr.
QUECKSILBER *	**172**	**2809**
QUECKSILBER IN HERGESTELLTEN GEGENSTÄNDEN	**172**	3506
QUECKSILBER-ACETAT *	**151**	**1629**
QUECKSILBER-(2)-AMMONIUM-CHLORID	**151**	1630
QUECKSILBER-(2)-ARSENAT	**151**	1623
QUECKSILBER-(2)-BENZOAT	**154**	1631
QUECKSILBER-BROMIDE	**154**	1634
QUECKSILBER-(2)-CHLORID *	**154**	**1624**
QUECKSILBER-CYANID *	**154**	**1636**
QUECKSILBER-GLUCONAT	**151**	1637
QUECKSILBERHALTIGES PESTIZID, FEST, GIFTIG	**151**	2777
QUECKSILBERHALTIGES PESTIZID, FLÜSSIG, ENTZÜNDBAR, GIFTIG, Flammpunkt unter 23 °C	**131**	2778
QUECKSILBER-HALTIGES PESTIZID, FLÜSSIG, GIFTIG	**151**	3012
QUECKSILBER-HALTIGES PESTIZID, FLÜSSIG, GIFTIG, ENTZÜNDBAR, mit einem Flammpunkt von 23 °C oder darüber	**131**	3011
QUECKSILBER-IODID *	**151**	**1638**
QUECKSILBER-(1)-NITRAT *	**141**	**1627**
QUECKSILBER-(2)-NITRAT	**141**	1625
QUECKSILBER-NUCLEAT *	**151**	**1639**
QUECKSILBER-OLEAT	**151**	1640
QUECKSILBER-OXID *	**151**	**1641**
QUECKSILBER-OXY-CYANID, DESENSIBILISIERT	**151**	1642
QUECKSILBER-SALICYLAT	**151**	1644
QUECKSILBER-SULFAT *	**151**	**1645**
QUECKSILBER-THIO-CYANAT *	**151**	**1646**
QUECKSILBER-VERBINDUNG, FEST, N.A.G. [n]	**151**	2025
QUECKSILBER-VERBINDUNG, FLÜSSIG, N.A.G. [n]	**151**	2024

R

Stoffname	Merk-blatt	UN-Nr.
RADIOAKTIVE STOFFE, FREIGESTELLTES VERSANDSTÜCK – BEGRENZTE STOFFMENGE	**161**	2910
RADIOAKTIVE STOFFE, FREIGESTELLTES VERSANDSTÜCK – FABRIKATE AUS NATÜRLICHEM URAN oder AUS ABGEREICHERTEM URAN oder AUS NATÜRLICHEM THORIUM	**161**	2909
RADIOAKTIVE STOFFE, FREIGESTELLTES VERSANDSTÜCK – INSTRUMENTE oder FABRIKATE	**161**	2911
RADIOAKTIVE STOFFE, FREIGESTELLTES VERSANDSTÜCK – LEERE VERPACKERUNG	**161**	2908
RADIOAKTIVE STOFFE MIT GERINGER SPEZIFISCHER AKTIVITÄT (LSA-I), nicht spaltbar oder spaltbar, freigestellt	**162**	2912
RADIOAKTIVE STOFFE MIT GERINGER SPEZIFISCHER AKTIVITÄT (LSA-II), nicht spaltbar oder spaltbar, freigestellt	**162**	3321
RADIOAKTIVE STOFFE MIT GERINGER SPEZIFISCHER AKTIVITÄT (LSA-II), SPALTBAR	**165**	3324
RADIOAKTIVE STOFFE MIT GERINGER SPEZIFISCHER AKTIVITÄT (LSA-III), nicht spaltbar oder spaltbar, freigestellt	**162**	3322
RADIOAKTIVE STOFFE MIT GERINGER SPEZIFISCHER AKTIVITÄT (LSA-III), SPALTBAR	**165**	3325
RADIOAKTIVE STOFFE, OBERFLÄCHENKONTAMINIERTE GEGENSTÄNDE (SCO-I oder SCO-II), SPALTBAR	**165**	3326
RADIOAKTIVE STOFFE, OBERFLÄCHENKONTAMINIERTE GEGENSTÄNDE (SCO-I, SCO-II oder SCO-III), nicht spaltbar oder spaltbar, freigestellt	**162**	2913
RADIOAKTIVE STOFFE, TYP A-VERSANDSTÜCK, IN BESONDERER FORM, nicht spaltbar oder spaltbar, freigestellt	**164**	3332
RADIOAKTIVE STOFFE, TYP A-VERSANDSTÜCK, IN BESONDERER FORM, SPALTBAR	**165**	3333

* **Beachte bei Leckage grüne Seiten zur Berechnung bzw. Abschätzung von Absperrungen**

[n] nicht anderweitig genannt

S

* **Beachte bei Leckage grüne Seiten zur Berechnung bzw. Abschätzung von Absperrungen**
[W] **Absperrungen wegen Atemgiften bei Leckage in Wasser gemäß grünen Seiten durchführen**
[n] nicht anderweitig genannt

Stoffname	Merkblatt	UN-Nr.
SELBST-ERHITZUNGSFÄHIGER METALLORGANISCHER FESTER STOFF	**138**	3400
SELBST-ERHITZUNGSFÄHIGER ORANISCHER FLÜSSIGER STOFF, ÄTZEND, N.A.G. [n]	**136**	3185
SELBST-ERHITZUNGSFÄHIGER ORANISCHER FLÜSSIGER STOFF, GIFTIG, N.A.G. [n]	**136**	3184
SELBST-ERHITZUNGSFÄHIGER ORANISCHER FLÜSSIGER STOFF, N.A.G. [n]	**135**	3183
SELBST-ERHITZUNGSFÄHIGER ORGANISCHER FESTER STOFF, ÄTZEND, N.A.G. [n]	**136**	3126
SELBST-ERHITZUNGSFÄHIGER ORGANISCHER FESTER STOFF, GIFTIG, N.A.G. [n]	**136**	3128
SELBST-ERHITZUNGSFÄHIGER ORGANISCHER FESTER STOFF, N.A.G. [n]	**135**	3088
SELBSTERHITZUNGSFÄHIGES METALL-PULVER, N.A.G. [n]	**135**	3189
SELBST-ZERSETZLICHER STOFF TYP B, FEST	**149**	3222
SELBST-ZERSETZLICHER STOFF TYP B, FEST, TEMPERATURKONTROLLIERT	**150**	3232
SELBST-ZERSETZLICHER STOFF TYP B, FLÜSSIG	**149**	3221
SELBST-ZERSETZLICHER STOFF TYP B, FLÜSSIG, TEMPERATURKONTROLLIERT	**150**	3231
SELBST-ZERSETZLICHER STOFF TYP C, FEST	**149**	3224
SELBST-ZERSETZLICHER STOFF TYP C, FEST, TEMPERATURKONTROLLIERT	**150**	3234
SELBST-ZERSETZLICHER STOFF TYP C, FLÜSSIG	**149**	3223
SELBST-ZERSETZLICHER STOFF TYP C, FLÜSSIG, TEMPERATURKONTROLLIERT	**150**	3233
SELBST-ZERSETZLICHER STOFF TYP D, FEST	**149**	3226
SELBST-ZERSETZLICHER STOFF TYP D, FEST, TEMPERATURKONTROLLIERT	**150**	3236
SELBST-ZERSETZLICHER STOFF TYP D, FLÜSSIG	**149**	3225
SELBST-ZERSETZLICHER STOFF TYP D, FLÜSSIG, TEMPERATURKONTROLLIERT	**150**	3235
SELBST-ZERSETZLICHER STOFF TYP E, FEST	**149**	3228
SELBST-ZERSETZLICHER STOFF TYP E, FEST, TEMPERATURKONTROLLIERT	**150**	3238
SELBST-ZERSETZLICHER STOFF TYP E, FLÜSSIG	**149**	3227
SELBST-ZERSETZLICHER STOFF TYP E, FLÜSSIG, TEMPERATURKONTROLLIERT	**150**	3237
SELBST-ZERSETZLICHER STOFF TYP F, FEST	**149**	3230
SELBST-ZERSETZLICHER STOFF TYP F, FEST, TEMPERATURKONTROLLIERT	**150**	3240
SELBST-ZERSETZLICHER STOFF TYP F, FLÜSSIG	**149**	3229
SELBST-ZERSETZLICHER STOFF TYP F, FLÜSSIG, TEMPERATURKONTROLLIERT	**150**	3239

Stoffname	Merkblatt	UN-Nr.
SELENATE	**151**	2630
SELEN-DI-SULFID *	**153**	**2657**
SELEN-HEXA-FLUORID *	**125**	**2194**
SELENITE	**151**	2630
SELEN-OXY-CHLORID *	**157X**	**2879**
SELEN-SÄURE	**154**	1905
SELEN-VERBINDUNG, FEST, N.A.G. [n]	**151**	3283
SELEN-VERBINDUNG, FLÜSSIG, N.A.G. [n]	**151**	3440
SELEN-WASSERSTOFF, ADSORBIERT *	**173**	**3526**
SELEN-WASSERSTOFF, WASSERFREI *	**117**	**2202**
SICHERHEITSEINRICHTUNGEN (Airbag, Gurtstraffer) elektrische Auslösung	**171**	3268
SICHERHEITSZÜNDHÖLZER, (Heftchen, Kärtchen oder Schachteln mit Reibfläche)	**133**	1944
SILAN *	**116**	**2203**
SILBER-ARSENIT	**151**	1683
SILBER-CYANID *	**151**	**1684**
SILBER-NITRAT *	**140**	**1493**
SILBER-PIKRAT, ANGEFEUCHTET, mit mindestens 30 Masse-% Wasser	**113**	1347
SILICIUM-TETRA-FLUORID, ADSORBIERT *	**173**	**3521**
SILICIUM-WASSERSTOFF *	**116**	**2203**
SILIZIUM-PULVER, AMORPH *	**170**	**1346**
SILIZIUM-TETRA-CHLORID * [W]	**157X**	***1818***
SILIZIUM-TETRA-FLUORID *	**125**	**1859**
STADTGAS, VERDICHTET	**119**	1023
STEINKOHLEN-TEER-DESTILLATE, ENTZÜNDBAR	**128**	1136
STIBIN *	**119**	**2676**
STICKSTOFF, TIEFGEKÜHLT, FLÜSSIG *	**120**	**1977**
STICKSTOFF, VERDICHTET	**120**	1066
STICKSTOFF-DI-OXID *	**124**	**1067**
STICKSTOFF-MON-OXID UND DI-STICKSTOFF-TETR-OXID, GEMISCH *	**124**	**1975**
STICKSTOFF-MON-OXID UND STICKSTOFF-DI-OXID, GEMISCH *	**124**	**1975**
STICKSTOFF-MON-OXID, VERDICHTET *	**124**	**1660**
STICKSTOFF-OXID, VERDICHTET *	**124**	**1660**
STICKSTOFF-TRI-FLUORID *	**122**	**2451**
STOFF ZUR HERSTELLUNG VON TRÄNENGASEN, FEST, N.A.G. [n]	**159**	3448
STOFFE ZUR HERSTELLUNG VON TRÄNENGASEN, FLÜSSIG, N.A.G. [n]	**159**	1693
STROH, feucht, mit Öl verunreinigt	**133**	1327
STRONTIUM-ARSENIT	**151**	1691
STRONTIUM-CHLORAT	**143**	1506
STRONTIUM-NITRAT *	**140**	**1507**
STRONTIUM-PER-CHLORAT	**140**	1508
STRONTIUM-PER-OXID	**143**	1509

* **Beachte bei Leckage grüne Seiten zur Berechnung bzw. Abschätzung von Absperrungen**
W **Absperrungen wegen Atemgiften bei Leckage in Wasser gemäß grünen Seiten durchführen**
n nicht anderweitig genannt

Stoffname	Merk-blatt	UN-Nr.
STRONTIUM-PHOSPHID [W]	**139**	***2013***
STRYCHNIN *	**151**	**1692**
STRYCHNIN-SALZE *	**151**	**1692**
STURMZÜNDHÖLZER	**133**	2254
STYREN-MONOMER, STABILISIERT *	**128P**	**2055**
SUBSTITUIERTES NITRO-PHENOL-PESTIZID, FEST, GIFTIG	**153**	2779
SUBSTITUIERTES NITRO-PHENOL-PESTIZID, FLÜSSIG, GIFTIG	**153**	3014
SUBSTITUIERTES NITRO-PHENOL-PESTIZID, FLÜSSIG, GIFTIG, ENTZÜNDBAR, mit einem Flammpunkt von 23 °C oder darüber	**131**	3013
SUBSTITUIERTES NITRO-PHENOL-PESTIZIDE, FLÜSSIG, ENTZÜNDBAR, GIFTIG, Flammpunkt unter als 23 °C	**131**	2780
SULF-AMIN-SÄURE *	**154**	**2967**
SULFIDE, N.A.G. [n]	**135**	3088
SULFURYL-CHLORID * [W]	**137X**	***1834***
SULFURYL-FLUORID *	**123**	**2191**
T		
TDI *	**156**	**2078**
TEERE, FLÜSSIG, einschließlich Straßenöle und Cutback-Bitumen	**130**	1999
TELLUR-HEXA-FLUORID *	**125**	**2195**
TELLUR-VERBINDUNG, N.A.G. [n]	**151**	3284
TERPEN-KOHLEN-WASSERSTOFFE, N.A.G. [n]	**128**	2319
TERPENTIN *	**128**	**1299**
TERPENTIN-ÖL-ERSATZ	**128**	1300
TERPINOLEN	**128**	2541
tertiär-BUTYL-CYCLO-HEXYL-CHLOR-FORMIAT	**156**	2747
tertiär-BUTYL-HYPO-CHLORIT	**135**	3255
tertiär-BUTYL-ISO-CYANAT *	**155**	**2484**
5-tertiär-BUTYL-2,4,6-TRI-NITRO-meta-XYLEN	**149**	2956
TETRA-BROM-ETHAN *	**159**	**2504**
TETRA-BROM-KOHLENSTOFF	**151**	2516
1,1,2,2-TETRA-CHLOR-ETHAN *	**151**	**1702**
TETRA-CHLOR-ETHYLEN *	**160**	**1897**
TETRA-CHLOR-KOHLENSTOFF *	**151**	**1846**
TETRA-ETHYL-DI-THIO-PYRO-PHOSPHAT *	**153**	**1704**
TETRA-ETHYLEN-PENT-AMIN *	**153**	**2320**
TETRA-ETHYL-SILIKAT *	**129**	**1292**
1,1,1,2-TETRA-FLUOR-ETHAN (GAS ALS KÄLTEMITTEL R 134a) *	**126**	**3159**
TETRA-FLUOR-ETHYLEN, STABILISIERT *	**116P**	**1081**
TETRA-FLUOR-METHAN (GAS ALS KÄLTEMITTEL R 14) *	**126**	**1982**
1,2,3,6-TETRA-HYDRO-BENZ-ALDEHYD	**129**	2498
TETRA-HYDRO-FURAN *	**127**	**2056**
TETRA-HYDRO-FURFURYL-AMIN	**129**	2943
TETRA-HYDRO-PHTHAL-SÄURE-ANHYDRIDE, mit mehr als 0,05 % Malein-säure-anhydrid	**156**	2698
1,2,3,6-TETRA-HYDRO-PYRIDIN *	**129**	**2410**
TETRA-HYDRO-THIOPHEN	**130**	2412
TETRA-METHYL-AMMONIUM-HYDROXID, FEST *	**153**	**3423**
TETRA-METHYL-AMMONIUM-HYDROXID, WÄSSERIGE LÖSUNG *	**153**	**1835**
TETRA-METHYL-AMMONIUM-HYDROXID, WÄSSERIGE LÖSUNG, mit mindestens 25 % Tetra-methyl-ammonium-hydroxid *	**153**	**3560**
TETRA-METHYL-BLEI	**131**	3483
TETRA-METHYL-SILAN *	**130**	**2749**
TETRA-NITRO-METHAN *	**143**	**1510**
TETRA-PROPYLEN	**128**	2850
TETRA-PROPYL-ORTHO-TITANAT *	**128**	**2413**
Textilabfälle, nass	**133**	1857
THALLIUM-CHLORAT	**141**	2573
THALLIUM-NITRAT *	**141**	**2727**
THALLIUM-VERBINDUNG, N.A.G. [n]	**151**	1707
THIO-CARBAMAT-PESTIZID, FEST, GIFTIG	**151**	2771
THIO-CARBAMAT-PESTIZID, FLÜSSIG, ENTZÜNDBAR, GIFTIG, Flammpunkt unter 23 °C	**131**	2772
THIO-CARBAMAT-PESTIZIDE, FLÜSSIG, GIFTIG	**151**	3006
THIO-CARBAMAT-PESTIZIDE, FLÜSSIG, GIFTIG, ENTZÜNDBAR, mit einem Flammpunkt von 23 °C oder darüber	**131**	3005
THIO-ESSIG-SÄURE *	**129**	**2436**
THIO-GLYCOL *	**153**	**2966**
THIO-GLYCOL-SÄURE *	**153**	**1940**
THIO-HARNSTOFF-DI-OXID	**135**	3341
THIO-MILCH-SÄURE	**153**	2936
THIONYL-CHLORID * [W]	**137X**	***1836***
4-THIO-PENTANAL	**152**	2785
THIOPHEN	**130**	2414
THIO-PHOSGEN *	**156**	**2474**
THIO-PHOSPHORYL-CHLORID *	**157X**	**1837**
TINKTUREN, MEDIZINISCHE	**127**	1293
TITAN-DI-SULFID	**135**	3174
TITAN-HYDRID *	**170**	**1871**
TITAN-PULVER, ANGEFEUCHTET, mit mindestens 25 % Wasser *	**170**	**1352**
TITAN-PULVER, TROCKEN *	**135**	**2546**
TITAN-SCHWAMM-GRANULATE *	**170**	**2878**
TITAN-SCHWAMM-PULVER *	**170**	**2878**

*** Beachte bei Leckage grüne Seiten zur Berechnung bzw. Abschätzung von Absperrungen**
W Absperrungen wegen Atemgiften bei Leckage in Wasser gemäß grünen Seiten durchführen
n nicht anderweitig genannt

Stoffname	Merk-blatt	UN-Nr.
TITAN-TETRA-CHLORID * [W]	**137X**	***1838***
TITAN-TRI-CHLORID, GEMISCH *	**157**	**2869**
TITAN-TRI-CHLORID, PYROPHOR *	**135**	**2441**
TITAN-TRI-CHLORID-MISCHUNGEN, PYROPHOR *	**135**	**2441**
TNT, ANGEFEUCHTET, mit mindestens 10 Masse-% Wasser *	**113**	**3366**
TNT, ANGEFEUCHTET, mit mindestens 30 Masse-% Wasser *	**113**	**1356**
TOLUEN *	**130**	**1294**
TOLUIDINE, FEST *	**153**	**3451**
TOLUIDINE, FLÜSSIG	**153**	1708
TOLUOLEN-DI-ISO-CYANAT *	**156**	**2078**
2,4-TOLUYLEN-DI-AMIN, FEST	**151**	1709
2,4-TOLUYLEN-DI-AMIN, LÖSUNG *	**151**	**3418**
TOXINE, GEWONNEN AUS LEBENDEN ORGANISMEN, FEST, N.A.G. [n]	**152**	3462
TOXINE, GEWONNEN AUS LEBENDEN ORGANISMEN, FLÜSSIG, N.A.G. [n]	**152**	3172
TRÄNENGAS-KERZEN	**159**	1700
TRI-ALLYL-AMIN	**132**	2610
TRI-ALLYL-BORAT	**156**	2609
TRIAZIN-PESTIZID, FEST, GIFTIG	**151**	2763
TRIAZIN-PESTIZID, FLÜSSIG, ENTZÜNDBAR, GIFTIG, Flammpunkt unter 23 °C	**131**	2764
TRIAZIN-PESTIZID, FLÜSSIG, GIFTIG	**151**	2998
TRIAZIN-PESTIZID, FLÜSSIG, GIFTIG, ENTZÜNDBAR, mit einem Flammpunkt von 23 °C oder darüber	**131**	2997
TRI-BUTYL-AMIN *	**153**	**2542**
TRI-BUTYL-PHOSPHAN *	**135**	**3254**
TRI-CHLOR-ACETYL-CHLORID *	**156X**	**2442**
TRI-CHLOR-BENZENE, FLÜSSIG *	**153**	**2321**
TRI-CHLOR-BUTEN	**152**	2322
TRI-CHLOR-ESSIG-SÄURE *	**153**	**1839**
TRI-CHLOR-ESSIG-SÄURE, LÖSUNG *	**153**	**2564**
1,1,1-TRI-CHLOR-ETHAN *	**160**	**2831**
TRI-CHLOR-ETHYLEN *	**160**	**1710**
TRI-CHLOR-ISO-CYANUR-SÄURE, TROCKEN *	**140**	**2468**
TRI-CHLOR-SILAN * [W]	**139X**	***1295***
TRI-CRESYL-PHOSPHAT, mit mehr als 3 % ortho-Isomer	**151**	2574
TRI-ETHYL-AMIN *	**132**	**1296**
TRI-ETHYL-BORAT	**129**	1176
TRI-ETHYLEN-TETR-AMIN *	**153**	**2259**
TRI-ETHYL-PHOSPHIT *	**130**	**2323**
TRI-FLUOR-ACETYL-CHLORID *	**125**	**3057**
TRI-FLUOR-ESSIG-SÄURE *	**154**	**2699**

Stoffname	Merk-blatt	UN-Nr.
1,1,1-TRI-FLUOR-ETHAN (GAS ALS KÄLTEMITTEL R 143a)	**115**	2035
2-TRI-FLUORID-METHYL-ANILIN	**153**	2942
TRI-FLUOR-METHAN (GAS ALS KÄLTEMITTEL R 23) *	**126**	**1984**
TRI-FLUOR-METHAN, TIEFGEKÜHLT, FLÜSSIG *	**120**	**3136**
3-TRI-FLUOR-METHYL-ANILIN *	**153**	**2948**
TRI-FLUOR-METHYL-TETRAZOL-NATRIUM-SALZ IN ACETON, mit mindestens 68 Masse-% Aceton	**113**	3555
TRI-ISO-BUTYLEN	**128**	2324
TRI-ISO-PROPYL-BORAT	**129**	2616
TRI-METHYL-ACETYL-CHLORID *	**131**	**2438**
TRI-METHYL-AMIN, WASSERFREI *	**118**	**1083**
TRI-METHYL-AMIN, WÄSSERIGE LÖSUNG, mit höchstens 50 Masse-% Tri-methyl-amin *	**132**	**1297**
1,3,5-TRI-METHYL-BENZEN *	**129**	**2325**
TRI-METHYL-BORAT *	**129**	**2416**
TRI-METHYL-CHLOR-SILAN * [W]	**155X**	***1298***
TRI-METHYL-CYCLO-HEXYL-AMIN	**153**	2326
TRI-METHYL-HEXA-METHYLEN-DI-AMINE	**153**	2327
TRI-METHYL-HEXA-METHYLEN-DI-ISO-CYANAT (und isomere Gemische)	**156**	2328
TRI-METHYL-PHOSPHIT *	**130**	**2329**
TRI-NITRO-BENZEN, ANGEFEUCHTET, mit mindestens 10 Masse-% Wasser *	**113**	**3367**
TRI-NITRO-BENZEN, ANGEFEUCHTET, mit mindestens 30 Masse-% Wasser *	**113**	**1354**
TRI-NITRO-BENZOE-SÄURE, ANGEFEUCHTET, mit mindestens 10 Masse-% Wasser	**113**	3368
TRI-NITRO-BENZOE-SÄURE, ANGEFEUCHTET, mit mindestens 30 Masse-% Wasser	**113**	1355
TRI-NITRO-CHLOR-BENZEN, angefeuchtet mit mindestens 10 Masse-% Wasser	**113**	3365
TRI-NITRO-PHENOL, ANGEFEUCHTET, mit mindestens 10 Masse-% Wasser *	**113**	**3364**
TRI-NITRO-PHENOL, ANGEFEUCHTET, mit mindestens 30 Masse-% Wasser *	**113**	**1344**
TRI-NITRO-TOLUEN, ANGEFEUCHTET, mit mindestens 10 Masse-% Wasser *	**113**	**3366**
TRI-NITRO-TOLUOL, ANGEFEUCHTET, mit mindestens 30 Masse-% Wasser *	**113**	**1356**
TRI-PROPYL-AMIN *	**132**	**2260**
TRI-PROPYLEN	**128**	2057
TRIS-(1-AZIRIDINYL)-PHOSPHIN-OXID, LÖSUNG	**152**	2501
Trockeneis *	**120**	**1845**

* **Beachte bei Leckage grüne Seiten zur Berechnung bzw. Abschätzung von Absperrungen**
W **Absperrungen wegen Atemgiften bei Leckage in Wasser gemäß grünen Seiten durchführen**
n nicht anderweitig genannt

Stoffname	Merk-blatt	UN-Nr.
U		
UMWELTGEFÄHRDENDER STOFF, FEST, N.A.G.[n]	**171**	3077
UMWELTGEFÄHRDENDER STOFF, FLÜSSIG, N.A.G.[n]	**171**	3082
UNDECAN *	**128**	**2330**
UNTER DIE VORSCHRIFTEN FALLENDER MEDIZINISCHER ABFALL, N.A.G.[n], in tiefgekühlt verflüssigtem Stickstoff	**158**	3291
URAN-HEXA-FLUORID, RADIOAKTIVE STOFFE, FREIGESTELLTES VERSANDSTÜCK, mit weniger als 0,1 kg je Versandstück, nicht spaltbar oder spaltbar, freigestellt *[W]	**166**	***3507***
V		
VALER-ALDEHYD	**129**	2058
VALERYL-CHLORID	**132**	2502
VANADIUM-OXY-TRI-CHLORID *	**137**	**2443**
VANADIUM-PENT-OXID, nicht geschmolzen *	**151**	**2862**
VANADIUM-TETRA-CHLORID *	**137X**	**2444**
VANADIUM-TRI-CHLORID	**157**	2475
VANADIUM-VERBINDUNG, N.A.G.[n]	**151**	3285
VANADYL-SULFAT	**151**	2931
VERBRENNUNGSMASCHINE	**171**	3530
VERBRENNUNGSMASCHINE MIT ANTRIEB DURCH ENTZÜNDBARE FLÜSSIGKEIT	**128**	3528
VERBRENNUNGSMASCHINE MIT ANTRIEB DURCH ENTZÜNDBARES GAS	**115**	3529
VERBRENNUNGSMOTOR	**171**	3530
VERBRENNUNGSMOTOR MIT ANTRIEB DURCH ENTZÜNBARES GAS	**115**	3529
VERBRENNUNGSMOTOR MIT ANTRIEB DURCH ENTZÜNDBARE FLÜSSIGKEIT	**128**	3528
VERDICHTETES GAS, ENTZÜNDBAR, N.A.G.[n]	**115**	1954
VERDICHTETES GAS, GIFTIG, ÄTZEND, N.A.G.[n] *	**125**	**3304**
VERDICHTETES GAS, GIFTIG, ENTZÜNDBAR, ÄTZEND, N.A.G.[n] *	**119**	**3305**
VERDICHTETES GAS, GIFTIG, ENTZÜNDBAR, N.A.G.[n] *	**119**	**1953**
VERDICHTETES GAS, GIFTIG, N.A.G.[n] *	**123**	**1955**
VERDICHTETES GAS, GIFTIG, OXIDIEREND, ÄTZEND, N.A.G.[n] *	**124**	**3306**
VERDICHTETES GAS, GIFTIG, OXIDIEREND, N.A.G.[n] *	**124**	**3303**
VERDICHTETES GAS, N.A.G.[n]	**126**	1956
VERDICHTETES GAS, OXIDIEREND, N.A.G.[n]	**122**	3156

Stoffname	Merk-blatt	UN-Nr.
VERFLÜSSIGTE GASE, nicht entzündbar, überlagert mit Stickstoff, Kohlendioxid oder Luft	**120**	1058
VERFLÜSSIGTES GAS, ENTZÜNDBAR, N.A.G.[n]	**115**	3161
VERFLÜSSIGTES GAS, GIFTIG, ÄTZEND, N.A.G.[n] *	**125**	**3308**
VERFLÜSSIGTES GAS, GIFTIG, ENTZÜNDBAR, ÄTZEND, N.A.G.[n] *	**119**	**3309**
VERFLÜSSIGTES GAS, GIFTIG, ENTZÜNDBAR, N.A.G.[n] *	**119**	**3160**
VERFLÜSSIGTES GAS, GIFTIG, N.A.G.[n] *	**123**	**3162**
VERFLÜSSIGTES GAS, GIFTIG, OXIDIEREND, ÄTZEND, N.A.G.[n] *	**124**	**3310**
VERFLÜSSIGTES GAS, GIFTIG, OXIDIEREND, N.A.G.[n] *	**124**	**3307**
VERFLÜSSIGTES GAS, N.A.G.[n]	**126**	3163
VERFLÜSSIGTES GAS, OXIDIEREND, N.A.G.[n]	**122**	3157
VINYL-ACETAT, STABILISIERT *	**129P**	**1301**
VINYL-BROMID, STABILISIERT *	**116P**	**1085**
VINYL-BUTYRAT, STABILISIERT	**129P**	2838
VINYL-CHLOR-ACETAT	**155**	2589
VINYL-CHLORID, STABILISIERT *	**116P**	**1086**
VINYL-ETHYL-ETHER, STABILISIERT *	**127P**	**1302**
VINYL-FLUORID, STABILISIERT *	**116P**	**1860**
VINYLIDEN-CHLORID, STABILISIERT *	**130P**	**1303**
VINYL-ISO-BUTYL-ETHER, STABILISIERT	**127P**	1304
VINYL-METHYL-ETHER, STABILISIERT	**116P**	1087
VINYL-PYRIDINE, STABILISIERT	**131P**	3073
VINYL-TOLUENE, STABILISIERT	**130P**	2618
VINYL-TRI-CHLOR-SILAN *[W]	**155P**	***1305***
W		
WACHS-ZÜNDHÖLZER	**133**	1945
WASSERSTOFF IN EINEM METALL-HYDRID-SPEICHERSYSTEM *	**115**	**3468**
WASSERSTOFF IN EINEM METALL-HYDRID-SPEICHERSYSTEM IN AUSRÜSTUNGEN *	**115**	**3468**
WASSERSTOFF IN EINEM METALL-HYDRID-SPEICHERSYSTEM, MIT AUSRÜSTUNGEN VERPACKT *	**115**	**3468**
WASSERSTOFF, TIEFGEKÜHLT, FLÜSSIG *	**115**	**1966**
WASSERSTOFF UND METHAN, GEMISCH, VERDICHTET	**115**	2034
WASSERSTOFF, VERDICHTET *	**115**	**1049**
WASSERSTOFF-PER-OXID, STABILISIERT *	**143**	**2015**
WASSERSTOFF-PER-OXID UND PER-ESSIG-SÄURE, MISCHUNG, mit Säure(n), Wasser und höchstens 5 % Per-essig-säure, STABILISIERT	**140**	3149

* **Beachte bei Leckage grüne Seiten zur Berechnung bzw. Abschätzung von Absperrungen**
[W] **Absperrungen wegen Atemgiften bei Leckage in Wasser gemäß grünen Seiten durchführen**
[n] nicht anderweitig genannt

Stoffname	Merk-blatt	UN-Nr.
WASSERSTOFF-PER-OXID, WÄSSRIGE LÖSUNG *	**140**	**2014**
WASSERSTOFF-PER-OXID, WÄSSRIGE LÖSUNG, mit mindestens 8 %, aber weniger als 20 % Wasserstoff-per-oxid (Stabilisierung nach Bedarf) *	**140**	**2984**
WASSERSTOFF-PER-OXID, WÄSSRIGE LÖSUNG, STABILISIERT *	**143**	**2015**
WOLFRAM-HEXA-FLUORID *	**125**	**2196**
Wollabfälle nass	**133**	1387

X

Stoffname	Merk-blatt	UN-Nr.
XANTHATE	**135**	3342
XENON *	**120**	**2036**
XENON, TIEFGEKÜHLT, FLÜSSIG *	**120**	**2591**
XYLENE	**130**	1307
XYLEN-MOSCHUS	**149**	2956
XYLENOLE, FEST	**153**	2261
XYLENOLE, FLÜSSIG	**153**	3430
XYLIDINE, FEST *	**153**	**3452**
XYLIDINE, FLÜSSIG *	**153**	**1711**
XYLYL-BROMID, FEST	**152**	3417
XYLYL-BROMID, FLÜSSIG	**152**	1701

Z

Stoffname	Merk-blatt	UN-Nr.
ZELLEN, DIE METALLISCHES NATRIUM ODER NATRIUMLEGIERUNGEN ENTHALTEN	**138**	3292
ZELLULOID, in Blöcken, Stangen, Platten, Rohren usw. (ausgenommen Abfälle)	**133**	2000
ZELLULOID-ABFALL	**135**	2002
ZINK-AMMONIUM-NITRIT	**140**	1512
ZINK-ARSENAT	**151**	1712
ZINK-ARSENAT UND ZINK-ARSENIT, MISCHUNG	**151**	1712
ZINK-ARSENIT	**151**	1712
ZINK-ASCHEN	**138**	1435
ZINK-BROMAT	**140**	2469
ZINK-CHLORAT	**140**	1513
ZINK-CHLORID, LÖSUNG *	**154**	**1840**
ZINK-CHLORID, WASSERFREI *	**154**	**2331**
ZINK-CYANID *	**151**	**1713**
ZINK-DI-THIONIT W	**171**	***1931***
ZINK-FLUOR-SILICAT	**151**	2855
ZINK-NITRAT *	**140**	**1514**
ZINK-PER-MANGANAT	**140**	1515
ZINK-PER-OXID	**143**	1516
ZINK-PHOSPHID *	**139**	**1714**
ZINK-PULVER	**138**	1436
ZINK-RESINAT	**133**	2714
ZINK-STAUB	**138**	1436
ZINN-PHOSPHIDE	**139**	1433
ZINN-TETRA-CHLORID, WASSERFREI *	**137X**	**1827**
ZINN-TETRA-CHLORID-PENTA-HYDRAT	**154**	2440
ZIRKONIUM, SUSPENDIERT IN EINEM ENTZÜNDAREN FLÜSSIGEN STOFF *	**170**	**1308**
ZIRKONIUM, TROCKEN, Bleche, Streifen oder gerollter Draht (dünner als 18 µm)	**135**	2009
ZIRKONIUM, TROCKEN, gerollter Draht, fertige Bleche, Streifen, dünner als 254 µm, aber nicht dünner als 18 µm	**170**	2858
ZIRKONIUM-ABFALL *	**135**	**1932**
ZIRKONIUM-HYDRID *	**138**	**1437**
ZIRKONIUM-NITRAT *	**140**	**2728**
ZIRKONIUM-PIKRAMAT, ANGEFEUCHTET, mit mindestens 20 Masse-% Wasser	**113**	1517
ZIRKONIUM-PULVER, ANGEFEUCHTET, mit mindestens 25 % Wasser *	**170**	**1358**
ZIRKONIUM-PULVER, TROCKEN *	**135**	**2008**
ZIRKONIUM-TETRA-CHLORID *	**137**	**2503**
ZÜNDHÖLZER, ÜBERALL ZÜNDBAR	**133**	1331
ZYAN-KALI * W	**157**	***1680***

*** Beachte bei Leckage grüne Seiten zur Berechnung bzw. Abschätzung von Absperrungen**
W Absperrungen wegen Atemgiften bei Leckage in Wasser gemäß grünen Seiten durchführen

V. Gruppenmerkblätter

Hinweise zur Anwendung der Gruppenmerkblätter

Jedem Stoff[1)] des UN-Nummern-Verzeichnisses (gelbe Seiten) bzw. des alphatischen Stofflisten-Verzeichnisses (blaue Seiten) sowie den Gefahrgut-Kennzeichnungen und Gefahrstoffsymbolen ist ein Einsatzmerkblatt zugeordnet.

Jedes Merkblatt enthält nur die wichtigsten Informationen zu den Reinstoffen in der kürzest möglichen noch praktikablen Form. Es nennt die möglichen kennzeichnenden Gefahren und gibt Hinweise für die zu ergreifenden Erstmaßnahmen. Die **Merkblatt-Überschriften** stellen die **markantesten Gefahren** stichwortartig heraus sollen so dem erfahrenen Einsatzleiter eine erste Einschätzung der Schadenslage erleichtern. Weder die Reihenfolge der Merkblätter noch die Merkblatt-Nummer sind von Bedeutung.

Die Merkblätter behandeln die gefährlichen Stoffe, die jeweils einzeln entweder freigeworden oder vom Brand betroffen sind. Bei Unfällen, bei denen mehrere gefährliche Stoffe oder Zubereitungen beteiligt sind, ist es erforderlich, dass der örtliche Einsatzleiter sich sachkundiger Unterstützung versichert.

1) Die Einsatzempfehlungen für Explosivstoffe werden in den Gruppenmerkblättern 112 (Klasse 1.1, 1.2, 1.3 und 1.5) und 114 (Klasse 1.4 und 1.6) zusammengefasst.

Gefahren

Brand oder Explosion

Explosion infolge Hitze, Schlag, Reibung oder Verunreinigung des Produkts möglich. Bei Kontakt mit Luft, Wasser oder Schaum heftige bis explosionsartige Reaktion möglich. Entzündbar durch Hitze, Funken oder Flammen. Rückzündungsgefahr durch am Boden kriechende Dämpfe. Gefahr des Behälterzerknalls bei Erhitzung. Aufgerissene Behälter können unkontrolliert umherfliegen.

Gesundheit

Schwere Verletzungen, Infektion, Krankheit oder Tod bei Einatmen, Inkorporation oder Hautaufnahme des Produkts möglich. Hohe Gaskonzentration kann ohne Vorwarnung zum Ersticken führen. Verbrennungen von Haut und Augen bei Kontakt mit Produkt möglich. Brand oder Reaktion mit Wasser kann reizende, giftige und/oder ätzende Dämpfe freisetzen. Abfließendes Löschwasser kann umweltgefährdend sein.

Maßnahmen

Weitere Informationen zum Produkt aus Beförderungsdokumenten, Nachschlagewerken, Gefahrgutdatenbanken oder bei TUIS **einholen**.

Sicherheitshinweise

Anfahren, Absperren, Sichern, Warnen (Räumen)

Auf der windzugewandten Seite anfahren, tiefer gelegene Bereiche meiden. Erste **Absperrung im Umkreis von 50 Metern**. Nicht unbedingt erforderliches Personal bleibt außerhalb.

Polizei erweitert die äußere Absperrung auf einen Umkreis von ca. 100 Meter; beim Brand von Tankwagen oder Tanks auf 800 Meter. Bei großer Leckage Räumung 800 Meter in Windrichtung in Betracht ziehen.

Die Öffentlichkeit bleibt außerhalb der äußeren Absperrung.

Schutzvorkehrungen innerhalb der inneren Absperrung

Nach Erkundung innere Absperrung anpassen.

Innerhalb der inneren Absperrung hält sich nur besonders geschütztes Einsatzpersonal auf.

Umluftunabhängiger Atemschutz (PA). Brandschutzanzug bietet nur bei Brand – nicht bei Leckage – ausreichenden Schutz. Bereich vor dem Zutritt belüften.

Schutzausrüstung und Gerät nach Einsatz auf windzugewandter Seite mit Wasser und Bürste reinigen. Dekontaminationstrupp trägt Atem- und Körperschutz und fängt Reinigungswasser(-lauge) auf.

Einsatzmaßnahmen

Brandbekämpfung

Achtung: Produkt könnte mit Löschmittel reagieren.

Klein: Löschpulver, CO_2, Sprühstrahl oder Schaum.

Groß: Sprühstrahl, Nebel oder Schaum. Nicht betroffene Behälter möglichst aus dem Brandbereich entfernen.

Tankbrände:

Nachdem Brand gelöscht ist, Behälter ausreichend weiterkühlen. Wasser nicht in Behälter gelangen lassen. **Sofortiger Rückzug**, falls das Sicherheitsventil mit zunehmendem Geräusch abbläst oder der Tank infolge Brandeinwirkung eine Verfärbung aufweist. **Nie** im Bereich der Tankstirnseiten aufhalten.

Leckage

Nicht durch freigewordenes Produkt laufen. Zündquellen beseitigen (Rauchen, offenes Feuer oder Funkenerzeugung im Nahbereich ausschließen). **Säurebeständige Ausrüstung verwenden.** Leckage mit geeignetem Gerät möglichst schließen. **Beim Umpumpen säurebeständige und explosionsgeschützte Pumpen verwenden (Zündtemperatur des Produkts beachten!) und Potenzialausgleich herstellen/erden**. Kontakt von freigewordenem Produkt mit brennbaren Stoffen (Holz, Papier, Öl, Sägemehl usw.) verhindern. Sprühstrahl zum Niederschlagen von Dämpfen bzw. Kontrollieren der Schadstoffwolke einsetzen.

Produkteintritt in Wasserläufe, die Kanalisation, in Keller oder abgeschlossene Bereiche verhindern.

Klein: Mit Chemikalienbinder, der nicht gefährlich mit dem Produkt reagiert, aufnehmen und in belüfteten Stahlbehälter mit eingelegtem Kunststoffsack geben.

Groß: In sicherer Entfernung bis zur späteren Entsorgung eindeichen.

Erste Hilfe

Betroffene an frische Luft bringen. Rettungsdienst alarmieren. Bei Atemstillstand künstlich beatmen. **Keine Mund-zu-Mund-Beatmung, falls der Patient das Produkt verschluckt oder eingeatmet hat. AMBU®-Beutel oder ähnliches medizinisches Gerät mit Maske einsetzen.** Bei erschwerter Atmung Sauerstoffgabe. Benetzte Kleidung und Schuhe entfernen und sicherstellen. Benetzte Augen und Haut unverzüglich mit fließendem Wasser mindestens 15 Minuten lang spülen. Mit Wasser und (neutraler) Seife duschen bzw. waschen. Betroffene ruhig und warm halten. Gesundheitliche Beeinträchtigungen infolge Einatmens, Verschluckens oder Hautaufnahme können erst mit Verzögerung eintreten bzw. bemerkt werden.

Rettungsdienstliches Personal auf notwendigen Eigenschutz sowie das freigesetzte Produkt hinweisen.

Gefahren

Brand oder Explosion

Explosionsgefahr, falls Brand die Fracht erreicht; Splittergefahr bis zu 1.500 Metern.

Klassenspezifische Gefahr:

Klasse 1.1: Stoffe und Gegenstände, die massenexplosionsfähig sind.

Klasse 1.2: Stoffe und Gegenstände, die die Gefahr der Bildung von Splittern, Spreng- und Wurfstücken aufweisen, die aber nicht massenexplosionsfähig sind.

Klasse 1.3: Stoffe und Gegenstände, die eine Feuergefahr besitzen und die entweder eine geringe Gefahr durch Luftdruck oder eine geringe Gefahr durch Splitter, Spreng- und Wurfstücke oder durch beides aufweisen, aber nicht massenexplosionsfähig sind,
a) bei deren Verbrennung beträchtliche Strahlungswärme entsteht, oder
b) die nacheinander so abbrennen, dass eine geringe Luftdruckwirkung oder Splitter-, Sprengstück-, Wurfstückwirkung oder beide Wirkungen entstehen.

Klasse 1.5: Sehr unempfindliche massenexplosionsfähige Stoffe, die so unempfindlich sind, dass die Wahrscheinlichkeit einer Zündung oder des Überganges eines Brandes in eine Detonation unter normalen Beförderungsbedingungen sehr gering ist.

Gesundheit

Bei Brand können reizende, giftige und/oder ätzende Stoffe entstehen.

Maßnahmen

Weitere Informationen zum Produkt aus Beförderungsdokumenten, Nachschlagewerken, Gefahrgutdatenbanken oder bei TUIS **einholen**.

Sicherheitshinweise

Anfahren, Absperren, Sichern, Warnen (Räumen)

Auf der windzugewandten Seite anfahren. Erste **Absperrung im Umkreis von 500 Metern**. Nicht unbedingt erforderliches Personal bleibt außerhalb. **Polizei** erweitert die äußere Absperrung auf einen Umkreis von ca. 1.000 Meter.

Falls Eisenbahntriebwagen oder Anhänger in das Brandgeschehen einbezogen sind und stark gekapselte Explosivstoffe, wie z.B. Bomben oder Artillerieprojektile, vermutet werden, im Umkreis von 1.500 Metern absperren und mit Räumung beginnen – auch das Einsatzpersonal zurückziehen.

Die Öffentlichkeit bleibt außerhalb der äußeren Absperrung.

Schutzvorkehrungen innerhalb der inneren Absperrung

Direkten Blickkontakt zur Unfallstelle und Aufenthalt an Fenstern unterbinden. Umluftunabhängiger Atemschutz (PA). Deckung ausnutzen, Einsatzzeit begrenzen.

Einsatzmaßnahmen

Brandbekämpfung

Ladungsbrände:

Keine Brandbekämpfung, falls Brand Ladung erreicht hat. Ladung könnte explodieren! Jeglichen Verkehr stoppen, im Umkreis von mindestens 1.500 Metern räumen und ausbrennen lassen. Weder die Ladung noch das Fahrzeug bewegen, wenn diese Hitze ausgesetzt waren.

Reifen- oder Fahrzeugbrände:

Sehr viel Wasser einsetzen! Falls kein Wasser verfügbar ist, versuchen, mit CO_2, Löschpulver oder Dreck zu löschen. Aus größtmöglicher Distanz mit unbemannten Wasserwerfern den Brand von der Ladung abriegeln. Auch bei Reifenbränden die Rückzündungsgefahr beachten. Feuerlöscher bereithalten.

Leckage

Zündquellen beseitigen (Rauchen, offenes Feuer oder Funkenerzeugung im Nahbereich ausschließen). Nicht durch freigewordenes Produkt laufen. **Im Umkreis von 100 Metern um elektronische Zünder kein Funkverkehr.**

Aufräum- und Entsorgungsarbeiten nur unter Anleitung eines Sachverständigen durchführen.

Erste Hilfe

Betroffene an frische Luft bringen. Rettungsdienst alarmieren. Bei Atemstillstand künstlich beatmen. Bei erschwerter Atmung Sauerstoffgabe. Benetzte Kleidung und Schuhe entfernen und sicherstellen. Benetzte Augen und Haut unverzüglich mit fließendem Wasser mindestens 15 Minuten lang spülen.

Rettungsdienstliches Personal auf notwendigen Eigenschutz sowie das freigesetzte Produkt hinweisen.

Gefahren

Brand oder Explosion

Entzündbares/brennbares Produkt. Entzündbar durch Hitze, Funken oder Flammen. Ausgetrocknetes Produkt könnte explodieren, falls es Hitze, Flammen, Reibung oder Stoß ausgesetzt wird; dann wie Explosivstoff (Merkblatt 112) behandeln. Produkt feucht halten, andernfalls wie Explosivstoff (Merkblatt 112) behandeln. Brand- und Explosionsgefahr bei Eintritt in die Kanalisation.

Gesundheit

Einige Produkte sind giftig mit möglicher tödlicher Wirkung bei Einatmen, Verschlucken oder Hautaufnahme. Verbrennungen von Haut und Augen bei Kontakt mit Produkt möglich. Bei Brand können reizende, giftige und/oder ätzende Stoffe entstehen. Ablaufendes Wasser zum Löschen, Niederschlagen von Dämpfen oder Verdünnen kann umweltgefährdend sein.

Maßnahmen

Weitere Informationen zum Produkt aus Beförderungsdokumenten, Nachschlagewerken, Gefahrgutdatenbanken oder bei TUIS **einholen**.

Sicherheitshinweise

Anfahren, Absperren, Sichern, Warnen (Räumen)

Auf der windzugewandten Seite anfahren. Erste **Absperrung im Umkreis von 100 Metern**.

Polizei erweitert die äußere Absperrung auf einen Umkreis von ca. 200 Meter. Erweiterung auf einen Umkreis von ca. 500 Meter, falls große Behälter in das Brandgeschehen einbezogen sind.

Beachte grüne Seiten für die in den Stofflisten markierten Produkte zur genaueren Abschätzung der Absperrgrenzen bzw. Berechnung mit **MET**© und toxikologischen Daten.

Die Öffentlichkeit bleibt außerhalb der äußeren Absperrung.

Schutzvorkehrungen innerhalb der inneren Absperrung

Nach Erkundung innere Absperrung anpassen (Richtwert: 50–100 Meter). Direkten Blickkontakt zur Unfallstelle und Aufenthalt an Fenstern unterbinden. Umluftunabhängiger Atemschutz (PA). Brandschutzanzug bietet nur bei Brand ausreichenden Schutz. Bei Leckage flüssigkeitsdichter Chemikalienschutzanzug; Beständigkeit beachten. Bereich vor dem Zutritt belüften. Deckung ausnutzen, Einsatzzeit begrenzen.

Einsatzmaßnahmen

Brandbekämpfung

Ladungsbrände:

Keine Brandbekämpfung, falls Brand Ladung erreicht hat. Ladung könnte explodieren! Jeglichen Verkehr stoppen, im Umkreis von mindestens 800 Metern räumen und ausbrennen lassen. Weder die Ladung noch das Fahrzeug bewegen, wenn diese Hitze ausgesetzt waren.

Reifen- oder Fahrzeugbrände:

Sehr viel Wasser einsetzen! Falls kein Wasser verfügbar ist, versuchen, mit CO_2, Löschpulver oder Dreck zu löschen. Aus größtmöglicher Distanz mit unbemannten Wasserwerfern den Brand von der Ladung abriegeln. Auch bei Reifenbränden die Rückzündungsgefahr beachten. Feuerlöscher bereithalten.

Leckage

Zündquellen beseitigen (Rauchen, offenes Feuer oder Funkenerzeugung im Nahbereich ausschließen). Nicht durch freigewordenes Produkt laufen.

Klein: Betroffenen Bereich mit sehr viel Wasser abspülen.
Groß: Bis zur späteren Entsorgung feucht halten. **Angefeuchtetes Produkt durch Zugabe von sehr viel Wasser nass halten.**

Erste Hilfe

Betroffene an frische Luft bringen. Rettungsdienst alarmieren. Bei Atemstillstand künstlich beatmen. Bei erschwerter Atmung Sauerstoffgabe. Benetzte Kleidung und Schuhe entfernen und sicherstellen. Benetzte Augen und Haut unverzüglich mit fließendem Wasser mindestens 15 Minuten lang spülen.

Rettungsdienstliches Personal auf notwendigen Eigenschutz sowie das freigesetzte Produkt hinweisen.

Gefahren

Brand oder Explosion

Explosionsgefahr, falls Brand die Fracht erreicht; Splittergefahr bis zu 500 Metern und mehr.

Klassenspezifische Gefahr:

Klasse 1.4S: Stoffe und Gegenstände können heftig abbrennen und es ist in beschränktem Umfang mit Detonationen und verstärkter Splittergefahr zu rechnen.

Klasse 1.4: Stoffe und Gegenstände, die im Falle der Entzündung oder Zündung während der Beförderung nur eine geringe Explosionsgefahr darstellen. Die Auswirkungen bleiben im Wesentlichen auf das Versandstück beschränkt und es ist nicht zu erwarten, dass Sprengstücke mit größeren Abmessungen oder größerer Reichweite entstehen. Bei Brand können reizende, giftige und/oder ätzende Stoffe entstehen.

Klasse 1.6: Extrem unempfindliche, nicht massenexplosionsfähige Gegenstände.

Gesundheit

Bei Brand können reizende, giftige und/oder ätzende Stoffe entstehen.

Maßnahmen

Weitere Informationen zum Produkt aus Beförderungsdokumenten, Nachschlagewerken, Gefahrgutdatenbanken oder bei TUIS **einholen**.

Sicherheitshinweise

Anfahren, Absperren, Sichern, Warnen (Räumen)

Auf der windzugewandten Seite anfahren, tiefer gelegene Bereiche meiden. Erste **Absperrung im Umkreis von 100 Metern**; bei großen Leckagen 250 Meter. Nicht unbedingt erforderliches Personal bleibt außerhalb. **Polizei** erweitert die äußere Absperrung auf einen Umkreis von ca. 800 Meter. Falls große Mengen dieses Produkts in einen größeren Brand einbezogen sind, Räumung im Umkreis von 500 Metern in Betracht ziehen.

Die Öffentlichkeit bleibt außerhalb der äußeren Absperrung.

Schutzvorkehrungen innerhalb der inneren Absperrung

Nach Erkundung innere Absperrung anpassen. Direkten Blickkontakt zur Unfallstelle und Aufenthalt an Fenstern unterbinden. Umluftunabhängiger Atemschutz (PA). Deckung ausnutzen, Einsatzzeit begrenzen.

Einsatzmaßnahmen

Brandbekämpfung

Ladungsbrände:

Keine Brandbekämpfung, falls Brand Ladung erreicht hat. Jeglichen Verkehr stoppen, im Umkreis von mindestens 500 Metern räumen und ausbrennen lassen. Weder die Ladung noch das Fahrzeug bewegen, wenn diese Hitze ausgesetzt waren.

Reifen- oder Fahrzeugbrände:

Sehr viel Wasser einsetzen! Falls kein Wasser verfügbar ist, versuchen, mit CO_2, Löschpulver oder Dreck zu löschen. Aus größtmöglicher Distanz mit unbemannten Wasserwerfern den Brand von der Ladung abriegeln. Auch bei Reifenbränden die Rückzündungsgefahr beachten. Feuerlöscher bereithalten.

Leckage

Zündquellen beseitigen (Rauchen, offenes Feuer oder Funkenerzeugung im Nahbereich ausschließen). Nicht durch freigewordenes Produkt laufen. **Im Umkreis von 100 Metern um elektronische Zünder kein Funkverkehr.**

Aufräum- und Entsorgungsarbeiten nur unter Anleitung eines Sachverständigen durchführen.

Erste Hilfe

Betroffene an frische Luft bringen. Rettungsdienst alarmieren. Bei Atemstillstand künstlich beatmen. Bei erschwerter Atmung Sauerstoffgabe. Benetzte Kleidung und Schuhe entfernen und sicherstellen. Benetzte Augen und Haut unverzüglich mit fließendem Wasser mindestens 15 Minuten lang spülen.

Rettungsdienstliches Personal auf notwendigen Eigenschutz sowie das freigesetzte Produkt hinweisen.

Gefahren

Brand oder Explosion

Sehr leicht entzündlich. Leicht entzündbar durch Hitze, Funken oder Flammen. Bildet explosive Gemische mit Luft. Dämpfe von verflüssigtem Gas sind anfangs schwerer als Luft und verteilen sich am Boden. Rückzündungsgefahr durch am Boden kriechende Dämpfe. UN 1049, UN 1957, UN 1966, UN 1971 und UN 2034 sind leichter als Luft und brennen mit unsichtbarer Flamme. Ein Brand ist daher nur unter Benutzung von Hilfsmitteln (Fernthermometer, Infrarotkamera, Holzstück usw.) erkennbar. Bei Erhitzung kann durch das Sicherheitsventil brennbares Gas freigesetzt werden; Gefahr des Behälterzerknalls. Aufgerissene Behälter können unkontrolliert umherfliegen.

Vorsicht: Wenn LNG – Liquefied Natural Gas (UN1972) auf oder in der Nähe von Wasser freigesetzt wird, kann das Produkt explosionsartig verdampfen.

Gesundheit

Dämpfe können ohne Vorwarnung zu Schwindel- und Erstickungserscheinungen führen. Reizwirkung einiger Produkte bei Einatmen in hohen Konzentrationen möglich.

Verbrennungen, schwere Verletzungen und/oder Erfrierungen bei Kontakt mit Gas bzw. verflüssigtem Gas möglich. Bei Brand können reizende und/oder giftige Dämpfe entstehen.

Maßnahmen

Weitere Informationen zum Produkt aus Beförderungsdokumenten, Nachschlagewerken, Gefahrgutdatenbanken, dem Flüssiggas-Sicherheitsdienst (FSD) oder bei TUIS **einholen**.

Sicherheitshinweise

Anfahren, Absperren, Sichern, Warnen (Räumen)

Auf der windzugewandten Seite anfahren, tiefer gelegene Bereiche meiden. Erste **Absperrung im Umkreis von 50 Metern**. Nicht unbedingt erforderliches Personal bleibt außerhalb.

Polizei erweitert die äußere Absperrung auf einen Umkreis von ca. 200 Meter; beim Brand von Tankwagen oder Tanks auf 1.500 Meter.

Beachte grüne Seiten für die in den Stofflisten markierten Produkte zur genaueren Abschätzung der Absperrgrenzen bzw. Berechnung mit **MET**© und toxikologischen Daten.

Die Öffentlichkeit bleibt außerhalb der äußeren Absperrung.

Schutzvorkehrungen innerhalb der inneren Absperrung

Nach Erkundung (Messen mit Explosimeter) innere Absperrung anpassen (Richtwert: 25–50 Meter).

Innerhalb der inneren Absperrung hält sich nur besonders geschütztes Einsatzpersonal auf.

Umluftunabhängiger Atemschutz (PA). Bei Leckage flüssigkeitsdichter Chemikalienschutzanzug; Beständigkeit und Kälteschutz beachten. Brandschutz zur Sicherung des vorgehenden Trupps in Bereitstellung. Geschlossene Bereiche vor dem Zutritt belüften.

Schutzausrüstung und Gerät nach Einsatz auf windzugewandter Seite mit Wasser und Bürste reinigen. Dekontaminationstrupp trägt Atem- und Körperschutz und fängt Reinigungswasser(-lauge) auf.

Einsatzmaßnahmen

Brandbekämpfung

Achtung: **Brennendes Gas erst ablöschen, wenn Leckage geschlossen werden kann.**

Klein: Löschpulver oder CO_2.

Groß: Sprühstrahl oder Nebel. Nicht betroffene Behälter möglichst aus dem Brandbereich entfernen.

Tankbrände:

Brandbekämpfung aus größtmöglicher Entfernung durchführen. Nachdem Brand gelöscht ist, Behälter ausreichend weiterkühlen. Wegen Vereisungsgefahr Wasser nicht unmittelbar auf die Austrittsstelle oder die Sicherheitsventile richten. **Sofortiger Rückzug**, falls das Sicherheitsventil mit zunehmendem Geräusch abbläst oder der Tank infolge Brandeinwirkung eine Verfärbung aufweist. **Nie** im Bereich der Tankstirnseiten aufhalten. Bei massiven Bränden mit unbemannten Wasserwerfern operieren; falls dies nicht möglich ist, aus dem Gefahrenbereich zurückziehen und Feuer brennen lassen.

Leckage

Zündquellen beseitigen (Rauchen, offenes Feuer oder Funkenerzeugung im Nahbereich ausschließen). Nicht in Kontakt mit freigewordenem Produkt kommen. Leckage mit geeignetem Gerät möglichst schließen. Behälter möglichst so positionieren, dass anstelle von Flüssigkeit Gas austritt.

Umpumpen nur durch Spezialkräfte durchführen lassen. Sprühstrahl zum Niederschlagen von Dämpfen bzw. Kontrollieren der Schadstoffwolke einsetzen. Wasserstrahl weder unmittelbar auf das ausgetretene Produkt noch auf die Austrittsstelle richten. Die Ausbreitung des Produkts über die Kanalisation, Belüftungssysteme oder Ähnliches verhindern. Bereich bis zur Verflüchtigung des Gases absperren.

Achtung: **Bei Kontakt mit tiefkalten Flüssigkeiten werden viele Materialien brüchig und brechen ohne Vorwarnung**

Erste Hilfe

Betroffene an frische Luft bringen. Rettungsdienst alarmieren. Bei Atemstillstand künstlich beatmen. Bei erschwerter Atmung Sauerstoffgabe. Benetzte Kleidung und Schuhe entfernen und sicherstellen. An der Haut festgefrorene Kleidung vor dem Entfernen auftauen. Nach Kontakt mit verflüssigtem Gas gefrorene Bereiche mit lauwarmem Wasser auftauen. Betroffene ruhig und warm halten.

Rettungsdienstliches Personal auf notwendigen Eigenschutz sowie das freigesetzte Produkt hinweisen.

Gefahren

Brand oder Explosion

Sehr leicht entzündlich. Leicht entzündbar durch Hitze, Funken oder Flammen. Bildet explosive Gemische mit Luft. An der Luft entzündet sich Silan (UN 2203) spontan. Bei Erhitzung oder Brandbeaufschlagung können einige Produkte **(P) spontan äußerst heftig reagieren**. Dämpfe von verflüssigtem Gas sind anfangs schwerer als Luft und verteilen sich am Boden.

Rückzündungsgefahr durch am Boden kriechende Dämpfe. Bei Erhitzung kann durch das Sicherheitsventil brennbares Gas freigesetzt werden; Gefahr des Behälterzerknalls. Aufgerissene Behälter können unkontrolliert umherfliegen.

Gesundheit

Dämpfe können ohne Vorwarnung zu Schwindel- und Erstickungserscheinungen führen. Verbrennungen, schwere Verletzungen und/oder Erfrierungen bei Kontakt mit Gas bzw. verflüssigtem Gas möglich. Bei Brand können reizende und/oder giftige Dämpfe entstehen.

Maßnahmen

Weitere Informationen zum Produkt aus Beförderungsdokumenten, Nachschlagewerken, Gefahrgutdatenbanken oder bei TUIS **einholen**.

Sicherheitshinweise

Anfahren, Absperren, Sichern, Warnen (Räumen)

Auf der windzugewandten Seite anfahren, tiefer gelegene Bereiche meiden. Erste **Absperrung im Umkreis von 100 Metern**. Nicht unbedingt erforderliches Personal bleibt außerhalb.

Polizei erweitert die äußere Absperrung auf einen Umkreis von ca. 300 Meter; beim Brand von Tankwagen oder Tanks auf 1.500 Meter.

Beachte grüne Seiten für die in den Stofflisten markierten Produkte zur genaueren Abschätzung der Absperrgrenzen bzw. Berechnung mit **MET©** und toxikologischen Daten.

Die Öffentlichkeit bleibt außerhalb der äußeren Absperrung.

Schutzvorkehrungen innerhalb der inneren Absperrung

Nach Erkundung (Messen mit Explosimeter) innere Absperrung anpassen (Richtwert: 25–50 Meter).

Innerhalb der inneren Absperrung hält sich nur besonders geschütztes Einsatzpersonal auf.

Umluftunabhängiger Atemschutz (PA). Brandschutz zur Sicherung des vorgehenden Trupps in Bereitstellung. Geschlossene Bereiche vor dem Zutritt belüften. Schutzausrüstung und Gerät nach Einsatz auf windzugewandter Seite mit Wasser und Bürste reinigen. Dekontaminationstrupp trägt Atem- und Körperschutz und fängt Reinigungswasser(-lauge) auf.

Einsatzmaßnahmen

Brandbekämpfung

Achtung: Brennendes Gas erst ablöschen, wenn Leckage geschlossen werden kann.

Klein: Löschpulver oder CO_2.

Groß: Sprühstrahl, Nebel oder Schaum. Nicht betroffene Behälter möglichst aus dem Brandbereich entfernen.

Tankbrände:

Brandbekämpfung aus größtmöglicher Entfernung durchführen. Nachdem Brand gelöscht ist, Behälter ausreichend weiterkühlen. Wegen Vereisungsgefahr Wasser nicht unmittelbar auf die Austrittsstelle oder die Sicherheitsventile richten. **Sofortiger Rückzug**, falls das Sicherheitsventil mit zunehmendem Geräusch abbläst oder der Tank infolge Brandeinwirkung eine Verfärbung aufweist. **Nie** im Bereich der Tankstirnseiten aufhalten. Bei massiven Bränden mit unbemannten Wasserwerfern operieren; falls dies nicht möglich ist, aus dem Gefahrenbereich zurückziehen und Feuer brennen lassen.

Leckage

Zündquellen beseitigen (Rauchen, offenes Feuer oder Funkenerzeugung im Nahbereich ausschließen). Leckage mit geeignetem Gerät möglichst schließen. Nicht durch freigewordenes Produkt laufen. Wasserstrahl weder unmittelbar auf das ausgetretene Produkt noch auf die Austrittsstelle richten. Sprühstrahl zum Niederschlagen von Dämpfen bzw. Kontrollieren der Schadstoffwolke einsetzen. Behälter möglichst so positionieren, dass anstelle von Flüssigkeit Gas austritt. **Umpumpen nur durch Spezialkräfte durchführen lassen.**

Produkteintritt in Wasserläufe, die Kanalisation, in Keller oder abgeschlossene Bereiche verhindern. Bereich bis zur Verflüchtigung des Gases absperren.

Erste Hilfe

Betroffene an frische Luft bringen. Rettungsdienst alarmieren. Bei Atemstillstand künstlich beatmen. Bei erschwerter Atmung Sauerstoffgabe. Benetzte Kleidung und Schuhe entfernen und sicherstellen. Nach Kontakt mit verflüssigtem Gas gefrorene Bereiche mit lauwarmem Wasser auftauen. Betroffene ruhig und warm halten.

Rettungsdienstliches Personal auf notwendigen Eigenschutz sowie das freigesetzte Produkt hinweisen.

Gefahren

Brand oder Explosion

Diese Produkte sind sehr leicht entzündlich. Explosive Mischungen mit Luft möglich. Entzündbar durch Hitze, Funken oder Flammen. Dämpfe von verflüssigtem Gas sind anfangs schwerer als Luft und verteilen sich am Boden. Rückzündungsgefahr durch am Boden kriechende Dämpfe. Brand- bzw. Explosionsgefahr durch ablaufendes Produkt. Bei Erhitzung kann durch das Sicherheitsventil brennbares und giftiges Gas freigesetzt werden; Gefahr des Behälterzerknalls. Aufgerissene Behälter können unkontrolliert umherfliegen.

Gesundheit

Giftig – sehr gefährlich. Tödliche Wirkung bei Hautaufnahme möglich. Der Geruch kann reizend oder ekelerregend wirken und die Geruchsnerven lähmen. Verbrennungen, schwere Verletzungen und/oder Erfrierungen bei Kontakt mit Gas bzw. verflüssigtem Gas möglich. Bei Brand entstehen reizende, giftige und/oder ätzende Dämpfe. Abfließendes Löschwasser kann umweltgefährdend sein.

Maßnahmen

Weitere Informationen zum Produkt aus Beförderungsdokumenten, Nachschlagewerken, Gefahrgutdatenbanken oder bei TUIS **einholen**.

Sicherheitshinweise

Anfahren, Absperren, Sichern, Warnen (Räumen)

Auf der windzugewandten Seite anfahren, tiefer gelegene Bereiche meiden. Erste **Absperrung im Umkreis von 100 Metern**. Nicht unbedingt erforderliches Personal bleibt außerhalb.

Polizei erweitert die äußere Absperrung auf einen Umkreis von ca. 200 Meter; beim Brand von Tankwagen oder Tanks auf 1.500 Meter. Bei großer Leckage Räumung im Umkreis von 250 Metern in Betracht ziehen.

Beachte grüne Seiten für die in den Stofflisten markierten Produkte zur genaueren Abschätzung der Absperrgrenzen bzw. Berechnung mit **MET**© und toxikologischen Daten.

Die Öffentlichkeit bleibt außerhalb der äußeren Absperrung.

Schutzvorkehrungen innerhalb der inneren Absperrung

Nach Erkundung (Messen mit Explosimeter) innere Absperrung anpassen (Richtwert: 50–100 Meter).

Innerhalb der inneren Absperrung hält sich nur besonders geschütztes Einsatzpersonal auf.

Umluftunabhängiger Atemschutz (PA). Bei Leckage gasdichter Chemikalienschutzanzug; Beständigkeit und Kälteschutz beachten. Brandschutz zur Sicherung des vorgehenden Trupps in Bereitstellung. Geschlossene Bereiche vor dem Zutritt belüften.

Schutzausrüstung und Gerät nach Einsatz auf windzugewandter Seite mit Wasser und Bürste reinigen. Dekontaminationstrupp trägt Atem- und Körperschutz und fängt Reinigungswasser(-lauge) auf.

Einsatzmaßnahmen

Brandbekämpfung

Achtung: **Brennendes Gas erst ablöschen, wenn Leckage geschlossen werden kann.**

Klein: Löschpulver, CO_2, Sprühstrahl oder Schaum.

Groß: Sprühstrahl, Nebel oder Schaum. Nicht betroffene Behälter möglichst aus dem Brandbereich entfernen. Allein Spezialisten sollten beschädigte Behälter handhaben.

Tankbrände:

Brandbekämpfung aus größtmöglicher Entfernung durchführen. Nachdem Brand gelöscht ist, Behälter ausreichend weiterkühlen. Wegen Vereisungsgefahr Wasser nicht unmittelbar auf die Austrittsstelle oder die Sicherheitsventile richten. **Sofortiger Rückzug**, falls das Sicherheitsventil mit zunehmendem Geräusch abbläst oder der Tank infolge Brandeinwirkung eine Verfärbung aufweist. **Nie** im Bereich der Tankstirnseiten aufhalten.

Leckage

Zündquellen beseitigen (Rauchen, offenes Feuer oder Funkenerzeugung im Nahbereich ausschließen). **Umpumpen nur durch Spezialkräfte durchführen lassen.** Nicht durch freigewordenes Produkt laufen. Leckage mit geeignetem Gerät möglichst schließen. Sprühstrahl zum Niederschlagen von Dämpfen bzw. Kontrollieren der Schadstoffwolke einsetzen. Wasserstrahl weder unmittelbar auf das ausgetretene Produkt noch auf die Austrittsstelle richten. Behälter möglichst so positionieren, dass anstelle von Flüssigkeit Gas austritt.

Produkteintritt in Wasserläufe, die Kanalisation, in Keller oder abgeschlossene Bereiche verhindern. Bereich bis zur Verflüchtigung des Gases absperren. **Abfackeln der giftigen Gase nur von Spezialisten durchführen lassen.**

Erste Hilfe

Betroffene an frische Luft bringen. Rettungsdienst alarmieren. Bei Atemstillstand künstlich beatmen. **Keine Mund-zu-Mund-Beatmung, falls der Patient das Produkt verschluckt oder eingeatmet hat. AMBU®-Beutel oder ähnliches medizinisches Gerät mit Maske einsetzen.** Bei erschwerter Atmung Sauerstoffgabe. Benetzte Kleidung und Schuhe entfernen und sicherstellen. Benetzte Augen und Haut unverzüglich mit fließendem Wasser mindestens 15 Minuten lang spülen. Nach Kontakt mit verflüssigtem Gas gefrorene Bereiche mit lauwarmem Wasser auftauen. Betroffene ruhig und warm halten. Betroffene ständig überwachen. Gesundheitliche Beeinträchtigungen infolge Einatmens können verspätet eintreten bzw. bemerkt werden.

Rettungsdienstliches Personal auf notwendigen Eigenschutz sowie das freigesetzte Produkt hinweisen.

Gefahren

Brand oder Explosion

Sehr leicht entzündlich. Entzündbar durch Hitze, Funken oder Flammen. Explosive Mischungen mit Luft möglich. Dämpfe von verflüssigtem Gas sind anfangs schwerer als Luft und verteilen sich am Boden. Rückzündungsgefahr durch am Boden kriechende Dämpfe. Bei Erhitzung kann durch das Sicherheitsventil brennbares Gas freigesetzt werden; Gefahr des Behälterzerknalls. Aufgerissene Behälter können unkontrolliert umherfliegen.

Gesundheit

Giftwirkung bei Einatmen möglich. Dämpfe sind stark reizend. Verbrennungen, schwere Verletzungen und/oder Erfrierungen bei Kontakt mit Gas bzw. verflüssigtem Gas möglich. Bei Brand entstehen reizende, giftige und/oder ätzende Dämpfe. Abfließendes Löschwasser kann umweltgefährdend sein.

Maßnahmen

Weitere Informationen zum Produkt aus Beförderungsdokumenten, Nachschlagewerken, Gefahrgutdatenbanken oder bei TUIS **einholen**.

Sicherheitshinweise

Anfahren, Absperren, Sichern, Warnen (Räumen)

Auf der windzugewandten Seite anfahren, tiefer gelegene Bereiche meiden. Erste **Absperrung im Umkreis von 100 Metern**. Nicht unbedingt erforderliches Personal bleibt außerhalb.

Polizei erweitert die äußere Absperrung auf einen Umkreis von ca. 200 Meter; beim Brand von Tankwagen oder Tanks auf 1.500 Meter.

Beachte grüne Seiten für die in den Stofflisten markierten Produkte zur genaueren Abschätzung der Absperrgrenzen bzw. Berechnung mit **MET**© und toxikologischen Daten.

Die Öffentlichkeit bleibt außerhalb der äußeren Absperrung.

Schutzvorkehrungen innerhalb der inneren Absperrung

Nach Erkundung (Messen mit Explosimeter) innere Absperrung anpassen (Richtwert: 25–50 Meter).

Innerhalb der inneren Absperrung hält sich nur besonders geschütztes Einsatzpersonal auf.

Umluftunabhängiger Atemschutz (PA). Bei Leckage gasdichter Chemikalienschutzanzug; Beständigkeit beachten. Brandschutz zur Sicherung des vorgehenden Trupps in Bereitstellung. Geschlossene Bereiche vor dem Zutritt belüften.

Schutzausrüstung und Gerät nach Einsatz auf windzugewandter Seite mit Wasser und Bürste reinigen. Dekontaminationstrupp trägt Atem- und Körperschutz und fängt Reinigungswasser(-lauge) auf.

Einsatzmaßnahmen

Brandbekämpfung

Achtung: Brennendes Gas erst ablöschen, wenn Leckage geschlossen werden kann.

Klein: Löschpulver oder CO_2.

Groß: Sprühstrahl, Nebel oder Schaum. Nicht betroffene Behälter möglichst aus dem Brandbereich entfernen. Allein Spezialisten sollten beschädigte Behälter handhaben.

Tankbrände:

Brandbekämpfung aus größtmöglicher Entfernung durchführen. Nachdem Brand gelöscht ist, Behälter ausreichend weiterkühlen. Wegen Vereisungsgefahr Wasser nicht unmittelbar auf die Austrittsstelle oder die Sicherheitsventile richten. **Sofortiger Rückzug**, falls das Sicherheitsventil mit zunehmendem Geräusch abbläst oder der Tank infolge Brandeinwirkung eine Verfärbung aufweist. **Nie** im Bereich der Tankstirnseiten aufhalten.

Leckage

Zündquellen beseitigen (Rauchen, offenes Feuer oder Funkenerzeugung im Nahbereich ausschließen). **Umpumpen nur durch Spezialkräfte durchführen lassen.** Nicht durch freigewordenes Produkt laufen. Leckage mit geeignetem Gerät möglichst schließen. Behälter möglichst so positionieren, dass anstelle von Flüssigkeit Gas austritt. Sprühstrahl zum Niederschlagen von Dämpfen bzw. Kontrollieren der Schadstoffwolke einsetzen. Wasserstrahl weder unmittelbar auf das ausgetretene Produkt noch auf die Austrittsstelle richten. Bereich bis zur Verflüchtigung des Gases absperren.

Erste Hilfe

Betroffene an frische Luft bringen. Rettungsdienst alarmieren. Bei Atemstillstand künstlich beatmen. **Keine Mund-zu-Mund-Beatmung, falls der Patient das Produkt verschluckt oder eingeatmet hat. AMBU®-Beutel oder ähnliches medizinisches Gerät mit Maske einsetzen.** Bei erschwerter Atmung Sauerstoffgabe. Benetzte Kleidung und Schuhe entfernen und sicherstellen. Nach Kontakt mit verflüssigtem Gas gefrorene Bereiche mit lauwarmem Wasser auftauen. Betroffene ruhig und warm halten. Betroffene ständig überwachen.

Rettungsdienstliches Personal auf notwendigen Eigenschutz sowie das freigesetzte Produkt hinweisen.

Gefahren

Brand oder Explosion

Entzündlich. Entzündbar durch Hitze, Funken oder Flammen. Explosive Mischungen mit Luft möglich. Bei Erhitzung oder Brandbeaufschlagung können einige Produkte **(P) spontan äußerst heftig reagieren**. Dämpfe von verflüssigtem Gas sind anfangs schwerer als Luft und verteilen sich am Boden. Rückzündungsgefahr durch am Boden kriechende Dämpfe. Einige dieser Produkte können mit Wasser äußerst heftig reagieren. Bei Erhitzung kann durch das Sicherheitsventil brennbares und giftiges Gas freigesetzt werden; Gefahr des Behälterzerknalls. Aufgerissene Behälter können unkontrolliert umherfliegen. Brand- bzw. Explosionsgefahr durch ablaufendes Produkt.

Gesundheit

Giftig; tödliche Wirkung bei Einatmen oder Hautaufnahme möglich. Verbrennungen, schwere Verletzungen und/oder Erfrierungen bei Kontakt mit Gas bzw. verflüssigtem Gas möglich. Bei Brand entstehen reizende, giftige und/oder ätzende Dämpfe. Abfließendes Löschwasser kann umweltgefährdend sein.

Maßnahmen

Weitere Informationen zum Produkt aus Beförderungsdokumenten, Nachschlagewerken, Gefahrgutdatenbanken oder bei TUIS **einholen**.

Sicherheitshinweise

Anfahren, Absperren, Sichern, Warnen (Räumen)

Auf der windzugewandten Seite anfahren, tiefer gelegene Bereiche meiden. Erste **Absperrung im Umkreis von 100 Metern**. Nicht unbedingt erforderliches Personal bleibt außerhalb.

Polizei erweitert die äußere Absperrung auf einen Umkreis von ca. 200 Meter; beim Brand von Tankwagen oder Tanks auf 1.500 Meter. Bei großer Leckage Räumung im Umkreis von 250 Metern in Betracht ziehen.

Beachte grüne Seiten für die in den Stofflisten markierten Produkte zur genaueren Abschätzung der Absperrgrenzen bzw. Berechnung mit **MET**© und toxikologischen Daten.

Die Öffentlichkeit bleibt außerhalb der äußeren Absperrung.

Schutzvorkehrungen innerhalb der inneren Absperrung

Nach Erkundung (Messen mit Explosimeter) innere Absperrung anpassen (Richtwert: 50–100 Meter).

Innerhalb der inneren Absperrung hält sich nur besonders geschütztes Einsatzpersonal auf.

Umluftunabhängiger Atemschutz (PA). Bei Leckage gasdichter Chemikalienschutzanzug; Beständigkeit beachten. Brandschutz zur Sicherung des vorgehenden Trupps in Bereitstellung. Geschlossene Bereiche vor dem Zutritt belüften. Schutzausrüstung und Gerät nach Einsatz auf windzugewandter Seite mit Wasser und Bürste reinigen. Dekontaminationstrupp trägt Atem- und Körperschutz und fängt Reinigungswasser(-lauge) auf.

Einsatzmaßnahmen

Brandbekämpfung

Achtung: **Brennendes Gas erst ablöschen, wenn Leckage geschlossen werden kann.**

Klein: Löschpulver, CO_2, Sprühstrahl oder alkoholbeständiger Schaum.

Groß: Sprühstrahl, Nebel oder alkoholbeständiger Schaum. **Bei Chlorsilanen kein Wasser einsetzen**; alkoholbeständigen AFFF-Mittelschaum verwenden. Nicht betroffene Behälter möglichst aus dem Brandbereich entfernen. **Allein Spezialisten sollten beschädigte Behälter handhaben.**

Tankbrände:

Brandbekämpfung aus größtmöglicher Entfernung durchführen. Nachdem Brand gelöscht ist, Behälter ausreichend weiterkühlen. Wegen Vereisungsgefahr Wasser nicht unmittelbar auf die Austrittsstelle oder die Sicherheitsventile richten. **Sofortiger Rückzug**, falls das Sicherheitsventil mit zunehmendem Geräusch abbläst oder der Tank infolge Brandeinwirkung eine Verfärbung aufweist. **Nie** im Bereich der Tankstirnseiten aufhalten.

Leckage

Zündquellen beseitigen (Rauchen, offenes Feuer oder Funkenerzeugung im Nahbereich ausschließen). **Umpumpen nur durch Spezialkräfte durchführen lassen.** Nicht in Kontakt mit freigewordenem Produkt kommen. Leckage mit geeignetem Gerät möglichst schließen. Wasserstrahl weder unmittelbar auf das ausgetretene Produkt noch auf die Austrittsstelle richten. Sprühstrahl zum Niederschlagen von Dämpfen bzw. Kontrollieren der Schadstoffwolke einsetzen. Bei Chlorsilanen alkoholbeständigen AFFF-Mittelschaum zur Begrenzung der Verdampfung einsetzen. Behälter möglichst so positionieren, dass anstelle von Flüssigkeit Gas austritt.

Produkteintritt in Wasserläufe, die Kanalisation, in Keller oder abgeschlossene Bereiche verhindern. Bereich bis zur Verflüchtigung des Gases absperren.

Erste Hilfe

Betroffene an frische Luft bringen. Rettungsdienst alarmieren. Bei Atemstillstand künstlich beatmen. **Keine Mund-zu-Mund-Beatmung, falls der Patient das Produkt verschluckt oder eingeatmet hat. AMBU®-Beutel oder ähnliches medizinisches Gerät mit Maske einsetzen.** Bei erschwerter Atmung Sauerstoffgabe. Benetzte Kleidung und Schuhe entfernen und sicherstellen. Benetzte Augen und Haut unverzüglich mit fließendem Wasser mindestens 15 Minuten lang spülen. Nach Kontakt mit verflüssigtem Gas gefrorene Bereiche mit lauwarmem Wasser auftauen. Betroffene ruhig und warm halten. Betroffene ständig überwachen. Gesundheitliche Beeinträchtigungen infolge Einatmens können verspätet eintreten bzw. bemerkt werden.

Rettungsdienstliches Personal auf notwendigen Eigenschutz sowie das freigesetzte Produkt hinweisen.

Gefahren

Brand oder Explosion

Nicht brennbares Gas. Gefahr des Behälterzerknalls bei Erhitzung. Aufgerissene Behälter können unkontrolliert umherfliegen.

Gesundheit

Dämpfe können ohne Vorwarnung zu Schwindel- und Erstickungserscheinungen führen. Die Dämpfe des verflüssigten Gases sind anfangs schwerer als Luft und breiten sich am Boden aus. Verbrennungen, schwere Verletzungen und/oder Erfrierungen bei Kontakt mit Gas bzw. verflüssigtem Gas möglich.

Maßnahmen

Weitere Informationen zum Produkt aus Beförderungsdokumenten, Nachschlagewerken, Gefahrgutdatenbanken oder bei TUIS **einholen**.

Sicherheitshinweise

Anfahren, Absperren, Sichern, Warnen (Räumen)

Auf der windzugewandten Seite anfahren, tiefer gelegene Bereiche meiden. Erste **Absperrung im Umkreis von 50 Metern**. Nicht unbedingt erforderliches Personal bleibt außerhalb.

Polizei erweitert die äußere Absperrung auf einen Umkreis von ca. 100 Meter; beim Brand von Tankwagen oder Tanks auf 800 Meter.

Beachte grüne Seiten für die in den Stofflisten markierten Produkte zur genaueren Abschätzung der Absperrgrenzen bzw. Berechnung mit **MET**© und toxikologischen Daten.

Die Öffentlichkeit bleibt außerhalb der äußeren Absperrung.

Schutzvorkehrungen innerhalb der inneren Absperrung

Nach Erkundung innere Absperrung anpassen (Richtwert: 25 Meter).

Innerhalb der inneren Absperrung hält sich nur besonders geschütztes Einsatzpersonal auf.

Umluftunabhängiger Atemschutz (PA). Bei Leckage gasdichter Chemikalienschutzanzug; Beständigkeit und Kälteschutz beachten. Geschlossene Bereiche vor dem Zutritt belüften.

Einsatzmaßnahmen

Brandbekämpfung

Löschmittel gemäß Art des Umgebungsbrandes auswählen. Nicht betroffene Behälter möglichst aus dem Brandbereich entfernen. Allein Spezialisten sollten beschädigte Behälter handhaben.

Tankbrände:

Brandbekämpfung aus größtmöglicher Entfernung durchführen. Nachdem Brand gelöscht ist, Behälter ausreichend weiterkühlen. Wegen Vereisungsgefahr Wasser nicht unmittelbar auf die Austrittsstelle oder die Sicherheitsventile richten. **Sofortiger Rückzug**, falls das Sicherheitsventil mit zunehmendem Geräusch abbläst oder der Tank infolge Brandeinwirkung eine Verfärbung aufweist. **Nie** im Bereich der Tankstirnseiten aufhalten.

Leckage

Nicht in Kontakt mit freigewordenem Produkt kommen. **Umpumpen nur durch Spezialkräfte durchführen lassen.** Leckage mit geeignetem Gerät möglichst schließen. Sprühstrahl zum Niederschlagen von Dämpfen bzw. Kontrollieren der Schadstoffwolke einsetzen. Wasserstrahl weder unmittelbar auf das ausgetretene Produkt noch auf die Austrittsstelle richten. Behälter möglichst so positionieren, dass anstelle von Flüssigkeit Gas austritt. Produkteintritt in Wasserläufe, die Kanalisation, in Keller oder abgeschlossene Bereiche verhindern. Produkt verdampfen lassen. Bereich belüften.

Achtung: Bei Kontakt mit tiefkalten Flüssigkeiten werden viele Materialien brüchig und brechen ohne Vorwarnung

Erste Hilfe

Betroffene an frische Luft bringen. Rettungsdienst alarmieren. Bei Atemstillstand künstlich beatmen. Bei erschwerter Atmung Sauerstoffgabe. An der Haut festgefrorene Kleidung vor dem Entfernen auftauen. Nach Kontakt mit verflüssigtem Gas gefrorene Bereiche mit lauwarmem Wasser auftauen. Betroffene ruhig und warm halten.

Rettungsdienstliches Personal auf notwendigen Eigenschutz sowie das freigesetzte Produkt hinweisen.

Gefahren

Brand oder Explosion

Nicht brennbares Gas. Gefahr des Behälterzerknalls bei Erhitzung. Aufgerissene Behälter können unkontrolliert umherfliegen.

Gesundheit

Dämpfe können ohne Vorwarnung zu Schwindel- und Erstickungserscheinungen führen. Die Dämpfe des verflüssigten Gases sind anfangs schwerer als Luft und breiten sich am Boden aus.

Maßnahmen

Weitere Informationen zum Produkt aus Beförderungsdokumenten, Nachschlagewerken, Gefahrgutdatenbanken oder bei TUIS **einholen**.

Sicherheitshinweise

Anfahren, Absperren, Sichern, Warnen (Räumen)

Auf der windzugewandten Seite anfahren, tiefer gelegene Bereiche meiden. Erste **Absperrung im Umkreis von 50 Metern**. Nicht unbedingt erforderliches Personal bleibt außerhalb.

Polizei erweitert die äußere Absperrung auf einen Umkreis von ca. 100 Meter; beim Brand von Tankwagen oder Tanks auf 800 Meter.

Die Öffentlichkeit bleibt außerhalb der äußeren Absperrung.

Schutzvorkehrungen innerhalb der inneren Absperrung

Nach Erkundung innere Absperrung anpassen (Richtwert: 10–25 Meter).

Innerhalb der inneren Absperrung hält sich nur besonders geschütztes Einsatzpersonal auf.

Umluftunabhängiger Atemschutz (PA). Bei Leckage flüssigkeitsdichter Chemikalienschutzanzug; Beständigkeit und Kälteschutz beachten. Geschlossene Bereiche vor dem Zutritt belüften.

Einsatzmaßnahmen

Brandbekämpfung

Löschmittel gemäß Art des Umgebungsbrandes auswählen. Nicht betroffene Behälter möglichst aus dem Brandbereich entfernen. Allein Spezialisten sollten beschädigte Behälter handhaben.

Tankbrände:

Brandbekämpfung aus größtmöglicher Entfernung durchführen. Nachdem Brand gelöscht ist, Behälter ausreichend weiterkühlen. Wegen Vereisungsgefahr Wasser nicht unmittelbar auf die Austrittsstelle oder die Sicherheitsventile richten. **Sofortiger Rückzug**, falls das Sicherheitsventil mit zunehmendem Geräusch abbläst oder der Tank infolge Brandeinwirkung eine Verfärbung aufweist. **Nie** im Bereich der Tankstirnseiten aufhalten.

Leckage

Nicht in Kontakt mit freigewordenem Produkt kommen. **Umpumpen nur durch Spezialkräfte durchführen lassen**. Leckage mit geeignetem Gerät möglichst schließen. Sprühstrahl zum Niederschlagen von Dämpfen bzw. Kontrollieren der Schadstoffwolke einsetzen. Wasserstrahl weder unmittelbar auf das ausgetretene Produkt noch auf die Austrittsstelle richten. Behälter möglichst so positionieren, dass anstelle von Flüssigkeit Gas austritt.

Produkteintritt in Wasserläufe, die Kanalisation, in Keller oder abgeschlossene Bereiche verhindern. Produkt verdampfen lassen. Bereich belüften.

Erste Hilfe

Betroffene an frische Luft bringen. Rettungsdienst alarmieren. Bei Atemstillstand künstlich beatmen. Bei erschwerter Atmung Sauerstoffgabe. An der Haut festgefrorene Kleidung vor dem Entfernen auftauen. Nach Kontakt mit verflüssigtem Gas gefrorene Bereiche mit lauwarmem Wasser auftauen. Betroffene ruhig und warm halten.

Rettungsdienstliches Personal auf notwendigen Eigenschutz sowie das freigesetzte Produkt hinweisen.

Gefahren

Brand oder Explosion

Nicht brennbar, aber brandfördernd. Einige Produkte können explosionsartig mit Kraftstoffen reagieren. Entzündungsgefahr brennbarer Stoffe (Holz, Papier, Öl, Kleidung usw.). Dämpfe von verflüssigtem Gas sind anfangs schwerer als Luft und verteilen sich am Boden. Brand- bzw. Explosionsgefahr durch ablaufendes Produkt. Gefahr des Behälterzerknalls bei Erhitzung. Aufgerissene Behälter können unkontrolliert umherfliegen.

Gesundheit

Dämpfe können ohne Vorwarnung zu Schwindel- und Erstickungserscheinungen führen. Verbrennungen, schwere Verletzungen und/oder Erfrierungen bei Kontakt mit Gas bzw. verflüssigtem Gas möglich. Bei Brand können reizende und/oder giftige Dämpfe entstehen.

Maßnahmen

Weitere Informationen zum Produkt aus Beförderungsdokumenten, Nachschlagewerken, Gefahrgutdatenbanken oder bei TUIS **einholen**.

Sicherheitshinweise

Anfahren, Absperren, Sichern, Warnen (Räumen)

Auf der windzugewandten Seite anfahren, tiefer gelegene Bereiche meiden. Erste **Absperrung im Umkreis von 50 Metern**. Nicht unbedingt erforderliches Personal bleibt außerhalb.

Polizei erweitert die äußere Absperrung auf einen Umkreis von ca. 100 Meter; beim Brand von Tankwagen oder Tanks auf 800 Meter. Bei großer Leckage Räumung 500 Meter in Windrichtung in Betracht ziehen.

Die Öffentlichkeit bleibt außerhalb der äußeren Absperrung.

Schutzvorkehrungen innerhalb der inneren Absperrung

Nach Erkundung innere Absperrung anpassen.

Innerhalb der inneren Absperrung hält sich nur besonders geschütztes Einsatzpersonal auf.

Umluftunabhängiger Atemschutz (PA). Bei Leckage gasdichter Chemikalienschutzanzug; Beständigkeit und Kälteschutz beachten. Brandschutz zur Sicherung des vorgehenden Trupps in Bereitstellung. Geschlossene Bereiche vor dem Zutritt belüften.

Schutzausrüstung und Gerät nach Einsatz auf windzugewandter Seite mit Wasser und Bürste reinigen. Dekontaminationstrupp trägt Atem- und Körperschutz und fängt Reinigungswasser(-lauge) auf.

Einsatzmaßnahmen

Brandbekämpfung

Achtung: Löschmittel gemäß Art des Umgebungsbrandes auswählen.

Klein: Löschpulver oder CO_2.

Groß: Sprühstrahl, Nebel oder Schaum. Nicht betroffene Behälter möglichst aus dem Brandbereich entfernen. Allein Spezialisten sollten beschädigte Behälter handhaben.

Tankbrände:

Brandbekämpfung aus größtmöglicher Entfernung durchführen. Nachdem Brand gelöscht ist, Behälter ausreichend weiterkühlen. Wegen Vereisungsgefahr Wasser nicht unmittelbar auf die Austrittsstelle oder die Sicherheitsventile richten. **Sofortiger Rückzug**, falls das Sicherheitsventil mit zunehmendem Geräusch abbläst oder der Tank infolge Brandeinwirkung eine Verfärbung aufweist. **Nie** im Bereich der Tankstirnseiten aufhalten. Bei massiven Bränden mit unbemannten Wasserwerfern operieren; falls dies nicht möglich ist, aus dem Gefahrenbereich zurückziehen und Feuer brennen lassen.

Leckage

Kontakt von freigewordenem Produkt mit brennbaren Stoffen (Holz, Papier, Öl, Sägemehl usw.) verhindern. Nicht in Kontakt mit freigewordenem Produkt kommen. **Umpumpen nur durch Spezialkräfte durchführen lassen**. Leckage mit geeignetem Gerät **(keine Holzkeile verwenden)** möglichst schließen. Behälter möglichst so positionieren, dass anstelle von Flüssigkeit Gas austritt. Wasserstrahl weder unmittelbar auf das ausgetretene Produkt noch auf die Austrittsstelle richten. Sprühstrahl zum Niederschlagen von Dämpfen bzw. Kontrollieren der Schadstoffwolke einsetzen.

Produkteintritt in Wasserläufe, die Kanalisation, in Keller oder abgeschlossene Bereiche verhindern. Produkt verdampfen lassen. Bereich bis zur Verflüchtigung des Gases absperren.

Achtung: Bei Kontakt mit tiefkalten Flüssigkeiten werden viele Materialien brüchig und brechen ohne Vorwarnung

Erste Hilfe

Betroffene an frische Luft bringen. Rettungsdienst alarmieren. Bei Atemstillstand künstlich beatmen. Bei erschwerter Atmung Sauerstoffgabe. Benetzte Kleidung und Schuhe entfernen und sicherstellen. An der Haut festgefrorene Kleidung vor dem Entfernen auftauen. Nach Kontakt mit verflüssigtem Gas gefrorene Bereiche mit lauwarmem Wasser auftauen. Betroffene ruhig und warm halten.

Rettungsdienstliches Personal auf notwendigen Eigenschutz sowie das freigesetzte Produkt hinweisen.

Gefahren

Brand oder Explosion

Einige Produkte sind brennbar, aber nicht leicht entzündlich. Dämpfe von verflüssigtem Gas sind anfangs schwerer als Luft und verteilen sich am Boden. Bei Erhitzung kann durch das Sicherheitsventil giftiges und/oder ätzendes Gas freigesetzt werden; Gefahr des Behälterzerknalls. Aufgerissene Behälter können unkontrolliert umherfliegen.

Gesundheit

Giftig; tödliche Wirkung bei Einatmen oder Hautaufnahme möglich. Dämpfe können reizend sein. Verbrennungen, schwere Verletzungen und/oder Erfrierungen bei Kontakt mit Gas bzw. verflüssigtem Gas möglich. Bei Brand entstehen reizende, giftige und/oder ätzende Dämpfe. Abfließendes Löschwasser kann umweltgefährdend sein.

Maßnahmen

Weitere Informationen zum Produkt aus Beförderungsdokumenten, Nachschlagewerken, Gefahrgutdatenbanken oder bei TUIS **einholen**.

Sicherheitshinweise

Anfahren, Absperren, Sichern, Warnen (Räumen)

Auf der windzugewandten Seite anfahren, tiefer gelegene Bereiche meiden. Erste **Absperrung im Umkreis von 100 Metern**. Nicht unbedingt erforderliches Personal bleibt außerhalb.

Polizei erweitert die äußere Absperrung auf einen Umkreis von ca. 200 Meter; beim Brand von Tankwagen oder Tanks auf 800 Meter.

Beachte grüne Seiten für die in den Stofflisten markierten Produkte zur genaueren Abschätzung der Absperrgrenzen bzw. Berechnung mit **MET**© und toxikologischen Daten.

Die Öffentlichkeit bleibt außerhalb der äußeren Absperrung.

Schutzvorkehrungen innerhalb der inneren Absperrung

Nach Erkundung (Messen mit Explosimeter) innere Absperrung anpassen (Richtwert: 25–50 Meter).

Innerhalb der inneren Absperrung hält sich nur besonders geschütztes Einsatzpersonal auf.

Umluftunabhängiger Atemschutz (PA). Bei Leckage gasdichter Chemikalienschutzanzug; Beständigkeit und Kälteschutz beachten. Brandschutz zur Sicherung des vorgehenden Trupps in Bereitstellung. Geschlossene Bereiche vor dem Zutritt belüften.

Schutzausrüstung und Gerät nach Einsatz auf windzugewandter Seite mit Wasser und Bürste reinigen. Dekontaminationstrupp trägt Atem- und Körperschutz und fängt Reinigungswasser(-lauge) auf.

Einsatzmaßnahmen

Brandbekämpfung

Klein: Löschpulver oder CO_2.

Groß: Sprühstrahl, Nebel oder Schaum. Wasser nicht in Behälter gelangen lassen. Nicht betroffene Behälter möglichst aus dem Brandbereich entfernen. Allein Spezialisten sollten beschädigte Behälter handhaben.

Tankbrände:

Brandbekämpfung aus größtmöglicher Entfernung durchführen. Nachdem Brand gelöscht ist, Behälter ausreichend weiterkühlen. Wegen Vereisungsgefahr Wasser nicht unmittelbar auf die Austrittsstelle oder die Sicherheitsventile richten. **Sofortiger Rückzug**, falls das Sicherheitsventil mit zunehmendem Geräusch abbläst oder der Tank infolge Brandeinwirkung eine Verfärbung aufweist. **Nie** im Bereich der Tankstirnseiten aufhalten.

Leckage

Nicht in Kontakt mit freigewordenem Produkt kommen. **Umpumpen nur durch Spezialkräfte durchführen lassen**. Leckage mit geeignetem Gerät möglichst schließen. Behälter möglichst so positionieren, dass anstelle von Flüssigkeit Gas austritt.

Produkteintritt in Wasserläufe, die Kanalisation, in Keller oder abgeschlossene Bereiche verhindern. Sprühstrahl zum Niederschlagen von Dämpfen bzw. Kontrollieren der Schadstoffwolke einsetzen. Wasserstrahl weder unmittelbar auf das ausgetretene Produkt noch auf die Austrittsstelle richten. Bereich bis zur Verflüchtigung des Gases absperren.

Erste Hilfe

Betroffene an frische Luft bringen. Rettungsdienst alarmieren. Bei Atemstillstand künstlich beatmen. **Keine Mund-zu-Mund-Beatmung, falls der Patient das Produkt verschluckt oder eingeatmet hat. AMBU®-Beutel oder ähnliches medizinisches Gerät mit Maske einsetzen.** Bei erschwerter Atmung Sauerstoffgabe. Benetzte Kleidung und Schuhe entfernen und sicherstellen. Nach Kontakt mit verflüssigtem Gas gefrorene Bereiche mit lauwarmem Wasser auftauen. Benetzte Augen und Haut unverzüglich mit fließendem Wasser mindestens 15 Minuten lang spülen. Betroffene ruhig und warm halten. Betroffene ständig überwachen. Gesundheitliche Beeinträchtigungen infolge Einatmens oder Kontakts können verspätet eintreten bzw. bemerkt werden.

Rettungsdienstliches Personal auf notwendigen Eigenschutz sowie das freigesetzte Produkt hinweisen.

Gefahren

Brand oder Explosion

Nicht brennbar, aber brandfördernd. Dämpfe von verflüssigtem Gas sind anfangs schwerer als Luft und verteilen sich am Boden. Starke Oxidationsmittel, die heftig bis explosionsartig mit vielen Stoffen einschließlich Kraftstoffen reagieren. Entzündungsgefahr brennbarer Stoffe (Holz, Papier, Öl, Kleidung usw.). Einige Produkte reagieren äußerst heftig mit Luft, Feuchtigkeit und/oder Wasser. Bei Erhitzung kann durch das Sicherheitsventil giftiges und/oder ätzendes Gas freigesetzt werden; Gefahr des Behälterzerknalls. Aufgerissene Behälter können unkontrolliert umherfliegen.

Gesundheit

Giftig; tödliche Wirkung bei Einatmen oder Hautaufnahme möglich. Bei Brand entstehen reizende, giftige und/oder ätzende Dämpfe. Verbrennungen, schwere Verletzungen und/oder Erfrierungen bei Kontakt mit Gas bzw. verflüssigtem Gas möglich. Abfließendes Löschwasser kann umweltgefährdend sein.

Maßnahmen

Weitere Informationen zum Produkt aus Beförderungsdokumenten, Nachschlagewerken, Gefahrgutdatenbanken oder bei TUIS **einholen**.

Sicherheitshinweise

Anfahren, Absperren, Sichern, Warnen (Räumen)

Auf der windzugewandten Seite anfahren, tiefer gelegene Bereiche meiden. Erste **Absperrung im Umkreis von 100 Metern**. Nicht unbedingt erforderliches Personal bleibt außerhalb.

Polizei erweitert die äußere Absperrung auf einen Umkreis von ca. 200 Meter; beim Brand von Tankwagen oder Tanks auf 800 Meter.

Beachte grüne Seiten für die in den Stofflisten markierten Produkte zur genaueren Abschätzung der Absperrgrenzen bzw. Berechnung mit **MET**© und toxikologischen Daten.

Die Öffentlichkeit bleibt außerhalb der äußeren Absperrung.

Schutzvorkehrungen innerhalb der inneren Absperrung

Nach Erkundung innere Absperrung anpassen (Richtwert: 25–50 Meter).

Innerhalb der inneren Absperrung hält sich nur besonders geschütztes Einsatzpersonal auf.

Umluftunabhängiger Atemschutz (PA). Bei Leckage gasdichter Chemikalienschutzanzug; Beständigkeit und Kälteschutz beachten. Brandschutz zur Sicherung des vorgehenden Trupps in Bereitstellung. Geschlossene Bereiche vor dem Zutritt belüften.

Schutzausrüstung und Gerät nach Einsatz auf windzugewandter Seite mit Wasser und Bürste reinigen. Dekontaminationstrupp trägt Atem- und Körperschutz und fängt Reinigungswasser(-lauge) auf.

Einsatzmaßnahmen

Brandbekämpfung

Klein: **Nur Wasser; kein Löschpulver oder CO_2 verwenden.** Brand abriegeln und ausbrennen lassen. Falls Brandbekämpfung unumgänglich ist, ist Sprühstrahl oder Nebel empfehlenswert. Wasser nicht in Behälter gelangen lassen. Nicht betroffene Behälter möglichst aus dem Brandbereich entfernen. **Allein Spezialisten sollten beschädigte Behälter handhaben.**

Tankbrände:

Brandbekämpfung aus größtmöglicher Entfernung durchführen. Nachdem Brand gelöscht ist, Behälter ausreichend weiterkühlen. Wegen Vereisungsgefahr Wasser nicht unmittelbar auf die Austrittsstelle oder die Sicherheitsventile richten. **Sofortiger Rückzug**, falls das Sicherheitsventil mit zunehmendem Geräusch abbläst oder der Tank infolge Brandeinwirkung eine Verfärbung aufweist. **Nie** im Bereich der Tankstirnseiten aufhalten. Bei massiven Bränden mit unbemannten Wasserwerfern operieren; falls dies nicht möglich ist, aus dem Gefahrenbereich zurückziehen und Feuer brennen lassen.

Leckage

Kontakt von freigewordenem Produkt mit brennbaren Stoffen (Holz, Papier, Öl, Sägemehl usw.) verhindern. Nicht in Kontakt mit freigewordenem Produkt kommen. **Umpumpen nur durch Spezialkräfte durchführen lassen**. Leckage mit geeignetem Gerät **(keine Holzkeile verwenden)** möglichst schließen. Sprühstrahl zum Niederschlagen von Dämpfen bzw. Kontrollieren der Schadstoffwolke einsetzen. Wasserstrahl weder unmittelbar auf das ausgetretene Produkt noch auf die Austrittsstelle richten. Behälter möglichst so positionieren, dass anstelle von Flüssigkeit Gas austritt.

Produkteintritt in Wasserläufe, die Kanalisation, in Keller oder abgeschlossene Bereiche verhindern. Bereich bis zur Verflüchtigung des Gases absperren. Bereich belüften.

Erste Hilfe

Betroffene an frische Luft bringen. Rettungsdienst alarmieren. Bei Atemstillstand künstlich beatmen. **Keine Mund-zu-Mund-Beatmung, falls der Patient das Produkt verschluckt oder eingeatmet hat. AMBU®-Beutel oder ähnliches medizinisches Gerät mit Maske einsetzen.** Bei erschwerter Atmung Sauerstoffgabe. An der Haut festgefrorene Kleidung vor dem Entfernen auftauen. Benetzte Kleidung und Schuhe entfernen und sicherstellen. Benetzte Augen und Haut unverzüglich mit fließendem Wasser mindestens 15 Minuten lang spülen. Betroffene ruhig und warm halten. Betroffene ständig überwachen. Gesundheitliche Beeinträchtigungen infolge Einatmens können verspätet eintreten bzw. bemerkt werden.

Rettungsdienstliches Personal auf notwendigen Eigenschutz sowie das freigesetzte Produkt hinweisen.

Gefahren

Brand oder Explosion

Einige Produkte sind brennbar, aber nicht leicht entzündlich. Dämpfe von verflüssigtem Gas sind anfangs schwerer als Luft und verteilen sich am Boden. Einige dieser Produkte können mit Wasser äußerst heftig reagieren. Gefahr des Behälterzerknalls bei Erhitzung. Aufgerissene Behälter können unkontrolliert umherfliegen.

Gesundheit

Giftig; tödliche Wirkung bei Einatmen möglich. Dämpfe sind stark reizend und ätzend. Verbrennungen, schwere Verletzungen und/oder Erfrierungen bei Kontakt mit Gas bzw. verflüssigtem Gas möglich. Bei Brand entstehen reizende, giftige und/oder ätzende Dämpfe. Abfließendes Löschwasser kann umweltgefährdend sein.

Maßnahmen

Weitere Informationen zum Produkt aus Beförderungsdokumenten, Nachschlagewerken, Gefahrgutdatenbanken oder bei TUIS **einholen**.

Sicherheitshinweise

Anfahren, Absperren, Sichern, Warnen (Räumen)

Auf der windzugewandten Seite anfahren, tiefer gelegene Bereiche meiden. Erste **Absperrung im Umkreis von 100 Metern**. Nicht unbedingt erforderliches Personal bleibt außerhalb.

Polizei erweitert die äußere Absperrung auf einen Umkreis von ca. 200 Meter; beim Brand von Tankwagen oder Tanks auf 1.500 Meter.

Beachte grüne Seiten für die in den Stofflisten markierten Produkte zur genaueren Abschätzung der Absperrgrenzen bzw. Berechnung mit **MET**© und toxikologischen Daten.

Die Öffentlichkeit bleibt außerhalb der äußeren Absperrung.

Schutzvorkehrungen innerhalb der inneren Absperrung

Nach Erkundung innere Absperrung anpassen (Richtwert: 25–50 Meter).

Innerhalb der inneren Absperrung hält sich nur besonders geschütztes Einsatzpersonal auf.

Umluftunabhängiger Atemschutz (PA). Bei Leckage gasdichter Chemikalienschutzanzug; Beständigkeit und Kälteschutz beachten. Brandschutz zur Sicherung des vorgehenden Trupps in Bereitstellung. Geschlossene Bereiche vor dem Zutritt belüften.

Schutzausrüstung und Gerät nach Einsatz auf windzugewandter Seite mit Wasser und Bürste reinigen. Dekontaminationstrupp trägt Atem- und Körperschutz und fängt Reinigungswasser(-lauge) auf.

Einsatzmaßnahmen

Brandbekämpfung

Klein: Löschpulver oder CO_2.
Groß: Sprühstrahl, Nebel oder Schaum. Nicht betroffene Behälter möglichst aus dem Brandbereich entfernen. Wasser nicht in Behälter gelangen lassen. **Allein Spezialisten sollten beschädigte Behälter handhaben.**

Tankbrände:

Brandbekämpfung aus größtmöglicher Entfernung durchführen. Nachdem Brand gelöscht ist, Behälter ausreichend weiterkühlen. Wegen Vereisungsgefahr Wasser nicht unmittelbar auf die Austrittsstelle oder die Sicherheitsventile richten. **Sofortiger Rückzug**, falls das Sicherheitsventil mit zunehmendem Geräusch abbläst oder der Tank infolge Brandeinwirkung eine Verfärbung aufweist. **Nie** im Bereich der Tankstirnseiten aufhalten.

Leckage

Nicht in Kontakt mit freigewordenem Produkt kommen. **Umpumpen nur durch Spezialkräfte durchführen lassen**. Leckage mit geeignetem Gerät möglichst schließen. Behälter möglichst so positionieren, dass anstelle von Flüssigkeit Gas austritt.

Produkteintritt in Wasserläufe, die Kanalisation, in Keller oder abgeschlossene Bereiche verhindern. Wasserstrahl weder unmittelbar auf das ausgetretene Produkt noch auf die Austrittsstelle richten. Sprühstrahl zum Niederschlagen von Dämpfen bzw. Kontrollieren der Schadstoffwolke einsetzen. Bereich bis zur Verflüchtigung des Gases absperren.

Erste Hilfe

Betroffene an frische Luft bringen. Rettungsdienst alarmieren. Bei Atemstillstand künstlich beatmen. **Keine Mund-zu-Mund-Beatmung, falls der Patient das Produkt verschluckt oder eingeatmet hat. AMBU®-Beutel oder ähnliches medizinisches Gerät mit Maske einsetzen.** Bei erschwerter Atmung Sauerstoffgabe. Benetzte Kleidung und Schuhe entfernen und sicherstellen. Nach Kontakt mit verflüssigtem Gas gefrorene Bereiche mit lauwarmem Wasser auftauen. Benetzte Augen und Haut unverzüglich mit fließendem Wasser mindestens 15 Minuten lang spülen. Betroffene ruhig und warm halten. Betroffene ständig überwachen. Gesundheitliche Beeinträchtigungen infolge Einatmens können verspätet eintreten bzw. bemerkt werden.

Rettungsdienstliches Personal auf notwendigen Eigenschutz sowie das freigesetzte Produkt hinweisen.

Gefahren

Brand oder Explosion

Einige Produkte sind brennbar, aber nicht leicht entzündlich. Gefahr des Behälterzerknalls bei Erhitzung. Aufgerissene Behälter können unkontrolliert umherfliegen.

Achtung: Druckgaspackungen (UN 1950) können entzündbares Treibmittel enthalten.

Gesundheit

Dämpfe können ohne Vorwarnung zu Schwindel- und Erstickungserscheinungen führen. Die Dämpfe des verflüssigten Gases sind anfangs schwerer als Luft und breiten sich am Boden aus. Verbrennungen, schwere Verletzungen und/oder Erfrierungen bei Kontakt mit Gas bzw. verflüssigtem Gas möglich. Bei Brand können reizende, giftige und/oder ätzende Stoffe entstehen.

Maßnahmen

Weitere Informationen zum Produkt aus Beförderungsdokumenten, Nachschlagewerken, Gefahrgutdatenbanken oder bei TUIS **einholen**.

Sicherheitshinweise

Anfahren, Absperren, Sichern, Warnen (Räumen)

Auf der windzugewandten Seite anfahren, tiefer gelegene Bereiche meiden. Erste **Absperrung im Umkreis von 50 Metern**. Nicht unbedingt erforderliches Personal bleibt außerhalb.

Polizei erweitert die äußere Absperrung auf einen Umkreis von ca. 100 Meter; beim Brand von Tankwagen oder Tanks auf 500 Meter.

Beachte grüne Seiten für die in den Stofflisten markierten Produkte zur genaueren Abschätzung der Absperrgrenzen bzw. Berechnung mit **MET**© und toxikologischen Daten.

Die Öffentlichkeit bleibt außerhalb der äußeren Absperrung.

Schutzvorkehrungen innerhalb der inneren Absperrung

Nach Erkundung innere Absperrung anpassen.

Innerhalb der inneren Absperrung hält sich nur besonders geschütztes Einsatzpersonal auf.

Umluftunabhängiger Atemschutz (PA). Bei Leckage gasdichter Chemikalienschutzanzug; Beständigkeit und Kälteschutz beachten. Brandschutz zur Sicherung des vorgehenden Trupps in Bereitstellung. Geschlossene Bereiche vor dem Zutritt belüften.

Schutzausrüstung und Gerät nach Einsatz auf windzugewandter Seite mit Wasser und Bürste reinigen. Dekontaminationstrupp trägt Atem- und Körperschutz und fängt Reinigungswasser(-lauge) auf.

Einsatzmaßnahmen

Brandbekämpfung

Achtung: Löschmittel gemäß Art des Umgebungsbrandes auswählen.

Klein: Löschpulver oder CO_2.

Groß: Sprühstrahl, Nebel oder Schaum. Nicht betroffene Behälter möglichst aus dem Brandbereich entfernen. **Allein Spezialisten sollten beschädigte Behälter handhaben.**

Tankbrände:

Brandbekämpfung aus größtmöglicher Entfernung durchführen. Nachdem Brand gelöscht ist, Behälter ausreichend weiterkühlen. Wegen Vereisungsgefahr Wasser nicht unmittelbar auf die Austrittsstelle oder die Sicherheitsventile richten. **Sofortiger Rückzug**, falls das Sicherheitsventil mit zunehmendem Geräusch abbläst oder der Tank infolge Brandeinwirkung eine Verfärbung aufweist. **Nie** im Bereich der Tankstirnseiten aufhalten. Einige dieser Produkte können bei Leckage brennbare Rückstände freisetzen.

Leckage

Nicht in Kontakt mit freigewordenem Produkt kommen. **Umpumpen nur durch Spezialkräfte durchführen lassen**. Leckage mit geeignetem Gerät möglichst schließen. Wasserstrahl weder unmittelbar auf das ausgetretene Produkt noch auf die Austrittsstelle richten. Sprühstrahl zum Niederschlagen von Dämpfen bzw. Kontrollieren der Schadstoffwolke einsetzen. Behälter möglichst so positionieren, dass anstelle von Flüssigkeit Gas austritt.

Produkteintritt in Wasserläufe, die Kanalisation, in Keller oder abgeschlossene Bereiche verhindern. Produkt verdampfen lassen. Bereich belüften.

Erste Hilfe

Betroffene an frische Luft bringen. Rettungsdienst alarmieren. Bei Atemstillstand künstlich beatmen. Bei erschwerter Atmung Sauerstoffgabe. Benetzte Kleidung und Schuhe entfernen und sicherstellen. Nach Kontakt mit verflüssigtem Gas gefrorene Bereiche mit lauwarmem Wasser auftauen. Betroffene ruhig und warm halten.

Rettungsdienstliches Personal auf notwendigen Eigenschutz sowie das freigesetzte Produkt hinweisen.

Gefahren

Brand oder Explosion

Leicht entzündlich. Leicht entzündbar durch Hitze, Funken oder Flammen. Explosive Dampf-/Luftgemische möglich. Rückzündungsgefahr durch am Boden kriechende Dämpfe. Die meisten Dämpfe sind schwerer als Luft. Sie kriechen am Boden und sammeln sich in tiefer gelegenen Bereichen (Kanalisation, Keller, Tanks). Explosionsgefahr innerhalb und außerhalb von Gebäuden und der Kanalisation. Bei Erhitzung oder Brandbeaufschlagung können einige Produkte **(P) äußerst heftig** reagieren. Brand- und Explosionsgefahr bei Eintritt in die Kanalisation. Gefahr des Behälterzerknalls bei Erhitzung. Viele Flüssigkeiten sind leichter als Wasser.

Gesundheit

Reizung oder Verbrennung von Haut und Augen bei Einatmen oder Kontakt mit dem Produkt möglich. Bei Brand können reizende, giftige und/oder ätzende Stoffe entstehen. Schwindel oder Atembeschwerden durch Dämpfe möglich. Abfließendes Löschwasser kann umweltgefährdend sein.

Maßnahmen

Weitere Informationen zum Produkt aus Beförderungsdokumenten, Nachschlagewerken, Gefahrgutdatenbanken oder bei TUIS **einholen**.

Sicherheitshinweise

Anfahren, Absperren, Sichern, Warnen (Räumen)

Auf der windzugewandten Seite anfahren, tiefer gelegene Bereiche meiden. Erste **Absperrung im Umkreis von 50 Metern**. Nicht unbedingt erforderliches Personal bleibt außerhalb.

Polizei erweitert die äußere Absperrung beim Brand von Tankwagen oder Tanks auf einen Umkreis von 800 Meter.

Beachte grüne Seiten für die in den Stofflisten markierten Produkte zur genaueren Abschätzung der Absperrgrenzen bzw. Berechnung mit **MET**© und toxikologischen Daten.

Die Öffentlichkeit bleibt außerhalb der äußeren Absperrung.

Schutzvorkehrungen innerhalb der inneren Absperrung

Innerhalb der inneren Absperrung hält sich nur besonders geschütztes Einsatzpersonal auf.

Umluftunabhängiger Atemschutz (PA). Bei Leckage flüssigkeitsdichter Chemikalienschutzanzug; Beständigkeit beachten. Brandschutz zur Sicherung des vorgehenden Trupps in Bereitstellung. Geschlossene Bereiche vor dem Zutritt belüften.

Schutzausrüstung und Gerät nach Einsatz auf windzugewandter Seite mit Wasser und Bürste reinigen. Dekontaminationstrupp trägt Atem- und Körperschutz und fängt Reinigungswasser(-lauge) auf.

Einsatzmaßnahmen

Brandbekämpfung

Achtung: Bei sehr niedrigem Flammpunkt ist Sprühstrahl nur eingeschränkt wirksam.

Klein: Löschpulver, CO_2, Sprühstrahl oder alkoholbeständiger Schaum.

Groß: Sprühstrahl, Nebel oder alkoholbeständiger Schaum. **Keinen Vollstrahl einsetzen.** Nicht betroffene Behälter möglichst aus dem Brandbereich entfernen.

Tankbrände:

Brandbekämpfung aus größtmöglicher Entfernung durchführen. Nachdem Brand gelöscht ist, Behälter ausreichend weiterkühlen. **Sofortiger Rückzug**, falls das Sicherheitsventil mit zunehmendem Geräusch abbläst oder der Tank infolge Brandeinwirkung eine Verfärbung aufweist. **Nie** im Bereich der Tankstirnseiten aufhalten. Bei massiven Bränden mit unbemannten Wasserwerfern operieren; falls dies nicht möglich ist, aus dem Gefahrenbereich zurückziehen und Feuer brennen lassen.

Leckage

Zündquellen beseitigen (Rauchen, offenes Feuer oder Funkenerzeugung im Nahbereich ausschließen).

Beim Umpumpen explosionsgeschützte Pumpen verwenden (Zündtemperatur des Produkts beachten) und Potenzialausgleich herstellen/erden.

Nicht durch freigewordenes Produkt laufen. Leckage mit geeignetem Gerät möglichst schließen. Sauberes, nicht funkenreißendes Werkzeug verwenden. Produkteintritt in Wasserläufe, die Kanalisation, in Keller oder abgeschlossene Bereiche verhindern. Schaumteppich zur Begrenzung der Verdampfung aufbringen. Mit trockener Erde, Sand oder anderem nicht brennbarem Material aufnehmen und in belüfteten Stahlbehälter geben.

Groß: In sicherer Entfernung bis zur späteren Entsorgung eindeichen. Sprühstrahl ist zur Begrenzung der Verdampfung, aber nicht zur Verhinderung von Zündung in abgeschlossenen Bereichen geeignet.

Erste Hilfe

Betroffene an frische Luft bringen. Rettungsdienst alarmieren. Bei Atemstillstand künstlich beatmen. Bei erschwerter Atmung Sauerstoffgabe. Benetzte Kleidung und Schuhe entfernen und sicherstellen. Benetzte Augen und Haut unverzüglich mit fließendem Wasser mindestens 15 Minuten lang spülen. Haut mit Wasser und (neutraler) Seife waschen. Betroffene ruhig und warm halten. Bei Verbrennungen die betroffene Haut möglichst lange mit kaltem Wasser kühlen; an der Haut klebende Kleidung nicht entfernen.

Rettungsdienstliches Personal auf notwendigen Eigenschutz sowie das freigesetzte Produkt hinweisen.

Gefahren

Brand oder Explosion

Leicht entzündlich. Leicht entzündbar durch Hitze, Funken oder Flammen. Explosive Dampf-/Luftgemische möglich. Rückzündungsgefahr durch am Boden kriechende Dämpfe. Die meisten Dämpfe sind schwerer als Luft. Sie kriechen am Boden und sammeln sich in tiefer gelegenen Bereichen (Kanalisation, Keller, Tanks). Explosionsgefahr innerhalb und außerhalb von Gebäuden und der Kanalisation. Bei Erhitzung oder Brandbeaufschlagung können einige Produkte **(P) äußerst heftig** reagieren. Brand- und Explosionsgefahr bei Eintritt in die Kanalisation. Gefahr des Behälterzerknalls bei Erhitzung. Viele Flüssigkeiten sind leichter als Wasser. Transport in erwärmtem Zustand möglich (spezieller Gefahrzettel).

Falls Hybrid-Fahrzeuge beteiligt sind, ebenfalls Merkblatt 147 (bei Lithium-Ionen-Batterien) oder Merkblatt 138 (bei Batterien, welche Natrium enthalten) beachten.

Gesundheit

Reizung oder Verbrennung von Haut und Augen bei Einatmen oder Kontakt mit dem Produkt möglich. Bei Brand können reizende, giftige und/oder ätzende Stoffe entstehen. Schwindel oder Atembeschwerden durch Dämpfe möglich. Ablaufendes Wasser zum Löschen, Niederschlagen von Dämpfen oder Verdünnen kann umweltgefährdend sein.

Maßnahmen

Weitere Informationen zum Produkt aus Beförderungsdokumenten, Nachschlagewerken, Gefahrgutdatenbanken oder bei TUIS **einholen**.

Sicherheitshinweise

Anfahren, Absperren, Sichern, Warnen (Räumen)

Auf der windzugewandten Seite anfahren, tiefer gelegene Bereiche meiden. Erste **Absperrung im Umkreis von 50 Metern**. Nicht unbedingt erforderliches Personal bleibt außerhalb.

Polizei erweitert die äußere Absperrung beim Brand von Tankwagen oder Tanks auf einen Umkreis von 800 Meter.

Beachte grüne Seiten für die in den Stofflisten markierten Produkte zur genaueren Abschätzung der Absperrgrenzen bzw. Berechnung mit **MET**© und toxikologischen Daten.

Die Öffentlichkeit bleibt außerhalb der äußeren Absperrung.

Schutzvorkehrungen innerhalb der inneren Absperrung

Innerhalb der inneren Absperrung hält sich nur besonders geschütztes Einsatzpersonal auf.

Umluftunabhängiger Atemschutz (PA). Bei Leckage flüssigkeitsdichter Chemikalienschutzanzug; Beständigkeit beachten. Brandschutz zur Sicherung des vorgehenden Trupps in Bereitstellung. Geschlossene Bereiche vor dem Zutritt belüften.

Schutzausrüstung und Gerät nach Einsatz auf windzugewandter Seite mit Wasser und Bürste reinigen. Dekontaminationstrupp trägt Atem- und Körperschutz und fängt Reinigungswasser(-lauge) auf.

Einsatzmaßnahmen

Brandbekämpfung

Achtung: **Bei sehr niedrigem Flammpunkt ist Sprühstrahl nur eingeschränkt wirksam.** Im Fall von Mischungen mit einem hohen Gehalt an Alkohol oder polarem Lösungsmittel ist alkoholbeständiger Schaum empfehlenswert.

Klein: **Löschpulver, CO_2 , Sprühstrahl oder Schaum**.

Groß: Sprühstrahl, Nebel oder Schaum. **Keinen Vollstrahl einsetzen**. Nicht betroffene Behälter möglichst aus dem Brandbereich entfernen.

Tankbrände:

Brandbekämpfung aus größtmöglicher Entfernung durchführen. Nachdem Brand gelöscht ist, Behälter ausreichend weiterkühlen. **Sofortiger Rückzug**, falls das Sicherheitsventil mit zunehmendem Geräusch abbläst oder der Tank infolge Brandeinwirkung eine Verfärbung aufweist. **Nie** im Bereich der Tankstirnseiten aufhalten. Bei massiven Bränden mit unbemannten Wasserwerfern operieren; falls dies nicht möglich ist, aus dem Gefahrenbereich zurückziehen und Feuer brennen lassen.

Leckage

Zündquellen beseitigen (Rauchen, offenes Feuer oder Funkenerzeugung im Nahbereich ausschließen).

Beim Umpumpen explosionsgeschützte Pumpen verwenden (Zündtemperatur des Produkts beachten) und Potenzialausgleich herstellen/erden.

Nicht durch freigewordenes Produkt laufen. Leckage mit geeignetem Gerät möglichst schließen. Sauberes, nicht funkenreißendes Werkzeug verwenden. Produkteintritt in Wasserläufe, die Kanalisation, in Keller oder abgeschlossene Bereiche verhindern. Schaumteppich zur Begrenzung der Verdampfung aufbringen. Mit trockener Erde, Sand oder anderem nicht brennbarem Material aufnehmen und in belüfteten Stahlbehälter geben.

Groß: In sicherer Entfernung bis zur späteren Entsorgung eindeichen. Sprühstrahl ist zur Begrenzung der Verdampfung, aber nicht zur Verhinderung von Zündung in abgeschlossenen Bereichen geeignet.

Erste Hilfe

Betroffene an frische Luft bringen. Rettungsdienst alarmieren. Bei Atemstillstand künstlich beatmen. Bei erschwerter Atmung Sauerstoffgabe. Benetzte Kleidung und Schuhe entfernen und sicherstellen. Benetzte Augen und Haut unverzüglich mit fließendem Wasser mindestens 15 Minuten lang spülen. Haut mit Wasser und (neutraler) Seife waschen. Betroffene ruhig und warm halten. Bei Verbrennungen die betroffene Haut möglichst lange mit kaltem Wasser kühlen; an der Haut klebende Kleidung nicht entfernen.

Rettungsdienstliches Personal auf notwendigen Eigenschutz sowie das freigesetzte Produkt hinweisen.

Gefahren

Brand oder Explosion

Leicht entzündlich. Leicht entzündbar durch Hitze, Funken oder Flammen.

Explosive Dampf-/Luftgemische möglich. Rückzündungsgefahr durch am Boden kriechende Dämpfe. Die meisten Dämpfe sind schwerer als Luft. Sie kriechen am Boden und sammeln sich in tiefer gelegenen Bereichen (Kanalisation, Keller, Tanks). Explosionsgefahr innerhalb und außerhalb von Gebäuden und der Kanalisation. Bei Erhitzung oder Brandbeaufschlagung können einige Produkte **(P) äußerst heftig** reagieren. Brand- und Explosionsgefahr bei Eintritt in die Kanalisation. Gefahr des Behälterzerknalls bei Erhitzung. Viele Flüssigkeiten sind leichter als Wasser.

Gesundheit

Giftwirkung bei Einatmen oder Hautaufnahme möglich. Reizung oder Verbrennung von Haut und Augen bei Einatmen oder Kontakt mit dem Produkt möglich. Bei Brand entstehen reizende, giftige und/oder ätzende Dämpfe. Schwindel oder Atembeschwerden durch Dämpfe möglich. Ablaufendes Wasser zum Löschen, Niederschlagen von Dämpfen oder Verdünnen kann umweltgefährdend sein.

Maßnahmen

Weitere Informationen zum Produkt aus Beförderungsdokumenten, Nachschlagewerken, Gefahrgutdatenbanken oder bei TUIS **einholen**.

Sicherheitshinweise

Anfahren, Absperren, Sichern, Warnen (Räumen)

Auf der windzugewandten Seite anfahren, tiefer gelegene Bereiche meiden. Erste **Absperrung im Umkreis von 50 Metern**. Nicht unbedingt erforderliches Personal bleibt außerhalb.

Polizei erweitert die äußere Absperrung beim Brand von Tankwagen oder Tanks auf einen Umkreis von 800 Meter.

Beachte grüne Seiten für die in den Stofflisten markierten Produkte zur genaueren Abschätzung der Absperrgrenzen bzw. Berechnung mit **MET**© und toxikologischen Daten.

Die Öffentlichkeit bleibt außerhalb der äußeren Absperrung.

Schutzvorkehrungen innerhalb der inneren Absperrung

Innerhalb der inneren Absperrung hält sich nur besonders geschütztes Einsatzpersonal auf.

Umluftunabhängiger Atemschutz (PA). Bei Leckage flüssigkeitsdichter Chemikalienschutzanzug; Beständigkeit beachten. Brandschutz zur Sicherung des vorgehenden Trupps in Bereitstellung. Geschlossene Bereiche vor dem Zutritt belüften.

Schutzausrüstung und Gerät nach Einsatz auf windzugewandter Seite mit Wasser und Bürste reinigen. Dekontaminationstrupp trägt Atem- und Körperschutz und fängt Reinigungswasser(-lauge) auf.

Einsatzmaßnahmen

Brandbekämpfung

Achtung: **Bei sehr niedrigem Flammpunkt ist Sprühstrahl nur eingeschränkt wirksam.**

Klein: Löschpulver (nicht bei UN 1261, UN 2842), CO_2, Sprühstrahl oder alkoholbeständiger Schaum.

Groß: Sprühstrahl, Nebel oder alkoholbeständiger Schaum. **Keinen Vollstrahl einsetzen**. Nicht betroffene Behälter möglichst aus dem Brandbereich entfernen.

Tank- oder Ladungsbrände:

Brandbekämpfung aus größtmöglicher Entfernung durchführen. Nachdem Brand gelöscht ist, Behälter ausreichend weiterkühlen. **Sofortiger Rückzug**, falls das Sicherheitsventil mit zunehmendem Geräusch abbläst oder der Tank infolge Brandeinwirkung eine Verfärbung aufweist. **Nie** im Bereich der Tankstirnseiten aufhalten. Bei massiven Bränden mit unbemannten Wasserwerfern operieren; falls dies nicht möglich ist, aus dem Gefahrenbereich zurückziehen und Feuer brennen lassen.

Leckage

Zündquellen beseitigen (Rauchen, offenes Feuer oder Funkenerzeugung im Nahbereich ausschließen).

Beim Umpumpen explosionsgeschützte Pumpen verwenden (Zündtemperatur des Produkts beachten) und Potenzialausgleich herstellen/erden.

Nicht durch freigewordenes Produkt laufen. Leckage mit geeignetem Gerät möglichst schließen. Sauberes, nicht funkenreißendes Werkzeug verwenden. Produkteintritt in Wasserläufe, die Kanalisation, in Keller oder abgeschlossene Bereiche verhindern. Schaumteppich zur Begrenzung der Verdampfung aufbringen. Mit trockener Erde, Sand oder anderem nicht brennbarem Material aufnehmen und in belüfteten Stahlbehälter geben.

Groß: In sicherer Entfernung bis zur späteren Entsorgung eindeichen. Sprühstrahl ist zur Begrenzung der Verdampfung, aber nicht zur Verhinderung von Zündung in abgeschlossenen Bereichen geeignet.

Erste Hilfe

Betroffene an frische Luft bringen. Rettungsdienst alarmieren. Bei Atemstillstand künstlich beatmen. Bei erschwerter Atmung Sauerstoffgabe. Benetzte Kleidung und Schuhe entfernen und sicherstellen. Benetzte Augen und Haut unverzüglich mit fließendem Wasser mindestens 15 Minuten lang spülen. Haut mit Wasser und (neutraler) Seife waschen. Betroffene ruhig und warm halten. Gesundheitliche Beeinträchtigungen infolge Einatmens, Verschluckens oder Hautaufnahme können erst mit Verzögerung eintreten bzw. bemerkt werden. Bei Verbrennungen die betroffene Haut möglichst lange mit kaltem Wasser kühlen; an der Haut klebende Kleidung nicht entfernen.

Rettungsdienstliches Personal auf notwendigen Eigenschutz sowie das freigesetzte Produkt hinweisen.

Gefahren

Brand oder Explosion

Leicht entzündlich. Leicht entzündbar durch Hitze, Funken oder Flammen. Explosive Dampf-/Luftgemische möglich. Rückzündungsgefahr durch am Boden kriechende Dämpfe. Die meisten Dämpfe sind schwerer als Luft. Sie kriechen am Boden und sammeln sich in tiefer gelegenen Bereichen (Kanalisation, Keller, Tanks). Explosionsgefahr innerhalb und außerhalb von Gebäuden und der Kanalisation. Bei Erhitzung oder Brandbeaufschlagung können einige Produkte **(P) äußerst heftig** reagieren. Brand- und Explosionsgefahr bei Eintritt in die Kanalisation. Gefahr des Behälterzerknalls bei Erhitzung. Viele Flüssigkeiten sind leichter als Wasser.

Gesundheit

Giftwirkung bei Einatmen oder Hautaufnahme möglich. Reizung oder Verbrennung von Haut und Augen bei Einatmen oder Kontakt mit dem Produkt möglich. Bei Brand entstehen reizende, giftige und/oder ätzende Dämpfe. Schwindel oder Atembeschwerden durch Dämpfe möglich. Ablaufendes Wasser zum Löschen, Niederschlagen von Dämpfen oder Verdünnen kann umweltgefährdend sein.

Maßnahmen

Weitere Informationen zum Produkt aus Beförderungsdokumenten, Nachschlagewerken, Gefahrgutdatenbanken oder bei TUIS **einholen**.

Sicherheitshinweise

Anfahren, Absperren, Sichern, Warnen (Räumen)

Auf der windzugewandten Seite anfahren, tiefer gelegene Bereiche meiden. Erste **Absperrung im Umkreis von 50 Metern**. Nicht unbedingt erforderliches Personal bleibt außerhalb.

Polizei erweitert die äußere Absperrung auf einen Umkreis von ca. 100 Meter; beim Brand von Tankwagen oder Tanks auf 800 Meter.

Beachte grüne Seiten für die in den Stofflisten markierten Produkte zur genaueren Abschätzung der Absperrgrenzen bzw. Berechnung mit **MET**© und toxikologischen Daten.

Die Öffentlichkeit bleibt außerhalb der äußeren Absperrung.

Schutzvorkehrungen innerhalb der inneren Absperrung

Nach Erkundung (Messen mit Explosimeter) innere Absperrung anpassen (Richtwert: 25 Meter).

Innerhalb der inneren Absperrung hält sich nur besonders geschütztes Einsatzpersonal auf.

Umluftunabhängiger Atemschutz (PA). Bei Leckage flüssigkeitsdichter Chemikalienschutzanzug; Beständigkeit beachten. Brandschutz zur Sicherung des vorgehenden Trupps in Bereitstellung. Geschlossene Bereiche vor dem Zutritt belüften.

Schutzausrüstung und Gerät nach Einsatz auf windzugewandter Seite mit Wasser und Bürste reinigen. Dekontaminationstrupp trägt Atem- und Körperschutz und fängt Reinigungswasser(-lauge) auf.

Einsatzmaßnahmen

Brandbekämpfung

Achtung: Bei sehr niedrigem Flammpunkt ist Sprühstrahl nur eingeschränkt wirksam.

Klein: Löschpulver, CO_2, Sprühstrahl oder Schaum.

Groß: Sprühstrahl, Nebel oder Schaum. **Keinen Vollstrahl einsetzen**. Nicht betroffene Behälter möglichst aus dem Brandbereich entfernen.

Tank- oder Ladungsbrände:

Brandbekämpfung aus größtmöglicher Entfernung durchführen. Nachdem Brand gelöscht ist, Behälter ausreichend weiterkühlen. **Sofortiger Rückzug**, falls das Sicherheitsventil mit zunehmendem Geräusch abbläst oder der Tank infolge Brandeinwirkung eine Verfärbung aufweist. **Nie** im Bereich der Tankstirnseiten aufhalten. Bei massiven Bränden mit unbemannten Wasserwerfern operieren; falls dies nicht möglich ist, aus dem Gefahrenbereich zurückziehen und Feuer brennen lassen.

Leckage

Zündquellen beseitigen (Rauchen, offenes Feuer oder Funkenerzeugung im Nahbereich ausschließen).

Beim Umpumpen explosionsgeschützte Pumpen verwenden (Zündtemperatur des Produkts beachten) und Potezialausgleich herstellen/erden.

Nicht durch freigewordenes Produkt laufen. Leckage mit geeignetem Gerät möglichst schließen. Sauberes, nicht funkenreißendes Werkzeug verwenden. Produkteintritt in Wasserläufe, die Kanalisation, in Keller oder abgeschlossene Bereiche verhindern. Schaumteppich zur Begrenzung der Verdampfung aufbringen. Mit trockener Erde, Sand oder anderem nicht brennbarem Material aufnehmen und in belüfteten Stahlbehälter geben.

Groß: In sicherer Entfernung bis zur späteren Entsorgung eindeichen. Sprühstrahl ist zur Begrenzung der Verdampfung, aber nicht zur Verhinderung von Zündung in abgeschlossenen Bereichen geeignet.

Erste Hilfe

Betroffene an frische Luft bringen. Rettungsdienst alarmieren. Bei Atemstillstand künstlich beatmen. Bei erschwerter Atmung Sauerstoffgabe. Benetzte Kleidung und Schuhe entfernen und sicherstellen. Benetzte Augen und Haut unverzüglich mit fließendem Wasser mindestens 15 Minuten lang spülen. Haut mit Wasser und (neutraler) Seife waschen. Betroffene ruhig und warm halten. Gesundheitliche Beeinträchtigungen infolge Einatmens, Verschluckens oder Hautaufnahme können erst mit Verzögerung eintreten bzw. bemerkt werden. Bei Verbrennungen die betroffene Haut möglichst lange mit kaltem Wasser kühlen; an der Haut klebende Kleidung nicht entfernen.

Rettungsdienstliches Personal auf notwendigen Eigenschutz sowie das freigesetzte Produkt hinweisen.

Gefahren

Brand oder Explosion

Leicht entzündlich. Leicht entzündbar durch Hitze, Funken oder Flammen. Explosive Dampf-/Luftgemische möglich. Rückzündungsgefahr durch am Boden kriechende Dämpfe. Die meisten Dämpfe sind schwerer als Luft. Sie kriechen am Boden und sammeln sich in tiefer gelegenen Bereichen (Kanalisation, Keller, Tanks). Explosions- und Vergiftungsgefahr innerhalb und außerhalb von Gebäuden und der Kanalisation. Bei Erhitzung oder Brandbeaufschlagung können einige Produkte **(P) äußerst heftig** reagieren. Brand- und Explosionsgefahr bei Eintritt in die Kanalisation. Gefahr des Behälterzerknalls bei Erhitzung. Viele Flüssigkeiten sind leichter als Wasser.

Methanol (UN 1230) brennt mit unsichtbarer Flamme. Ein Brand ist daher nur unter Benutzung von Hilfsmitteln (Fernthermometer, Infrarotkamera, Holzstück, usw.) erkennbar.

Gesundheit

Giftig; tödliche Wirkung bei Einatmen, Verschlucken oder Hautaufnahme möglich. Reizung oder Verbrennung von Haut und Augen bei Einatmen oder Kontakt mit einigen dieser Produkte möglich. Freigesetztes Methylchloracetat (UN 2295) ist augenreizend und verursacht Tränenfluss. Bei Brand entstehen reizende, giftige und/oder ätzende Dämpfe. Schwindel oder Atembeschwerden durch Dämpfe möglich. Ablaufendes Wasser zum Löschen, Niederschlagen von Dämpfen oder Verdünnen kann umweltgefährdend sein.

Maßnahmen

Weitere Informationen zum Produkt aus Beförderungsdokumenten, Nachschlagewerken, Gefahrgutdatenbanken oder bei TUIS **einholen**.

Sicherheitshinweise

Anfahren, Absperren, Sichern, Warnen (Räumen)

Auf der windzugewandten Seite anfahren, tiefer gelegene Bereiche meiden. Erste **Absperrung im Umkreis von 50 Metern**. Nicht unbedingt erforderliches Personal bleibt außerhalb.

Polizei erweitert die äußere Absperrung auf einen Umkreis von ca. 100 Meter; beim Brand von Tankwagen oder Tanks auf 800 Meter.

Beachte grüne Seiten für die in den Stofflisten markierten Produkte zur genaueren Abschätzung der Absperrgrenzen bzw. Berechnung mit **MET**© und toxikologischen Daten.

Die Öffentlichkeit bleibt außerhalb der äußeren Absperrung.

Schutzvorkehrungen innerhalb der inneren Absperrung

Nach Erkundung (Messen mit Explosimeter) innere Absperrung anpassen (Richtwert: 25–50 Meter).

Innerhalb der inneren Absperrung hält sich nur besonders geschütztes Einsatzpersonal auf.

Umluftunabhängiger Atemschutz (PA). Bei Leckage gasdichter Chemikalienschutzanzug; Beständigkeit beachten. Brandschutz zur Sicherung des vorgehenden Trupps in Bereitstellung. Schutzausrüstung und Gerät nach Einsatz auf windzugewandter Seite mit Wasser und Bürste reinigen. Dekontaminationstrupp trägt Atem- und Körperschutz und fängt Reinigungswasser(-lauge) auf.

Einsatzmaßnahmen

Brandbekämpfung

Achtung: Bei sehr niedrigem Flammpunkt ist Sprühstrahl nur eingeschränkt wirksam.

Klein: Löschpulver, CO_2, Sprühstrahl oder alkoholbeständiger Schaum.

Groß: Sprühstrahl, Nebel oder alkoholbeständiger Schaum. Nicht betroffene Behälter möglichst aus dem Brandbereich entfernen. Löschwasser auffangen, Produkt nicht unnötig verbreiten. **Keinen Vollstrahl einsetzen.**

Tank- oder Ladungsbrände:

Brandbekämpfung aus größtmöglicher Entfernung durchführen. Nachdem Brand gelöscht ist, Behälter ausreichend weiterkühlen. **Sofortiger Rückzug** falls das Sicherheitsventil mit zunehmendem Geräusch abbläst oder der Tank infolge Brandeinwirkung eine Verfärbung aufweist. **Nie** im Bereich der Tankstirnseiten aufhalten. Bei massiven Bränden mit unbemannten Wasserwerfern operieren; falls dies nicht möglich ist, aus dem Gefahrenbereich zurückziehen und Feuer brennen lassen.

Leckage

Zündquellen beseitigen (Rauchen, offenes Feuer oder Funkenerzeugung im Nahbereich ausschließen).

Beim Umpumpen explosionsgeschützte Pumpen verwenden (Zündtemperatur des Produkts beachten) und Potenzialausgleich herstellen/erden.

Nicht durch freigewordenes Produkt laufen. Leckage mit geeignetem Gerät möglichst schließen. Sauberes, nicht funkenreißendes Werkzeug verwenden. Produkteintritt in Wasserläufe, die Kanalisation, in Keller oder abgeschlossene Bereiche verhindern. Schaumteppich zur Begrenzung der Verdampfung aufbringen. Sprühstrahl ist zur Begrenzung der Verdampfung, aber nicht zur Verhinderung von Zündung in abgeschlossenen Bereichen geeignet.

Klein: Mit Chemikalienbinder aufnehmen und in belüftete Stahlbehälter geben (Beständigkeit prüfen, evtl. Kunststoffsack einhängen).

Groß: In sicherer Entfernung bis zur späteren Entsorgung eindeichen.

Erste Hilfe

Betroffene an frische Luft bringen. Rettungsdienst alarmieren. Bei Atemstillstand künstlich beatmen. **Keine Mund-zu-Mund-Beatmung, falls der Patient das Produkt verschluckt oder eingeatmet hat. AMBU®-Beutel oder ähnliches medizinisches Gerät mit Maske einsetzen.** Bei erschwerter Atmung Sauerstoffgabe. Benetzte Kleidung und Schuhe entfernen und sicherstellen. Benetzte Augen und Haut unverzüglich mit fließendem Wasser mindestens 15 Minuten lang spülen. Haut mit Wasser und (neutraler) Seife waschen. Betroffene ruhig und warm halten. Gesundheitliche Beeinträchtigungen infolge Einatmens, Verschluckens oder Hautaufnahme können erst mit Verzögerung eintreten bzw. bemerkt werden. Bei Verbrennungen die betroffene Haut möglichst lange mit kaltem Wasser kühlen; an der Haut klebende Kleidung nicht entfernen.

Rettungsdienstliches Personal auf notwendigen Eigenschutz sowie das freigesetzte Produkt hinweisen.

Gefahren

Brand oder Explosion

Entzündbares/brennbares Produkt. Entzündbar durch Hitze, Funken oder Flammen. Explosive Dampf-/Luftgemische möglich. Rückzündungsgefahr durch am Boden kriechende Dämpfe. Die meisten Dämpfe sind schwerer als Luft. Sie kriechen am Boden und sammeln sich in tiefer gelegenen Bereichen (Kanalisation, Keller, Tanks). Explosionsgefahr innerhalb und außerhalb von Gebäuden und der Kanalisation. Bei Erhitzung oder Brandbeaufschlagung können einige Produkte **(P) äußerst heftig** reagieren. Brand- und Explosionsgefahr bei Eintritt in die Kanalisation. Gefahr des Behälterzerknalls bei Erhitzung. Viele Flüssigkeiten sind leichter als Wasser.

Gesundheit

Giftwirkung bei Einatmen oder Inkorporation/Verschlucken möglich. Schwere Verbrennungen von Haut und Augen bei Kontakt mit dem Produkt möglich. Bei Brand entstehen reizende, giftige und/ oder ätzende Dämpfe. Schwindel oder Atembeschwerden durch Dämpfe möglich. Ablaufendes Wasser zum Löschen, Niederschlagen von Dämpfen oder Verdünnen kann umweltgefährdend sein.

Maßnahmen

Weitere Informationen zum Produkt aus Beförderungsdokumenten, Nachschlagewerken, Gefahrgutdatenbanken oder bei TUIS **einholen**.

Sicherheitshinweise

Anfahren, Absperren, Sichern, Warnen (Räumen)

Auf der windzugewandten Seite anfahren, tiefer gelegene Bereiche meiden. Erste **Absperrung im Umkreis von 50 Metern**. Nicht unbedingt erforderliches Personal bleibt außerhalb.

Polizei erweitert die äußere Absperrung auf einen Umkreis von ca. 100 Meter; beim Brand von Tankwagen oder Tanks auf 800 Meter.

Beachte grüne Seiten für die in den Stofflisten markierten Produkte zur genaueren Abschätzung der Absperrgrenzen bzw. Berechnung mit **MET**© und toxikologischen Daten.

Die Öffentlichkeit bleibt außerhalb der äußeren Absperrung.

Schutzvorkehrungen innerhalb der inneren Absperrung

Nach Erkundung (Messen mit Explosimeter) innere Absperrung anpassen (Richtwert: 25–50 Meter).

Innerhalb der inneren Absperrung hält sich nur besonders geschütztes Einsatzpersonal auf.

Umluftunabhängiger Atemschutz (PA). Bei Leckage gasdichter Chemikalienschutzanzug; Beständigkeit beachten. Brandschutz zur Sicherung des vorgehenden Trupps in Bereitstellung. Geschlossene Bereiche vor dem Zutritt belüften.

Schutzausrüstung und Gerät nach Einsatz auf windzugewandter Seite mit Wasser und Bürste reinigen. Dekontaminationstrupp trägt Atem- und Körperschutz und fängt Reinigungswasser(-lauge) auf.

Einsatzmaßnahmen

Brandbekämpfung

Achtung: Einige Produkte können äußerst heftig mit Wasser reagieren.

Klein: Löschpulver, CO_2, Sprühstrahl oder alkoholbeständiger Schaum.

Groß: Sprühstrahl, Nebel oder alkoholbeständiger Schaum. Nicht betroffene Behälter möglichst aus dem Brandbereich entfernen. Löschwasser auffangen, Produkt nicht unnötig verbreiten. Wasser nicht in Behälter gelangen lassen.

Tank- oder Ladungsbrände:

Brandbekämpfung aus größtmöglicher Entfernung durchführen. Nachdem Brand gelöscht ist, Behälter ausreichend weiterkühlen. **Sofortiger Rückzug**, falls das Sicherheitsventil mit zunehmendem Geräusch abbläst oder der Tank infolge Brandeinwirkung eine Verfärbung aufweist. **Nie** im Bereich der Tankstirnseiten aufhalten. Bei massiven Bränden mit unbemannten Wasserwerfern operieren; falls dies nicht möglich ist, aus dem Gefahrenbereich zurückziehen und Feuer brennen lassen.

Leckage

Zündquellen beseitigen (Rauchen, offenes Feuer oder Funkenerzeugung im Nahbereich ausschließen).

Beim Umpumpen säurebeständige Pumpen verwenden; bei brennbaren Produkten auch Explosionsschutz/Potenzialausgleich/Erdung beachten.

Nicht durch freigewordenes Produkt laufen. Leckage mit geeignetem Gerät möglichst schließen. Sauberes, nicht funkenreißendes Werkzeug verwenden. Produkteintritt in Wasserläufe, die Kanalisation, in Keller oder abgeschlossene Bereiche verhindern. Schaumteppich zur Begrenzung der Verdampfung aufbringen. Mit Chemikalienbinder aufnehmen und in belüftete Stahlbehälter geben (Beständigkeit prüfen, evtl. Kunststoffsack einhängen).

Groß: In sicherer Entfernung bis zur späteren Entsorgung eindeichen. Sprühstrahl ist zur Begrenzung der Verdampfung, aber nicht zur Verhinderung von Zündung in abgeschlossenen Bereichen geeignet.

Erste Hilfe

Betroffene an frische Luft bringen. Rettungsdienst alarmieren. Bei Atemstillstand künstlich beatmen. **Keine Mund-zu-Mund-Beatmung, falls der Patient das Produkt verschluckt oder eingeatmet hat. AMBU®-Beutel oder ähnliches medizinisches Gerät mit Maske einsetzen.** Bei erschwerter Atmung Sauerstoffgabe. Benetzte Kleidung und Schuhe entfernen und sicherstellen. Benetzte Augen und Haut unverzüglich mit fließendem Wasser mindestens 15 Minuten lang spülen. Betroffene ruhig und warm halten. Gesundheitliche Beeinträchtigungen infolge Einatmens, Verschluckens oder Hautaufnahme können erst mit Verzögerung eintreten bzw. bemerkt werden. Bei Verbrennungen die betroffene Haut möglichst lange mit kaltem Wasser kühlen; an der Haut klebende Kleidung nicht entfernen.

Rettungsdienstliches Personal auf notwendigen Eigenschutz sowie das freigesetzte Produkt hinweisen.

Gefahren

Brand oder Explosion

Entzündbares/brennbares Produkt. Entzündbar durch Reibung, Hitze, Flammen oder Funken. Einige Produkte können schnell unter intensiver Flammenbildung abbrennen. Puder, Stäube, Bohr-, Dreh-, Hobel- oder Frässpäne können explosionsartig abbrennen. Transport als Schmelze möglich. Rückzündungsgefahr.

Gesundheit

Bei Brand können reizende und/oder giftige Dämpfe entstehen. Verbrennungen von Haut und Augen bei Kontakt mit Produkt möglich. Schwere Verbrennungen von Haut und Augen bei Kontakt mit Schmelze möglich. Abfließendes Löschwasser kann umweltgefährdend sein.

Maßnahmen

Weitere Informationen zum Produkt aus Beförderungsdokumenten, Nachschlagewerken, Gefahrgutdatenbanken oder bei TUIS **einholen**.

Sicherheitshinweise

Anfahren, Absperren, Sichern, Warnen (Räumen)

Auf der windzugewandten Seite anfahren, tiefer gelegene Bereiche meiden. Erste **Absperrung im Umkreis von 50 Metern**. Nicht unbedingt erforderliches Personal bleibt außerhalb.

Polizei sichert die äußere Absperrung im Umkreis von 50 Metern.

Beachte grüne Seiten für die in den Stofflisten markierten Produkte zur genaueren Abschätzung der Absperrgrenzen bzw. Berechnung mit **MET**© und toxikologischen Daten.

Die Öffentlichkeit bleibt außerhalb der äußeren Absperrung.

Schutzvorkehrungen innerhalb der inneren Absperrung

Nach Erkundung innere Absperrung anpassen (Richtwert: 10–25 Meter).

Innerhalb der inneren Absperrung hält sich nur besonders geschütztes Einsatzpersonal auf.

Umluftunabhängiger Atemschutz (PA). Bei Leckage flüssigkeitsdichter Chemikalienschutzanzug; Beständigkeit beachten.

Schutzausrüstung und Gerät nach Einsatz auf windzugewandter Seite mit Wasser und Bürste reinigen. Dekontaminationstrupp trägt Atem- und Körperschutz und fängt Reinigungswasser(-lauge) auf.

Einsatzmaßnahmen

Brandbekämpfung

Klein: Löschpulver, CO_2, Sand, Erde, Sprühstrahl oder Schaum.
Groß: Sprühstrahl, Nebel oder Schaum. Nicht betroffene Behälter möglichst aus dem Brandbereich entfernen.

Tank- oder Ladungsbrände:

Nachdem Brand gelöscht ist, Behälter ausreichend weiterkühlen. Bei massiven Bränden mit unbemannten Wasserwerfern operieren; falls dies nicht möglich ist, aus dem Gefahrenbereich zurückziehen und Feuer brennen lassen. **Sofortiger Rückzug**, falls das Sicherheitsventil mit zunehmendem Geräusch abbläst oder der Tank infolge Brandeinwirkung eine Verfärbung aufweist. **Nie** im Bereich der Tankstirnseiten aufhalten.

Leckage

Zündquellen beseitigen (Rauchen, offenes Feuer oder Funkenerzeugung im Nahbereich ausschließen). Nicht durch freigewordenes Produkt laufen.

Trocken, klein: Mit sauberer Schaufel in sauberen, trockenen Stahlbehälter füllen, locker abdecken und Behälter aus dem unmittelbar betroffenen Bereich entfernen.

Groß: Bis zur späteren Entsorgung feucht halten.

Produkteintritt in Wasserläufe, die Kanalisation, in Keller oder abgeschlossene Bereiche verhindern.

Erste Hilfe

Betroffene an frische Luft bringen. Rettungsdienst alarmieren. Bei Atemstillstand künstlich beatmen. Bei erschwerter Atmung Sauerstoffgabe. Benetzte Kleidung und Schuhe entfernen und sicherstellen. Benetzte Augen und Haut unverzüglich mit fließendem Wasser mindestens 15 Minuten lang spülen. Das Ablösen fester Schmelze von der Haut kann nur ein Arzt durchführen. Betroffene ruhig und warm halten.

Rettungsdienstliches Personal auf notwendigen Eigenschutz sowie das freigesetzte Produkt hinweisen.

Gefahren

Brand oder Explosion

Entzündbares/brennbares Produkt. Entzündbar durch Reibung, Hitze, Flammen oder Funken. Bei Erhitzung Bildung explosionsfähiger Dampf-/Luftgemische möglich. Explosionsgefahr innerhalb und außerhalb von Gebäuden und der Kanalisation. Bei Kontakt mit Metallen Freisetzung von brennbarem Wasserstoffgas möglich. Gefahr des Behälterzerknalls bei Erhitzung.

Gesundheit

Giftig; schwere Verletzungen (mit Todesfolge) bei Einatmen, Inkorporation oder Hautkontakt möglich. Bei Brand entstehen reizende, giftige und/oder ätzende Dämpfe. Ablaufendes Wasser zum Löschen, Niederschlagen von Dämpfen oder Verdünnen kann giftig und/oder ätzend und umweltgefährdend sein.

Maßnahmen

Weitere Informationen zum Produkt aus Beförderungsdokumenten, Nachschlagewerken, Gefahrgutdatenbanken oder bei TUIS **einholen**.

Sicherheitshinweise

Anfahren, Absperren, Sichern, Warnen (Räumen)

Auf der windzugewandten Seite anfahren, tiefer gelegene Bereiche meiden. Erste **Absperrung im Umkreis von 50 Metern**. Nicht unbedingt erforderliches Personal bleibt außerhalb.

Polizei sichert die äußere Absperrung im Umkreis von 50 Metern.

Beachte grüne Seiten für die in den Stofflisten markierten Produkte zur genaueren Abschätzung der Absperrgrenzen bzw. Berechnung mit **MET**© und toxikologischen Daten.

Die Öffentlichkeit bleibt außerhalb der äußeren Absperrung.

Schutzvorkehrungen innerhalb der inneren Absperrung

Nach Erkundung innere Absperrung anpassen (Richtwert: 25 Meter).

Innerhalb der inneren Absperrung hält sich nur besonders geschütztes Einsatzpersonal auf.

Umluftunabhängiger Atemschutz (PA). Bei Leckage flüssigkeitsdichter Chemikalienschutzanzug; Beständigkeit beachten. Brandschutz zur Sicherung des vorgehenden Trupps in Bereitstellung.

Schutzausrüstung und Gerät nach Einsatz auf windzugewandter Seite mit Wasser und Bürste reinigen. Dekontaminationstrupp trägt Atem- und Körperschutz und fängt Reinigungswasser(-lauge) auf.

Einsatzmaßnahmen

Brandbekämpfung

Klein: Löschpulver, CO_2, Sprühstrahl oder alkoholbeständiger Schaum.

Groß: Sprühstrahl, Nebel oder alkoholbeständiger Schaum. Nicht betroffene Behälter möglichst aus dem Brandbereich entfernen. **Keinen Vollstrahl einsetzen.** Wasser nicht in Behälter gelangen lassen. Löschwasser auffangen, Produkt nicht unnötig verbreiten.

Tank- oder Ladungsbrände:

Brandbekämpfung aus größtmöglicher Entfernung durchführen. Nachdem Brand gelöscht ist, Behälter ausreichend weiterkühlen. **Sofortiger Rückzug**, falls das Sicherheitsventil mit zunehmendem Geräusch abbläst oder der Tank infolge Brandeinwirkung eine Verfärbung aufweist. **Nie** im Bereich der Tankstirnseiten aufhalten.

Leckage

Zündquellen beseitigen (Rauchen, offenes Feuer oder Funkenerzeugung im Nahbereich ausschließen). Leckage mit geeignetem Gerät möglichst schließen. Sauberes, nicht funkenreißendes Werkzeug verwenden. Beschädigte Behälter oder freigewordenen Stoff nicht ohne geeignete Schutzkleidung berühren.

Produkteintritt in Wasserläufe, die Kanalisation, in Keller oder abgeschlossene Bereiche verhindern. Mit sauberem, nicht funkenreißendem Werkzeug in locker abgedeckten Kunststoffbehälter geben.

Erste Hilfe

Betroffene an frische Luft bringen. Rettungsdienst alarmieren. Bei Atemstillstand künstlich beatmen. **Keine Mund-zu-Mund-Beatmung, falls der Patient das Produkt verschluckt oder eingeatmet hat. AMBU®-Beutel oder ähnliches medizinisches Gerät mit Maske einsetzen.** Bei erschwerter Atmung Sauerstoffgabe. Benetzte Kleidung und Schuhe entfernen und sicherstellen. Benetzte Augen und Haut unverzüglich mit fließendem Wasser mindestens 15 Minuten lang spülen. Zur Begrenzung des Hautkontakts: Verbreitung des Produkts auf nicht betroffene Hautpartien vermeiden. Betroffene ruhig und warm halten. Gesundheitliche Beeinträchtigungen infolge Einatmens, Verschluckens oder Hautaufnahme können erst mit Verzögerung eintreten bzw. bemerkt werden.

Rettungsdienstliches Personal auf notwendigen Eigenschutz sowie das freigesetzte Produkt hinweisen.

Gefahren

Brand oder Explosion

Entzündbares/brennbares Produkt. Entzündungsgefahr bei Kontakt mit Luft oder Feuchtigkeit. Schneller Abbrand unter intensiver Flammenbildung möglich. Heftige bis explosionsartige Reaktion bei Kontakt mit Wasser. Bei Erhitzung oder Brandbeanspruchung Gefahr der explosionsartigen Zersetzung. Rückzündungsgefahr. Brand- bzw. Explosionsgefahr durch ablaufendes Produkt.

Gesundheit

Bei Brand entstehen reizende, giftige und/oder ätzende Dämpfe. Schwere Verletzungen mit Todesfolge bei Einatmen der Zersetzungsprodukte möglich. Schwere Verbrennungen von Haut und Augen bei Kontakt mit dem Produkt möglich. Abfließendes Löschwasser kann umweltgefährdend sein.

Achtung: Pentaboran (UN 1380) ist äußerst giftig; schwere Verletzungen (mit Todesfolge) bei Einatmen, Inkorporation oder Hautkontakt möglich.

Maßnahmen

Weitere Informationen zum Produkt aus Beförderungsdokumenten, Nachschlagewerken, Gefahrgutdatenbanken oder bei TUIS **einholen**.

Sicherheitshinweise

Anfahren, Absperren, Sichern, Warnen (Räumen)

Auf der windzugewandten Seite anfahren, tiefer gelegene Bereiche meiden. Erste **Absperrung im Umkreis von 50 Metern**. Nicht unbedingt erforderliches Personal bleibt außerhalb.

Polizei erweitert die äußere Absperrung auf einen Umkreis von ca. 100 Meter; beim Brand von Tankwagen oder Tanks auf 800 Meter.

Beachte grüne Seiten für die in den Stofflisten markierten Produkte zur genaueren Abschätzung der Absperrgrenzen bzw. Berechnung mit **MET©** und toxikologischen Daten.

Die Öffentlichkeit bleibt außerhalb der äußeren Absperrung.

Schutzvorkehrungen innerhalb der inneren Absperrung

Nach Erkundung innere Absperrung anpassen (Richtwert: 25 Meter).

Innerhalb der inneren Absperrung hält sich nur besonders geschütztes Einsatzpersonal auf.

Umluftunabhängiger Atemschutz (PA). Bei Leckage flüssigkeitsdichter Chemikalienschutzanzug; Beständigkeit beachten; bei einigen Produkten bietet Brandschutzanzug ausreichenden Schutz. Brandschutz zur Sicherung des vorgehenden Trupps in Bereitstellung. Geschlossene Bereiche vor dem Zutritt belüften.

Schutzausrüstung und Gerät nach Einsatz auf windzugewandter Seite mit Wasser und Bürste reinigen. Dekontaminationstrupp trägt Atem- und Körperschutz und fängt Reinigungswasser(-lauge) auf.

Einsatzmaßnahmen

Brandbekämpfung

Achtung: **Einige Produkte (mit X gekennzeichnet) können äußerst heftig mit Wasser reagieren. Produkt selbst sollte nicht mit Wasser, CO_2 oder Schaum in Kontakt kommen.**

Einige Stoffe (UN 1384, 1923, 1929, 3342) setzen im Brandfall Sauerstoff frei, daher ist zur Verhinderung gefährlicher Reaktionen **Fluten mit Wasser nötig.** Nicht betroffene Behälter möglichst aus dem Brandbereich entfernen.

Klein: Vorzugsweise Löschpulver, Soda, Zement, gelöschter Kalk oder trockener Sand, Einsatz von Wasser prüfen.

Groß: Brand vorzugsweise mit **trockenem** Sand, Löschpulver, Soda, Zement oder gelöschtem Kalk bekämpfen oder aus dem Gefahrenbereich zurückziehen und Feuer brennen lassen.

Tank- oder Ladungsbrände:

Brandbekämpfung aus größtmöglicher Entfernung durchführen. Kein Wasser in Behälter oder in Kontakt mit dem Produkt gelangen lassen. Nachdem Brand gelöscht ist, Behälter ausreichend weiterkühlen. **Sofortiger Rückzug**, falls das Sicherheitsventil mit zunehmendem Geräusch abbläst oder der Tank infolge Brandeinwirkung eine Verfärbung aufweist. **Nie** im Bereich der Tankstirnseiten aufhalten.

Leckage

Zündquellen beseitigen (Rauchen, offenes Feuer oder Funkenerzeugung im Nahbereich ausschließen). Nicht durch freigewordenes Produkt laufen. Leckage mit geeignetem Gerät möglichst schließen. **Beim Umpumpen explosionsgeschützte Pumpen verwenden (Zündtemperatur des Produkts beachten) und Potenzialausgleich herstellen/erden.**

Klein: Mit trockener Erde, trockenem Sand oder anderem nicht brennbarem Material abdecken; mit einer Plastikplane die Ausbreitung oder den Kontakt mit Regen verhindern. Mit sauberem, nicht funkenreißendem Werkzeug in locker abgedeckten Stahlbehälter geben.

Ausnahme: UN 1384, 1923, 1929, 3342 in Wasser lösen.

Produkteintritt in Wasserläufe, die Kanalisation, in Keller oder abgeschlossene Bereiche verhindern.

Erste Hilfe

Betroffene an frische Luft bringen. Rettungsdienst alarmieren. Bei Atemstillstand künstlich beatmen. Bei erschwerter Atmung Sauerstoffgabe. Benetzte Kleidung und Schuhe entfernen und sicherstellen. Benetzte Augen und Haut unverzüglich mit fließendem Wasser mindestens 15 Minuten lang spülen. Betroffene ruhig und warm halten.

Rettungsdienstliches Personal auf notwendigen Eigenschutz sowie das freigesetzte Produkt hinweisen.

Gefahren

Brand oder Explosion

Sehr leicht entzündlich. Selbstentzündung an der Luft. Schneller Abbrand unter Freisetzung von dichtem, weißem und reizendem Qualm. Transport als Schmelze möglich. Rückzündungsgefahr.

Gesundheit

Bei Brand entstehen reizende, giftige und/oder ätzende Dämpfe. Giftig; schwere Verletzungen (mit Todesfolge) bei Einatmen, Inkorporation oder Hautkontakt möglich. Schwere Verbrennungen von Haut und Augen bei Kontakt mit dem Produkt möglich. Nach Hautaufnahme können schädigende Wirkungen eintreten. Giftwirkung bei Einatmen von hohen Konzentrationen des Produkts möglich.

Maßnahmen

Weitere Informationen zum Produkt aus Beförderungsdokumenten, Nachschlagewerken, Gefahrgutdatenbanken oder bei TUIS **einholen**.

Sicherheitshinweise

Anfahren, Absperren, Sichern, Warnen (Räumen)

Auf der windzugewandten Seite anfahren, tiefer gelegene Bereiche meiden. Erste **Absperrung im Umkreis von 50 Metern**. Nicht unbedingt erforderliches Personal bleibt außerhalb.

Polizei erweitert die äußere Absperrung auf einen Umkreis von ca. 100 Meter; beim Brand von Tankwagen oder Tanks auf 800 Meter. Bei großer Leckage Räumung 300 Meter in Windrichtung in Betracht ziehen.

Die Öffentlichkeit bleibt außerhalb der äußeren Absperrung.

Schutzvorkehrungen innerhalb der inneren Absperrung

Nach Erkundung innere Absperrung anpassen.

Innerhalb der inneren Absperrung hält sich nur besonders geschütztes Einsatzpersonal auf.

Umluftunabhängiger Atemschutz (PA). Bei Leckage gasdichter Chemikalienschutzanzug; Beständigkeit beachten. Brandschutz zur Sicherung des vorgehenden Trupps in Bereitstellung. Geschlossene Bereiche vor dem Zutritt belüften.

Schutzausrüstung und Gerät nach Einsatz auf windzugewandter Seite mit Wasser und Bürste reinigen. Dekontaminationstrupp trägt Atem- und Körperschutz und fängt Reinigungswasser(-lauge) auf.

Einsatzmaßnahmen

Brandbekämpfung

Klein: Sprühstrahl, feuchter Sand oder feuchte Erde.

Groß: Sprühstrahl oder Nebel. **Freigesetztes Produkt nicht durch Einsatz von Hochdrucklöschverfahren verbreiten**. Nicht betroffene Behälter möglichst aus dem Brandbereich entfernen.

Tank- oder Ladungsbrände:

Brandbekämpfung aus größtmöglicher Entfernung durchführen. Nachdem Brand gelöscht ist, Behälter ausreichend weiterkühlen. **Sofortiger Rückzug**, falls das Sicherheitsventil mit zunehmendem Geräusch abbläst oder der Tank infolge Brandeinwirkung eine Verfärbung aufweist. **Nie** im Bereich der Tankstirnseiten aufhalten.

Leckage

Zündquellen beseitigen (Rauchen, offenes Feuer oder Funkenerzeugung im Nahbereich ausschließen). Nicht durch freigewordenes Produkt laufen. Beschädigte Behälter oder freigewordenen Stoff nicht ohne geeignete Schutzkleidung berühren. Leckage mit geeignetem Gerät möglichst schließen.

Klein: Mit Wasser, Sand oder Erde abdecken. In Stahlbehälter schaufeln und unter Wasser setzen.

Groß: Zur späteren Entsorgung eindeichen und mit feuchtem Sand oder Erde abdecken.

Produkteintritt in Wasserläufe, die Kanalisation, in Keller oder abgeschlossene Bereiche verhindern.

Beim Umpumpen säurebeständige Pumpen verwenden; bei brennbaren Produkten auch Explosionsschutz/Potenzialausgleich/Erdung beachten.

Erste Hilfe

Betroffene an frische Luft bringen. Rettungsdienst alarmieren. Bei Atemstillstand künstlich beatmen. Bei erschwerter Atmung Sauerstoffgabe. Nach Kontakt mit dem Produkt betroffene Hautpartien unter Wasser oder in nassen Verbänden halten, bis ärztliche Betreuung erfolgt. Das Ablösen fester Schmelze von der Haut kann nur ein Arzt durchführen. Benetzte Kleidung und Schuhe unverzüglich ausziehen und in einen mit Wasser gefüllten Behälter geben. Bei Austrocknung Brandgefahr. Gesundheitliche Beeinträchtigungen infolge Einatmens, Verschluckens oder Hautaufnahme können erst mit Verzögerung eintreten bzw. bemerkt werden. Betroffene ruhig und warm halten.

Rettungsdienstliches Personal auf notwendigen Eigenschutz sowie das freigesetzte Produkt hinweisen.

Gefahren

Brand oder Explosion

Einige Produkte sind brennbar, aber nicht leicht entzündlich. Entzündungsgefahr brennbarer Stoffe (Holz, Papier, Öl, Kleidung usw.). Produkt reagiert **(mit X gekennzeichnete äußerst heftig)** mit Wasser unter Freisetzung von ätzenden und/oder giftigen Dämpfen. Brennbare/giftige Gase können sich in abgeschlossenen Bereichen (Keller, Tanks, Tankwagen usw.) sammeln. Bei Kontakt mit Metallen Freisetzung von brennbarem Wasserstoffgas möglich. Bei Erhitzung oder Verunreinigung mit Wasser Gefahr des Behälterzerknalls. Transport als Schmelze möglich.

Gesundheit

Giftig; schwere Verletzungen (mit Todesfolge) bei Einatmen, Inkorporation oder Kontakt (Haut, Augen) mit Dämpfen, Stäuben oder Produkt möglich. Bei Brand entstehen reizende, giftige und/oder ätzende Dämpfe. Bei Reaktion mit Wasser kann sehr viel Hitze und Rauch entstehen. Schwere Verbrennungen von Haut und Augen bei Kontakt mit Schmelze möglich. Ablaufendes Wasser zum Löschen, Niederschlagen von Dämpfen oder Verdünnen kann umweltgefährdend sein.

Maßnahmen

Weitere Informationen zum Produkt aus Beförderungsdokumenten, Nachschlagewerken, Gefahrgutdatenbanken oder bei TUIS **einholen**.

Sicherheitshinweise

Anfahren, Absperren, Sichern, Warnen (Räumen)

Auf der windzugewandten Seite anfahren, tiefer gelegene Bereiche meiden. Erste **Absperrung im Umkreis von 50 Metern**. Nicht unbedingt erforderliches Personal bleibt außerhalb.

Polizei erweitert die äußere Absperrung auf einen Umkreis von ca. 100 Meter; beim Brand von Tankwagen oder Tanks auf 800 Meter.

Beachte grüne Seiten für die in den Stofflisten markierten Produkte zur genaueren Abschätzung der Absperrgrenzen bzw. Berechnung mit **MET**© und toxikologischen Daten.

Die Öffentlichkeit bleibt außerhalb der äußeren Absperrung.

Schutzvorkehrungen innerhalb der inneren Absperrung

Nach Erkundung (Messen mit Explosimeter) innere Absperrung anpassen (Richtwert: 25–50 Meter).

Innerhalb der inneren Absperrung hält sich nur besonders geschütztes Einsatzpersonal auf.

Umluftunabhängiger Atemschutz (PA). Bei Leckage gasdichter Chemikalienschutzanzug; Beständigkeit beachten. Brandschutz zur Sicherung des vorgehenden Trupps in Bereitstellung. Geschlossene Bereiche vor dem Zutritt belüften.

Schutzausrüstung und Gerät nach Einsatz auf windzugewandter Seite mit Wasser und Bürste reinigen. Dekontaminationstrupp trägt Atem- und Körperschutz und fängt Reinigungswasser(-lauge) auf.

Einsatzmaßnahmen

Brandbekämpfung

Klein: Löschpulver oder CO_2. Nicht betroffene Behälter möglichst aus dem Brandbereich entfernen.

Groß: Betroffenen Bereich mit sehr viel Wasser fluten, gleichzeitig Dämpfe mit Sprühstrahl niederschlagen. Bei unzureichender Wasserversorgung hat das Niederschlagen der Dämpfe Vorrang.

Tank- oder Ladungsbrände:

Nachdem Brand gelöscht ist, Behälter ausreichend weiterkühlen. Wasser nicht in Behälter gelangen lassen. **Sofortiger Rückzug**, falls das Sicherheitsventil mit zunehmendem Geräusch abbläst oder der Tank infolge Brandeinwirkung eine Verfärbung aufweist. **Nie** im Bereich der Tankstirnseiten aufhalten.

Leckage

Beschädigte Behälter oder freigewordenen Stoff nicht ohne geeignete Schutzkleidung berühren. Leckage mit geeignetem Gerät möglichst schließen. Sprühstrahl zur Begrenzung der Verdampfung einsetzen, dabei den Wasserstrahl nicht unmittelbar auf das freigesetzte Produkt, die Austrittsstelle oder in die Behälter richten. Kontakt von freigewordenem Produkt mit brennbaren Stoffen (Holz, Papier, Öl, Sägemehl usw.) verhindern.

Klein: Mit Chemikalienbinder aufnehmen und in Kunststoffbehälter geben. Falls dies nicht möglich ist, mit trockener Erde, trockenem Sand oder anderem nicht brennbarem Material abdecken; mit einer Plastikplane die Ausbreitung oder den Kontakt mit Regen verhindern.

Beim Umpumpen säurebeständige Pumpen verwenden; bei brennbaren Produkten auch Explosionsschutz/Potenzialausgleich/Erdung beachten.

Produkteintritt in Wasserläufe, die Kanalisation, in Keller oder abgeschlossene Bereiche verhindern.

Erste Hilfe

Betroffene an frische Luft bringen. Rettungsdienst alarmieren. Bei Atemstillstand künstlich beatmen. **Keine Mund-zu-Mund-Beatmung, falls der Patient das Produkt verschluckt oder eingeatmet hat. AMBU®-Beutel oder ähnliches medizinisches Gerät mit Maske einsetzen.** Bei erschwerter Atmung Sauerstoffgabe. Benetzte Kleidung und Schuhe entfernen und sicherstellen. Benetzte Augen und Haut unverzüglich mit fließendem Wasser mindestens 15 Minuten lang spülen. Zur Begrenzung des Hautkontakts: Verbreitung des Produkts auf nicht betroffene Hautpartien vermeiden. Das Ablösen fester Schmelze von der Haut kann nur ein Arzt durchführen. Betroffene ruhig und warm halten. Gesundheitliche Beeinträchtigungen infolge Einatmens, Verschluckens oder Hautaufnahme können erst mit Verzögerung eintreten bzw. bemerkt werden.

Rettungsdienstliches Personal auf notwendigen Eigenschutz sowie das freigesetzte Produkt hinweisen.

Gefahren

Brand oder Explosion

Bei Kontakt mit Wasser entstehen brennbare Gase. Entzündungsgefahr bei Kontakt mit Luft oder Feuchtigkeit. Einige Produkte **(mit X gekennzeichnet)** reagieren heftig bis explosionsartig mit Wasser. Entzündbar durch Hitze, Funken oder Flammen. Rückzündungsgefahr. Einige Produkte werden in leicht entzündlichen Flüssigkeiten transportiert. Brand- bzw. Explosionsgefahr durch ablaufendes Produkt.

Gesundheit

Schwere Verletzungen (mit Todesfolge) bei Einatmen oder Kontakt mit Dämpfen, Produkt oder Zersetzungsprodukten möglich. Bei Reaktion mit Wasser können ätzende Lösungen entstehen. Bei Brand entstehen reizende, giftige und/oder ätzende Dämpfe. Abfließendes Löschwasser kann umweltgefährdend sein.

Maßnahmen

Weitere Informationen zum Produkt aus Beförderungsdokumenten, Nachschlagewerken, Gefahrgutdatenbanken oder bei TUIS **einholen**.

Sicherheitshinweise

Anfahren, Absperren, Sichern, Warnen (Räumen)

Auf der windzugewandten Seite anfahren, tiefer gelegene Bereiche meiden. Erste **Absperrung im Umkreis von 50 Metern**. Nicht unbedingt erforderliches Personal bleibt außerhalb.

Polizei erweitert die äußere Absperrung auf einen Umkreis von ca. 100 Meter; beim Brand von Tankwagen oder Tanks auf 800 Meter.

Beachte grüne Seiten für die in den Stofflisten markierten Produkte zur genaueren Abschätzung der Absperrgrenzen bzw. Berechnung mit **MET**© und toxikologischen Daten.

Die Öffentlichkeit bleibt außerhalb der äußeren Absperrung.

Schutzvorkehrungen innerhalb der inneren Absperrung

Nach Erkundung innere Absperrung anpassen (Richtwert: 25–50 Meter).

Innerhalb der inneren Absperrung hält sich nur besonders geschütztes Einsatzpersonal auf.

Umluftunabhängiger Atemschutz (PA). Bei Leckage flüssigkeitsdichter Chemikalienschutzanzug; Beständigkeit beachten. Brandschutz zur Sicherung des vorgehenden Trupps in Bereitstellung. Geschlossene Bereiche vor dem Zutritt belüften.

Schutzausrüstung und Gerät nach Einsatz auf windzugewandter Seite mit Wasser und Bürste reinigen. Dekontaminationstrupp trägt Atem- und Körperschutz und fängt Reinigungswasser(-lauge) auf.

Einsatzmaßnahmen

Brandbekämpfung

Achtung: Kein Wasser oder Schaum einsetzen.

Klein: Löschpulver, Soda, Zement, gelöschter Kalk oder Sand.

Groß: Brand vorzugsweise mit **trockenem** Sand, Löschpulver, Soda, Zement oder gelöschtem Kalk bekämpfen oder aus dem Gefahrenbereich zurückziehen und Feuer brennen lassen. Nicht betroffene Behälter möglichst aus dem Brandbereich entfernen.

Metallbrände:

Trockener Sand, Graphitpulver, Löschpulver auf Natriumbasis oder Metallbrandpulver drucklos aufbringen.

Tank- oder Ladungsbrände:

Brandbekämpfung aus größtmöglicher Entfernung durchführen. Wasser nicht in Behälter gelangen lassen. Nachdem Brand gelöscht ist, Behälter ausreichend weiterkühlen. **Sofortiger Rückzug**, falls das Sicherheitsventil mit zunehmendem Geräusch abbläst oder der Tank infolge Brandeinwirkung eine Verfärbung aufweist. **Nie** im Bereich der Tankstirnseiten aufhalten.

Leckage

Zündquellen beseitigen (Rauchen, offenes Feuer oder Funkenerzeugung im Nahbereich ausschließen). Nicht durch freigewordenes Produkt laufen. Leckage mit geeignetem Gerät möglichst schließen. Sprühstrahl zum Niederschlagen von Dämpfen bzw. Kontrollieren der Schadstoffwolke einsetzen. **Kein Wasser auf das freigesetzte Produkt oder in Behälter gelangen lassen.**

Klein: Mit trockener Erde, trockenem Sand oder anderem nicht brennbarem Material abdecken; mit einer Plastikplane die Ausbreitung oder den Kontakt mit Regen verhindern. Zur späteren Entsorgung eindeichen; Wasser nur auf besondere Weisung einsetzen.

Trocken: Zur Verhinderung der Ausbreitung und zum Trockenhalten freigesetzten Pulvers mit Plastikfolie abdecken.

Beim Umpumpen explosionsgeschützte Pumpen verwenden (Zündtemperatur des Produkts beachten) und Potenzialausgleich herstellen/erden.

Aufräum- und Entsorgungsarbeiten nur unter Anleitung eines Sachverständigen durchführen.

Erste Hilfe

Betroffene an frische Luft bringen. Rettungsdienst alarmieren. Bei Atemstillstand künstlich beatmen. Bei erschwerter Atmung Sauerstoffgabe. Benetzte Kleidung und Schuhe entfernen und sicherstellen. Benetzte Augen und Haut unverzüglich mit fließendem Wasser mindestens 15 Minuten lang spülen. Betroffene ruhig und warm halten.

Rettungsdienstliches Personal auf notwendigen Eigenschutz sowie das freigesetzte Produkt hinweisen.

Gefahren

Brand oder Explosion

Bei Kontakt mit Wasser entstehen brennbare und giftige Gase. Entzündungsgefahr bei Kontakt mit Luft oder Feuchtigkeit. Einige Produkte (mit X gekennzeichnet) reagieren heftig bis explosionsartig mit Wasser. Entzündbar durch Hitze, Funken oder Flammen. Rückzündungsgefahr. Einige Produkte werden in leicht entzündlichen Flüssigkeiten transportiert. Brand- bzw. Explosionsgefahr durch ablaufendes Produkt.

Gesundheit

Sehr giftig; bei Reaktion mit Wasser entsteht giftiges, bei Einatmen möglicherweise tödlich wirkendes Gas. Schwere Verletzungen (mit Todesfolge) bei Einatmen oder Kontakt mit Dämpfen, Produkt oder Zersetzungsprodukten möglich. Bei Reaktion mit Wasser können ätzende Lösungen entstehen. Bei Brand entstehen reizende, giftige und/oder ätzende Dämpfe. Abfließendes Löschwasser kann umweltgefährdend sein.

Maßnahmen

Weitere Informationen zum Produkt aus Beförderungsdokumenten, Nachschlagewerken, Gefahrgutdatenbanken oder bei TUIS **einholen**.

Sicherheitshinweise

Anfahren, Absperren, Sichern, Warnen (Räumen)

Auf der windzugewandten Seite anfahren, tiefer gelegene Bereiche meiden. Erste **Absperrung im Umkreis von 50 Metern**. Nicht unbedingt erforderliches Personal bleibt außerhalb.

Polizei erweitert die äußere Absperrung auf einen Umkreis von ca. 100 Meter; beim Brand von Tankwagen oder Tanks auf 800 Meter.

Beachte grüne Seiten für die in den Stofflisten markierten Produkte zur genaueren Abschätzung der Absperrgrenzen bzw. Berechnung mit **MET**© und toxikologischen Daten.

Die Öffentlichkeit bleibt außerhalb der äußeren Absperrung.

Schutzvorkehrungen innerhalb der inneren Absperrung

Nach Erkundung (Messen mit Explosimeter) innere Absperrung anpassen (Richtwert: 25–50 Meter).

Innerhalb der inneren Absperrung hält sich nur besonders geschütztes Einsatzpersonal auf.

Umluftunabhängiger Atemschutz (PA). Bei Leckage flüssigkeitsdichter Chemikalienschutzanzug; Beständigkeit beachten. Brandschutz zur Sicherung des vorgehenden Trupps in Bereitstellung. Geschlossene Bereiche vor dem Zutritt belüften.

Schutzausrüstung und Gerät nach Einsatz auf windzugewandter Seite mit Wasser und Bürste reinigen. Dekontaminationstrupp trägt Atem- und Körperschutz und fängt Reinigungswasser(-lauge) auf.

Einsatzmaßnahmen

Brandbekämpfung

Achtung: **Kein Wasser oder Schaum einsetzen.**

Klein: Löschpulver, Soda, Zement, gelöschter Kalk oder Sand.

Groß: Brand vorzugsweise mit **trockenem** Sand, Löschpulver, Soda, Zement oder gelöschtem Kalk bekämpfen oder aus dem Gefahrenbereich zurückziehen und Feuer brennen lassen.

Bei Chlorsilanen alkoholbeständigen AFFF-Mittelschaum verwenden; **kein** Löschpulver, Soda, Zement oder gelöschten Kalk **einsetzen**, da hierbei große Mengen von explosivem Wasserstoffgas freigesetzt werden können; **auch kein Wasser einsetzen**. Nicht betroffene Behälter möglichst aus dem Brandbereich entfernen.

Tank- oder Ladungsbrände:

Brandbekämpfung aus größtmöglicher Entfernung durchführen. Nachdem Brand gelöscht ist, Behälter ausreichend weiterkühlen. Wasser nicht in Behälter gelangen lassen. **Sofortiger Rückzug**, falls das Sicherheitsventil mit zunehmendem Geräusch abbläst oder der Tank infolge Brandeinwirkung eine Verfärbung aufweist. **Nie** im Bereich der Tankstirnseiten aufhalten.

Leckage

Zündquellen beseitigen (Rauchen, offenes Feuer oder Funkenerzeugung im Nahbereich ausschließen). Nicht durch freigewordenes Produkt laufen. Leckage mit geeignetem Gerät möglichst schließen. **Kein Wasser auf das freigesetzte Produkt oder in Behälter gelangen lassen.** Sprühstrahl zum Niederschlagen von Dämpfen bzw. Kontrollieren der Schadstoffwolke einsetzen. Bei Chlorsilanen alkoholbeständigen AFFF-Mittelschaum zur Begrenzung der Verdampfung einsetzen.

Klein: Mit **trockener** Erde, **trockenem** Sand oder anderem nicht brennbarem Material abdecken; mit einer Plastikplane die Ausbreitung oder den Kontakt mit Regen verhindern. Zur späteren Entsorgung eindeichen; Wasser nur auf besondere Weisung einsetzen.

Trocken: Zur Verhinderung der Ausbreitung und zum Trockenhalten freigesetzten Pulvers mit Plastikfolie abdecken.

Beim Umpumpen explosionsgeschützte Pumpen verwenden (Zündtemperatur des Produkts beachten) und Potenzialausgleich herstellen/erden.

Aufräum- und Entsorgungsarbeiten nur unter Anleitung eines Sachverständigen durchführen.

Erste Hilfe

Betroffene an frische Luft bringen. Rettungsdienst alarmieren. Bei Atemstillstand künstlich beatmen. **Keine Mund-zu-Mund-Beatmung, falls der Patient das Produkt verschluckt oder eingeatmet hat. AMBU®-Beutel oder ähnliches medizinisches Gerät mit Maske einsetzen.** Bei erschwerter Atmung Sauerstoffgabe. Benetzte Kleidung und Schuhe entfernen und sicherstellen. Benetzte Augen und Haut unverzüglich mit fließendem Wasser mindestens 15 Minuten lang spülen. Betroffene ruhig und warm halten.

Rettungsdienstliches Personal auf notwendigen Eigenschutz sowie das freigesetzte Produkt hinweisen.

Gefahren

Brand oder Explosion

Diese Produkte beschleunigen den Brandverlauf. Bei Erhitzung oder Brandbeanspruchung Gefahr der explosionsartigen Zersetzung. Explosion infolge Hitze oder Verunreinigung möglich. Einige Produkte reagieren explosionsartig mit Kohlenwasserstoffen. Entzündungsgefahr brennbarer Stoffe (Holz, Papier, Öl, Kleidung usw.). Gefahr des Behälterzerknalls bei Erhitzung. Brand- bzw. Explosionsgefahr durch ablaufendes Produkt.

Vorsicht: Ammoniumnitratprodukte können explodieren, wenn sie in ein Feuer geraten oder mit Kohlenwasserstoffen, organischen Stoffen oder anderen Substanzen verunreinigt oder heiß geschmolzen und umschlossen sind. Dann wie einen Sprengstoff behandeln (Merkblatt 112).

Gesundheit

Schwere Verletzungen (mit Todesfolge) bei Einatmen, Inkorporation oder Kontakt (Haut, Augen) mit Dämpfen oder Produkt möglich. Bei Brand können reizende und/oder giftige Dämpfe entstehen. Ablaufendes Wasser zum Löschen, Niederschlagen von Dämpfen oder Verdünnen kann umweltgefährdend sein.

Maßnahmen

Weitere Informationen zum Produkt aus Beförderungsdokumenten, Nachschlagewerken, Gefahrgutdatenbanken oder bei TUIS **einholen**.

Sicherheitshinweise

Anfahren, Absperren, Sichern, Warnen (Räumen)

Auf der windzugewandten Seite anfahren, tiefer gelegene Bereiche meiden. Erste **Absperrung im Umkreis von 50 Metern**. Nicht unbedingt erforderliches Personal bleibt außerhalb.

Polizei erweitert die äußere Absperrung auf einen Umkreis von ca. 100 Meter; beim Brand von Tankwagen oder Tanks auf 800 Meter **(bei Ammoniumnitrat 1600 Meter und Rückzug aller Einsatzkräfte)**.

Beachte grüne Seiten für die in den Stofflisten markierten Produkte zur genaueren Abschätzung der Absperrgrenzen bzw. Berechnung mit **MET**© und toxikologischen Daten.

Die Öffentlichkeit bleibt außerhalb der äußeren Absperrung.

Schutzvorkehrungen innerhalb der inneren Absperrung

Nach Erkundung innere Absperrung anpassen (Richtwert: 10–25 Meter).

Innerhalb der inneren Absperrung hält sich nur besonders geschütztes Einsatzpersonal auf.

Umluftunabhängiger Atemschutz (PA). Bei vielen festen Produkten bietet Brandschutzanzug begrenzten Schutz. Bei Leckage flüssigkeitsdichter Chemikalienschutzanzug; Beständigkeit beachten. Brandschutz zur Sicherung des vorgehenden Trupps in Bereitstellung.

Schutzausrüstung und Gerät nach Einsatz auf windzugewandter Seite mit Wasser und Bürste reinigen. Dekontaminationstrupp trägt Atem- und Körperschutz und fängt Reinigungswasser(-lauge) auf.

Einsatzmaßnahmen

Brandbekämpfung

Klein: **Nur Wasser einsetzen – kein Löschpulver oder Schaum. CO_2 begrenzt wirksam.**

Groß: Aus der Distanz mit Wasser fluten. Nicht betroffene Behälter möglichst aus dem Brandbereich entfernen. Weder die Ladung noch das Fahrzeug bewegen, wenn diese Hitze ausgesetzt waren.

Tank- oder Ladungsbrände:

Brandbekämpfung aus größtmöglicher Entfernung durchführen. Nachdem Brand gelöscht ist, Behälter ausreichend weiterkühlen. **Nie** im Bereich der Tankstirnseiten aufhalten. Bei massiven Bränden mit unbemannten Wasserwerfern operieren; falls dies nicht möglich ist, aus dem Gefahrenbereich zurückziehen und Feuer brennen lassen.

Leckage

Kontakt von freigewordenem Produkt mit brennbaren Stoffen (Holz, Papier, Öl, Sägemehl usw.) verhindern. Beschädigte Behälter oder freigewordenen Stoff nicht ohne geeignete Schutzkleidung berühren. Leckage mit geeignetem Gerät **(keine Holzkeile verwenden)** möglichst schließen. **Wasser nicht in Behälter gelangen lassen.**

Trocken, klein: Mit sauberer Schaufel in sauberen, trockenen Kunststoffbehälter füllen, locker abdecken und Behälter aus dem unmittelbar betroffenen Bereich entfernen.

Flüssig, klein: Mit Erde, Sand oder anderem nicht brennbarem Material aufnehmen und in Kunststoffbehälter geben.

Groß: In sicherer Entfernung bis zur späteren Entsorgung eindeichen.

Nach dem Aufnehmen des Produkts, betroffenen Bereich mit Wasser spülen.

Erste Hilfe

Betroffene an frische Luft bringen. Rettungsdienst alarmieren. Bei Atemstillstand künstlich beatmen. Bei erschwerter Atmung Sauerstoffgabe. Benetzte Kleidung und Schuhe entfernen und sicherstellen. Benetzte Augen und Haut unverzüglich mit fließendem Wasser mindestens 15 Minuten lang spülen. Betroffene ruhig und warm halten.

Rettungsdienstliches Personal auf notwendigen Eigenschutz sowie das freigesetzte Produkt hinweisen.

Gefahren

Brand oder Explosion

Diese Produkte beschleunigen den Brandverlauf. Explosion infolge Hitze oder Verunreinigung möglich. Bei einigen Produkten schneller Abbrand möglich. Einige Produkte reagieren explosionsartig mit Kohlenwasserstoffen. Entzündungsgefahr brennbarer Stoffe (Holz, Papier, Öl, Kleidung usw.). Gefahr des Behälterzerknalls bei Erhitzung. Brand- bzw. Explosionsgefahr durch ablaufendes Produkt.

Gesundheit

Giftig bei Inkorporation. Einatmen von Staub ist giftig. Bei Brand können reizende, giftige und/ oder ätzende Stoffe entstehen. Schwere Verbrennungen von Haut und Augen bei Kontakt mit dem Produkt möglich. Ablaufendes Wasser zum Löschen, Niederschlagen von Dämpfen oder Verdünnen kann umweltgefährdend sein.

Maßnahmen

Weitere Informationen zum Produkt aus Beförderungsdokumenten, Nachschlagewerken, Gefahrgutdatenbanken oder bei TUIS **einholen**.

Sicherheitshinweise

Anfahren, Absperren, Sichern, Warnen (Räumen)

Auf der windzugewandten Seite anfahren, tiefer gelegene Bereiche meiden. Erste **Absperrung im Umkreis von 50 Metern**. Nicht unbedingt erforderliches Personal bleibt außerhalb.

Polizei erweitert die äußere Absperrung auf einen Umkreis von ca. 100 Meter; beim Brand von Tankwagen oder Tanks auf 800 Meter.

Die Öffentlichkeit bleibt außerhalb der äußeren Absperrung.

Schutzvorkehrungen innerhalb der inneren Absperrung

Nach Erkundung innere Absperrung anpassen (Richtwert: 10–25 Meter).

Innerhalb der inneren Absperrung hält sich nur besonders geschütztes Einsatzpersonal auf.

Umluftunabhängiger Atemschutz (PA). Bei Leckage flüssigkeitsdichter Chemikalienschutzanzug; Beständigkeit beachten. Bei vielen festen Produkten bietet Brandschutzanzug begrenzten Schutz.

Brandschutz zur Sicherung des vorgehenden Trupps in Bereitstellung. Schutzausrüstung und Gerät nach Einsatz auf windzugewandter Seite mit Wasser und Bürste reinigen. Dekontaminationstrupp trägt Atem- und Körperschutz und fängt Reinigungswasser(-lauge) auf.

Einsatzmaßnahmen

Brandbekämpfung

Klein: **Nur Wasser einsetzen – kein Löschpulver oder Schaum. CO_2 begrenzt wirksam.**

Groß: Aus der Distanz mit Wasser fluten. Nicht betroffene Behälter möglichst aus dem Brandbereich entfernen. Weder die Ladung noch das Fahrzeug bewegen, wenn diese Hitze ausgesetzt waren.

Tank- oder Ladungsbrände:

Brandbekämpfung aus größtmöglicher Entfernung durchführen. Nachdem Brand gelöscht ist, Behälter ausreichend weiterkühlen. **Nie** im Bereich der Tankstirnseiten aufhalten. Bei massiven Bränden mit unbemannten Wasserwerfern operieren; falls dies nicht möglich ist, aus dem Gefahrenbereich zurückziehen und Feuer brennen lassen.

Leckage

Kontakt von freigewordenem Produkt mit brennbaren Stoffen (Holz, Papier, Öl, Sägemehl usw.) verhindern. Beschädigte Behälter oder freigewordenen Stoff nicht ohne geeignete Schutzkleidung berühren. Leckage mit geeignetem Gerät **(keine Holzkeile verwenden)** möglichst schließen.

Trocken, klein: Mit sauberer Schaufel in sauberen, trockenen Kunststoffbehälter füllen, locker abdecken und Behälter aus dem unmittelbar betroffenen Bereich entfernen.

Groß: Weiträumig zur späteren Entsorgung eindeichen.

Erste Hilfe

Betroffene an frische Luft bringen. Rettungsdienst alarmieren. Bei Atemstillstand künstlich beatmen. Bei erschwerter Atmung Sauerstoffgabe. Benetzte Kleidung und Schuhe entfernen und sicherstellen. Benetzte Augen und Haut unverzüglich mit fließendem Wasser mindestens 15 Minuten lang spülen. Betroffene ruhig und warm halten.

Rettungsdienstliches Personal auf notwendigen Eigenschutz sowie das freigesetzte Produkt hinweisen.

Gefahren

Brand oder Explosion

Diese Produkte beschleunigen den Brandverlauf. Explosion infolge Hitze oder Verunreinigung möglich. Einige Produkte reagieren explosionsartig mit Kohlenwasserstoffen. Entzündungsgefahr brennbarer Stoffe (Holz, Papier, Öl, Kleidung usw.). Gefahr des Behälterzerknalls bei Erhitzung. Brand- bzw. Explosionsgefahr durch ablaufendes Produkt.

Gesundheit

Giftwirkung bei Einatmen von hohen Konzentrationen des Produkts möglich. Bei Brand können reizende, giftige und/oder ätzende Stoffe entstehen. Giftige/brennbare Rauche können sich in abgeschlossenen Bereichen (Keller, Tanks, Tankwagen usw.) sammeln. Ablaufendes Wasser zum Löschen, Niederschlagen von Dämpfen oder Verdünnen kann umweltgefährdend sein.

Maßnahmen

Weitere Informationen zum Produkt aus Beförderungsdokumenten, Nachschlagewerken, Gefahrgutdatenbanken oder bei TUIS **einholen**.

Sicherheitshinweise

Anfahren, Absperren, Sichern, Warnen (Räumen)

Auf der windzugewandten Seite anfahren, tiefer gelegene Bereiche meiden. Erste **Absperrung im Umkreis von 50 Metern**. Nicht unbedingt erforderliches Personal bleibt außerhalb.

Polizei erweitert die äußere Absperrung auf einen Umkreis von ca. 100 Meter; beim Brand von Tankwagen oder Tanks auf 800 Meter.

Beachte grüne Seiten für die in den Stofflisten markierten Produkte zur genaueren Abschätzung der Absperrgrenzen bzw. Berechnung mit **MET**© und toxikologischen Daten.

Die Öffentlichkeit bleibt außerhalb der äußeren Absperrung.

Schutzvorkehrungen innerhalb der inneren Absperrung

Nach Erkundung innere Absperrung anpassen (Richtwert: 25 Meter).

Innerhalb der inneren Absperrung hält sich nur besonders geschütztes Einsatzpersonal auf.

Bei Leckage flüssigkeitsdichter Chemikalienschutzanzug; Beständigkeit beachten. Brandschutz zur Sicherung des vorgehenden Trupps in Bereitstellung. Geschlossene Bereiche vor dem Zutritt belüften.

Schutzausrüstung und Gerät nach Einsatz auf windzugewandter Seite mit Wasser und Bürste reinigen. Dekontaminationstrupp trägt Atem- und Körperschutz und fängt Reinigungswasser(-lauge) auf.

Einsatzmaßnahmen

Brandbekämpfung

Klein: **Nur Wasser einsetzen – kein Löschpulver oder Schaum. CO_2 begrenzt wirksam.**

Groß: Aus der Distanz mit Wasser fluten. Nicht betroffene Behälter möglichst aus dem Brandbereich entfernen. Weder die Ladung noch das Fahrzeug bewegen, wenn diese Hitze ausgesetzt waren.

Tank- oder Ladungsbrände:

Brandbekämpfung aus größtmöglicher Entfernung durchführen. Nachdem Brand gelöscht ist, Behälter ausreichend weiterkühlen. **Nie** im Bereich der Tankstirnseiten aufhalten. Bei massiven Bränden mit unbemannten Wasserwerfern operieren; falls dies nicht möglich ist, aus dem Gefahrenbereich zurückziehen und Feuer brennen lassen.

Leckage

Kontakt von freigewordenem Produkt mit brennbaren Stoffen (Holz, Papier, Öl, Sägemehl usw.) verhindern. Beschädigte Behälter oder freigewordenen Stoff nicht ohne geeignete Schutzkleidung berühren. Leckage mit geeignetem Gerät **(keine Holzkeile verwenden)** möglichst schließen. Sprühstrahl zum Niederschlagen von Dämpfen bzw. Kontrollieren der Schadstoffwolke einsetzen. Wasser nicht in Behälter gelangen lassen.

Flüssig, klein: Mit Erde, Sand oder anderem nicht brennbarem Material aufnehmen und in Kunststoffbehälter geben.

Groß: In sicherer Entfernung bis zur späteren Entsorgung eindeichen.

Erste Hilfe

Betroffene an frische Luft bringen. Rettungsdienst alarmieren. Bei Atemstillstand künstlich beatmen. **Keine Mund-zu-Mund-Beatmung, falls der Patient das Produkt verschluckt oder eingeatmet hat. AMBU®-Beutel oder ähnliches medizinisches Gerät mit Maske einsetzen.** Bei erschwerter Atmung Sauerstoffgabe. Benetzte Kleidung und Schuhe entfernen und sicherstellen. Benetzte Augen und Haut unverzüglich mit fließendem Wasser mindestens 15 Minuten lang spülen. Betroffene ruhig und warm halten.

Rettungsdienstliches Personal auf notwendigen Eigenschutz sowie das freigesetzte Produkt hinweisen.

Gefahren

Brand oder Explosion

Explosion infolge Reibung, Hitze oder Verunreinigung des Produkts möglich. Diese Produkte beschleunigen den Brandverlauf. Entzündungsgefahr brennbarer Stoffe (Holz, Papier, Öl, Kleidung usw.). Einige Produkte reagieren explosionsartig mit Kohlenwasserstoffen. Gefahr des Behälterzerknalls bei Erhitzung. Brand- bzw. Explosionsgefahr durch ablaufendes Produkt.

Gesundheit

Giftig; schwere Verletzungen, Verbrennungen oder Tod bei Einatmen, Inkorporation oder Kontakt (Haut, Augen) mit Dämpfen, Stäuben oder Produkt möglich. Bei Brand können reizende und/oder giftige Dämpfe entstehen. Giftige/brennbare Rauche oder Stäube können sich in abgeschlossenen Bereichen (Keller, Tanks, Tankwagen usw.) sammeln. Ablaufendes Wasser zum Löschen, Niederschlagen von Dämpfen oder Verdünnen kann umweltgefährdend sein.

Maßnahmen

Weitere Informationen zum Produkt aus Beförderungsdokumenten, Nachschlagewerken, Gefahrgutdatenbanken oder bei TUIS **einholen**.

Sicherheitshinweise

Anfahren, Absperren, Sichern, Warnen (Räumen)

Auf der windzugewandten Seite anfahren, tiefer gelegene Bereiche meiden. Erste **Absperrung im Umkreis von 50 Metern**. Nicht unbedingt erforderliches Personal bleibt außerhalb.

Polizei erweitert die äußere Absperrung auf einen Umkreis von ca. 100 Meter; beim Brand von Tankwagen oder Tanks auf 800 Meter.

Beachte grüne Seiten für die in den Stofflisten markierten Produkte zur genaueren Abschätzung der Absperrgrenzen bzw. Berechnung mit **MET**© und toxikologischen Daten.

Die Öffentlichkeit bleibt außerhalb der äußeren Absperrung.

Schutzvorkehrungen innerhalb der inneren Absperrung

Nach Erkundung innere Absperrung anpassen (Richtwert: 25 Meter).

Innerhalb der inneren Absperrung hält sich nur besonders geschütztes Einsatzpersonal auf.

Umluftunabhängiger Atemschutz (PA). Bei Leckage flüssigkeitsdichter Chemikalienschutzanzug; Beständigkeit beachten. Bei vielen festen Produkten bietet Brandschutzanzug begrenzten Schutz. Brandschutz zur Sicherung des vorgehenden Trupps in Bereitstellung. Geschlossene Bereiche vor dem Zutritt belüften.

Schutzausrüstung und Gerät nach Einsatz auf windzugewandter Seite mit Wasser und Bürste reinigen. Dekontaminationstrupp trägt Atem- und Körperschutz und fängt Reinigungswasser(-lauge) auf.

Einsatzmaßnahmen

Brandbekämpfung

Klein: **Nur Wasser einsetzen – kein Löschpulver oder Schaum. CO_2 begrenzt wirksam.**

Groß: Aus der Distanz mit Wasser fluten. Weder die Ladung noch das Fahrzeug bewegen, wenn diese Hitze ausgesetzt waren. Nicht betroffene Behälter möglichst aus dem Brandbereich entfernen. Kein Wasser in Behälter gelangen lassen – Gefahr einer heftigen Reaktion.

Tank- oder Ladungsbrände:

Nachdem Brand gelöscht ist, Behälter ausreichend weiterkühlen. Löschwasser auffangen, Produkt nicht unnötig verbreiten. **Nie** im Bereich der Tankstirnseiten aufhalten. Bei massiven Bränden mit unbemannten Wasserwerfern operieren; falls dies nicht möglich ist, aus dem Gefahrenbereich zurückziehen und Feuer brennen lassen.

Leckage

Kontakt von freigewordenem Produkt mit brennbaren Stoffen (Holz, Papier, Öl, Sägemehl usw.) verhindern. Beschädigte Behälter oder freigewordenen Stoff nicht ohne geeignete Schutzkleidung berühren. Leckage mit geeignetem Gerät **(keine Holzkeile verwenden)** möglichst schließen. Sprühstrahl zum Niederschlagen von Dämpfen bzw. Kontrollieren der Schadstoffwolke einsetzen.

Produkteintritt in Wasserläufe, die Kanalisation, in Keller oder abgeschlossene Bereiche verhindern.

Klein: Betroffenen Bereich mit sehr viel Wasser abspülen.

Aufräum- und Entsorgungsarbeiten nur unter Anleitung eines Sachverständigen durchführen.

Erste Hilfe

Betroffene an frische Luft bringen. Rettungsdienst alarmieren. Bei Atemstillstand künstlich beatmen. Bei erschwerter Atmung Sauerstoffgabe. Benetzte Kleidung und Schuhe entfernen und sicherstellen. Benetzte Augen und Haut unverzüglich mit fließendem Wasser mindestens 15 Minuten lang spülen. Betroffene ruhig und warm halten.

Rettungsdienstliches Personal auf notwendigen Eigenschutz sowie das freigesetzte Produkt hinweisen.

Gefahren

Brand oder Explosion

Entzündungsgefahr brennbarer Stoffe (Holz, Papier, Öl, Kleidung usw.). Reagiert heftig bis explosionsartig mit Wasser. Bei Kontakt mit Wasser entstehen giftige und/oder ätzende Stoffe. Ansammlung von brennbaren/giftigen Gasen in Tanks und Tankwagen möglich. Bei Kontakt einiger Produkte mit Metallen kann brennbares Wasserstoffgas entstehen. Gefahr des Behälterzerknalls bei Erhitzung. Brand- bzw. Explosionsgefahr durch ablaufendes Produkt.

Gesundheit

Giftig; schwere Verletzungen (mit Todesfolge) bei Einatmen oder Kontakt mit Dämpfen, Produkt oder Zersetzungsprodukten möglich. Bei Brand entstehen reizende, giftige und/oder ätzende Dämpfe. Ablaufendes Wasser zum Löschen, Niederschlagen von Dämpfen oder Verdünnen kann umweltgefährdend sein.

Maßnahmen

Weitere Informationen zum Produkt aus Beförderungsdokumenten, Nachschlagewerken, Gefahrgutdatenbanken oder bei TUIS **einholen**.

Sicherheitshinweise

Anfahren, Absperren, Sichern, Warnen (Räumen)

Auf der windzugewandten Seite anfahren, tiefer gelegene Bereiche meiden. Erste **Absperrung im Umkreis von 50 Metern**. Nicht unbedingt erforderliches Personal bleibt außerhalb.

Polizei erweitert die äußere Absperrung auf einen Umkreis von ca. 100 Meter; beim Brand von Tankwagen oder Tanks auf 800 Meter.

Beachte grüne Seiten für die in den Stofflisten markierten Produkte zur genaueren Abschätzung der Absperrgrenzen bzw. Berechnung mit **MET**© und toxikologischen Daten.

Die Öffentlichkeit bleibt außerhalb der äußeren Absperrung.

Schutzvorkehrungen innerhalb der inneren Absperrung

Nach Erkundung innere Absperrung anpassen (Richtwert: 25 Meter).

Innerhalb der inneren Absperrung hält sich nur besonders geschütztes Einsatzpersonal auf.

Umluftunabhängiger Atemschutz (PA). Bei Leckage gasdichter Chemikalienschutzanzug; Beständigkeit beachten. Brandschutz zur Sicherung des vorgehenden Trupps in Bereitstellung. Geschlossene Bereiche vor dem Zutritt belüften.

Schutzausrüstung und Gerät nach Einsatz auf windzugewandter Seite mit Wasser und Bürste reinigen. Dekontaminationstrupp trägt Atem- und Körperschutz und fängt Reinigungswasser(-lauge) auf.

Einsatzmaßnahmen

Brandbekämpfung

Achtung: **Kein Wasser oder Schaum einsetzen.**

Klein: Löschpulver, CO_2 oder Sprühstrahl.

Groß: Brand vorzugsweise mit **trockenem** Sand, Löschpulver, Soda, Zement oder gelöschtem Kalk bekämpfen oder aus dem Gefahrenbereich zurückziehen und Feuer brennen lassen. Nicht betroffene Behälter möglichst aus dem Brandbereich entfernen.

Tank- oder Ladungsbrände:

Nachdem Brand gelöscht ist, Behälter ausreichend weiterkühlen. **Sofortiger Rückzug**, falls das Sicherheitsventil mit zunehmendem Geräusch abbläst oder der Tank infolge der Brandeinwirkung eine Verfärbung aufweist. **Nie** im Bereich der Tankstirnseiten aufhalten.

Leckage

Zündquellen beseitigen (Rauchen, offenes Feuer oder Funkenerzeugung im Nahbereich ausschließen). Beschädigte Behälter oder freigewordenen Stoff nicht ohne geeignete Schutzkleidung berühren. Leckage mit geeignetem Gerät **(keine Holzkeile verwenden)** möglichst schließen. Sprühstrahl zum Niederschlagen von Dämpfen bzw. Kontrollieren der Schadstoffwolke einsetzen. **Kein Wasser auf das freigesetzte Produkt oder in Behälter gelangen lassen**.

Klein: Mit **trockener** Erde, **trockenem** Sand oder anderem nicht brennbarem Material abdecken; mit einer Plastikplane die Ausbreitung oder den Kontakt mit Regen verhindern. Aufräum- und Entsorgungsarbeiten nur unter Anleitung eines Sachverständigen durchführen.

Erste Hilfe

Betroffene an frische Luft bringen. Rettungsdienst alarmieren. Bei Atemstillstand künstlich beatmen. **Keine Mund-zu-Mund-Beatmung, falls der Patient das Produkt verschluckt oder eingeatmet hat. AMBU®-Beutel oder ähnliches medizinisches Gerät mit Maske einsetzen.** Bei erschwerter Atmung Sauerstoffgabe. Benetzte Kleidung und Schuhe entfernen und sicherstellen. Benetzte Augen und Haut unverzüglich mit fließendem Wasser mindestens 15 Minuten lang spülen. Betroffene ruhig und warm halten. Betroffene ständig überwachen. Gesundheitliche Beeinträchtigungen infolge Einatmens können verspätet eintreten bzw. bemerkt werden.

Rettungsdienstliches Personal auf notwendigen Eigenschutz sowie das freigesetzte Produkt hinweisen.

Gefahren

Brand oder Explosion

Explosion infolge Hitze oder Verunreinigung möglich. Entzündungsgefahr brennbarer Stoffe (Holz, Papier, Öl, Kleidung usw.). Entzündbar durch Hitze, Funken oder Flammen. Schneller Abbrand unter intensiver Flammenbildung möglich. Gefahr des Behälterzerknalls bei Erhitzung. Brand- bzw. Explosionsgefahr durch ablaufendes Produkt.

Gesundheit

Bei Brand können reizende, giftige und/oder ätzende Stoffe entstehen. Schwere Verletzungen (mit Todesfolge) bei Inkorporation oder Kontakt (Haut, Augen) mit Produkt möglich. Ablaufendes Wasser zum Löschen, Niederschlagen von Dämpfen oder Verdünnen kann umweltgefährdend sein.

Maßnahmen

Weitere Informationen zum Produkt aus Beförderungsdokumenten, Nachschlagewerken, Gefahrgutdatenbanken oder bei TUIS **einholen**.

Sicherheitshinweise

Anfahren, Absperren, Sichern, Warnen (Räumen)

Auf der windzugewandten Seite anfahren, tiefer gelegene Bereiche meiden. Erste **Absperrung im Umkreis von 50 Metern**. Nicht unbedingt erforderliches Personal bleibt außerhalb.

Polizei erweitert die äußere Absperrung auf einen Umkreis von ca. 100 Meter; beim Brand von Tankwagen oder Tanks auf 800 Meter. Bei großer Leckage Räumung im Umkreis von 250 Metern in Betracht ziehen.

Die Öffentlichkeit bleibt außerhalb der äußeren Absperrung.

Schutzvorkehrungen innerhalb der inneren Absperrung

Nach Erkundung innere Absperrung anpassen (Richtwert: 25 Meter).

Innerhalb der inneren Absperrung hält sich nur besonders geschütztes Einsatzpersonal auf.

Umluftunabhängiger Atemschutz (PA). Bei Leckage flüssigkeitsdichter Chemikalienschutzanzug; Beständigkeit beachten. Brandschutz zur Sicherung des vorgehenden Trupps in Bereitstellung.

Schutzausrüstung und Gerät nach Einsatz auf windzugewandter Seite mit Wasser und Bürste reinigen. Dekontaminationstrupp trägt Atem- und Körperschutz und fängt Reinigungswasser(-lauge) auf.

Einsatzmaßnahmen

Brandbekämpfung

Klein: Sprühstrahl bevorzugt, ansonsten Löschpulver, CO_2 oder Schaum einsetzen.

Groß: Brandbekämpfung aus größtmöglicher Entfernung durchführen. Aus der Distanz mit Wasser fluten. **Keinen Vollstrahl einsetzen**. Nicht betroffene Behälter möglichst aus dem Brandbereich entfernen. Weder die Ladung noch das Fahrzeug bewegen, wenn diese Hitze ausgesetzt waren.

Tank- oder Ladungsbrände:

Nachdem Brand gelöscht ist, Behälter ausreichend weiterkühlen. **Nie** im Bereich der Tankstirnseiten aufhalten. Bei massiven Bränden mit unbemannten Wasserwerfern operieren; falls dies nicht möglich ist, aus dem Gefahrenbereich zurückziehen und Feuer brennen lassen.

Leckage

Zündquellen beseitigen (Rauchen, offenes Feuer oder Funkenerzeugung im Nahbereich ausschließen). Kontakt von freigewordenem Produkt mit brennbaren Stoffen (Holz, Papier, Öl, Sägemehl usw.) verhindern. Beschädigte Behälter oder freigewordenen Stoff nicht ohne geeignete Schutzkleidung berühren. Produkt mit Sprühstrahl feucht halten. Leckage mit geeignetem Gerät **(keine Holzkeile verwenden)** möglichst schließen.

Klein: Mit inertem, feuchtem, nicht brennbarem Material unter Verwendung von nicht funkenreißendem Werkzeug aufnehmen und in locker abgedeckten Kunststoffbehälter geben.

Groß: Bis zur späteren Entsorgung feucht halten.

Produkteintritt in Wasserläufe, die Kanalisation, in Keller oder abgeschlossene Bereiche verhindern.

Erste Hilfe

Betroffene an frische Luft bringen. Rettungsdienst alarmieren. Bei Atemstillstand künstlich beatmen. Bei erschwerter Atmung Sauerstoffgabe. Benetzte Kleidung und Schuhe entfernen und sicherstellen. Produkt unverzüglich von der Haut entfernen. Benetzte Augen und Haut unverzüglich mit fließendem Wasser mindestens 15 Minuten lang spülen. Betroffene ruhig und warm halten.

Rettungsdienstliches Personal auf notwendigen Eigenschutz sowie das freigesetzte Produkt hinweisen.

Gefahren

Brand oder Explosion

Explosion infolge Hitze, Schlag, Reibung oder Verunreinigung des Produkts möglich. Entzündungsgefahr brennbarer Stoffe (Holz, Papier, Öl, Kleidung usw.). Entzündbar durch Hitze, Funken oder Flammen. Schneller Abbrand unter intensiver Flammenbildung möglich. Gefahr des Behälterzerknalls bei Erhitzung. Brand- bzw. Explosionsgefahr durch ablaufendes Produkt.

Gesundheit

Bei Brand können reizende, giftige und/oder ätzende Stoffe entstehen. Schwere Verletzungen oder Verbrennungen bei Inkorporation oder Kontakt (Haut, Augen) mit Produkt möglich. Ablaufendes Wasser zum Löschen, Niederschlagen von Dämpfen oder Verdünnen kann umweltgefährdend sein.

Maßnahmen

Weitere Informationen zum Produkt aus Beförderungsdokumenten, Nachschlagewerken, Gefahrgutdatenbanken oder bei TUIS **einholen**.

Sicherheitshinweise

Anfahren, Absperren, Sichern, Warnen (Räumen)

Auf der windzugewandten Seite anfahren, tiefer gelegene Bereiche meiden. Erste **Absperrung im Umkreis von 50 Metern**. Nicht unbedingt erforderliches Personal bleibt außerhalb.

Polizei erweitert die äußere Absperrung auf einen Umkreis von ca. 100 Meter; beim Brand von Tankwagen oder Tanks auf 800 Meter. Bei großer Leckage Räumung im Umkreis von 250 Metern in Betracht ziehen.

Die Öffentlichkeit bleibt außerhalb der äußeren Absperrung.

Schutzvorkehrungen innerhalb der inneren Absperrung

Nach Erkundung innere Absperrung anpassen (Richtwert: 25 Meter).

Innerhalb der inneren Absperrung hält sich nur besonders geschütztes Einsatzpersonal auf.

Umluftunabhängiger Atemschutz (PA). Bei Leckage flüssigkeitsdichter Chemikalienschutzanzug; Beständigkeit beachten. Brandschutz zur Sicherung des vorgehenden Trupps in Bereitstellung.

Schutzausrüstung und Gerät nach Einsatz auf windzugewandter Seite mit Wasser und Bürste reinigen. Dekontaminationstrupp trägt Atem- und Körperschutz und fängt Reinigungswasser(-lauge) auf.

Einsatzmaßnahmen

Brandbekämpfung

Klein: Sprühstrahl bevorzugt, ansonsten Löschpulver, CO_2 oder Schaum einsetzen.

Groß: Aus der Distanz mit Wasser fluten. **Keinen Vollstrahl einsetzen**. Nicht betroffene Behälter möglichst aus dem Brandbereich entfernen. Weder die Ladung noch das Fahrzeug bewegen, wenn diese Hitze ausgesetzt waren.

Tank- oder Ladungsbrände:

Brandbekämpfung aus größtmöglicher Entfernung durchführen. Nachdem Brand gelöscht ist, Behälter ausreichend weiterkühlen. **Nie** im Bereich der Tankstirnseiten aufhalten. Bei massiven Bränden mit unbemannten Wasserwerfern operieren; falls dies nicht möglich ist, aus dem Gefahrenbereich zurückziehen und Feuer brennen lassen.

Leckage

Zündquellen beseitigen (Rauchen, offenes Feuer oder Funkenerzeugung im Nahbereich ausschließen). Kontakt von freigewordenem Produkt mit brennbaren Stoffen (Holz, Papier, Öl, Sägemehl usw.) verhindern. Beschädigte Behälter oder freigewordenen Stoff nicht ohne geeignete Schutzkleidung berühren. Produkt mit Sprühstrahl feucht halten. Leckage mit geeignetem Gerät **(keine Holzkeile verwenden)** möglichst schließen.

Klein: Mit inertem, feuchtem, nicht brennbarem Material unter Verwendung von nicht funkenreißendem Werkzeug aufnehmen und in locker abgedeckten Kunststoffbehälter geben.

Groß: Bis zur späteren Entsorgung feucht halten.

Produkteintritt in Wasserläufe, die Kanalisation, in Keller oder abgeschlossene Bereiche verhindern.

Aufräum- und Entsorgungsarbeiten nur unter Anleitung eines Sachverständigen durchführen.

Erste Hilfe

Betroffene an frische Luft bringen. Rettungsdienst alarmieren. Bei Atemstillstand künstlich beatmen. Bei erschwerter Atmung Sauerstoffgabe. Benetzte Kleidung und Schuhe entfernen und sicherstellen. Produkt unverzüglich von der Haut entfernen. Benetzte Augen und Haut unverzüglich mit fließendem Wasser mindestens 15 Minuten lang spülen. Betroffene ruhig und warm halten.

Rettungsdienstliches Personal auf notwendigen Eigenschutz sowie das freigesetzte Produkt hinweisen.

Gefahren

Brand oder Explosion

Lithium-Ionen-Batterien enthalten brennbare Elektrolytflüssigkeit und können sich entzünden oder Funken erzeugen, wenn sie Temperaturen über 150 °C ausgesetzt, geschädigt oder missbräuchlich genutzt werden, wie z.B. durch mechanische Beschädigung oder elektrische Überladung.

Stichflammenartiger Abbrand sowie Entzündung benachbarter Batterien möglich.

Gesundheit

Kontakt mit Elektrolytflüssigkeit kann reizend auf Haut, Augen und Schleimhäute wirken:

- bei Brand entstehen reizende, ätzende und/oder giftige Dämpfe;
- brennende Batterien können giftigen Fluor-Wasserstoff freisetzen (siehe hierzu Merkblatt 125);
- Schwindel oder Atembeschwerden durch Dämpfe möglich.

Maßnahmen

Weitere Informationen zum Produkt aus Beförderungsdokumenten, Nachschlagewerken, Gefahrgutdatenbanken oder bei TUIS **einholen**.

Sicherheitshinweise

Anfahren, Absperren, Sichern, Warnen (Räumen)

Auf der windzugewandten Seite anfahren, tiefer gelegene Bereiche meiden. Erste **Absperrung im Umkreis von 50 Metern**. Nicht unbedingt erforderliches Personal bleibt außerhalb.

Polizei erweitert die äußere Absperrung auf einen Umkreis von ca. 100 Meter; beim Brand von Güterwaggons auf 500 Meter.

Die Öffentlichkeit bleibt außerhalb der äußeren Absperrung.

Schutzvorkehrungen innerhalb der inneren Absperrung

Nach Erkundung innere Absperrung anpassen (Richtwert: 10–25 Meter).

Innerhalb der inneren Absperrung hält sich nur besonders geschütztes Einsatzpersonal auf.

Bei Leckage flüssigkeitsdichter Chemikalienschutzanzug; Beständigkeit beachten. Brandschutz zur Sicherung des vorgehenden Trupps in Bereitstellung.

Schutzausrüstung und Gerät nach Einsatz auf windzugewandter Seite mit Wasser und Bürste reinigen. Dekontaminationstrupp trägt Atem- und Körperschutz und fängt Reinigungswasser(-lauge) auf.

Einsatzmaßnahmen

Brandbekämpfung

Ein Feuer in einer Lithium-Ionen- oder Natrium-Ionen-Batterie kann jederzeit – bis zu Wochen später – nach dem Erlöschen des ersten Brandes wieder aufflammen. Durchgehende Überwachung der Batterie mittels Wärmebildkamera erforderlich. Ein Wiederaufflammen kann mit der Ausgasung von weißem Rauch oder elektrischen Lichtbögen oder Funken einhergehen, die sich mit sichtbaren Flammen oder Feuer wieder entzünden.

Vorsicht: Die Verwendung von Salzwasser zur Brandbekämpfung wird nicht empfohlen, da es die Produktion von Wasserstoff und Fluorwasserstoffgas erhöhen kann.

Kleiner Brand oder Brände, die eine kleine Batterie betreffen (z. B. persönliche elektronische Geräte, E-Bikes usw.):
Nur Wassersprühstrahl (große Mengen); kein Pulver, Sand oder CO_2 verwenden.

Großer Brand oder Brand einer großen Batterie oder mehrerer kleiner Batterien:
Batteriebrand ausbrennen lassen, Umgebung schützen und Brandausbreitung durch Einsatz von Sprühstrahl auf benachbarte Batterien verhindern.

Falls ohne Gefährdung möglich – Behälter aus dem Brandbereich entfernen.

Fahrzeugbrände:
Brennendes Fahrzeug mit Wasser oder Schaum kühlen und schließlich ablöschen.
Brennenden Hochvolt-Energiespeicher mit Wasser aus mindestens einem Meter Abstand kühlen und löschen.

Leckage

Zündquellen beseitigen (Rauchen, offenes Feuer oder Funkenerzeugung im Nahbereich ausschließen).

Nicht in Kontakt mit ausgelaufenem Material kommen.

Mit Erde, Sand oder anderem nicht brennbarem Material aufnehmen. Beschädigte Batterien zusammen mit absorbierendem Material in Metallbehälter geben.

Erste Hilfe

Betroffene an frische Luft bringen. Rettungsdienst alarmieren. Bei Atemstillstand künstlich beatmen. Bei erschwerter Atmung Sauerstoffgabe. Benetzte Kleidung und Schuhe entfernen und sicherstellen. Benetzte Augen und Haut unverzüglich mit fließendem Wasser mindestens 15 Minuten lang spülen.

Rettungsdienstliches Personal auf notwendigen Eigenschutz sowie das freigesetzte Produkt hinweisen.

Gefahren

Brand oder Explosion

Explosion infolge Hitze, Verunreinigung des Produkts oder Versagen der Temperaturkontrolle möglich. Diese Produkte reagieren äußerst empfindlich auf Temperaturerhöhungen. Oberhalb einer spezifischen „Kontrolltemperatur" zersetzen sie sich heftig und geraten in Brand. Entzündungsgefahr brennbarer Stoffe (Holz, Papier, Öl, Kleidung usw.). Selbstentzündung bei Luftkontakt möglich. Entzündbar durch Hitze, Funken oder Flammen. Schneller Abbrand unter intensiver Flammenbildung möglich. Gefahr des Behälterzerknalls bei Erhitzung. Brand- bzw. Explosionsgefahr durch ablaufendes Produkt.

Gesundheit

Bei Brand können reizende, giftige und/oder ätzende Stoffe entstehen. Schwere Verletzungen oder Verbrennungen bei Inkorporation oder Kontakt (Haut, Augen) mit Produkt möglich. Ablaufendes Wasser zum Löschen, Niederschlagen von Dämpfen oder Verdünnen kann umweltgefährdend sein.

Maßnahmen

Weitere Informationen zum Produkt aus Beförderungsdokumenten, Nachschlagewerken, Gefahrgutdatenbanken oder bei TUIS **einholen**.

Sicherheitshinweise

Anfahren, Absperren, Sichern, Warnen (Räumen)

Auf der windzugewandten Seite anfahren, tiefer gelegene Bereiche meiden. Erste **Absperrung im Umkreis von 50 Metern**. Nicht unbedingt erforderliches Personal bleibt außerhalb.

Polizei erweitert die äußere Absperrung auf einen Umkreis von ca. 100 Meter; beim Brand von Tankwagen oder Tanks auf 800 Meter. Bei großer Leckage Räumung 250 Meter in Windrichtung in Betracht ziehen.

Das Produkt darf sich nicht erwärmen. Falls kein Stickstoff, Trockeneis oder Eis zu Kühlzwecken verfügbar, Gefahrenbereich unverzüglich räumen.

Die Öffentlichkeit bleibt außerhalb der äußeren Absperrung.

Schutzvorkehrungen innerhalb der inneren Absperrung

Nach Erkundung innere Absperrung anpassen (Richtwert: 25 Meter).

Innerhalb der inneren Absperrung hält sich nur besonders geschütztes Einsatzpersonal auf.

Umluftunabhängiger Atemschutz (PA). Bei Leckage flüssigkeitsdichter Chemikalienschutzanzug; Beständigkeit beachten. Brandschutz zur Sicherung des vorgehenden Trupps in Bereitstellung. Geschlossene Bereiche vor dem Zutritt belüften.

Schutzausrüstung und Gerät nach Einsatz auf windzugewandter Seite mit Wasser und Bürste reinigen. Dekontaminationstrupp trägt Atem- und Körperschutz und fängt Reinigungswasser(-lauge) auf.

Einsatzmaßnahmen

Brandbekämpfung

Achtung: **Zu keiner Zeit darf die materialspezifische „Kontrolltemperatur" des Produkts überschritten werden.**

Klein: Sprühstrahl bevorzugt, ansonsten Löschpulver, CO_2 oder Schaum einsetzen.

Groß: Aus der Distanz mit Wasser fluten. **Keinen Vollstrahl einsetzen**. Nicht betroffene Behälter möglichst aus dem Brandbereich entfernen. Weder die Ladung noch das Fahrzeug bewegen, wenn diese Hitze ausgesetzt waren.

Tank- oder Ladungsbrände:

Brandbekämpfung aus größtmöglicher Entfernung durchführen. Nachdem Brand gelöscht ist, Behälter ausreichend weiterkühlen. **Möglichen Behälterzerknall beachten**. **Nie** im Bereich der Tankstirnseiten aufhalten. Bei massiven Bränden mit unbemannten Wasserwerfern operieren; falls dies nicht möglich ist, aus dem Gefahrenbereich zurückziehen und Feuer brennen lassen.

Leckage

Zündquellen beseitigen (Rauchen, offenes Feuer oder Funkenerzeugung im Nahbereich ausschließen). Kontakt von freigewordenem Produkt mit brennbaren Stoffen (Holz, Papier, Öl, Sägemehl usw.) verhindern. Nicht durch freigewordenes Produkt laufen. Leckage mit geeignetem Gerät **(keine Holzkeile verwenden)** möglichst schließen.

Klein: Mit inertem, feuchtem, nicht brennbarem Material unter Verwendung von nicht funkenreißendem Werkzeug aufnehmen und in locker abgedeckten Kunststoffbehälter geben.

Groß: In sicherer Entfernung bis zur späteren Entsorgung eindeichen.

Produkteintritt in Wasserläufe, die Kanalisation, in Keller oder abgeschlossene Bereiche verhindern.

Aufräum- und Entsorgungsarbeiten nur unter Anleitung eines Sachverständigen durchführen.

Erste Hilfe

Betroffene an frische Luft bringen. Rettungsdienst alarmieren. Bei Atemstillstand künstlich beatmen. Bei erschwerter Atmung Sauerstoffgabe. Benetzte Kleidung und Schuhe entfernen und sicherstellen. Produkt unverzüglich von der Haut entfernen. Benetzte Augen und Haut unverzüglich mit fließendem Wasser mindestens 15 Minuten lang spülen. Betroffene ruhig und warm halten.

Rettungsdienstliches Personal auf notwendigen Eigenschutz sowie das freigesetzte Produkt hinweisen.

Gefahren

Brand oder Explosion

Selbstzersetzung bzw. Selbstentzündung kann durch Hitze, chemische Reaktion oder Stoß ausgelöst werden. Entzündbar durch Hitze, Funken oder Flammen. Bei Erhitzung oder Brandbeanspruchung Gefahr der **explosionsartigen** Zersetzung; bei den mit **(P)** gekennzeichneten Produkten Gefahr der **äußerst heftigen Reaktion**. Kann heftig brennen. Zersetzung kann beschleunigt und unter Entwicklung von großen Mengen Gas erfolgen. Explosive Dampf-/Luftgemische bzw. Staub-/Luftgemische möglich.

Gesundheit

Schwere Verletzungen (mit Todesfolge) bei Einatmen oder Kontakt mit Dämpfen, Produkt oder Zersetzungsprodukten möglich. Entstehung reizender, giftiger und/oder ätzender Gase möglich. Abfließendes Löschwasser kann umweltgefährdend sein.

Maßnahmen

Weitere Informationen zum Produkt aus Beförderungsdokumenten, Nachschlagewerken, Gefahrgutdatenbanken oder bei TUIS **einholen**.

Sicherheitshinweise

Anfahren, Absperren, Sichern, Warnen (Räumen)

Auf der windzugewandten Seite anfahren, tiefer gelegene Bereiche meiden. Erste **Absperrung im Umkreis von 50 Metern**. Nicht unbedingt erforderliches Personal bleibt außerhalb.

Polizei erweitert die äußere Absperrung auf einen Umkreis von ca. 100 Meter; beim Brand von Tankwagen oder Tanks auf 800 Meter. Bei großer Leckage Räumung 250 Meter in Windrichtung in Betracht ziehen.

Die Öffentlichkeit bleibt außerhalb der äußeren Absperrung.

Schutzvorkehrungen innerhalb der inneren Absperrung

Nach Erkundung innere Absperrung anpassen (Richtwert: 25 Meter).

Innerhalb der inneren Absperrung hält sich nur besonders geschütztes Einsatzpersonal auf.

Umluftunabhängiger Atemschutz (PA). Bei Leckage flüssigkeitsdichter Chemikalienschutzanzug; Beständigkeit beachten. Bei festen Produkten bietet Brandschutzanzug begrenzten Schutz. Brandschutz zur Sicherung des vorgehenden Trupps in Bereitstellung.

Schutzausrüstung und Gerät nach Einsatz auf windzugewandter Seite mit Wasser und Bürste reinigen. Dekontaminationstrupp trägt Atem- und Körperschutz und fängt Reinigungswasser(-lauge) auf.

Einsatzmaßnahmen

Brandbekämpfung

Klein: Löschpulver, CO_2, Sprühstrahl oder Schaum.
Groß: Aus der Distanz mit Wasser fluten. Nicht betroffene Behälter möglichst aus dem Brandbereich entfernen.

Tank- oder Ladungsbrände:

Möglichen Behälterzerknall beachten. Brandbekämpfung aus größtmöglicher Entfernung durchführen. Nachdem Brand gelöscht ist, Behälter ausreichend weiterkühlen. **Sofortiger Rückzug**, falls das Sicherheitsventil mit zunehmendem Geräusch abbläst oder der Tank infolge Brandeinwirkung eine Verfärbung aufweist. **Nie** im Bereich der Tankstirnseiten aufhalten.

Leckage

Zündquellen beseitigen (Rauchen, offenes Feuer oder Funkenerzeugung im Nahbereich ausschließen). Nicht durch freigewordenes Produkt laufen. Leckage mit geeignetem Gerät möglichst schließen.

Klein: Mit inertem, feuchtem, nicht brennbarem Material unter Verwendung von nicht funkenreißendem Werkzeug aufnehmen und in locker abgedeckten Kunststoffbehälter geben.

Produkteintritt in Wasserläufe, die Kanalisation, in Keller oder abgeschlossene Bereiche verhindern.

Erste Hilfe

Betroffene an frische Luft bringen. Rettungsdienst alarmieren. Bei Atemstillstand künstlich beatmen. Bei erschwerter Atmung Sauerstoffgabe. Benetzte Kleidung und Schuhe entfernen und sicherstellen. Benetzte Augen und Haut unverzüglich mit fließendem Wasser mindestens 15 Minuten lang spülen. Betroffene ruhig und warm halten.

Rettungsdienstliches Personal auf notwendigen Eigenschutz sowie das freigesetzte Produkt hinweisen.

Gefahren

Brand oder Explosion

Selbstzersetzung bzw. Selbstentzündung kann durch Hitze, chemische Reaktion oder Stoß ausgelöst werden. Falls die produktspezifische Kontrolltemperatur nicht eingehalten wird, ist beschleunigte Zersetzung möglich. Diese Produkte reagieren äußerst empfindlich auf Temperaturerhöhungen. Oberhalb einer spezifischen „Kontrolltemperatur" zersetzen sie sich heftig und geraten in Brand. Entzündbar durch Hitze, Funken oder Flammen. Bei Erhitzung oder Brandbeanspruchung Gefahr der **explosionsartigen** Zersetzung; bei den mit **(P)** gekennzeichneten Produkten Gefahr der **äußerst heftigen Reaktion**. Kann heftig brennen. Zersetzung kann beschleunigt und unter Entwicklung von großen Mengen Gas erfolgen. Explosive Dampf-/Luftgemische bzw. Staub-/Luftgemische möglich.

Gesundheit

Schwere Verletzungen (mit Todesfolge) bei Einatmen oder Kontakt mit Dämpfen, Produkt oder Zersetzungsprodukten möglich. Entstehung reizender, giftiger und/oder ätzender Gase möglich. Abfließendes Löschwasser kann umweltgefährdend sein.

Maßnahmen

Weitere Informationen zum Produkt aus Beförderungsdokumenten, Nachschlagewerken, Gefahrgutdatenbanken oder bei TUIS **einholen**.

Sicherheitshinweise

Anfahren, Absperren, Sichern, Warnen (Räumen)

Auf der windzugewandten Seite anfahren, tiefer gelegene Bereiche meiden. Erste **Absperrung im Umkreis von 50 Metern**. Nicht unbedingt erforderliches Personal bleibt außerhalb.

Polizei erweitert die äußere Absperrung auf einen Umkreis von ca. 100 Meter; beim Brand von Tankwagen oder Tanks auf 800 Meter. Bei großer Leckage Räumung 250 Meter in Windrichtung in Betracht ziehen.

Das Produkt darf sich nicht erwärmen. Falls kein Stickstoff, Trockeneis oder Eis zu Kühlzwecken verfügbar, Gefahrenbereich unverzüglich räumen.

Die Öffentlichkeit bleibt außerhalb der äußeren Absperrung.

Schutzvorkehrungen innerhalb der inneren Absperrung

Nach Erkundung innere Absperrung anpassen (Richtwert: 25–50 Meter).

Innerhalb der inneren Absperrung hält sich nur besonders geschütztes Einsatzpersonal auf.

Umluftunabhängiger Atemschutz (PA). Bei Leckage flüssigkeitsdichter Chemikalienschutzanzug; Beständigkeit beachten. Bei festen Produkten bietet Brandschutzanzug begrenzten Schutz. Brandschutz zur Sicherung des vorgehenden Trupps in Bereitstellung. Geschlossene Bereiche vor dem Zutritt belüften.

Schutzausrüstung und Gerät nach Einsatz auf windzugewandter Seite mit Wasser und Bürste reinigen. Dekontaminationstrupp trägt Atem- und Körperschutz und fängt Reinigungswasser(-lauge) auf.

Einsatzmaßnahmen

Brandbekämpfung

Achtung: **Zu keiner Zeit darf die materialspezifische „Kontrolltemperatur" des Produkts überschritten werden.**

Klein: Löschpulver, CO_2, Sprühstrahl oder Schaum.

Groß: Aus der Distanz mit Wasser fluten. Nicht betroffene Behälter möglichst aus dem Brandbereich entfernen.

Tank- oder Ladungsbrände:

Möglichen Behälterzerknall beachten. Brandbekämpfung aus größtmöglicher Entfernung durchführen. Nachdem Brand gelöscht ist, Behälter ausreichend weiterkühlen. **Sofortiger Rückzug**, falls das Sicherheitsventil mit zunehmendem Geräusch abbläst oder der Tank infolge Brandeinwirkung eine Verfärbung aufweist. **Nie** im Bereich der Tankstirnseiten aufhalten.

Leckage

Zündquellen beseitigen (Rauchen, offenes Feuer oder Funkenerzeugung im Nahbereich ausschließen). Nicht durch freigewordenes Produkt laufen. Leckage mit geeignetem Gerät **(keine Holzkeile verwenden)** möglichst schließen.

Klein: Mit inertem, feuchtem, nicht brennbarem Material unter Verwendung von nicht funkenreißendem Werkzeug aufnehmen und in locker abgedeckten Kunststoffbehälter geben.

Produkteintritt in Wasserläufe, die Kanalisation, in Keller oder abgeschlossene Bereiche verhindern.

Aufräum- und Entsorgungsarbeiten nur unter Anleitung eines Sachverständigen durchführen.

Erste Hilfe

Betroffene an frische Luft bringen. Rettungsdienst alarmieren. Bei Atemstillstand künstlich beatmen. Bei erschwerter Atmung Sauerstoffgabe. Benetzte Kleidung und Schuhe entfernen und sicherstellen. Benetzte Augen und Haut unverzüglich mit fließendem Wasser mindestens 15 Minuten lang spülen. Betroffene ruhig und warm halten.

Rettungsdienstliches Personal auf notwendigen Eigenschutz sowie das freigesetzte Produkt hinweisen.

Gefahren

Brand oder Explosion

Nicht brennbar, unter Hitzeeinwirkung kann jedoch Zersetzung unter Bildung ätzenden und/oder giftigen Qualms erfolgen. Gefahr des Behälterzerknalls bei Erhitzung. Ablaufendes Produkt kann Wasserläufe gefährden.

Gesundheit

Sehr giftig; tödliche Wirkung bei Einatmen, Verschlucken oder Hautaufnahme möglich. Jeglichen Hautkontakt vermeiden. Die Auswirkungen von Kontakt oder Einatmen können verzögert eintreten. Bei Brand können reizende, giftige und/oder ätzende Stoffe entstehen. Ablaufendes Wasser zum Löschen, Niederschlagen von Dämpfen oder Verdünnen kann giftig und/oder ätzend und umweltgefährdend sein.

Maßnahmen

Weitere Informationen zum Produkt aus Beförderungsdokumenten, Nachschlagewerken, Gefahrgutdatenbanken oder bei TUIS **einholen**.

Sicherheitshinweise

Anfahren, Absperren, Sichern, Warnen (Räumen)

Auf der windzugewandten Seite anfahren, tiefer gelegene Bereiche meiden. Erste **Absperrung im Umkreis von 50 Metern**. Nicht unbedingt erforderliches Personal bleibt außerhalb.

Polizei erweitert die äußere Absperrung auf einen Umkreis von ca. 100 Meter; beim Brand von Tankwagen oder Tanks auf 800 Meter.

Beachte grüne Seiten für die in den Stofflisten markierten Produkte zur genaueren Abschätzung der Absperrgrenzen bzw. Berechnung mit **MET**© und toxikologischen Daten.

Die Öffentlichkeit bleibt außerhalb der äußeren Absperrung.

Schutzvorkehrungen innerhalb der inneren Absperrung

Nach Erkundung innere Absperrung anpassen (Richtwert: 10–25 Meter).

Innerhalb der inneren Absperrung hält sich nur besonders geschütztes Einsatzpersonal auf.

Umluftunabhängiger Atemschutz (PA). Bei festen Produkten bietet flüssigkeitsdichter Chemikalienschutzanzug ausreichenden Schutz; bei flüssigen Produkten gasdichter Chemikalienschutzanzug; Beständigkeit beachten. Geschlossene Bereiche vor dem Zutritt belüften.

Schutzausrüstung und Gerät nach Einsatz auf windzugewandter Seite mit Wasser und Bürste reinigen. Dekontaminationstrupp trägt Atem- und Körperschutz und fängt Reinigungswasser(-lauge) auf.

Einsatzmaßnahmen

Brandbekämpfung

Klein: Löschpulver, CO_2 oder Sprühstrahl.
Groß: Sprühstrahl, Nebel oder Schaum. Nicht betroffene Behälter möglichst aus dem Brandbereich entfernen. Löschwasser auffangen, Produkt nicht unnötig verbreiten. **Keinen Vollstrahl einsetzen.**

Tank- oder Ladungsbrände:

Brandbekämpfung aus größtmöglicher Entfernung durchführen. Wasser nicht in Behälter gelangen lassen. Nachdem Brand gelöscht ist, Behälter ausreichend weiterkühlen. **Sofortiger Rückzug**, falls das Sicherheitsventil mit zunehmendem Geräusch abbläst oder der Tank infolge Brandeinwirkung eine Verfärbung aufweist. **Nie** im Bereich der Tankstirnseiten aufhalten. Bei massiven Bränden mit unbemannten Wasserwerfern operieren; falls dies nicht möglich ist, aus dem Gefahrenbereich zurückziehen und Feuer brennen lassen.

Leckage

Beschädigte Behälter oder freigewordenen Stoff nicht ohne geeignete Schutzkleidung berühren. Leckage mit geeignetem Gerät möglichst schließen.

Produkteintritt in Wasserläufe, die Kanalisation, in Keller oder abgeschlossene Bereiche verhindern. Ausbreitung durch Abdecken mit Plastikfolie verhindern. Mit trockener Erde, Sand oder anderem nicht brennbarem Material aufnehmen und in belüfteten Stahlbehälter geben. Wasser nicht in Behälter gelangen lassen. Bei Feststoffen: Aufwirbeln und Einatmen von Staub vermeiden.

Erste Hilfe

Betroffene an frische Luft bringen. Rettungsdienst alarmieren. Bei Atemstillstand künstlich beatmen. **Keine Mund-zu-Mund-Beatmung, falls der Patient das Produkt verschluckt oder eingeatmet hat. AMBU®-Beutel oder ähnliches medizinisches Gerät mit Maske einsetzen**. Bei erschwerter Atmung Sauerstoffgabe. Benetzte Kleidung und Schuhe entfernen und sicherstellen. Benetzte Augen und Haut unverzüglich mit fließendem Wasser mindestens 15 Minuten lang spülen. Zur Begrenzung des Hautkontakts: Verbreitung des Produkts auf nicht betroffene Hautpartien vermeiden. Betroffene ruhig und warm halten. Gesundheitliche Beeinträchtigungen infolge Einatmens, Verschluckens oder Hautaufnahme können erst mit Verzögerung eintreten bzw. bemerkt werden.

Rettungsdienstliches Personal auf notwendigen Eigenschutz sowie das freigesetzte Produkt hinweisen.

Gefahren

Brand oder Explosion

Brennbares, aber nicht leicht entzündliches Produkt. Gefahr des Behälterzerknalls bei Erhitzung. Ablaufendes Produkt kann Wasserläufe gefährden. Transport als Schmelze möglich.

Gesundheit

Sehr giftig; tödliche Wirkung bei Einatmen, Verschlucken oder Hautaufnahme möglich. Schwere Verbrennungen von Haut und Augen bei Kontakt mit Schmelze möglich. Jeglichen Hautkontakt vermeiden. Die Auswirkungen von Kontakt oder Einatmen können verzögert eintreten. Bei Brand können reizende, giftige und/oder ätzende Stoffe entstehen. Ablaufendes Wasser zum Löschen, Niederschlagen von Dämpfen oder Verdünnen kann giftig und/oder ätzend und umweltgefährdend sein.

Maßnahmen

Weitere Informationen zum Produkt aus Beförderungsdokumenten Nachschlagewerken, Gefahrgutdatenbanken oder bei TUIS **einholen**.

Sicherheitshinweise

Anfahren, Absperren, Sichern, Warnen (Räumen)

Auf der windzugewandten Seite anfahren, tiefer gelegene Bereiche meiden. Erste **Absperrung im Umkreis von 50 Metern**. Nicht unbedingt erforderliches Personal bleibt außerhalb.

Polizei erweitert die äußere Absperrung auf einen Umkreis von ca. 100 Meter; beim Brand von Tankwagen oder Tanks auf 800 Meter.

Beachte grüne Seiten für die in den Stofflisten markierten Produkte zur genaueren Abschätzung der Absperrgrenzen bzw. Berechnung mit **MET**© und toxikologischen Daten.

Die Öffentlichkeit bleibt außerhalb der äußeren Absperrung.

Schutzvorkehrungen innerhalb der inneren Absperrung

Nach Erkundung innere Absperrung anpassen (Richtwert: 25 Meter).

Innerhalb der inneren Absperrung hält sich nur besonders geschütztes Einsatzpersonal auf.

Umluftunabhängiger Atemschutz (PA). Bei festen Produkten bietet flüssigkeitsdichter Chemikalienschutzanzug ausreichenden Schutz; bei flüssigen Produkten gasdichter Chemikalienschutzanzug; Beständigkeit beachten. Brandschutz zur Sicherung des vorgehenden Trupps in Bereitstellung. Geschlossene Bereiche vor dem Zutritt belüften.

Schutzausrüstung und Gerät nach Einsatz auf windzugewandter Seite mit Wasser und Bürste reinigen. Dekontaminationstrupp trägt Atem- und Körperschutz und fängt Reinigungswasser(-lauge) auf.

Einsatzmaßnahmen

Brandbekämpfung

Klein: Löschpulver, CO_2 oder Sprühstrahl.
Groß: Sprühstrahl, Nebel oder Schaum. Nicht betroffene Behälter möglichst aus dem Brandbereich entfernen. Löschwasser auffangen, Produkt nicht unnötig verbreiten. **Keinen Vollstrahl einsetzen.**

Tank- oder Ladungsbrände:

Brandbekämpfung aus größtmöglicher Entfernung durchführen. **Wasser nicht in Behälter gelangen lassen.** Nachdem Brand gelöscht ist, Behälter ausreichend weiterkühlen. **Sofortiger Rückzug**, falls das Sicherheitsventil mit zunehmendem Geräusch abbläst oder der Tank infolge Brandeinwirkung eine Verfärbung aufweist. **Nie** im Bereich der Tankstirnseiten aufhalten. Bei massiven Bränden mit unbemannten Wasserwerfern operieren; falls dies nicht möglich ist, aus dem Gefahrenbereich zurückziehen und Feuer brennen lassen.

Leckage

Zündquellen beseitigen (Rauchen, offenes Feuer oder Funkenerzeugung im Nahbereich ausschließen). Beschädigte Behälter oder freigewordenen Stoff nicht ohne geeignete Schutzkleidung berühren. Leckage mit geeignetem Gerät möglichst schließen.

Produkteintritt in Wasserläufe, die Kanalisation, in Keller oder abgeschlossene Bereiche verhindern. Ausbreitung durch Abdecken mit Plastikfolie verhindern. Mit trockener Erde, Sand oder anderem nicht brennbarem Material aufnehmen und in belüfteten Stahlbehälter geben. **Wasser nicht in Behälter gelangen lassen.**

Erste Hilfe

Betroffene an frische Luft bringen. Rettungsdienst alarmieren. Bei Atemstillstand künstlich beatmen. **Keine Mund-zu-Mund-Beatmung, falls der Patient das Produkt verschluckt oder eingeatmet hat. AMBU®-Beutel oder ähnliches medizinisches Gerät mit Maske einsetzen.** Bei erschwerter Atmung Sauerstoffgabe. Benetzte Kleidung und Schuhe entfernen und sicherstellen. Benetzte Augen und Haut unverzüglich mit fließendem Wasser mindestens 15 Minuten lang spülen. Zur Begrenzung des Hautkontakts: Verbreitung des Produkts auf nicht betroffene Hautpartien vermeiden. Betroffene ruhig und warm halten. Gesundheitliche Beeinträchtigungen infolge Einatmens, Verschluckens oder Hautaufnahme können erst mit Verzögerung eintreten bzw. bemerkt werden.

Rettungsdienstliches Personal auf notwendigen Eigenschutz sowie das freigesetzte Produkt hinweisen.

Gefahren

Brand oder Explosion

Brennbares, aber nicht leicht entzündliches Produkt. Bei Erhitzung Bildung explosiver Dampf-/ Luftgemische innerhalb und außerhalb von Gebäuden und der Kanalisation möglich. Bei Erhitzung oder Brandbeaufschlagung können einige Produkte **(P) spontan äußerst heftig** reagieren. Bei Kontakt mit Metallen Freisetzung von brennbarem Wasserstoffgas möglich. Gefahr des Behälterzerknalls bei Erhitzung. Ablaufendes Produkt kann Wasserläufe gefährden. Transport als Schmelze möglich.

Gesundheit

Sehr giftig; tödliche Wirkung bei Einatmen, Verschlucken oder Hautaufnahme möglich. Schwere Verbrennungen von Haut und Augen bei Kontakt mit Schmelze möglich. Jeglichen Hautkontakt vermeiden. Freigesetzes Methylbromacetat (UN 2643) ist augenreizend und verursacht Tränenfluss. Die Auswirkungen von Kontakt oder Einatmen können verzögert eintreten. Bei Brand können reizende, giftige und/oder ätzende Stoffe entstehen. Ablaufendes Wasser zum Löschen, Niederschlagen von Dämpfen oder Verdünnen kann giftig und/oder ätzend und umweltgefährdend sein.

Maßnahmen

Weitere Informationen zum Produkt aus Beförderungsdokumenten, Nachschlagewerken, Gefahrgutdatenbanken oder bei TUIS **einholen**.

Sicherheitshinweise

Anfahren, Absperren, Sichern, Warnen (Räumen)

Auf der windzugewandten Seite anfahren, tiefer gelegene Bereiche meiden. Erste **Absperrung im Umkreis von 50 Metern**. Nicht unbedingt erforderliches Personal bleibt außerhalb.

Polizei erweitert die äußere Absperrung auf einen Umkreis von ca. 100 Meter; beim Brand von Tankwagen oder Tanks auf 800 Meter.

Beachte grüne Seiten für die in den Stofflisten markierten Produkte zur genaueren Abschätzung der Absperrgrenzen bzw. Berechnung mit **MET**© und toxikologischen Daten.

Die Öffentlichkeit bleibt außerhalb der äußeren Absperrung.

Schutzvorkehrungen innerhalb der inneren Absperrung

Nach Erkundung innere Absperrung anpassen (Richtwert: 25 Meter).

Innerhalb der inneren Absperrung hält sich nur besonders geschütztes Einsatzpersonal auf.

Umluftunabhängiger Atemschutz (PA). Bei Leckage flüssigkeitsdichter Chemikalienschutzanzug; Beständigkeit beachten. Brandschutz zur Sicherung des vorgehenden Trupps in Bereitstellung. Geschlossene Bereiche vor dem Zutritt belüften.

Schutzausrüstung und Gerät nach Einsatz auf windzugewandter Seite mit Wasser und Bürste reinigen. Dekontaminationstrupp trägt Atem- und Körperschutz und fängt Reinigungswasser(-lauge) auf.

Einsatzmaßnahmen

Brandbekämpfung

Klein: Löschpulver, CO_2 oder Sprühstrahl.

Groß: Löschpulver, CO_2, Sprühstrahl oder alkoholbeständiger Schaum. Nicht betroffene Behälter möglichst aus dem Brandbereich entfernen. Löschwasser auffangen, Produkt nicht unnötig verbreiten.

Tank- oder Ladungsbrände:

Brandbekämpfung aus größtmöglicher Entfernung durchführen. Wasser nicht in Behälter gelangen lassen. Nachdem Brand gelöscht ist, Behälter ausreichend weiterkühlen. **Sofortiger Rückzug**, falls das Sicherheitsventil mit zunehmendem Geräusch abbläst oder der Tank infolge Brandeinwirkung eine Verfärbung aufweist. **Nie** im Bereich der Tankstirnseiten aufhalten.

Leckage

Zündquellen beseitigen (Rauchen, offenes Feuer oder Funkenerzeugung im Nahbereich ausschließen). Beschädigte Behälter oder freigewordenen Stoff nicht ohne geeignete Schutzkleidung berühren. **Säurebeständige Ausrüstung verwenden.** Leckage mit geeignetem Gerät möglichst schließen.

Beim Umpumpen säurebeständige und explosionsgeschützte Pumpen verwenden (Zündtemperatur des Produkts beachten) und Potenzialausgleich herstellen/erden.

Produkteintritt in Wasserläufe, die Kanalisation, in Keller oder abgeschlossene Bereiche verhindern. Mit Chemikalienbinder, der nicht gefährlich mit dem Produkt reagiert, und nicht funkenreißendem Werkzeug aufnehmen und in Kunststoffbehälter geben (Beständigkeit beachten); im Ersteinsatz Stahlbehälter mit eingelegtem Kunststoffsack als Kompromiss geeignet. **Wasser nicht in Behälter gelangen lassen**.

Erste Hilfe

Betroffene an frische Luft bringen. Rettungsdienst alarmieren. Bei Atemstillstand künstlich beatmen. **Keine Mund-zu-Mund-Beatmung, falls der Patient das Produkt verschluckt oder eingeatmet hat. AMBU®-Beutel oder ähnliches medizinisches Gerät mit Maske einsetzen.** Bei erschwerter Atmung Sauerstoffgabe. Benetzte Kleidung und Schuhe entfernen und sicherstellen. Benetzte Augen und Haut unverzüglich mit fließendem Wasser mindestens 15 Minuten lang spülen. Zur Begrenzung des Hautkontakts: Verbreitung des Produkts auf nicht betroffene Hautpartien vermeiden. Betroffene ruhig und warm halten. Gesundheitliche Beeinträchtigungen infolge Einatmens, Verschluckens oder Hautaufnahme können erst mit Verzögerung eintreten bzw. bemerkt werden.

Rettungsdienstliches Personal auf notwendigen Eigenschutz sowie das freigesetzte Produkt hinweisen.

Gefahren

Brand oder Explosion

Nicht brennbar, unter Hitzeeinwirkung kann jedoch Zersetzung unter Bildung ätzenden und/oder giftigen Qualms erfolgen. Einige Produkte sind Oxidationsmittel, die brennbare Stoffe (Holz, Papier, Öl, Kleidung usw.) entzünden können. Bei Kontakt mit Metallen Freisetzung von brennbarem Wasserstoffgas möglich. Gefahr des Behälterzerknalls bei Erhitzung.

Gesundheit

Sehr giftig; tödliche Wirkung bei Einatmen, Verschlucken oder Hautaufnahme möglich. Schwere Verbrennungen von Haut und Augen bei Kontakt mit Schmelze möglich. Jeglichen Hautkontakt vermeiden. Die Auswirkungen von Kontakt oder Einatmen können verzögert eintreten. Bei Brand können reizende, giftige und/oder ätzende Stoffe entstehen. Ablaufendes Wasser zum Löschen, Niederschlagen von Dämpfen oder Verdünnen kann giftig und/oder ätzend und umweltgefährdend sein.

Maßnahmen

Weitere Informationen zum Produkt aus Beförderungsdokumenten, Nachschlagewerken, Gefahrgutdatenbanken oder bei TUIS **einholen**.

Sicherheitshinweise

Anfahren, Absperren, Sichern, Warnen (Räumen)

Auf der windzugewandten Seite anfahren, tiefer gelegene Bereiche meiden. Erste **Absperrung im Umkreis von 50 Metern**. Nicht unbedingt erforderliches Personal bleibt außerhalb.

Polizei erweitert die äußere Absperrung auf einen Umkreis von ca. 100 Meter; beim Brand von Tankwagen oder Tanks auf 800 Meter.

Beachte grüne Seiten für die in den Stofflisten markierten Produkte zur genaueren Abschätzung der Absperrgrenzen bzw. Berechnung mit **MET**© und toxikologischen Daten.

Die Öffentlichkeit bleibt außerhalb der äußeren Absperrung.

Schutzvorkehrungen innerhalb der inneren Absperrung

Nach Erkundung innere Absperrung anpassen (Richtwert: 25 Meter).

Innerhalb der inneren Absperrung hält sich nur besonders geschütztes Einsatzpersonal auf.

Umluftunabhängiger Atemschutz (PA). Bei festen Produkten bietet flüssigkeitsdichter Chemikalienschutzanzug ausreichenden Schutz; bei flüssigen Produkten gasdichter Chemikalienschutzanzug; Beständigkeit beachten. Brandschutz zur Sicherung des vorgehenden Trupps in Bereitstellung. Geschlossene Bereiche vor dem Zutritt belüften.

Schutzausrüstung und Gerät nach Einsatz auf windzugewandter Seite mit Wasser und Bürste reinigen. Dekontaminationstrupp trägt Atem- und Körperschutz und fängt Reinigungswasser(-lauge) auf.

Einsatzmaßnahmen

Brandbekämpfung

Klein: Löschpulver, CO_2 oder Sprühstrahl.

Groß: Löschpulver, CO_2, Sprühstrahl oder alkoholbeständiger Schaum. Nicht betroffene Behälter möglichst aus dem Brandbereich entfernen. Löschwasser auffangen, Produkt nicht unnötig verbreiten.

Tank- oder Ladungsbrände:

Brandbekämpfung aus größtmöglicher Entfernung durchführen. Wasser nicht in Behälter gelangen lassen. Nachdem Brand gelöscht ist, Behälter ausreichend weiterkühlen. **Sofortiger Rückzug**, falls das Sicherheitsventil mit zunehmendem Geräusch abbläst oder der Tank infolge Brandeinwirkung eine Verfärbung aufweist. **Nie** im Bereich der Tankstirnseiten aufhalten.

Leckage

Zündquellen beseitigen (Rauchen, offenes Feuer oder Funkenerzeugung im Nahbereich ausschließen). Beschädigte Behälter oder freigewordenen Stoff nicht ohne geeignete Schutzkleidung berühren. **Säurebeständige Ausrüstung verwenden.** Leckage mit geeignetem Gerät möglichst schließen.

Produkteintritt in Wasserläufe, die Kanalisation, in Keller oder abgeschlossene Bereiche verhindern. Mit Chemikalienbinder, der nicht gefährlich mit dem Produkt reagiert, und nicht funkenreißendem Werkzeug aufnehmen und in Kunststoffbehälter geben (Beständigkeit beachten); im Ersteinsatz Stahlbehälter mit eingelegtem Kunststoffsack als Kompromiss geeignet. **Wasser nicht in Behälter gelangen lassen.**

Erste Hilfe

Betroffene an frische Luft bringen. Rettungsdienst alarmieren. Bei Atemstillstand künstlich beatmen. **Keine Mund-zu-Mund-Beatmung, falls der Patient das Produkt verschluckt oder eingeatmet hat. AMBU®-Beutel oder ähnliches medizinisches Gerät mit Maske einsetzen.** Bei erschwerter Atmung Sauerstoffgabe. Benetzte Kleidung und Schuhe entfernen und sicherstellen. Benetzte Augen und Haut unverzüglich mit fließendem Wasser mindestens 15 Minuten lang spülen. Zur Begrenzung des Hautkontakts: Verbreitung des Produkts auf nicht betroffene Hautpartien vermeiden. Betroffene ruhig und warm halten. Gesundheitliche Beeinträchtigungen infolge Einatmens, Verschluckens oder Hautaufnahme können erst mit Verzögerung eintreten bzw. bemerkt werden.

Rettungsdienstliches Personal auf notwendigen Eigenschutz sowie das freigesetzte Produkt hinweisen.

Gefahren

Brand oder Explosion

Leicht entflammbar durch Hitze, Funken oder Flammen. Explosive Dampf-/Luftgemische innerhalb und außerhalb von Gebäuden sowie in der Kanalisation möglich. Die meisten Dämpfe sind schwerer als Luft. Sie kriechen am Boden und sammeln sich in tiefer gelegenen Bereichen (Kanalisation, Keller, Tanks). Rückzündungsgefahr durch am Boden kriechende Dämpfe. Produkt reagiert **(mit X gekennzeichnete äußerst heftig)** mit Wasser unter Freisetzung von entzündbaren, giftigen und ätzenden Gasen bzw. ablaufenden Flüssigkeiten. Bei Erhitzung oder Brandbeaufschlagung können einige Produkte **(P) spontan äußerst heftig reagieren**. Bei Kontakt mit Metallen Freisetzung von brennbarem Wasserstoffgas möglich. Bei Erhitzung oder Verunreinigung mit Wasser Gefahr des Behälterzerknalls.

Gesundheit

Giftig; schwere Verletzungen (mit Todesfolge) bei Einatmen, Inkorporation oder Kontakt (Haut, Augen) mit Dämpfen, Stäuben oder Produkt möglich. Bromacetate und Chloroacetate sind sehr reizend/tränenreizend. Bei Reaktion mit Wasser oder feuchter Luft entstehen giftige, ätzende oder brennbare Gase unter Produktion von sehr viel Hitze und Rauch. Bei Brand entstehen reizende, giftige und/oder ätzende Dämpfe. Ablaufendes Wasser zum Löschen, Niederschlagen von Dämpfen oder Verdünnen kann giftig und/oder ätzend und umweltgefährdend sein.

Maßnahmen

Weitere Informationen zum Produkt aus Beförderungsdokumenten, Nachschlagewerken, Gefahrgutdatenbanken oder bei TUIS **einholen**.

Sicherheitshinweise

Anfahren, Absperren, Sichern, Warnen (Räumen)

Auf der windzugewandten Seite anfahren, tiefer gelegene Bereiche meiden. Erste **Absperrung im Umkreis von 50 Metern**. Nicht unbedingt erforderliches Personal bleibt außerhalb. **Polizei** erweitert die äußere Absperrung auf einen Umkreis von ca. 100 Meter; beim Brand von Tankwagen oder Tanks auf 800 Meter.

Beachte grüne Seiten für die in den Stofflisten markierten Produkte zur genaueren Abschätzung der Absperrgrenzen bzw. Berechnung mit **MET**© und toxikologischen Daten.

Die Öffentlichkeit bleibt außerhalb der äußeren Absperrung.

Schutzvorkehrungen innerhalb der inneren Absperrung

Nach Erkundung (Messen mit Explosimeter) innere Absperrung anpassen (Richtwert: 25–50 Meter). **Innerhalb der inneren Absperrung hält sich nur besonders geschütztes Einsatzpersonal auf.** Umluftunabhängiger Atemschutz (PA). Bei Leckage gasdichter Chemikalienschutzanzug; Beständigkeit beachten. Brandschutz zur Sicherung des vorgehenden Trupps in Bereitstellung. Geschlossene Bereiche vor dem Zutritt belüften. Schutzausrüstung und Gerät nach Einsatz auf windzugewandter Seite mit Wasser und Bürste reinigen. Dekontaminationstrupp trägt Atem- und Körperschutz und fängt Reinigungswasser(-lauge) auf.

Einsatzmaßnahmen

Brandbekämpfung

Achtung: Die meisten Schäume reagieren mit dem Produkt und setzen giftige/ätzende Dämpfe frei.
Bei UN 1717 nur Löschpulver oder CO_2 verwenden.

Klein: Trockener Sand, Löschpulver, CO_2 oder alkoholbeständiger Schaum.

Groß: Sprühstrahl, Nebel oder alkoholbeständiger Schaum. **Bei Chlorsilanen (mit X gekennzeichnet) kein Wasser einsetzen**; alkoholbeständigen AFFF-Mittelschaum verwenden. Nicht betroffene Behälter möglichst aus dem Brandbereich entfernen. **Keinen Vollstrahl einsetzen**.

Tank- oder Ladungsbrände:

Brandbekämpfung aus größtmöglicher Entfernung durchführen. Wasser nicht in Behälter gelangen lassen. Nachdem Brand gelöscht ist, Behälter ausreichend weiterkühlen. **Sofortiger Rückzug**, falls das Sicherheitsventil mit zunehmendem Geräusch abbläst oder der Tank infolge Brandeinwirkung eine Verfärbung aufweist. **Nie** im Bereich der Tankstirnseiten aufhalten.

Leckage

Zündquellen beseitigen (Rauchen, offenes Feuer oder Funkenerzeugung im Nahbereich ausschließen). **Beim Umpumpen säurebeständige und explosionsgeschützte Pumpen verwenden (Zündtemperatur des Produkts beachten) und Potenzialausgleich herstellen/erden**. Beschädigte Behälter oder freigewordenen Stoff nicht ohne geeignete Schutzkleidung berühren. Leckage mit geeignetem Gerät möglichst schließen. Schaumteppich zur Begrenzung der Verdampfung aufbringen; bei Chlorsilanen (**mit X gekennzeichnet**) alkoholbeständiger AFFF-Mittelschaum. **Kein Wasser auf das freigesetzte Produkt oder in Behälter gelangen lassen.** Sprühstrahl zum Niederschlagen von Dämpfen bzw. Kontrollieren der Schadstoffwolke einsetzen.

Produkteintritt in Wasserläufe, die Kanalisation, in Keller oder abgeschlossene Bereiche verhindern.

Klein: Mit Chemikalienbinder, der nicht gefährlich mit dem Produkt reagiert, und nicht funkenreißendem Werkzeug aufnehmen und in Kunststoffbehälter geben (Beständigkeit beachten); im Ersteinsatz Stahlbehälter mit eingelegtem Kunststoffsack als Kompromiss geeignet. Ausbreitung durch Abdecken mit Plastikfolie verhindern.

Erste Hilfe

Betroffene an frische Luft bringen. Rettungsdienst alarmieren. Bei Atemstillstand künstlich beatmen. **Keine Mund-zu-Mund-Beatmung, falls der Patient das Produkt verschluckt oder eingeatmet hat. AMBU®-Beutel oder ähnliches medizinisches Gerät mit Maske einsetzen.** Bei erschwerter Atmung Sauerstoffgabe. Benetzte Kleidung und Schuhe entfernen und sicherstellen. Benetzte Augen und Haut unverzüglich mit fließendem Wasser mindestens 15 Minuten lang spülen. Zur Begrenzung des Hautkontakts: Verbreitung des Produkts auf nicht betroffene Hautpartien vermeiden. Betroffene ruhig und warm halten. Gesundheitliche Beeinträchtigungen infolge Einatmens, Verschluckens oder Hautaufnahme können erst mit Verzögerung eintreten bzw. bemerkt werden.

Rettungsdienstliches Personal auf notwendigen Eigenschutz sowie das freigesetzte Produkt hinweisen.

Gefahren

Brand oder Explosion

Brennbares, aber nicht leicht entzündliches Produkt. Produkt reagiert **(mit X gekennzeichnete äußerst heftig)** mit Wasser unter Freisetzung von entzündbaren, giftigen und ätzenden Gasen bzw. ablaufenden Flüssigkeiten. Bei Erhitzung Bildung explosiver Dampf-/Luftgemische innerhalb und außerhalb von Gebäuden und der Kanalisation möglich. Die meisten Dämpfe sind schwerer als Luft. Sie kriechen am Boden und sammeln sich in tiefer gelegenen Bereichen (Kanalisation, Keller, Tanks). Rückzündungsgefahr durch am Boden kriechende Dämpfe. Bei Kontakt mit Metallen Freisetzung von brennbarem Wasserstoffgas möglich. Bei Erhitzung oder Verunreinigung mit Wasser Gefahr des Behälterzerknalls.

Gesundheit

Giftig; schwere Verletzungen (mit Todesfolge) oder Verbrennungen bei Einatmen, Inkorporation oder Kontakt (Haut, Augen) mit Dämpfen, Stäuben, Produkt oder Schmelze möglich. Bei Reaktion mit Wasser oder feuchter Luft entstehen giftige, ätzende oder brennbare Gase unter Produktion von sehr viel Hitze und Rauch. Bei Brand entstehen reizende, giftige und/oder ätzende Dämpfe. Ablaufendes Wasser zum Löschen, Niederschlagen von Dämpfen oder Verdünnen kann giftig und/oder ätzend und umweltgefährdend sein.

Maßnahmen

Weitere Informationen zum Produkt aus Beförderungsdokumenten, Nachschlagewerken, Gefahrgutdatenbanken oder bei TUIS **einholen**.

Sicherheitshinweise

Anfahren, Absperren, Sichern, Warnen (Räumen)

Auf der windzugewandten Seite anfahren, tiefer gelegene Bereiche meiden. Erste **Absperrung im Umkreis von 50 Metern**. Nicht unbedingt erforderliches Personal bleibt außerhalb. **Polizei** erweitert die äußere Absperrung auf einen Umkreis von ca. 100 Meter; beim Brand von Tankwagen oder Tanks auf 800 Meter.

Beachte grüne Seiten für die in den Stofflisten markierten Produkte zur genaueren Abschätzung der Absperrgrenzen bzw. Berechnung mit **MET**© und toxikologischen Daten.

Die Öffentlichkeit bleibt außerhalb der äußeren Absperrung.

Schutzvorkehrungen innerhalb der inneren Absperrung

Nach Erkundung innere Absperrung anpassen (Richtwert: 25–50 Meter).

Innerhalb der inneren Absperrung hält sich nur besonders geschütztes Einsatzpersonal auf. Umluftunabhängiger Atemschutz (PA). Bei Leckage flüssigkeitsdichter Chemikalienschutzanzug; Beständigkeit beachten. Brandschutz zur Sicherung des vorgehenden Trupps in Bereitstellung. Geschlossene Bereiche vor dem Zutritt belüften. Schutzausrüstung und Gerät nach Einsatz auf windzugewandter Seite mit Wasser und Bürste reinigen. Dekontaminationstrupp trägt Atem- und Körperschutz und fängt Reinigungswasser(-lauge) auf.

Einsatzmaßnahmen

Brandbekämpfung

Achtung: Die meisten Schäume reagieren mit dem Produkt und setzen giftige/ätzende Dämpfe frei. Bei Acetylbromid (UN 1716) nur Löschpulver oder CO_2 verwenden.

Klein: Trockener Sand, Löschpulver, CO_2 oder alkoholbeständiger Schaum.

Groß: Sprühstrahl, Nebel oder alkoholbeständiger Schaum. **Bei Chlorsilanen (mit X gekennzeichnet) kein Wasser einsetzen**; alkoholbeständigen AFFF-Mittelschaum verwenden. Nicht betroffene Behälter möglichst aus dem Brandbereich entfernen. **Keinen Vollstrahl einsetzen**.

Tank- oder Ladungsbrände:

Brandbekämpfung aus größtmöglicher Entfernung durchführen. Wasser nicht in Behälter gelangen lassen. Nachdem Brand gelöscht ist, Behälter ausreichend weiterkühlen. **Sofortiger Rückzug**, falls das Sicherheitsventil mit zunehmendem Geräusch abbläst oder der Tank infolge Brandeinwirkung eine Verfärbung aufweist. **Nie** im Bereich der Tankstirnseiten aufhalten.

Leckage

Zündquellen beseitigen (Rauchen, offenes Feuer oder Funkenerzeugung im Nahbereich ausschließen). **Beim Umpumpen säurebeständige und explosionsgeschützte Pumpen verwenden (Zündtemperatur des Produkts beachten) und Potenzialausgleich herstellen/erden.** Beschädigte Behälter oder freigewordenen Stoff nicht ohne geeignete Schutzkleidung berühren. Leckage mit geeignetem Gerät möglichst schließen. Schaumteppich zur Begrenzung der Verdampfung aufbringen; **bei Chlorsilanen (mit X gekennzeichnet)** alkoholbeständiger AFFF-Mittelschaum. **Kein Wasser auf das freigesetzte Produkt oder in Behälter gelangen lassen.** Sprühstrahl zum Niederschlagen von Dämpfen bzw. Kontrollieren der Schadstoffwolke einsetzen. Produkteintritt in Wasserläufe, die Kanalisation, in Keller oder abgeschlossene Bereiche verhindern.

Klein: Mit Chemikalienbinder, der nicht gefährlich mit dem Produkt reagiert, und nicht funkenreißendem Werkzeug aufnehmen und in Kunststoffbehälter geben (Beständigkeit beachten); im Ersteinsatz Stahlbehälter mit eingelegtem Kunststoffsack als Kompromiss geeignet. Ausbreitung durch Abdecken mit Plastikfolie verhindern.

Erste Hilfe

Betroffene an frische Luft bringen. Rettungsdienst alarmieren. Bei Atemstillstand künstlich beatmen. **Keine Mund-zu-Mund-Beatmung, falls der Patient das Produkt verschluckt oder eingeatmet hat. AMBU®-Beutel oder ähnliches medizinisches Gerät mit Maske einsetzen.** Bei erschwerter Atmung Sauerstoffgabe. Benetzte Kleidung und Schuhe entfernen und sicherstellen. Benetzte Augen und Haut unverzüglich mit fließendem Wasser mindestens 15 Minuten lang spülen. Zur Begrenzung des Hautkontakts: Verbreitung des Produkts auf nicht betroffene Hautpartien vermeiden. Betroffene ruhig und warm halten. Gesundheitliche Beeinträchtigungen infolge Einatmens, Verschluckens oder Hautaufnahme können erst mit Verzögerung eintreten bzw. bemerkt werden.

Rettungsdienstliches Personal auf notwendigen Eigenschutz sowie das freigesetzte Produkt hinweisen.

Gefahren

Brand oder Explosion

Nicht brennbar, unter Hitzeeinwirkung kann jedoch Zersetzung unter Bildung ätzender und/oder giftiger Dämpfe erfolgen. Dämpfe können sich in abgeschlossenen Bereichen (Keller, Tanks, Tankwagen usw.) sammeln. Produkt reagiert **(mit X gekennzeichnete äußerst heftig)** mit Wasser unter Freisetzung von entzündbaren, giftigen und ätzenden Gasen. Bei Kontakt mit Metallen Freisetzung von brennbarem Wasserstoffgas möglich. Bei Erhitzung oder Verunreinigung mit Wasser Gefahr des Behälterzerknalls. UN 1796, UN 1802, UN 1826, UN 2032, UN 3084 und UN 2031 (mit mindestens 65 % Salpetersäure) sind auch wie oxidierende brandfördernde Stoffe zu behandeln (Merkblatt 140).

Gesundheit

Giftig; schwere Verletzungen (mit Todesfolge) bei Einatmen, Inkorporation oder Kontakt (Haut, Augen) mit Dämpfen, Stäuben oder Produkt möglich. Bei Reaktion mit Wasser oder feuchter Luft entstehen giftige, ätzende oder brennbare Gase; hierbei kann sehr viel Hitze und Rauch entstehen. Bei Brand entstehen reizende, giftige und/oder ätzende Dämpfe. Ablaufendes Wasser zum Löschen, Niederschlagen von Dämpfen oder Verdünnen kann giftig und/oder ätzend und umweltgefährdend sein.

Maßnahmen

Weitere Informationen zum Produkt aus Beförderungsdokumenten, Nachschlagewerken, Gefahrgutdatenbanken oder bei TUIS **einholen**.

Sicherheitshinweise

Anfahren, Absperren, Sichern, Warnen (Räumen)

Auf der windzugewandten Seite anfahren, tiefer gelegene Bereiche meiden. Erste **Absperrung im Umkreis von 50 Metern**. Nicht unbedingt erforderliches Personal bleibt außerhalb.

Polizei erweitert die äußere Absperrung auf einen Umkreis von ca. 100 Meter; beim Brand von Tankwagen oder Tanks auf 800 Meter.

Beachte grüne Seiten für die in den Stofflisten markierten Produkte zur genaueren Abschätzung der Absperrgrenzen bzw. Berechnung mit **MET**© und toxikologischen Daten.

Die Öffentlichkeit bleibt außerhalb der äußeren Absperrung.

Schutzvorkehrungen innerhalb der inneren Absperrung

Nach Erkundung innere Absperrung anpassen (Richtwert: 25 Meter).

Innerhalb der inneren Absperrung hält sich nur besonders geschütztes Einsatzpersonal auf.

Umluftunabhängiger Atemschutz (PA). Bei Leckage gasdichter Chemikalienschutzanzug; Beständigkeit beachten. Brandschutz zur Sicherung des vorgehenden Trupps in Bereitstellung. Geschlossene Bereiche vor dem Zutritt belüften.

Schutzausrüstung und Gerät nach Einsatz auf windzugewandter Seite mit Wasser und Bürste reinigen. Dekontaminationstrupp trägt Atem- und Körperschutz und fängt Reinigungswasser(-lauge) auf.

Einsatzmaßnahmen

Brandbekämpfung

Achtung: **Die meisten Schäume reagieren mit dem Produkt und setzen giftige/ätzende Dämpfe frei.**

Klein: Trockener Sand, Löschpulver, CO_2 (nicht bei Cyaniden) oder alkoholbeständiger Schaum.

Groß: Sprühstrahl, Nebel oder alkoholbeständiger Schaum. Nicht betroffene Behälter möglichst aus dem Brandbereich entfernen. **Keinen Vollstrahl einsetzen**. Löschwasser auffangen, Produkt nicht unnötig verbreiten.

Tank- oder Ladungsbrände:

Brandbekämpfung aus größtmöglicher Entfernung durchführen. Wasser nicht in Behälter gelangen lassen. Nachdem Brand gelöscht ist, Behälter ausreichend weiterkühlen. **Sofortiger Rückzug**, falls das Sicherheitsventil mit zunehmendem Geräusch abbläst oder der Tank infolge Brandeinwirkung eine Verfärbung aufweist. **Nie** im Bereich der Tankstirnseiten aufhalten.

Leckage

Zündquellen beseitigen (Rauchen, offenes Feuer oder Funkenerzeugung im Nahbereich ausschließen). **Säurebeständige Ausrüstung verwenden.** Beschädigte Behälter oder freigewordenen Stoff nicht ohne geeignete Schutzkleidung berühren. Leckage mit geeignetem Gerät möglichst schließen. **Wasser nicht in Behälter gelangen lassen.** Sprühstrahl zum Niederschlagen von Dämpfen bzw. Kontrollieren der Schadstoffwolke einsetzen.

Produkteintritt in Wasserläufe, die Kanalisation, in Keller oder abgeschlossene Bereiche verhindern.

Klein: Mit Chemikalienbinder, der nicht gefährlich mit dem Produkt reagiert, und nicht funkenreißendem Werkzeug aufnehmen und in Kunststoffbehälter geben (Beständigkeit beachten); im Ersteinsatz Stahlbehälter mit eingelegtem Kunststoffsack als Kompromiss geeignet. Ausbreitung durch Abdecken mit Plastikfolie verhindern.

Erste Hilfe

Betroffene an frische Luft bringen. Rettungsdienst alarmieren. Bei Atemstillstand künstlich beatmen. **Keine Mund-zu-Mund-Beatmung, falls der Patient das Produkt verschluckt oder eingeatmet hat. AMBU®-Beutel oder ähnliches medizinisches Gerät mit Maske einsetzen.** Bei erschwerter Atmung Sauerstoffgabe. Benetzte Kleidung und Schuhe entfernen und sicherstellen. Benetzte Augen und Haut unverzüglich mit fließendem Wasser mindestens 15 Minuten lang spülen. Zur Begrenzung des Hautkontakts: Verbreitung des Produkts auf nicht betroffene Hautpartien vermeiden. Betroffene ruhig und warm halten. Gesundheitliche Beeinträchtigungen infolge Einatmens, Verschluckens oder Hautaufnahme können erst mit Verzögerung eintreten bzw. bemerkt werden.

Rettungsdienstliches Personal auf notwendigen Eigenschutz sowie das freigesetzte Produkt hinweisen.

Gefahren

Brand oder Explosion

Einige Produkte sind brennbar, aber nicht leicht entzündlich. Transport in leicht entzündlichen Flüssigkeiten möglich.

Gesundheit

Infektion, Krankheit oder Tod bei Einatmen oder Kontakt mit Produkt möglich. Abfließendes Löschwasser kann umweltgefährdend sein.

Beachte: Beschädigte Versandstücke, die Trockeneis als Kühlmittel enthalten, können Wasser oder Eis durch Kondensation freisetzen. Diese Flüssigkeit nicht berühren, da diese durch den Inhalt des Gebindes kontaminiert sein könnte.

Maßnahmen

Weitere Informationen zum Produkt aus Beförderungsdokumenten, Nachschlagewerken, Gefahrgutdatenbanken oder bei TUIS **einholen**. Produkt hierzu möglichst genau identifizieren.

Sicherheitshinweise

Anfahren, Absperren, Sichern, Warnen (Räumen)

Auf der windzugewandten Seite anfahren. Erste **Absperrung im Umkreis von 50 Metern**. Nicht unbedingt erforderliches Personal bleibt außerhalb.

Polizei sichert die äußere Absperrung im Umkreis von 50 Metern**.**

Die Öffentlichkeit bleibt außerhalb der äußeren Absperrung.

Schutzvorkehrungen innerhalb der inneren Absperrung

Nach Erkundung innere Absperrung anpassen (Richtwert: 10–25 Meter).

Innerhalb der inneren Absperrung hält sich nur besonders geschütztes Einsatzpersonal auf.

Umluftunabhängiger Atemschutz (PA). Bei Leckage Einweghandschuhe, Einwegüberschuhe, Infektionsschutzanzug oder gasdichter Chemikalienschutzanzug; Beständigkeit und – falls Produkt in tiefgekühlt verflüssigtem Stickstoff transportiert wird – Kälteschutz beachten. Brandschutz zur Sicherung des vorgehenden Trupps in Bereitstellung.

Schutzausrüstung und Gerät nach Einsatz auf windzugewandter Seite mit Wasser und Bürste reinigen. Dekontaminationstrupp trägt Atem- und Körperschutz und fängt Reinigungswasser(-lauge) auf.

Einsatzmaßnahmen

Brandbekämpfung

Klein: Löschpulver, Soda, Zement, gelöschter Kalk oder Sand.

Groß: Löschmittel gemäß Art des Umgebungsbrandes auswählen. Nicht betroffene Behälter möglichst aus dem Brandbereich entfernen. **Freigesetztes Produkt nicht durch Einsatz von Hochdrucklöschverfahren verbreiten.**

Leckage

Nicht durch freigewordenes Produkt laufen. Beschädigte Behälter oder freigewordenen Stoff nicht ohne geeignete Schutzkleidung berühren. Mit Erde, Sand oder anderem nicht brennbarem Material aufnehmen und in verschließbare Behälter geben. Beschädigtes Versandstück oder freigesetztes Produkt mit feuchtem Lappen oder Ähnlichem abdecken und mit flüssigem Chlorkalk oder anderem Desinfektionsmittel feucht halten.

Aufräum- und Entsorgungsarbeiten nur unter Anleitung eines Sachverständigen durchführen.

Erste Hilfe

Betroffene in einen gesicherten Bereich bringen. **Achtung: Der Patient kann Quelle für eine Kontamination der Helfer sein.** Rettungsdienst alarmieren. Benetzte Kleidung und Schuhe entfernen und sicherstellen. Benetzte Augen und Haut unverzüglich mit fließendem Wasser mindestens 15 Minuten lang spülen. Gesundheitliche Beeinträchtigungen infolge Einatmens, Verschluckens oder Hautaufnahme können erst mit Verzögerung eintreten bzw. bemerkt werden. **Im weiteren Verlauf Vergiftungszentralen einschalten.**

Rettungsdienstliches Personal auf notwendigen Eigenschutz sowie das freigesetzte Produkt hinweisen.

Gefahren

Brand oder Explosion

Einige Produkte sind brennbar, aber nicht leicht entzündlich. Gefahr des Behälterzerknalls bei Erhitzung.

Gesundheit

Starke Reizwirkung bei Einatmen von Dämpfen oder Staub. Brennen der Augen und Tränenfluss möglich. Kann zu Hustenreiz, Atembeschwerden und Übelkeit führen. Die unmittelbare Wirkung dauert nur einige Minuten an. Aufenthalt in einem abgeschlossenen Bereich kann sehr schädlich sein. Bei Brand entstehen reizende, giftige und/oder ätzende Dämpfe. Ablaufendes Wasser zum Löschen, Niederschlagen von Dämpfen oder Verdünnen kann umweltgefährdend sein.

Maßnahmen

Weitere Informationen zum Produkt aus Beförderungsdokumenten, Nachschlagewerken, Gefahrgutdatenbanken oder bei TUIS **einholen**.

Sicherheitshinweise

Anfahren, Absperren, Sichern, Warnen (Räumen)

Auf der windzugewandten Seite anfahren, tiefer gelegene Bereiche meiden. Erste **Absperrung im Umkreis von 50 Metern**. Nicht unbedingt erforderliches Personal bleibt außerhalb.

Polizei erweitert die äußere Absperrung auf einen Umkreis von ca. 100 Meter.

Beachte grüne Seiten für die in den Stofflisten markierten Produkte zur genaueren Abschätzung der Absperrgrenzen bzw. Berechnung mit **MET**© und toxikologischen Daten.

Die Öffentlichkeit bleibt außerhalb der äußeren Absperrung.

Schutzvorkehrungen innerhalb der inneren Absperrung

Nach Erkundung innere Absperrung anpassen (Richtwert: 10–25 Meter).

Innerhalb der inneren Absperrung hält sich nur besonders geschütztes Einsatzpersonal auf.

Umluftunabhängiger Atemschutz (PA). Bei Leckage gasdichter Chemikalienschutzanzug; Beständigkeit beachten. Brandschutz zur Sicherung des vorgehenden Trupps in Bereitstellung. Geschlossene Bereiche vor dem Zutritt belüften.

Schutzausrüstung und Gerät nach Einsatz auf windzugewandter Seite mit Wasser und Bürste reinigen. Dekontaminationstrupp trägt Atem- und Körperschutz und fängt Reinigungswasser(-lauge) auf.

Einsatzmaßnahmen

Brandbekämpfung

Klein: Löschpulver, CO_2, Sprühstrahl oder Schaum.
Groß: Sprühstrahl, Nebel oder Schaum. Nicht betroffene Behälter möglichst aus dem Brandbereich entfernen. Löschwasser auffangen, Produkt nicht unnötig verbreiten.

Tank- oder Ladungsbrände:

Brandbekämpfung aus größtmöglicher Entfernung durchführen. Wasser nicht in Behälter gelangen lassen. Nachdem Brand gelöscht ist, Behälter ausreichend weiterkühlen. **Sofortiger Rückzug**, falls das Sicherheitsventil mit zunehmendem Geräusch abbläst oder der Tank infolge Brandeinwirkung eine Verfärbung aufweist. **Nie** im Bereich der Tankstirnseiten aufhalten. Bei massiven Bränden mit unbemannten Wasserwerfern operieren; falls dies nicht möglich ist, aus dem Gefahrenbereich zurückziehen und Feuer brennen lassen.

Leckage

Nicht durch freigewordenes Produkt laufen. Leckage mit geeignetem Gerät möglichst schließen.
Klein: Mit Erde, Sand oder anderem nicht brennbarem Material aufnehmen und in belüfteten Behälter geben.
Groß: In sicherer Entfernung bis zur späteren Entsorgung eindeichen.

Produkteintritt in Wasserläufe, die Kanalisation, in Keller oder abgeschlossene Bereiche verhindern.

Erste Hilfe

Betroffene an frische Luft bringen. Rettungsdienst alarmieren. Bei Atemstillstand künstlich beatmen. **Keine Mund-zu-Mund-Beatmung, falls der Patient das Produkt verschluckt oder eingeatmet hat. AMBU®-Beutel oder ähnliches medizinisches Gerät mit Maske einsetzen.** Bei erschwerter Atmung Sauerstoffgabe. Benetzte Kleidung und Schuhe entfernen und sicherstellen. Benetzte Augen und Haut unverzüglich mit fließendem Wasser mindestens 15 Minuten lang spülen. Zur Begrenzung des Hautkontakts: Verbreitung des Produkts auf nicht betroffene Hautpartien vermeiden. Betroffene ruhig und warm halten. Die Symptome sollten nach rund 10 Minuten Aufenthalt in frischer Luft verschwinden.

Rettungsdienstliches Personal auf notwendigen Eigenschutz sowie das freigesetzte Produkt hinweisen.

Gefahren

Brand oder Explosion

Einige Produkte sind brennbar, aber nicht leicht entzündlich. Die meisten Dämpfe sind schwerer als Luft. Gas-/Luftgemische können nach Zündung explodieren. Gefahr des Behälterzerknalls bei Erhitzung.

Gesundheit

Giftig bei Inkorporation. Schwindel oder Atembeschwerden durch Dämpfe möglich. Aufenthalt in einem abgeschlossenen Bereich kann sehr schädlich sein. Reizungen oder Verbrennungen von Haut und Augen bei Kontakt mit dem Produkt möglich. Bei Brand können reizende, giftige und/oder ätzende Stoffe entstehen. Ablaufendes Wasser zum Löschen, Niederschlagen von Dämpfen oder Verdünnen kann umweltgefährdend sein.

Maßnahmen

Weitere Informationen zum Produkt aus Beförderungsdokumenten, Nachschlagewerken, Gefahrgutdatenbanken oder bei TUIS **einholen**.

Sicherheitshinweise

Anfahren, Absperren, Sichern, Warnen (Räumen)

Auf der windzugewandten Seite anfahren, tiefer gelegene Bereiche meiden. Erste **Absperrung im Umkreis von 50 Metern**. Nicht unbedingt erforderliches Personal bleibt außerhalb.

Polizei erweitert die äußere Absperrung auf einen Umkreis von ca. 100 Meter.

Beachte grüne Seiten für die in den Stofflisten markierten Produkte zur genaueren Abschätzung der Absperrgrenzen bzw. Berechnung mit **MET**© und toxikologischen Daten.

Die Öffentlichkeit bleibt außerhalb der äußeren Absperrung.

Schutzvorkehrungen innerhalb der inneren Absperrung

Nach Erkundung innere Absperrung anpassen (Richtwert: 10–25 Meter).

Innerhalb der inneren Absperrung hält sich nur besonders geschütztes Einsatzpersonal auf.

Umluftunabhängiger Atemschutz (PA). Bei Leckage flüssigkeitsdichter Chemikalienschutzanzug; Beständigkeit beachten. Brandschutz zur Sicherung des vorgehenden Trupps in Bereitstellung. Geschlossene Bereiche vor dem Zutritt belüften.

Schutzausrüstung und Gerät nach Einsatz auf windzugewandter Seite mit Wasser und Bürste reinigen. Dekontaminationstrupp trägt Atem- und Körperschutz und fängt Reinigungswasser(-lauge) auf.

Einsatzmaßnahmen

Brandbekämpfung

Klein: Löschwasser zur späteren Entsorgung auffangen.

Groß: Löschpulver, CO_2, Sprühstrahl oder alkoholbeständiger Schaum. Nicht betroffene Behälter möglichst aus dem Brandbereich entfernen. Löschwasser auffangen, Produkt nicht unnötig verbreiten.

Tank- oder Ladungsbrände:

Brandbekämpfung aus größtmöglicher Entfernung durchführen. Nachdem Brand gelöscht ist, Behälter ausreichend weiterkühlen. **Sofortiger Rückzug**, falls das Sicherheitsventil mit zunehmendem Geräusch abbläst oder der Tank infolge Brandeinwirkung eine Verfärbung aufweist. **Nie** im Bereich der Tankstirnseiten aufhalten.

Leckage

Zündquellen beseitigen (Rauchen, offenes Feuer oder Funkenerzeugung im Nahbereich ausschließen). Leckage mit geeignetem Gerät möglichst schließen.

Flüssig, klein: Mit trockener Erde, Sand oder anderem nicht brennbarem Material aufnehmen und in belüfteten Stahlbehälter geben.

Groß: In sicherer Entfernung bis zur späteren Entsorgung eindeichen.

Produkteintritt in Wasserläufe, die Kanalisation, in Keller oder abgeschlossene Bereiche verhindern.

Erste Hilfe

Betroffene an frische Luft bringen. Rettungsdienst alarmieren. Bei Atemstillstand künstlich beatmen. Bei erschwerter Atmung Sauerstoffgabe. Benetzte Kleidung und Schuhe entfernen und sicherstellen. Benetzte Augen und Haut unverzüglich mit fließendem Wasser mindestens 15 Minuten lang spülen. Zur Begrenzung des Hautkontakts: Verbreitung des Produkts auf nicht betroffene Hautpartien vermeiden. Haut mit Wasser und (neutraler) Seife waschen. Betroffene ruhig und warm halten.

Rettungsdienstliches Personal auf notwendigen Eigenschutz sowie das freigesetzte Produkt hinweisen.

Gefahren

Brand oder Explosion

Einige Produkte sind brennbar, aber nicht leicht entzündlich. Radioaktivität ändert weder die Entzündlichkeit noch andere Eigenschaften des Produktes. Die äußere Verpackung ist oft aus Pappe.

Gesundheit

Die Strahlung stellt bei Transportunfällen nur eine geringe Gefahr für Transportarbeiter, Einsatzkräfte oder die Öffentlichkeit dar. Die Haltbarkeit des Versandstückes ist auf die von dem Produkt ausgehenden möglichen Gefahren ausgerichtet. Geringe Gefahr für Menschen wegen der sehr begrenzten Menge der enthaltenen radioaktiven Stoffe und dem niedrigen Strahlungsniveau außerhalb der Verpackung. Beschädigte Pakete können zwar messbare Mengen radioaktiver Substanz freisetzen, aber die hieraus resultierende Gefährdung wird als gering eingeschätzt. Einige radioaktive Produkte können mit handelsüblichen Messgeräten nicht nachgewiesen werden. Versandstücke sind nicht mit Gefahrzetteln RADIOAKTIV I, II oder III gekennzeichnet. Beschriftung des Versandstückes mit „Radioaktiv" möglich.

Maßnahmen

Weitere Informationen zum Produkt aus Beförderungsdokumenten, Nachschlagewerken, Gefahrgutdatenbanken oder bei TUIS **einholen**.

Sicherheitshinweise

Anfahren, Absperren, Sichern, Warnen (Räumen)

Auf der windzugewandten Seite anfahren. Nicht unbedingt erforderliches Personal bleibt außerhalb. Erste **Absperrung im Umkreis von 50 Metern**.

Polizei erweitert die äußere Absperrung auf einen Umkreis von ca. 100 Meter. Räumung im Umkreis von 300 Metern in Betracht ziehen, falls große Mengen dieses Stoffes in einem Brand einbezogen sind.

Die Öffentlichkeit bleibt außerhalb der äußeren Absperrung.

Schutzvorkehrungen innerhalb der inneren Absperrung

Nach Erkundung (Messen mit Dosisleistungsmesser und/oder -warner) innere Absperrung anpassen (Richtwert: 25 Meter). **Menschenrettung, Erste Hilfe, Kontrolle von Brand und anderen Gefahren haben Vorrang vor Messungen der Radioaktivität.** Nur im Strahlenschutz Sachkundige haben die in diesem Zusammenhang erforderliche Kenntnis.

Innerhalb der inneren Absperrung hält sich nur besonders geschütztes Einsatzpersonal auf.

Kontaminationsschutzanzug mit umluftunabhängigem Atemschutz bietet angemessenen Schutz gegen Kontamination. Gegen äußere Bestrahlung Deckung ausnutzen, Einsatzzeit begrenzen.

Brandschutz zur Sicherung des vorgehenden Trupps in Bereitstellung. Schutzausrüstung und Gerät nach Einsatz auf windzugewandter Seite auf Kontamination überprüfen. Dekontaminationstrupp trägt Atem- und Körperschutz und sichert kontaminierte Gegenstände.

Unverletzte, möglicherweise kontaminierte Personen zusammenführen. Dekontamination und Aufräumarbeiten nur unter Anleitung von im Strahlenschutz Sachkundigen durchführen.

Einsatzmaßnahmen

Brandbekämpfung

Achtung: **Beschädigte Versandstücke nicht bewegen; unbeschädigte Versandstücke aus dem Brandbereich entfernen. Nicht betroffene Behälter möglichst aus dem Brandbereich entfernen.**

Klein: Löschpulver, CO_2, Sprühstrahl oder Schaum.

Groß: **Sprühstrahl oder Nebel in großen Mengen.**

Leckage

Beschädigte Versandstücke oder freigesetztes Produkt nicht berühren. Freigesetzte Flüssigkeit mit Sand, Erde oder anderem aufnahmefähigem Material abdecken.

Ausbreitung von freigesetztem Pulver mit Plastikfolie einschränken.

Erste Hilfe

Die medizinische Behandlung hat Vorrang vor radiologischen Bedenken. Erste Hilfe ist in Abhängigkeit von der Art der Verletzung zu leisten. Die Versorgung und der Transport einer schwerverletzten Person dürfen nicht verspätet erfolgen. Verletzte Personen, die mit dem freigesetzten Produkt in Kontakt gekommen sind, stellen in der Regel nur ein kleineres Kontaminationsrisiko für Kontaktpersonen, Ausrüstung und Einrichtungen dar. Bei Atemstillstand künstlich beatmen. Bei erschwerter Atmung Sauerstoffgabe. Benetzte Augen und Haut unverzüglich mit fließendem Wasser mindestens 15 Minuten lang spülen.

Rettungsdienstliches Personal auf notwendigen Eigenschutz und Vermeidung von Kontaminationsverschleppung sowie das freigesetzte Produkt hinweisen.

Gefahren

Brand oder Explosion

Einige dieser Produkte sind brennbar, aber die Mehrzahl ist nicht leicht entzündlich. Uran- und Thorium-Späne oder -granulate können sich an der Luft selbst entzünden (siehe Merkblatt 136). Nitrate wirken oxidierend und können andere brennbare Stoffe entzünden (siehe Merkblatt 141).

Gesundheit

Die Strahlung stellt bei Transportunfällen nur eine geringe Gefahr für Transportarbeiter, Einsatzkräfte oder die Öffentlichkeit dar. Die Haltbarkeit des Versandstückes ist auf die von dem Produkt ausgehenden möglichen Gefahren ausgerichtet. Unbeschädigte Versandstücke sind sicher; Gefahr der äußeren und/oder inneren Bestrahlung durch den Inhalt beschädigter Versandstücke. Vom Material innerhalb des Versandstückes geht geringe Strahlengefahr aus. Bei Freisetzung hängt die von gering bis leicht gehende Gefährdung von Menge und Art der Radioaktivität, dem Stoff und/ oder der kontaminierten Oberfläche ab. Bei mäßig schweren Unfällen könnte etwas Material freigesetzt werden, was zu einer geringen Gefährdung von Menschen führen kann. Freigesetztes Material oder kontaminierte Objekte sind bei Versagen der Verpackung normalerweise sichtbar. Einige unter besonderen Bedingungen durchgeführten Transporte von Schüttgut oder Stückgut haben keinen „RADIOAKTIV"-Gefahrzettel. Mittels Bezettelung, Beschriftung und Transportpapieren ist Identifizierung des Stoffes möglich. Einige Versandstücke können neben einem „RADIOAKTIV"-Gefahrzettel einen zweiten Gefahrzettel aufweisen. Die zweite Gefahr ist normalerweise als größer einzustufen; deshalb benutzen Sie neben diesem Merkblatt auch das Merkblatt für den zweiten Gefahrzettel. Einige radioaktive Produkte können mit handelsüblichen Messgeräten nicht nachgewiesen werden. Ablaufendes Löschwasser kann leicht umweltgefährdend sein.

Maßnahmen

Weitere Informationen zum Produkt aus Beförderungsdokumenten, Nachschlagewerken, Gefahrgutdatenbanken oder bei TUIS **einholen**.

Sicherheitshinweise

Anfahren, Absperren, Sichern, Warnen (Räumen)

Auf der windzugewandten Seite anfahren. Nicht unbedingt erforderliches Personal bleibt außerhalb. Erste **Absperrung im Umkreis von 50 Metern**.

Polizei erweitert die äußere Absperrung auf einen Umkreis von ca. 100 Meter. Räumung im Umkreis von 300 Metern in Betracht ziehen, falls große Mengen dieses Stoffes in einem Brand einbezogen sind.

Die Öffentlichkeit bleibt außerhalb der äußeren Absperrung.

Schutzvorkehrungen innerhalb der inneren Absperrung

Nach Erkundung (Messen mit Dosisleistungsmesser und/oder -warner) innere Absperrung anpassen (Richtwert: 25 Meter). **Menschenrettung, Erste Hilfe, Kontrolle von Brand und anderen Gefahren haben Vorrang vor Messungen der Radioaktivität.** Nur im Strahlenschutz Sachkundige haben die in diesem Zusammenhang erforderliche Kenntnis. **Innerhalb der inneren Absperrung hält sich nur besonders geschütztes Einsatzpersonal auf.** Bei festen Produkten bietet Kontaminationsschutzanzug mit umluftunabhängigem Atemschutz angemessenen Schutz gegen Kontamination; bei flüssigen Produkten gasdichter Chemikalienschutzanzug; Beständigkeit beachten. Gegen äußere Bestrahlung: Deckung ausnutzen, Einsatzzeit begrenzen. Brandschutz zur Sicherung des vorgehenden Trupps in Bereitstellung. Schutzausrüstung und Gerät nach Einsatz auf windzugewandter Seite auf Kontamination überprüfen. Dekontaminationstrupp trägt Atem- und Körperschutz und sichert kontaminierte Gegenstände. Unverletzte, möglicherweise kontaminierte Personen zusammenführen. Dekontamination und Aufräumarbeiten nur unter Anleitung von im Strahlenschutz Sachkundigen durchführen.

Einsatzmaßnahmen

Brandbekämpfung

Achtung: **Beschädigte Versandstücke nicht bewegen; unbeschädigte Versandstücke aus dem Brandbereich entfernen. Nicht betroffene Behälter möglichst aus dem Brandbereich entfernen. Sprühstrahl oder Nebel in großen Mengen.**

Klein: Löschpulver, CO_2, Sprühstrahl oder Schaum.

Groß: **Sprühstrahl oder Nebel in großen Mengen. Löschwasser zur späteren Entsorgung eindeichen.**

Leckage

Beschädigte Versandstücke oder freigesetztes Produkt nicht berühren.

Freigesetzte **Flüssigkeit** mit Sand, Erde oder anderem aufnahmefähigem Material abdecken; große Mengen zur Aufnahme eindeichen. Ausbreitung freigesetzten Pulvers mit Plastikfolie einschränken.

Erste Hilfe

Die medizinische Behandlung hat Vorrang vor radiologischen Bedenken. Erste Hilfe ist in Abhängigkeit von der Art der Verletzung zu leisten. Die Versorgung und der Transport einer schwer verletzten Person dürfen nicht verspätet erfolgen. Verletzte Personen, die mit dem freigesetzten Produkt in Kontakt gekommen sind, stellen in der Regel nur ein kleineres Kontaminationsrisiko für Kontaktpersonen, Ausrüstung und Einrichtungen dar. Bei Atemstillstand künstlich beatmen. Bei erschwerter Atmung Sauerstoffgabe. Benetzte Augen und Haut unverzüglich mit fließendem Wasser mindestens 15 Minuten lang spülen.

Rettungsdienstliches Personal auf notwendigen Eigenschutz und Vermeidung von Kontaminationsverschleppung sowie das freigesetzte Produkt hinweisen.

Gefahren

Brand oder Explosion

Einige dieser Produkte sind brennbar, aber die Mehrzahl ist nicht leicht entzündlich. Radioaktivität ändert weder die Entzündlichkeit noch andere Eigenschaften des Produktes. Typ B-Versandstücke widerstehen mindestens 30 Minuten lang einem Brand von 800 °C.

Gesundheit

Die Strahlung stellt bei Transportunfällen nur eine geringe Gefahr für Transportarbeiter, Einsatzkräfte oder die Öffentlichkeit dar. Die Haltbarkeit des Versandstückes ist auf die von dem Produkt ausgehenden möglichen Gefahren ausgerichtet. Unbeschädigte Versandstücke sind sicher; Gefahr der äußeren und/oder inneren Bestrahlung durch den Inhalt beschädigter Versandstücke. Typ A-Versandstücke (Kartons, Kisten, Tonnen, Artikel usw.), erkennbar anhand von Beschriftung oder den Transportpapieren, enthalten nur nicht lebensgefährdende Mengen. Teilweise Materialfreisetzung ist zu erwarten, wenn Typ A-Versandstücke in mäßig schweren Unfällen beteiligt sind. Typ B-Versandstücke sowie die sehr selten anzutreffenden Typ C-Versandstücke (große und kleine, normalerweise aus Metall) enthalten die gefährlichsten Mengen. Nur bei außergewöhnlich schweren Unfällen ist wegen der besonderen Gestaltung und Prüfung der Verpackung mit der Freisetzung potenziell lebensgefährdender Mengen zu rechnen.

Kategorie-I-WEISS-Gefahrzettel deuten auf sehr geringe Strahlenintensität außerhalb unbeschädigter Versandstücke hin (weniger als 0,005 mSv/h (0.5 mrem/h)).

Mit Kategorie II-GELB und III-GELB gekennzeichnete Versandstücke haben eine höhere Dosisleistung. Der Transportindex (TI) auf dem Gefahrzettel gibt die maximale Dosisleistung in mrem/h im Abstand von einem Meter von den Außenflächen eines einzelnen unbeschädigten Versandstücks an. Einige radioaktive Produkte können mit handelsüblichen Messgeräten nicht nachgewiesen werden. Ablaufendes Löschwasser kann umweltgefährdend sein.

Maßnahmen

Weitere Informationen zum Produkt aus Beförderungsdokumenten, Nachschlagewerken, Gefahrgutdatenbanken oder bei TUIS **einholen**.

Sicherheitshinweise

Anfahren, Absperren, Sichern, Warnen (Räumen)

Auf der windzugewandten Seite anfahren. Nicht unbedingt erforderliches Personal bleibt außerhalb. Erste **Absperrung im Umkreis von 50 Metern**.

Polizei erweitert die äußere Absperrung auf einen Umkreis von ca. 100 Meter. Räumung im Umkreis von 300 Metern in Betracht ziehen, falls große Mengen dieses Stoffes in einem Brand einbezogen sind.

Die Öffentlichkeit bleibt außerhalb der äußeren Absperrung.

Schutzvorkehrungen innerhalb der inneren Absperrung

Nach Erkundung (Messen mit Dosisleistungsmesser und/oder -warner) innere Absperrung anpassen (Richtwert: 25 Meter). **Menschenrettung, Erste Hilfe, Kontrolle von Brand und anderen Gefahren haben Vorrang vor Messungen der Radioaktivität.** Nur im Strahlenschutz Sachkundige haben die in diesem Zusammenhang erforderliche Kenntnis. **Innerhalb der inneren Absperrung hält sich nur besonders geschütztes Einsatzpersonal auf.** Kontaminationsschutzanzug mit umluftunabhängigem Atemschutz bietet angemessenen Schutz gegen Kontamination. Gegen äußere Bestrahlung: Deckung ausnutzen, Einsatzzeit begrenzen. Brandschutz zur Sicherung des vorgehenden Trupps in Bereitstellung. Schutzausrüstung und Gerät nach Einsatz auf windzugewandter Seite auf Kontamination überprüfen. Dekontaminationstrupp trägt Atem- und Körperschutz und sichert kontaminierte Gegenstände. Unverletzte, möglicherweise kontaminierte Personen zusammenführen. Dekontamination und Aufräumarbeiten nur unter Anleitung von im Strahlenschutz Sachkundigen durchführen.

Einsatzmaßnahmen

Brandbekämpfung

Achtung: **Beschädigte Versandstücke nicht bewegen; unbeschädigte Versandstücke aus dem Brandbereich entfernen.**
Nicht betroffene Behälter möglichst aus dem Brandbereich entfernen. Sprühstrahl oder Nebel in großen Mengen.

Klein: Löschpulver, CO_2, Sprühstrahl oder Schaum.

Groß: **Sprühstrahl oder Nebel in großen Mengen. Löschwasser zur späteren Entsorgung eindeichen.**

Leckage

Beschädigte Versandstücke oder freigesetztes Produkt nicht berühren. Leicht beschädigte oder feuchte Oberflächen bedeuten nur selten ein Versagen der Verpackung, da in der Regel noch ein innerer Behälter verwendet wird.

Flüssig: Mit Sand, Erde oder anderem aufnahmefähigem Material abdecken.

Erste Hilfe

Die medizinische Behandlung hat Vorrang vor radiologischen Bedenken. Erste Hilfe ist in Abhängigkeit von der Art der Verletzung zu leisten. Die Versorgung und der Transport einer schwer verletzten Person dürfen nicht verspätet erfolgen. Verletzte Personen, die mit dem freigesetzten Produkt in Kontakt gekommen sind, stellen in der Regel nur ein kleineres Kontaminationsrisiko für Kontaktpersonen, Ausrüstung und Einrichtungen dar. Bei Atemstillstand künstlich beatmen. Bei erschwerter Atmung Sauerstoffgabe.

Rettungsdienstliches Personal auf notwendigen Eigenschutz und Vermeidung von Kontaminationsverschleppung sowie das freigesetzte Produkt hinweisen.

Gefahren

Brand oder Explosion

Versandstücke können vollständig in Brand geraten, ohne dass eine Freisetzung des Stoffes aus der abgedichteten Kapsel erfolgt. Radioaktivität ändert weder die Entzündlichkeit noch andere Eigenschaften des Produktes. Kapseln für radioaktive Quellen und Typ B-Versandstücke widerstehen mindestens 30 Minuten lang einem Brand von 800 °C.

Gesundheit

Die Strahlung stellt bei Transportunfällen nur eine geringe Gefahr für Transportarbeiter, Einsatzkräfte oder die Öffentlichkeit dar. Die Haltbarkeit des Versandstückes ist auf die von dem Produkt ausgehenden möglichen Gefahren ausgerichtet. Unbeschädigte Versandstücke sind sicher. Gefahr der äußeren Bestrahlung durch den Inhalt beschädigter Versandstücke. Kontamination und innere Bestrahlung sind nicht zu erwarten, jedoch nicht auszuschließen. Typ A-Versandstücke (Kartons, Kisten, Tonnen, Artikel usw.), erkennbar anhand von Beschriftung oder den Transportpapieren, enthalten nur nicht lebensgefährdende Mengen. Radioaktive Quellen können freigesetzt werden, wenn Typ A-Versandstücke bei mäßig schweren Unfällen beteiligt sind. Typ B-Versandstücke sowie die sehr selten anzutreffenden Typ C-Versandstücke (große und kleine, normalerweise aus Metall) enthalten die gefährlichsten Mengen. Nur bei außergewöhnlich schweren Unfällen ist wegen der besonderen Gestaltung und Prüfung der Verpackung mit der Freisetzung potenziell lebensgefährdender Mengen zu rechnen.

Kategorie I-WEISS-Gefahrzettel deuten auf sehr geringe Strahlenintensität außerhalb unbeschädigter Versandstücke hin (weniger als 0,005 mSv/h (0.5 mrem/h]). Mit Kategorie II-GELB und III-GELB gekennzeichnete Versandstücke haben eine höhere Dosisleistung. Der Transportindex (TI) auf dem Gefahrzettel gibt die maximale Dosisleistung in mrem/h im Abstand von einem Meter von den Außenflächen des Versandstücks an. Die von dem meistens in einer haltbaren Metallkapsel enthaltenen Stoff ausgehende Strahlung kann mit den meisten Messgeräten festgestellt werden. Umweltgefährdung durch ablaufendes Löschwasser ist nicht zu erwarten.

Maßnahmen

Weitere Informationen zum Produkt aus Beförderungsdokumenten, Nachschlagewerken, Gefahrgutdatenbanken oder bei TUIS **einholen**.

Sicherheitshinweise

Anfahren, Absperren, Sichern, Warnen (Räumen)

Auf der windzugewandten Seite anfahren. Nicht unbedingt erforderliches Personal bleibt außerhalb. Erste **Absperrung im Umkreis von 50 Metern**.

Polizei erweitert die äußere Absperrung auf einen Umkreis von ca. 100 Meter. Räumung im Umkreis von 300 Metern in Betracht ziehen, falls große Mengen dieses Stoffes in einem Brand einbezogen sind.

Die Öffentlichkeit bleibt außerhalb der äußeren Absperrung.

Schutzvorkehrungen innerhalb der inneren Absperrung

Nach Erkundung (Messen mit Dosisleistungsmesser und/oder -warner) innere Absperrung anpassen (Richtwert: 25 Meter). **Menschenrettung, Erste Hilfe, Kontrolle von Brand und anderen Gefahren haben Vorrang vor Messungen der Radioaktivität.** Nur im Strahlenschutz Sachkundige haben die in diesem Zusammenhang erforderliche Kenntnis. **Innerhalb der inneren Absperrung hält sich nur besonders geschütztes Einsatzpersonal auf.** Kontaminationsschutzanzug mit umluftunabhängigem Atemschutz bietet angemessenen Schutz gegen Kontamination. Gegen äußere Bestrahlung: Deckung ausnutzen, Einsatzzeit begrenzen. Brandschutz zur Sicherung des vorgehenden Trupps in Bereitstellung. Schutzausrüstung und Gerät nach Einsatz auf windzugewandter Seite auf Kontamination überprüfen. Dekontaminationstrupp trägt Atem- und Körperschutz und sichert kontaminierte Gegenstände. Unverletzte, möglicherweise kontaminierte Personen zusammenführen. Dekontamination und Aufräumarbeiten nur unter Anleitung von im Strahlenschutz Sachkundigen durchführen.

Einsatzmaßnahmen

Brandbekämpfung

Achtung: **Beschädigte Versandstücke nicht bewegen; unbeschädigte Versandstücke aus dem Brandbereich entfernen.**
Nicht betroffene Behälter möglichst aus dem Brandbereich entfernen. Sprühstrahl oder Nebel in großen Mengen.

Klein: Löschpulver, CO_2, Sprühstrahl oder Schaum.
Groß: **Sprühstrahl oder Nebel in großen Mengen.**

Leckage

Beschädigte Versandstücke oder freigesetztes Produkt nicht berühren. Leicht beschädigte oder feuchte Oberflächen bedeuten nur selten ein Versagen der Verpackung, da in der Regel noch ein innerer Behälter verwendet wird. Der Stoff ist selten flüssig und meistens in einer Metallkapsel enthalten. Wenn das Freiwerden des Stoffes feststeht, Stoff nicht berühren, Abstand halten und Anweisungen von im Strahlenschutz Sachkundigen abwarten.

Erste Hilfe

Die medizinische Behandlung hat Vorrang vor radiologischen Bedenken. Erste Hilfe ist in Abhängigkeit von der Art der Verletzung zu leisten. Die Versorgung und der Transport einer schwer verletzten Person dürfen nicht verspätet erfolgen. Bei Personen, die mit Quellen „in besonderer Form“ in Kontakt gekommen sind, ist die Kontamination mit radioaktivem Material unwahrscheinlich. Verletzte Personen, die mit dem freigesetzten Produkt in Kontakt gekommen sind, stellen in der Regel nur ein kleineres Kontaminationsrisiko für Kontaktpersonen, Ausrüstung und Einrichtungen dar. Bei Atemstillstand künstlich beatmen. Bei erschwerter Atmung Sauerstoffgabe. Bei Personen, die mit Quellen „in besonderer Form“ in Kontakt gekommen sind, ist die Kontamination mit radioaktivem Material unwahrscheinlich.

Rettungsdienstliches Personal auf notwendigen Eigenschutz und Vermeidung von Kontaminationsverschleppung sowie das freigesetzte Produkt hinweisen.

Gefahren

Brand oder Explosion

Diese Produkte sind selten entzündbar und die Versandstücke widerstehen einem Brand ohne Freisetzung ihres Inhalts. Radioaktivität ändert weder die Entzündlichkeit noch andere Eigenschaften des Produktes. Versandstücke vom Typ AF, Typ IF und Typ B(U)F, Typ B(METER)F und Typ CF widerstehen mindestens 30 Minuten lang einem Brand von 800 °C.

Gesundheit

Die Strahlung stellt bei Transportunfällen nur eine geringe Gefahr für Transportarbeiter, Einsatzkräfte oder die Öffentlichkeit dar. Die Haltbarkeit des Versandstückes ist auf die von dem Produkt ausgehenden möglichen Gefahren ausgerichtet. Unbeschädigte Versandstücke sind sicher; Gefahr einer erhöhten äußeren und/oder inneren Bestrahlung durch den Inhalt beschädigter Versandstücke. Typ AF- oder IF-Versandstücke enthalten keine lebensgefährdenden Mengen. Die äußeren Strahlungswerte sind niedrig und die Verpackung ist so gestaltet und geprüft, dass eine Kettenspaltreaktion auch bei einem äußerst schweren Transportunfall verhindert wird. Typ B(U)F-, Typ B(METER)F- oder Typ CF-Versandstücke (Metall und normalerweise sehr schwer) enthalten potenziell lebensgefährdende Mengen. Die Verpackung ist so gestaltet und geprüft, dass einer Kettenreaktion auch bei einem schweren Transportunfall vorgebeugt wird und lebensbedrohliche Freisetzungen nur bei besonders schweren Unfällen zu erwarten sind. Die Transportkennzahl (TI) kann anstelle der Dosisleistung in einem Meter Abstand von der Außenfläche des Versandstückes auch eine Kenngröße für wegen der Spaltbarkeit während des Transports durchzuführende Kontrollen sein. Einige radioaktive Produkte können mit handelsüblichen Messgeräten nicht nachgewiesen werden. Umweltgefährdung durch ablaufendes Löschwasser ist nicht zu erwarten.

Maßnahmen

Weitere Informationen zum Produkt aus Beförderungsdokumenten, Nachschlagewerken, Gefahrgutdatenbanken oder bei TUIS **einholen**.

Sicherheitshinweise

Anfahren, Absperren, Sichern, Warnen (Räumen)

Auf der windzugewandten Seite anfahren. Nicht unbedingt erforderliches Personal bleibt außerhalb. Erste **Absperrung im Umkreis von 50 Metern**.

Polizei erweitert die äußere Absperrung auf einen Umkreis von ca. 100 Meter. Räumung im Umkreis von 300 Metern in Betracht ziehen, falls große Mengen dieses Stoffes in einem Brand einbezogen sind.

Die Öffentlichkeit bleibt außerhalb der äußeren Absperrung.

Schutzvorkehrungen innerhalb der inneren Absperrung

Nach Erkundung (Messen mit Dosisleistungsmesser und/oder -warner) innere Absperrung anpassen (Richtwert: 25 Meter). **Menschenrettung, Erste Hilfe, Kontrolle von Brand und anderen Gefahren haben Vorrang vor Messungen der Radioaktivität.** Nur im Strahlenschutz Sachkundige haben die in diesem Zusammenhang erforderliche Kenntnis. **Innerhalb der inneren Absperrung hält sich nur besonders geschütztes Einsatzpersonal auf.** Kontaminationsschutzanzug mit umluftunabhängigem Atemschutz bietet angemessenen Schutz gegen Kontamination. Gegen äußere

Bestrahlung: Deckung ausnutzen, Einsatzzeit begrenzen. Schutzausrüstung und Gerät nach Einsatz auf windzugewandter Seite auf Kontamination überprüfen.Dekontaminationstrupp trägt Atem- und Körperschutz und sichert kontaminierte Gegenstände. Unverletzte, möglicherweise kontaminierte Personen zusammenführen. Dekontamination und Aufräumarbeiten nur unter Anleitung von im Strahlenschutz Sachkundigen durchführen.

Einsatzmaßnahmen

Brandbekämpfung

Achtung: **Beschädigte Versandstücke nicht bewegen; unbeschädigte Versandstücke aus dem Brandbereich entfernen.**
Nichtbetroffene Behälter möglichst aus dem Brandbereich entfernen.

Klein: Löschpulver, CO_2, Sprühstrahl oder Schaum.
Groß: **Sprühstrahl oder Nebel in großen Mengen.**

Leckage

Beschädigte Versandstücke oder freigesetztes Produkt nicht berühren. Leicht beschädigte oder feuchte Oberflächen bedeuten nur selten ein Versagen der Verpackung. Verpackungen für Flüssigkeiten haben in der Regel noch einen inneren Behälter oder absorbierendes Material.

Die Versandstücke enthalten nur selten Flüssigkeiten. Falls von einer freigesetzten Flüssigkeit eine radioaktive Kontamination ausgeht, ist diese wahrscheinlich niedrig.

Erste Hilfe

Die medizinische Behandlung hat Vorrang vor radiologischen Bedenken. Erste Hilfe ist in Abhängigkeit von der Art der Verletzung zu leisten. Die Versorgung und der Transport einer schwer verletzten Person dürfen nicht verspätet erfolgen. Verletzte Personen, die mit dem freigesetzten Produkt in Kontakt gekommen sind, stellen in der Regel nur ein kleineres Kontaminationsrisiko für Kontaktpersonen, Ausrüstung und Einrichtungen dar. Bei Atemstillstand künstlich beatmen. Bei erschwerter Atmung Sauerstoffgabe. Benetzte Augen und Haut unverzüglich mit fließendem Wasser mindestens 15 Minuten lang spülen.

Rettungsdienstliches Personal auf notwendigen Eigenschutz und Vermeidung von Kontaminationsverschleppung sowie das freigesetzte Produkt hinweisen.

Gefahren

Brand oder Explosion

Nicht brennbar. Äußerst heftige Reaktion des Produkts mit Kraftstoffen möglich. Als Typ AF, Typ B(U)F oder Typ H(U) kenntlich gemachte Behälter in Außenverpackungen können schweren Unfällen und einem Brand von 800 °C mindestens 30 Minuten lang widerstehen. Gefahr des Behälterzerknalls bei Erhitzung ungeschützter gefüllter Behälter; diese Gefahr besteht nicht bei ungeschützten leeren Behältern. Radioaktivität ändert weder die Entzündlichkeit noch andere Eigenschaften des Produktes.

Gesundheit

Die Strahlung stellt bei Transportunfällen nur eine geringe Gefahr für Transportarbeiter, Einsatzkräfte oder die Öffentlichkeit dar. Die Haltbarkeit des Versandstückes ist auf die von dem Produkt ausgehenden möglichen Gefahren ausgerichtet. Die chemische Gefahr ist weit größer als die Strahlengefahr. Produkt reagiert mit Wasser oder Wasserdampf in Luft unter Bildung von giftigem und ätzendem HF-Gas sowie sehr reizendem und ätzendem, weißem, wasserlöslichem Rückstand. **Giftig**, bei Einatmen, Verschlucken oder Hautresorption möglicherweise tödlich. Direkter Kontakt führt zu Verätzungen von Haut, Augen und Atemwegen. Material mit geringer Aktivität; geringe Strahlengefahr für Menschen. Ablaufendes Löschwasser kann geringe Umweltgefährdung verursachen.

Maßnahmen

Weitere Informationen zum Produkt aus Beförderungsdokumenten, Nachschlagewerken, Gefahrgutdatenbanken oder bei TUIS **einholen**.

Sicherheitshinweise

Anfahren, Absperren, Sichern, Warnen (Räumen)

Auf der windzugewandten Seite anfahren. Nicht unbedingt erforderliches Personal bleibt außerhalb. Erste **Absperrung im Umkreis von 50 Metern**.

Polizei erweitert die äußere Absperrung auf einen Umkreis von ca. 100 Meter.

Beachte grüne Seiten für die in den Stofflisten markierten Produkte zur genaueren Abschätzung der Absperrgrenzen bzw. Berechnung mit **MET**© und toxikologischen Daten.

Die Öffentlichkeit bleibt außerhalb der äußeren Absperrung.

Schutzvorkehrungen innerhalb der inneren Absperrung

Nach Erkundung (Messen mit Dosisleistungsmesser und/oder -warner) innere Absperrung anpassen (Richtwert: 25 Meter). **Menschenrettung, Erste Hilfe, Kontrolle von Brand und anderen Gefahren haben Vorrang vor Messungen der Radioaktivität.** Nur im Strahlenschutz Sachkundige haben die in diesem Zusammenhang erforderliche Kenntnis.

Innerhalb der inneren Absperrung hält sich nur besonders geschütztes Einsatzpersonal auf.

Gasdichter Chemikalienschutzanzug bietet angemessenen Schutz gegen Kontamination; Beständigkeit beachten. Gegen äußere Bestrahlung: Deckung ausnutzen, Einsatzzeit begrenzen.

Schutzausrüstung und Gerät nach Einsatz auf windzugewandter Seite auf Kontamination überprüfen. Dekontaminationstrupp trägt Atem- und Körperschutz und sichert kontaminierte Gegenstände. Unverletzte, möglicherweise kontaminierte Personen zusammenführen. Dekontamination und Aufräumarbeiten nur unter Anleitung von im Strahlenschutz Sachkundigen durchführen.

Einsatzmaßnahmen

Brandbekämpfung

Achtung: **Material nicht mit Wasser oder Schaum in Kontakt bringen.**
Falls gefahrlos möglich – nicht betroffene Behälter möglichst aus dem Brandbereich entfernen.

Klein: Löschpulver oder CO_2.

Groß: Löschpulver oder CO_2.
Wasser nur verwenden, wenn die Verpackung unversehrt ist.
Kein Wasser auf verschüttete Substanz oder in Behälter geben.
Immer von Behältern fernbleiben, die in direktem Kontakt mit Flammen stehen.
Brand aus maximaler Entfernung mit unbemannten Wasserwerfern bekämpfen; falls dies nicht möglich ist, aus dem Gefahrenbereich zurückziehen und Feuer brennen lassen.

Leckage

Beschädigte Versandstücke oder freigesetztes Produkt nicht berühren. Ohne Brand oder Rauch kann die Leckage anhand von sichtbaren und reizenden Dämpfen bzw. sich bildenden Rückständen am Austrittspunkt des Produkts erkannt werden. Feinen Sprühstrahl zur Begrenzung der Verdampfung einsetzen; dabei den Wasserstrahl nicht unmittelbar auf die Austrittsstelle richten. Die sich bildenden Rückstände können eine kleine Austrittsstelle selbstständig schließen. Zum Auffangen von ablaufendem Wasser weiträumig eindeichen.

Erste Hilfe

Die medizinische Behandlung hat Vorrang vor radiologischen Bedenken. Erste Hilfe ist in Abhängigkeit von der Art der Verletzung zu leisten. Die Versorgung und der Transport einer schwer verletzten Person dürfen nicht verspätet erfolgen. Verletzte Personen, die mit dem freigesetzten Produkt in Kontakt gekommen sind, stellen in der Regel nur ein kleineres Kontaminationsrisiko für Kontaktpersonen, Ausrüstung und Einrichtungen dar. Bei Atemstillstand künstlich beatmen. Bei erschwerter Atmung Sauerstoffgabe. Benetzte Augen und Haut unverzüglich mit fließendem Wasser mindestens 15 Minuten lang spülen. Gesundheitliche Beeinträchtigungen infolge Einatmens, Verschluckens oder Hautaufnahme können erst mit Verzögerung eintreten bzw. bemerkt werden.

Rettungsdienstliches Personal auf notwendigen Eigenschutz und Vermeidung von Kontaminationsverschleppung sowie das freigesetzte Produkt hinweisen.

Gefahren

Brand oder Explosion

Nicht brennbar, jedoch brandfördernd. Starkes Oxidationsmittel, das heftig bis explosionsartig mit vielen Stoffen einschließlich Kraftstoffen reagiert. Entzündungsgefahr brennbarer Stoffe (Holz, Papier, Öl, Kleidung usw.). Explosions- und Vergiftungsgefahr innerhalb und außerhalb von Gebäuden und der Kanalisation. Gefahr des Behälterzerknalls bei Erhitzung. Aufgerissene Behälter können unkontrolliert umherfliegen.

Gesundheit

Giftig; tödliche Wirkung bei Einatmen möglich. Dämpfe sind stark reizend. Verbrennungen, schwere Verletzungen und/oder Erfrierungen bei Kontakt mit Gas bzw. verflüssigtem Gas möglich. Die Dämpfe des verflüssigten Gases sind anfangs schwerer als Luft und breiten sich am Boden aus. Abfließendes Löschwasser kann umweltgefährdend sein.

Maßnahmen

Weitere Informationen zum Produkt aus Beförderungsdokumenten, Nachschlagewerken, Gefahrgutdatenbanken, beim Informationsdienst der Gaseindustrie oder bei TUIS **einholen**.

Sicherheitshinweise

Anfahren, Absperren, Sichern, Warnen (Räumen)

Auf der windzugewandten Seite anfahren, tiefer gelegene Bereiche meiden. Erste **Absperrung im Umkreis von 100 Metern**. Nicht unbedingt erforderliches Personal bleibt außerhalb.

Polizei erweitert die äußere Absperrung auf einen Umkreis von ca. 200 Meter; beim Brand von Tankwagen oder Tanks auf 1.600 Meter. Bei großer Leckage Räumung im Umkreis von 250 Metern in Betracht ziehen.

Die Öffentlichkeit bleibt außerhalb der äußeren Absperrung.

Schutzvorkehrungen innerhalb der inneren Absperrung

Nach Erkundung (Messen mit Explosimeter) innere Absperrung anpassen (Richtwert: 25–50 Meter).

Innerhalb der inneren Absperrung hält sich nur besonders geschütztes Einsatzpersonal auf.

Umluftunabhängiger Atemschutz (PA). Bei Leckage gasdichter Chemikalienschutzanzug; Beständigkeit und Kälteschutz beachten. **PVC nicht geeignet.** Brandschutz zur Sicherung des vorgehenden Trupps in Bereitstellung. Geschlossene Bereiche vor dem Zutritt belüften.

Schutzausrüstung und Gerät nach Einsatz auf windzugewandter Seite mit Wasser und Bürste reinigen. Dekontaminationstrupp trägt Atem- und Körperschutz und fängt Reinigungswasser(-lauge) auf.

Einsatzmaßnahmen

Brandbekämpfung

Klein: Löschpulver, Soda, Zement, gelöschter Kalk oder Sand.
Groß: **Kein Sprühstrahl oder Nebel in großen Mengen. Wasser nicht in Behälter gelangen lassen.** Nicht betroffene Behälter möglichst aus dem Brandbereich entfernen.

Tankbrände:

Brandbekämpfung aus größtmöglicher Entfernung durchführen. Nachdem Brand gelöscht ist, Behälter ausreichend weiterkühlen. Wegen Vereisungsgefahr Wasser nicht unmittelbar auf die Austrittsstelle oder die Sicherheitsventile richten. **Sofortiger Rückzug**, falls das Sicherheitsventil mit zunehmendem Geräusch abbläst oder der Tank infolge Brandeinwirkung eine Verfärbung aufweist. **Nie** im Bereich der Tankstirnseiten aufhalten. Bei massiven Bränden mit unbemannten Wasserwerfern operieren; falls dies nicht möglich ist, aus dem Gefahrenbereich zurückziehen und Feuer brennen lassen.

Leckage

Kontakt von freigewordenem Produkt mit brennbaren Stoffen (Holz, Papier, Öl, Sägemehl usw.) verhindern. Nicht in Kontakt mit freigewordenem Produkt kommen. Leckage mit geeignetem Gerät **(keine Holzkeile verwenden)** möglichst schließen. Sprühstrahl zum Niederschlagen von Dämpfen bzw. Kontrollieren der Schadstoffwolke einsetzen. Wasserstrahl weder unmittelbar auf das ausgetretene Produkt noch auf die Austrittsstelle richten. Behälter möglichst so positionieren, dass anstelle von Flüssigkeit Gas austritt. Bereich belüften und bis zur Verflüchtigung des Gases absperren.

Produkteintritt in Wasserläufe, die Kanalisation, in Keller oder abgeschlossene Bereiche verhindern. **Umpumpen nur durch Spezialkräfte durchführen lassen. Nur unter Anleitung eines Sachverständigen** kann das kontrollierte Abbrennen der ausgetretenen Flüssigkeit durchgeführt werden. Dies wird durch den Einsatz von Sprühstrahl ausgelöst, der an einer Ecke der Flüssigkeitslache aufgebracht wird.

Erste Hilfe

Betroffene an frische Luft bringen. Rettungsdienst alarmieren. Bei Atemstillstand künstlich beatmen. **Keine Mund-zu-Mund-Beatmung, falls der Patient das Produkt verschluckt oder eingeatmet hat. AMBU®-Beutel oder ähnliches medizinisches Gerät mit Maske einsetzen.** Bei erschwerter Atmung Sauerstoffgabe. An der Haut festgefrorene Kleidung vor dem Entfernen auftauen. Benetzte Kleidung und Schuhe entfernen und sicherstellen. Benetzte Augen und Haut unverzüglich mit fließendem Wasser mindestens 15 Minuten lang spülen. Betroffene ruhig und warm halten. Betroffene ständig überwachen. Gesundheitliche Beeinträchtigungen infolge Einatmens können verspätet eintreten bzw. bemerkt werden.

Rettungsdienstliches Personal auf notwendigen Eigenschutz sowie das freigesetzte Produkt hinweisen.

Gefahren

Brand oder Explosion

Sehr leicht entzündlich. Entzündbar durch Hitze, Funken oder Flammen. **Flamme kann unsichtbar sein.** Ein Brand ist daher nur unter Benutzung von Hilfsmitteln (Fernthermometer, Infrarotkamera, Holzstück, usw.) erkennbar. Rückzündungsgefahr durch am Boden kriechende Dämpfe. Gefahr des Behälterzerknalls bei Erhitzung. Explosions- und Vergiftungsgefahr innerhalb und außerhalb von Gebäuden und der Kanalisation. Dämpfe von verflüssigtem Gas sind anfangs schwerer als Luft und verteilen sich am Boden. Brand- bzw. Explosionsgefahr durch ablaufendes Produkt.

Gesundheit

Giftig – sehr gefährlich. Einatmen ist sehr gefährlich bis tödlich. Verbrennungen, schwere Verletzungen und/oder Erfrierungen bei Kontakt mit Gas bzw. verflüssigtem Gas möglich. Geruchlos.

Maßnahmen

Weitere Informationen zum Produkt aus Beförderungsdokumenten, Nachschlagewerken, Gefahrgutdatenbanken oder bei TUIS **einholen**.

Sicherheitshinweise

Anfahren, Absperren, Sichern, Warnen (Räumen)

Auf der windzugewandten Seite anfahren, tiefer gelegene Bereiche meiden. Erste **Absperrung im Umkreis von 100 Metern**. Nicht unbedingt erforderliches Personal bleibt außerhalb.

Polizei erweitert die äußere Absperrung auf einen Umkreis von ca. 200 Meter; beim Brand von Tankwagen oder Tanks auf 1.600 Meter. Bei großer Leckage Räumung im Umkreis von 250 Metern in Betracht ziehen.

Die Öffentlichkeit bleibt außerhalb der äußeren Absperrung.

Schutzvorkehrungen innerhalb der inneren Absperrung

Nach Erkundung (Messen mit Explosimeter) innere Absperrung anpassen (Richtwert: 25–50 Meter).

Innerhalb der inneren Absperrung hält sich nur besonders geschütztes Einsatzpersonal auf.

Umluftunabhängiger Atemschutz (PA). Bei Leckage gasdichter Chemikalienschutzanzug; Beständigkeit und Kälteschutz beachten. Brandschutz zur Sicherung des vorgehenden Trupps in Bereitstellung. Produkt ist nur unwesentlich leichter als Luft; mit Ansammlung in tiefer gelegenen Bereichen rechnen. Geschlossene Bereiche vor dem Zutritt belüften.

Schutzausrüstung und Gerät nach Einsatz auf windzugewandter Seite mit Wasser und Bürste reinigen. Dekontaminationstrupp trägt Atem- und Körperschutz und fängt Reinigungswasser(-lauge) auf.

Einsatzmaßnahmen

Brandbekämpfung

Achtung: Brennendes Gas erst ablöschen, wenn Leckage geschlossen werden kann.

Klein: Löschpulver, CO_2 oder Sprühstrahl.

Groß: Sprühstrahl, Nebel oder Schaum. Nichtbetroffene Behälter möglichst aus dem Brandbereich entfernen.

Tankbrände:

Brandbekämpfung aus größtmöglicher Entfernung durchführen. Nachdem Brand gelöscht ist, Behälter ausreichend weiterkühlen. Wegen Vereisungsgefahr Wasser nicht unmittelbar auf die Austrittsstelle oder die Sicherheitsventile richten. **Sofortiger Rückzug**, falls das Sicherheitsventil mit zunehmendem Geräusch abbläst oder der Tank infolge Brandeinwirkung eine Verfärbung aufweist. **Nie** im Bereich der Tankstirnseiten aufhalten.

Leckage

Kontakt von freigewordenem Produkt mit brennbaren Stoffen (Holz, Papier, Öl, Sägemehl usw.) verhindern. Nicht in Kontakt mit freigewordenem Produkt kommen. Leckage mit geeignetem Gerät möglichst schließen. Sprühstrahl zum Niederschlagen von Dämpfen bzw. Kontrollieren der Schadstoffwolke einsetzen. Wasserstrahl weder unmittelbar auf das ausgetretene Produkt noch auf die Austrittsstelle richten. Behälter möglichst so positionieren, dass anstelle von Flüssigkeit Gas austritt. Bereich bis zur Verflüchtigung des Gases absperren.

Produkteintritt in Wasserläufe, die Kanalisation, in Keller oder abgeschlossene Bereiche verhindern.

Umpumpen nur durch Spezialkräfte durchführen lassen.

Erste Hilfe

Betroffene an frische Luft bringen. Rettungsdienst alarmieren. Bei Atemstillstand künstlich beatmen. **Keine Mund-zu-Mund-Beatmung, falls der Patient das Produkt verschluckt oder eingeatmet hat. AMBU®-Beutel oder ähnliches medizinisches Gerät mit Maske einsetzen**. Bei erschwerter Atmung Sauerstoffgabe. Benetzte Kleidung und Schuhe entfernen und sicherstellen. Benetzte Augen und Haut unverzüglich mit fließendem Wasser mindestens 15 Minuten lang spülen. Nach Kontakt mit verflüssigtem Gas gefrorene Bereiche mit lauwarmem Wasser auftauen. Betroffene ruhig und warm halten. Betroffene ständig überwachen. Gesundheitliche Beeinträchtigungen infolge Einatmens können verspätet eintreten bzw. bemerkt werden.

Rettungsdienstliches Personal auf notwendigen Eigenschutz sowie das freigesetzte Produkt hinweisen.

Gefahren

Brand oder Explosion

Stoff wird als Schmelze bei einer Temperatur oberhalb 705 °C transportiert. Heftige Reaktion mit Wasser – Explosion oder Freisetzung von brennbarem Gas möglich. Entzündet brennbare Stoffe (Holz, Papier, Öl, Abfall usw.). Kontakt mit Nitraten oder anderen Oxidationsmitteln kann zur Explosion führen. Kontakt des Produkts mit anderen Materialien, einschließlich kalten, nassen oder schmutzigen Werkzeugen, kann zur Explosion führen. Kontakt mit Beton führt zu Abplatzungen unter Geräuschentwicklung.

Gesundheit

Schwere Verbrennungen von Haut und Augen bei Kontakt mit dem Produkt. Bei Brand können reizende und/oder giftige Dämpfe entstehen.

Maßnahmen

Weitere Informationen zum Produkt aus Beförderungsdokumenten, Nachschlagewerken, Gefahrgutdatenbanken oder bei TUIS **einholen**.

Sicherheitshinweise

Anfahren, Absperren, Sichern, Warnen (Räumen)

Auf der windzugewandten Seite anfahren. Erste **Absperrung im Umkreis von 50 Metern**. Nicht unbedingt erforderliches Personal bleibt außerhalb.

Polizei erweitert die äußere Absperrung auf einen Umkreis von ca. 100 Meter.

Die Öffentlichkeit bleibt außerhalb der äußeren Absperrung.

Schutzvorkehrungen innerhalb der inneren Absperrung

Nach Erkundung innere Absperrung anpassen.

Innerhalb der inneren Absperrung hält sich nur besonders geschütztes Einsatzpersonal auf.

Umluftunabhängiger Atemschutz (PA). Brandschutzanzug bietet zusammen mit Gesichtsschutz (Visier) begrenzten Schutz vor Wärmestrahlung; im Nahbereich Hitzeschutzkleidung tragen. Geschlossene Bereiche vor dem Zutritt belüften.

Einsatzmaßnahmen

Brandbekämpfung

Achtung: Kein Wasser einsetzen, zur Menschenrettung nötigenfalls feinen Sprühstrahl verwenden. Keine halogenierten Löschmittel oder Schaum einsetzen.

Brennbare Stoffe möglichst aus dem Bereich der sich ausbreitenden Lache entfernen. Das Löschmittel auf das durch die Schmelze entzündete Material ausrichten; Wasser, halogenierte Löschmittel und Schaum von der Schmelze fernhalten.

Leckage

Nicht durch freigewordenes Produkt laufen. Kontakt von freigewordenem Produkt mit brennbaren Stoffen (Holz, Papier, Öl, Sägemehl usw.) verhindern. Wegen Explosionsgefahr Leck nicht abdichten. Produkt ist leichtflüssig, breitet sich schnell aus und kann umherspritzen. Nicht mit Schaufeln oder anderen Gegenständen aufhalten. Wenn möglich, Schmelze alleine verfestigen lassen. Kontakt mit dem Produkt auch nach dem Festwerden vermeiden. Geschmolzenes, erhitztes und kaltes Aluminium sieht gleich aus; bis zum Beweis der Erkaltung nicht berühren. Aufräumarbeiten unter Anleitung eines Sachkundigen.

Erste Hilfe

Betroffene an frische Luft bringen. Rettungsdienst alarmieren. Bei Atemstillstand künstlich beatmen. Bei erschwerter Atmung Sauerstoffgabe. Bei schweren Verbrennungen ist unverzüglich ärztliche Hilfe erforderlich. Das Ablösen fester Schmelze von der Haut kann nur ein Arzt durchführen. Benetzte Kleidung und Schuhe entfernen und sicherstellen. Benetzte Augen und Haut unverzüglich mit fließendem Wasser mindestens 15 Minuten lang spülen. Betroffene ruhig und warm halten.

Rettungsdienstliches Personal auf notwendigen Eigenschutz sowie das freigesetzte Produkt hinweisen.

Gefahren

Brand oder Explosion

Heftige bis explosionsartige Reaktion bei Kontakt mit Wasser. Transport in entzündlichen Flüssigkeiten möglich. Entzündbar durch Reibung, Hitze, Flammen oder Funken. Einige dieser Produkte brennen unter starker Hitzeentwicklung. Stäube oder Rauche können explosive Gemische mit Luft bilden. Gefahr des Behälterzerknalls bei Erhitzung. Rückzündungsgefahr.

Gesundheit

Bei Metallbränden freigesetzte Oxide stellen eine große Gesundheitsgefahr dar. Einatmen der Stäube oder Kontakt mit dem Produkt kann zu schweren bis tödlichen Verletzungen führen. Bei Brand können reizende, giftige und/oder ätzende Stoffe entstehen. Ablaufendes Wasser zum Löschen, Niederschlagen von Dämpfen oder Verdünnen kann umweltgefährdend sein.

Maßnahmen

Weitere Informationen zum Produkt aus Beförderungsdokumenten, Nachschlagewerken, Gefahrgutdatenbanken oder bei TUIS **einholen**.

Sicherheitshinweise

Anfahren, Absperren, Sichern, Warnen (Räumen)

Auf der windzugewandten Seite anfahren. Erste **Absperrung im Umkreis von 50 Metern**. Nicht unbedingt erforderliches Personal bleibt außerhalb.

Polizei sichert die äußere Absperrung im Umkreis von 50 Meter.

Die Öffentlichkeit bleibt außerhalb der äußeren Absperrung.

Schutzvorkehrungen innerhalb der inneren Absperrung

Nach Erkundung innere Absperrung anpassen (Richtwert: 10–25 Meter).

Innerhalb der inneren Absperrung hält sich nur besonders geschütztes Einsatzpersonal auf.

Umluftunabhängiger Atemschutz (PA). Brandschutzanzug bietet zusammen mit Gesichtsschutz (Visier) begrenzten Schutz vor Wärmestrahlung; im Nahbereich Hitzeschutzkleidung tragen.

Einsatzmaßnahmen

Brandbekämpfung

Kein Wasser, Schaum oder CO_2 verwenden. Beim Löschen von Metallbränden mit Wasser kann explosives Wasserstoffgas entstehen. Dies ist besonderes in geschlossenen Bereichen (Gebäude, Lager usw.) gefährlich. **Trockenen** Sand, Graphitpulver, Löschpulver auf Natriumbasis oder Metallbrandpulver drucklos aufbringen. Eingrenzen und Ersticken von Metallbränden ist dem Einsatz von Wasser eindeutig vorzuziehen. Nicht betroffene Behälter möglichst aus dem Brandbereich entfernen.

Tank- oder Ladungsbrände:

Falls Löschen nicht möglich ist, den Nahbereich schützen und Feuer ausbrennen lassen.

Leckage

Zündquellen beseitigen (Rauchen, offenes Feuer oder Funkenerzeugung im Nahbereich ausschließen). Nicht durch freigewordenes Produkt laufen. Leckage mit geeignetem Gerät möglichst schließen. Produkteintritt in Wasserläufe, die Kanalisation, in Keller oder abgeschlossene Bereiche verhindern.

Erste Hilfe

Betroffene an frische Luft bringen. Rettungsdienst alarmieren. Bei Atemstillstand künstlich beatmen. Bei erschwerter Atmung Sauerstoffgabe. Benetzte Kleidung und Schuhe entfernen und sicherstellen. Benetzte Augen und Haut unverzüglich mit fließendem Wasser mindestens 15 Minuten lang spülen. Betroffene ruhig und warm halten.

Rettungsdienstliches Personal auf notwendigen Eigenschutz sowie das freigesetzte Produkt hinweisen.

Gefahren

Brand oder Explosion

Einige Produkte sind brennbar, aber nicht leichtentzündlich. Gefahr des Behälterzerknalls bei Erhitzung. Transport in heißem Zustand möglich (spezieller Gefahrzettel).

Bei UN 2211 die Abgabe entzündbarer Dämpfe beachten.

Bei UN 3508 Gefährdung durch Kurzschluss möglich, da Kondensatoren geladen transportiert werden.

Gesundheit

Einatmen des Produkts kann schädigend wirken. Kontakt kann zu Verbrennungen von Haut und Augen führen. Einatmen von Asbeststaub kann eine schädigende Wirkung auf die Lungen haben. Bei Brand können reizende, giftige und/oder ätzende Stoffe entstehen. Abfließendes Löschwasser kann umweltgefährdend sein.

Maßnahmen

Weitere Informationen zum Produkt aus Beförderungsdokumenten, Nachschlagewerken, Gefahrgutdatenbanken oder bei TUIS **einholen**.

Sicherheitshinweise

Anfahren, Absperren, Sichern, Warnen (Räumen)

Auf der windzugewandten Seite anfahren. Erste **Absperrung im Umkreis von 50 Metern**. Nicht unbedingt erforderliches Personal bleibt außerhalb.

Polizei erweitert die äußere Absperrung bei Brand von Tankwagen oder Tanks auf einen Umkreis von 800 Meter.

Beachte grüne Seiten für die in den Stofflisten markierten Produkte zur genaueren Abschätzung der Absperrgrenzen bzw. Berechnung mit **MET**© und toxikologischen Daten.

Die Öffentlichkeit bleibt außerhalb der äußeren Absperrung.

Schutzvorkehrungen innerhalb der inneren Absperrung

Nach Erkundung innere Absperrung anpassen (Richtwert: 10–25 Meter).

Innerhalb der inneren Absperrung hält sich nur besonders geschütztes Einsatzpersonal auf.

Bei vielen festen Produkten bietet Brandschutzanzug begrenzten Schutz. Bei Leckage flüssigkeitsdichter Chemikalienschutzanzug; Beständigkeit beachten.

Schutzausrüstung und Gerät nach Einsatz auf windzugewandter Seite mit Wasser und Bürste reinigen. Dekontaminationstrupp trägt Atem- und Körperschutz und fängt Reinigungswasser(-lauge) auf.

Einsatzmaßnahmen

Brandbekämpfung

Beachte bei (UN 3268) und (UN 3559): Bei Bränden kann es zu einer verzögerten Auslösung von Airbags oder Feuerlöschvorrichtungen kommen. Risiko durch Projektile berücksichtigen. Brand aus sicherem Abstand löschen.

Klein: Löschpulver, CO_2, Sprühstrahl oder Schaum.

Groß: Sprühstrahl, Nebel oder Schaum. Nicht betroffene Behälter möglichst aus dem Brandbereich entfernen. **Freigesetztes Produkt nicht durch Einsatz von Hochdrucklöschverfahren verbreiten.** Löschwasser zur späteren Entsorgung auffangen.

Tankbrände:

Nachdem Brand gelöscht ist, Behälter ausreichend weiterkühlen. **Sofortiger Rückzug**, falls das Sicherheitsventil mit zunehmendem Geräusch abbläst oder der Tank infolge der Brandeinwirkung eine Verfärbung aufweist. **Nie** im Bereich der Tankstirnseiten aufhalten.

Leckage

Nicht durch freigewordenes Produkt laufen. Leckage mit geeignetem Gerät möglichst schließen. Entstehung von Staubwolken verhindern. Einatmen von Asbeststaub vermeiden.

Trocken, klein: Mit sauberer Schaufel in sauberen, trockenen Stahlbehälter füllen, locker abdecken und Behälter aus dem unmittelbar betroffenen Bereich entfernen.

Klein: Mit Chemikalienbinder aufnehmen und in belüftete Stahlbehälter geben (Beständigkeit prüfen, eventuell Kunststoffsack einhängen).

Groß: In sicherer Entfernung bis zur späteren Entsorgung eindeichen. Ausbreitung freigesetzten Pulvers mit Plastikfolie einschränken.

Produkteintritt in Wasserläufe, die Kanalisation, in Keller oder abgeschlossene Bereiche verhindern.

Aufräum- und Entsorgungsarbeiten nur unter Anleitung eines Sachverständigen durchführen.

Erste Hilfe

Betroffene an frische Luft bringen. Rettungsdienst alarmieren. Bei Atemstillstand künstlich beatmen. Bei erschwerter Atmung Sauerstoffgabe. Benetzte Kleidung und Schuhe entfernen und sicherstellen. Benetzte Augen und Haut unverzüglich mit fließendem Wasser mindestens 15 Minuten lang spülen.

Rettungsdienstliches Personal auf notwendigen Eigenschutz sowie das freigesetzte Produkt hinweisen.

Gefahren

Brand oder Explosion

Nicht brennbar, unter Hitzeeinwirkung kann jedoch Zersetzung unter Bildung ätzenden und/oder giftigen Qualms erfolgen. Ablaufendes Produkt kann Wasserläufe gefährden.

Gesundheit

Einatmen der Dämpfe oder Kontakt mit dem Produkt führt zur Kontamination und zu gesundheitlichen Schädigungen. Bei Brand entstehen reizende, giftige und/oder ätzende Dämpfe.

Maßnahmen

Weitere Informationen zum Produkt aus Beförderungsdokumenten, Nachschlagewerken, Gefahrgutdatenbanken oder bei TUIS **einholen**.

Sicherheitshinweise

Anfahren, Absperren, Sichern, Warnen (Räumen)

Auf der windzugewandten Seite anfahren. Erste **Absperrung im Umkreis von 50 Metern**. Nicht unbedingt erforderliches Personal bleibt außerhalb.

Polizei erweitert die äußere Absperrung auf einen Umkreis von ca. 100 Meter. Erweiterung auf einen Umkreis von ca. 500 Meter, falls große Behälter in das Brandgeschehen einbezogen sind.

Beachte grüne Seiten für die in den Stofflisten markierten Produkte zur genaueren Abschätzung der Absperrgrenzen bzw. Berechnung mit **MET**© und toxikologischen Daten.

Die Öffentlichkeit bleibt außerhalb der äußeren Absperrung.

Schutzvorkehrungen innerhalb der inneren Absperrung

Nach Erkundung innere Absperrung anpassen (Richtwert: 10–25 Meter).

Innerhalb der inneren Absperrung hält sich nur besonders geschütztes Einsatzpersonal auf.

Bei vielen festen Produkten bietet Brandschutzanzug begrenzten Schutz. Bei Leckage flüssigkeitsdichter Chemikalienschutzanzug; Beständigkeit beachten.

Schutzausrüstung und Gerät nach Einsatz auf windzugewandter Seite mit Wasser und Bürste reinigen. Dekontaminationstrupp trägt Atem- und Körperschutz und fängt Reinigungswasser(-lauge) auf.

Einsatzmaßnahmen

Brandbekämpfung

Löschmittel gemäß Art des Umgebungsbrandes auswählen. **Kein Wasser auf heißes Metall geben.**

Leckage

Nicht durch freigewordenes Produkt laufen. Beschädigte Behälter oder freigewordenen Stoff nicht ohne geeignete Schutzkleidung berühren. Leckage mit geeignetem Gerät möglichst schließen.

Produkteintritt in Wasserläufe, die Kanalisation, in Keller oder abgeschlossene Bereiche verhindern. Mit **trockener** Erde, **trockenem** Sand oder anderem nicht brennbarem Material abdecken; mit einer Plastikplane die Ausbreitung oder den Kontakt mit Regen verhindern. Keine Werkzeuge oder Materialien aus Stahl oder Aluminium einsetzen. Quecksilber-Rückstände können mit Kalzium-Sulphid oder Natrium-Thio-Sulfat neutralisiert werden.

Erste Hilfe

Betroffene an frische Luft bringen. Rettungsdienst alarmieren. Bei Atemstillstand künstlich beatmen. Bei erschwerter Atmung Sauerstoffgabe. Benetzte Kleidung und Schuhe entfernen und sicherstellen. Benetzte Augen und Haut unverzüglich mit fließendem Wasser mindestens 15 Minuten lang spülen. Betroffene ruhig und warm halten.

Rettungsdienstliches Personal auf notwendigen Eigenschutz sowie das freigesetzte Produkt hinweisen.

Gefahren

Brand oder Explosion

Einige Stoffe können zusätzlich brennbar, ätzend und/oder brandfördernd sein. Einige Gase können zwar durch Hitze, Funken oder Flammen entzündet werden, sind jedoch wegen des geringen Transportdrucks nicht leichtentzündlich. Bildung explosiver Gemische mit Luft möglich. Brandfördernde Gase können brennbare Stoffe (Holz, Papier, Öl, Kleidung, usw.). zwar entzünden, jedoch wegen des geringen Transportdrucks ist dies nicht leicht möglich. Rückzündungsgefahr durch am Boden kriechende Dämpfe. Einige dieser Stoffe können sehr heftig mit Wasser reagieren. Bei Erhitzung kann durch das Sicherheitsventil brennbares, giftiges Gas freigesetzt werden.

Gesundheit

Giftig; tödliche Wirkung bei Einatmen oder Hautaufnahme möglich. Verbrennungen, schwere Verletzungen und/oder Erfrierungen bei Kontakt mit Gas möglich. Bei Brand entstehen reizende, giftige und/oder ätzende Dämpfe. Abfließendes Löschwasser kann umweltgefährdend sein.

Maßnahmen

Weitere Informationen zum Produkt aus Beförderungsdokumenten, Nachschlagewerken, Gefahrgutdatenbanken oder bei TUIS **einholen**.

Sicherheitshinweise

Anfahren, Absperren, Sichern, Warnen (Räumen)

Auf der windzugewandten Seite anfahren, tiefer gelegene Bereiche meiden. Erste **Absperrung im Umkreis von 50 Metern**. Nicht unbedingt erforderliches Personal bleibt außerhalb.

Polizei erweitert die äußere Absperrung auf einen Umkreis von ca. 100 Meter; Erweiterung auf 500 Meter falls mehrere Gasflaschen vom Brand betroffen sind.

Beachte grüne Seiten für die in den Stofflisten markierten Produkte zur genaueren Abschätzung der Absperrgrenzen bzw. Berechnung mit **MET©** und toxikologischen Daten.

Die Öffentlichkeit bleibt außerhalb der äußeren Absperrung.

Schutzvorkehrungen innerhalb der inneren Absperrung

Nach Erkundung (Messen mit Explosimeter) innere Absperrung anpassen (Richtwert 25 Meter).

Innerhalb der inneren Absperrung hält sich nur besonders geschütztes Einsatzpersonal auf. Umluftunabhängiger Atemschutz (PA).

Bei Leckage gasdichter Chemikalienschutzanzug; Beständigkeit beachten. Brandschutz zur Sicherung des vorgehenden Trupps in Bereitstellung. Geschlossene Bereiche vor dem Zutritt belüften.

Schutzausrüstung und Gerät nach Einsatz auf windzugewandter Seite mit Wasser und Bürste reinigen. Dekontaminationstrupp trägt Atem- und Körperschutz und fängt Reinigungswasser (-lauge) auf.

Einsatzmaßnahmen

Brandbekämpfung

Achtung: Brennendes Gas erst ablöschen, wenn Leckage geschlossen werden kann.

Klein: Löschpulver, Sprühstrahl, alkoholbeständiger Schaum oder CO_2. Bei UN 3515, UN 3518 und UN 3520 **ausschließlich** Sprühstrahl einsetzen.

Groß: Sprühstrahl, alkoholbeständiger Schaum oder Nebel. Nichtbetroffene Behälter möglichst aus dem Brandbereich entfernen. Wasser nicht in betroffene Behälter gelangen lassen. Beschädigte Behälter sollten nur von Spezialisten gehandhabt werden.

Brände mehrerer Flaschen:

Brandbekämpfung aus größtmöglicher Entfernung durchführen oder mit unbemannten Wasserwerfern operieren. Nachdem Brand gelöscht ist, Behälter ausreichend weiterkühlen. Wasser nicht unmittelbar auf die Austrittstelle oder die Sicherheitsventile richten. **Sofortiger Rückzug** falls das Sicherheitsventil mit zunehmendem Geräusch abbläst oder die Gasflasche infolge Brandeinwirkung eine Verfärbung aufweist. **Nie** im Bereich vollständig vom Brand umschlossener Flaschen aufhalten.

Bei massiven Bränden mit unbemannten Wasserwerfern operieren; falls dies nicht möglich ist, aus dem Gefahrenbereich zurückziehen und Feuer brennen lassen.

Leckage

Zündquellen beseitigen (Rauchen, offenes Feuer oder Funkenerzeugung im Nahbereich ausschließen). Nicht in Kontakt mit freigewordenem Produkt kommen. Leckage mit geeignetem Gerät möglichst schließen **(keine Holzkeile verwenden)**. **Bei brennbaren Produkten auch Explosionsschutz/Potenzialausgleich/Erdung beachten**. Sprühstrahl zum Niederschlagen von Dämpfen bzw. Kontrollieren der Schadstoffwolke einsetzen. Wasserstrahl weder unmittelbar auf das ausgetretene Produkt noch auf die Austrittstelle richten. Die Ausbreitung des Produkts über die Kanalisation, Belüftungssysteme oder Ähnlichem verhindern. Bereich bis zur Verflüchtigung des Gases absperren.

Erste Hilfe

Betroffene an frische Luft bringen. Rettungsdienst alarmieren. Bei Atemstillstand künstlich beatmen. **Keine Mund-zu-Mund-Beatmung, falls der Patient das Produkt verschluckt oder eingeatmet hat. AMBU®-Beutel oder ähnliches medizinisches Gerät mit Maske einsetzen.** Bei erschwerter Atmung Sauerstoffgabe. Benetzte Kleidung und Schuhe entfernen und sicherstellen; jedoch auf der Haut festsitzende Kleidung nicht entfernen. Benetzte Augen und Haut unverzüglich mit fließendem Wasser mindestens 15 Minuten lang spülen. Bei Verbrennungen den betroffenen Bereich mit kaltem Wasser ausreichend kühlen. Betroffene ruhig und warm halten. Betroffene ständig überwachen. Gesundheitliche Beeinträchtigungen infolge Einatmens können verspätet eintreten bzw. bemerkt werden.

Rettungsdienstliches Personal auf notwendigen Eigenschutz sowie das freigesetzte Produkt hinweisen.

Gefahren

Brand oder Explosion

Einige Gase können zwar durch Hitze, Funken oder Flammen entzündet werden, sind jedoch wegen des geringen Transportdrucks nicht leichtentzündlich. Nicht brennbar, jedoch brandfördernd. Rückzündungsgefahr durch am Boden kriechende Dämpfe. Bei Erhitzung kann durch das Sicherheitsventil brennbares Gas freigesetzt werden. Behälter können bersten, wenn sie lang anhaltender, direkter Beflammung ausgesetzt werden.

Gesundheit

Dämpfe können ohne Vorwarnung zu Schwindel und Erstickungserscheinungen führen. Reizwirkung einiger Produkte bei Einatmen in hohen Konzentrationen möglich. Verbrennungen, schwere Verletzungen und/oder Erfrierungen bei Kontakt mit Gas möglich. Bei Brand können reizende und/oder ätzende Dämpfe entstehen.

Maßnahmen

Weitere Informationen zum Produkt aus Beförderungsdokumenten, Nachschlagewerken, Gefahrgutdatenbanken oder bei TUIS **einholen**.

Sicherheitshinweise

Anfahren, Absperren, Sichern, Warnen (Räumen)

Auf der windzugewandten Seite anfahren, tiefer gelegene Bereiche meiden. Erste **Absperrung im Umkreis von 50 Metern**. Nicht unbedingt erforderliches Personal bleibt außerhalb.

Polizei erweitert die äußere Absperrung auf einen Umkreis von ca. 100 Meter. Erweiterung auf 1500 Meter falls mehrere Gasflaschen vom Brand betroffen sind. Bei großer Leckage Räumung 800 Meter in Windrichtung in Betracht ziehen.

Die Öffentlichkeit bleibt außerhalb der äußeren Absperrung.

Schutzvorkehrungen innerhalb der inneren Absperrung

Nach Erkundung (Messen mit Explosimeter) innere Absperrung anpassen (Richtwert 25 bis 50 Meter).

Innerhalb der inneren Absperrung hält sich nur besonders geschütztes Einsatzpersonal auf.

Umluftunabhängiger Atemschutz (PA). Bei Leckage flüssigkeitsdichter Chemikalienschutzanzug; Beständigkeit beachten. Brandschutz zur Sicherung des vorgehenden Trupps in Bereitstellung. Geschlossene Bereiche vor dem Zutritt belüften.

Schutzausrüstung und Gerät nach Einsatz auf windzugewandter Seite mit Wasser und Bürste reinigen. Dekontaminationstrupp trägt Atem- und Körperschutz und fängt Reinigungswasser(-lauge) auf.

Einsatzmaßnahmen

Brandbekämpfung

Achtung: **Brennendes Gas erst ablöschen, wenn Leckage geschlossen werden kann.** Für den umgebenden Brand geeignetes Löschmittel einsetzen.

Klein: Löschpulver oder CO_2. Bei UN 3515, UN 3518 und UN 3520 **ausschließlich** Sprühstrahl einsetzen.

Groß: Sprühstrahl oder Nebel.
Nichtbetroffene Behälter möglichst aus dem Brandbereich entfernen. Beschädigte Behälter sollten nur von Spezialisten gehandhabt werden.

Brände mehrerer Flaschen:

Brandbekämpfung aus größtmöglicher Entfernung durchführen oder mit unbemannten Wasserwerfern operieren. Nachdem Brand gelöscht ist, Behälter ausreichend weiterkühlen. Wasser nicht unmittelbar auf die Austrittstelle oder die Sicherheitsventile richten. **Sofortiger Rückzug** falls das Sicherheitsventil mit zunehmendem Geräusch abbläst oder die Gasflasche infolge Brandeinwirkung eine Verfärbung aufweist. **Nie** im Bereich vollständig vom Brand umschlossener Flaschen aufhalten.

Bei massiven Bränden mit unbemannten Wasserwerfern operieren; falls dies nicht möglich ist, aus dem Gefahrenbereich zurückziehen und Feuer brennen lassen.

Leckage

Zündquellen beseitigen (Rauchen, offenes Feuer oder Funkenerzeugung im Nahbereich ausschließen). Nicht in Kontakt mit freigewordenem Produkt kommen. Leckage mit geeignetem Gerät möglichst schließen **(keine Holzkeile verwenden)**. **Explosionsschutz/Potenzialausgleich/Erdung beachten**. Sprühstrahl zum Niederschlagen von Dämpfen bzw. Kontrollieren der Schadstoffwolke einsetzen. Wasserstrahl weder unmittelbar auf das ausgetretene Produkt noch auf die Austrittstelle richten. Die Ausbreitung des Produkts über die Kanalisation, Belüftungssysteme oder Ähnlichem verhindern. Bereich bis zur Verflüchtigung des Gases absperren.

Erste Hilfe

Betroffene an frische Luft bringen. Rettungsdienst alarmieren. Bei Atemstillstand künstlich beatmen. Bei erschwerter Atmung Sauerstoffgabe. Benetzte Kleidung und Schuhe entfernen und sicherstellen. Bei Verbrennungen den betroffenen Bereich mit kaltem Wasser ausreichend kühlen. Betroffene ruhig und warm halten. Betroffene ständig überwachen. Gesundheitliche Beeinträchtigungen infolge Einatmens können erst mit Verzögerung eintreten bzw. bemerkt werden.

Rettungsdienstliches Personal auf notwendigen Eigenschutz sowie das freigesetzte Produkt hinweisen.

Gefahren

Brand oder Explosion

Sehr leicht entzündlich. Neigt bei höheren Konzentrationen zur Selbstzersetzung. Leicht entzündbar durch Hitze, Funken oder Flammen. Bildet explosive Gemische mit Luft; kann jedoch auch unter Luftabschluss äußerst heftig reagieren. Sehr großer Explosionsbereich: 2,3–83 Vol.-%. Bei Erhitzung besteht Zersetzungsgefahr, hierdurch steigen Druck und Temperatur in der Gasflasche stark an. **Gefahr des Druckgefäßzerknalls, wenn das Abströmen mit schrillem Pfeifgeräusch erfolgt.** Aufgerissene Behälter können unkontrolliert umherfliegen.

Gesundheit

Dämpfe können zu Schwindel und Erstickungserscheinungen führen. Leichte Reizwirkung auf Atemwege (knoblauchartiger Geruch), Augen und Haut.

Maßnahmen

Weitere Informationen zum Produkt aus Beförderungsdokumenten, Nachschlagewerken, Gefahrgutdatenbanken oder bei TUIS **einholen**.

Sicherheitshinweise

Anfahren, Absperren, Sichern, Warnen (Räumen)

Auf der windzugewandten Seite anfahren, tiefer gelegene Bereiche meiden. Erste **Absperrung im Umkreis von 50 Metern**. Nicht unbedingt erforderliches Personal bleibt außerhalb.

Polizei erweitert die äußere Absperrung auf einen Umkreis von ca. 100 Meter. Bei direkter Beflammung von Acetylenflaschen und -flaschenbündeln Räumung im Umkreis von 300 Metern in Betracht ziehen.

Die Öffentlichkeit bleibt außerhalb der äußeren Absperrung.

Schutzvorkehrungen innerhalb der inneren Absperrung

Nach Erkundung (Messen mit Explosimeter, Wärmebildkamera, Fernthermometer) innere Absperrung anpassen (Richtwert: 10–25 Meter). In Räumen Fenster und Türen zwecks Belüftung und Druckentlastung öffnen.

Innerhalb der inneren Absperrung hält sich nur besonders geschütztes Einsatzpersonal auf.

Umluftunabhängiger Atemschutz (PA). Brandschutz zur Sicherung des vorgehenden Trupps in Bereitstellung. Geschlossene Bereiche vor dem Zutritt belüften.

Einsatzmaßnahmen

Brandbekämpfung

Acetylenflaschen und -flaschenbündel, die einem Brand ausgesetzt waren, bis zu einer Stunde aus der Deckung heraus möglichst mit unbemannten Wasserwerfern bis auf Umgebungstemperatur herunterkühlen. Flaschentemperatur aus sicherer Deckung mittels Wärmebildkamera, Fernthermometer oder Beaufschlagung mit Wasser prüfen. Falls erforderlich die Kühlung fortsetzen. Flaschenbündel nicht zerlegen.

Bei Acetylenflaschen, die länger als 60 Sekunden am Ventil brennen, Flasche ausbrennen lassen.

Anschießen der Flaschen mit Leuchtspurmunition durch speziell ausgebildetes Personal der Polizei hat sich in nordeuropäischen Ländern bewährt, wird jedoch vom Referat 10 der vfdb nicht empfohlen, da dies mit unverhältnismäßigen zusätzlichen Gefährdungen der Einsatzkräfte verbunden sein kann.

Nur mit Löschpulver oder Sprühstrahl löschen, wenn Leck unverzüglich geschlossen werden kann. Nicht betroffene Behälter möglichst aus dem Brandbereich entfernen.

Leckage

Zündquellen beseitigen (Rauchen, offenes Feuer oder Funkenerzeugung im Nahbereich ausschließen). Leckage möglichst mit geeignetem Material schließen. Sprühstrahl zum Niederschlagen von Dämpfen einsetzen.

Flaschenerwärmung mittels Wärmebildkamera, Fernthermometer oder Beaufschlagung mit Wasser prüfen **(Zersetzung)**; bei kalter Flasche und Entweichen von reinem Gas Ventil schließen. **Gasflaschen-Bergebehälter** sind für Acetylen-Gasflaschen **nicht geeignet**. Produkteintritt in Wasserläufe, die Kanalisation, in Keller oder abgeschlossene Bereiche verhindern. Bereich bis zur Verflüchtigung des Gases absperren.

Erste Hilfe

Betroffene an frische Luft bringen. Rettungsdienst alarmieren. Bei Atemstillstand künstlich beatmen. Bei erschwerter Atmung Sauerstoffgabe. Benetzte Kleidung und Schuhe entfernen und sicherstellen. Betroffene ruhig und warm halten.

Rettungsdienstliches Personal auf notwendigen Eigenschutz sowie das freigesetzte Produkt hinweisen.

VI. Absperren, Warnen und Evakuieren

1. Warn- und Evakuierungsstrategie (Absperren, Messen, Warnen, In-Sicherheit-bringen, Evakuieren)

Eine der größten Herausforderungen im Gefahrguteinsatz ist die angemessene Reaktion auf eine Schadstoff-Freisetzung.

Es ist leicht nachvollziehbar, dass man sich einer drohenden unbekannten Gefahr durch Entfernen aus der Gefahrenzone entziehen will. Daher steht bei jeglicher Art von Gefahrgutfreisetzung schnell der Begriff der Evakuierung im Raum. Diese ist in vielen Fällen aus logistischen Gründen nicht möglich, jedoch bei drohender Explosionsgefahr unumgänglich. Bei der Freisetzung von toxischen Gasen hingegen bietet das so genannte Aufenthaltskonzept, der Verbleib in geschlossenen Räumen, eine gute Möglichkeit der Beherrschung einer solchen Situation.

Absperren!

Bei der Freisetzung von Schadstoffwolken ist der Schutz der Bevölkerung sowie der Einsatzkräfte ganz entscheidend von der schnellen und entschlossenen Anwendung von Absperr- und Warnstrategien abhängig.

Unter dem gegebenen Zeitdruck und in Abhängigkeit vom verfügbaren Personal hat sich ein Vorgehen in mehreren Stufen bewährt.

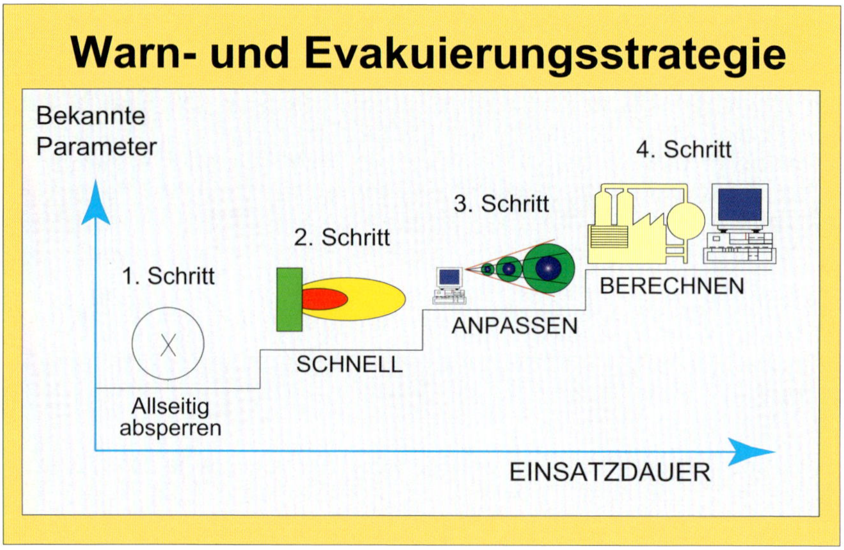

1. Schritt (sehr schnell, sehr ungenau)

- **Gefahr erkennen**
- **Absperren**
  - festgelegte Absperrgrenzen anwenden
  - auf der dem Wind zugewandten Seite bleiben
  - nicht erforderliches Personal fernhalten
  - in unmittelbarer Umgebung des Unfalls hält sich nur unbedingt erforderliches und mit besonderer Schutzausrüstung ausgerüstetes Einsatzpersonal auf

- **Menschenrettung durchführen**
  - umluftunabhängigen Atemschutz benutzen
  - Einsatzzeit begrenzen (schnell rein / schnell raus)
  - Kontakt mit dem Produkt vermeiden
- **Innere Absperrung anpassen**
- **Arbeitsbereich für die Hilfskräfte einrichten (Äußere Absperrung)**
  - Entwicklungs- und Bereitstellungsraum für die Einsatzfahrzeuge von Feuerwehr und Rettungsdienst ist freizuhalten.
  - Die Polizei hat dafür Sorge zu tragen, dass sich Unbeteiligte außerhalb der äußeren Absperrung aufhalten. Dort sind sie vor den Folgen des Unfalls sicher – und stören den Einsatzablauf nicht.
- **Spezialkräfte nachfordern**

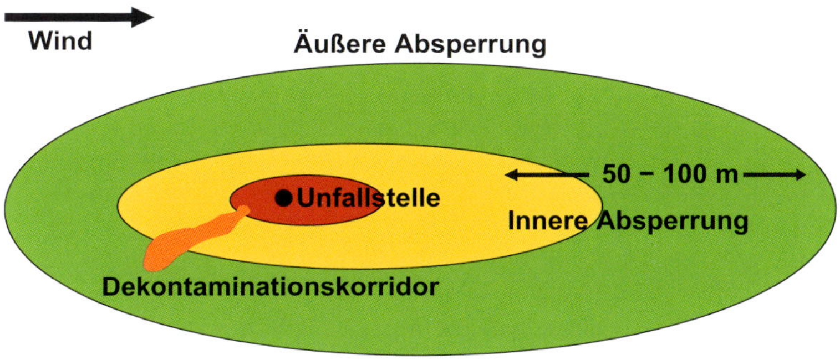

2. Schritt (schnell, ungenau)

Methode 1

- Abschätzen des Warngebiets mittels der in Tabelle 1 (→ S. 221) für die Warn- und Evakuierungsdistanzen für ausgesuchte Substanzen angegebenen Distanzen in Windrichtung, welche je nach Tageszeit und freigesetzter Menge unterschiedlich sind.
- Als Ergebnis ergibt sich in erster Näherung ein Warngebiet in Form eines Quadrates mit der Warndistanz als Kantenlänge.
- Das Gebiet mit der höchsten Schadstoffkonzentration ist in einem von der Unfallstelle ausgehenden gleichschenkligen Dreieck mit der Warndistanz sowohl als Basis als auch Höhe zu erwarten.

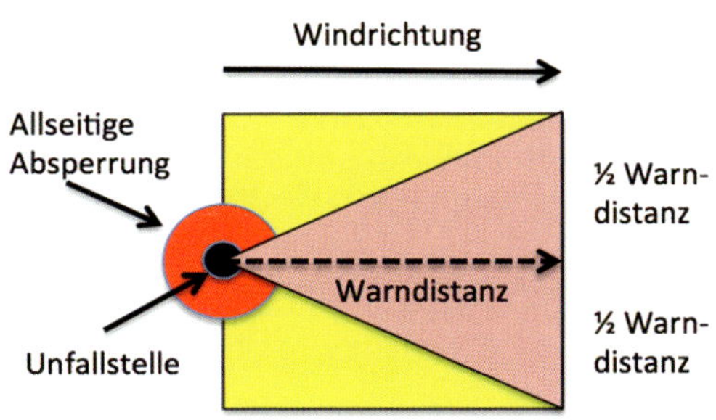

- Besondere Beachtung verdient auch die Tabelle 2 (→ S. 249) für jene Substanzen, die mit Wasser gefährlich reagieren.

⚠ **Beachten Sie!**

Die Windrichtung muss laufend kontrolliert werden und auf Änderungen ist entsprechend zu reagieren.

Methode 2

- Abschätzen des Warngebiets mittels einer vorbereiteten Ausbreitungsschablone, die maßstabsgerecht auf einer Landkarte angebracht die durch die Polizei einzurichtenden äußeren Absperrgrenzen angibt.
- Ein oft benutztes Beispiel ist die so genannte „Bayer-Zigarre"

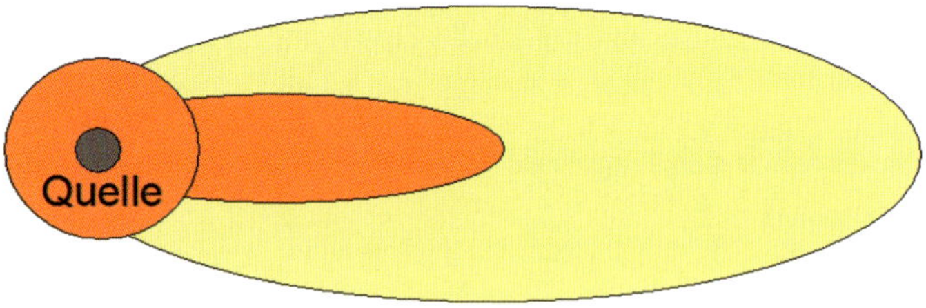

- Annahmen
  - das Produkt wird schlagartig freigesetzt;
  - das Zentrum der Wolke bewegt sich mit konstanter Geschwindigkeit (4 m/s);
  - aufgrund von Turbulenzen kommt es zu einem ständigen Zustrom von Luft, das Volumen der Wolke nimmt zu, die Konzentration nimmt ab;
  - die Wolke hat die Form einer 3-dimensionalen-Zigarre;
  - es herrscht ein labile Wetterlage (instabil);
  - Effekte 1. Ordnung (Gesundheitsgefährdung) ca. 1200 m in Windrichtung
  - Effekte 2. Ordnung (z. B. Husten) ca. 2500 m in Windrichtung;

3. Schritt (vertretbar schnell und vertretbar ungenau)

- Berechnen des Warngebiets mittels MET© (→ S. 254) und den in Tabelle 1 (→ S. 221) angegebenen toxikologischen Werten für Substanzen, die durch die UN-Nummer eindeutig beschrieben sind. MET© berechnet die Wirkung über die Dosis und berücksichtigt damit Konzentration und Expositionszeit.
- Die Substanzen sind in der numerischen und der alphabetischen Liste grün unterlegt und durch Fettdruck kenntlich gemacht.
- Im Wesentlichen können anhand der im Einsatz vorherrschenden **Wetterbedingungen** im Schema auf Seite 265 sogenannte **Ausbreitungsklassen** festgelegt werden, mit denen dann mittels der zu schätzenden **freigesetzten Masse** und der **stoffspezifischen toxikologischen Daten** die einzuhaltenden Distanzen von der Unfallstelle ermittelt werden können.
- Unter der Voraussetzung, dass die Handhabung eingeübt wurde, können auch unter dem einsatzbedingten Zeitdruck sehr gute Ergebnisse erzielt werden.

4. Schritt (nicht schnell, aber nur genau, wenn exakte Messungen möglich sind)

- Computer-Programme, wie z. B. ALOHA, COMPAS, SAFER, SAMS, werden angeboten. Diese Programme berechnen im Gegensatz zu MET© Konzentrationen und verwenden vorher ermittelte Daten, wie z. B. Windfelder.

- Wegen der ungenauen Daten zur Quellstärke bzw. zur aktuellen Konzentration des luftgetragenen Schadstoffs haben Computerberechnungen im Einsatz außerhalb des unmittelbaren Umfelds von Industrieanlagen keine oder nur geringe praktische Bedeutung für die zu ergreifenden Maßnahmen.

  Sie können zur Berechnung von Szenarien für die Gefahrenabwehrplanung sowie zu Trainingszwecken benutzt werden, vielleicht auch, um die Entscheidungsträger in Politik und Verwaltung davon zu überzeugen, dass ein Gefahrenabwehrplan für die Umgebung eines gefährlichen Betriebes notwendig ist.

Messen!

Gefahrstoffnachweis im Feuerwehreinsatz

Eine erschöpfende Erläuterung dieses komplexen Themas würde den Rahmen dieses Buches sprengen. Es sei daher an dieser Stelle auf die Richtlinie 10/05 verwiesen, herausgegeben vom Referat 10 der vfdb (Vereinigung zur Förderung des Deutschen Brandschutzes).

Die Richtlinie besteht aus drei Teilen:

- **10/05-T1 Nachweistechnik**

  Für die lageabhängige Auswahl geeigneter Gerätetechniken werden Ausstattungsempfehlungen gegeben. Gerätetechnische Anforderungen an feuerwehrtaugliche Geräte für den Nachweis von ABC-Gefahrstoffen sind beschrieben und Festlegungen zur Probenahme getroffen. Technische Eckwerte des ABC-Erkundungskraftwagens sind enthalten.

- **10/05-T2 Nachweistaktik und Einsatzstrategie**

  Einsatztaktische Vorgaben für die Anwendung feuerwehrtauglicher Probenahme und Nachweisverfahren sowie Festlegungen zur Einsatztaktik werden dargestellt. Es werden Anwendungsfälle beschrieben, die den Gefahrstoffnachweis oder die Probenahme durch Einsatzkräfte der Feuerwehren erforderlich machen.

- **10/05-T3 Qualifikation des Personals, Auswertung und Personenschutz** Funktionen und Aufgabenabgrenzung werden definiert:
  - Messtrupp (Durchführung des Einsatzauftrages)
  - Einsatzabschnittsleiter Messen (Einsatzabschnittsleitung und Bewertung)
  - Fachberater (Auswertung und Interpretation)
  - Einsatzleiter (Gesamtverantwortung)

  Mindestqualifikation und Ausbildungsinhalte für die jeweilige Funktion werden festgelegt.

Warnen!

Die Information und damit die Warnung von gefährdeten Personen müssen organisiert mit ausreichenden technischen Mitteln (Sirenenalarmierung, Information über Rundfunk, Soziale Medien (Twitter, WhatsApp, Facebook etc.) Warn-/Entwarnfahrzeuge mit vorbereiteten Texten) erfolgen können. Stellen Sie dies im Rahmen der Vorbeugenden Schadensabwehr sicher. Klären Sie die Bevölkerung über die bestehenden Warnmöglichkeiten und richtigen Verhaltensweisen bei der Bedrohung durch toxische Wolken auf, z. B. Sirenensignal (Heulton – 1 Minute auf- und abschwellend) bedeutet:

- Gebäude aufsuchen; im Auto bleiben; Kinder ins Haus holen
- Fenster und Türen schließen, Klimaanlagen/Lüftungen abschalten
- Behinderten und alten Mitbürgern helfen; Passanten aufnehmen
- Radio einschalten *(hier unbedingt Sendernamen und Frequenz angeben)*

- Information über Soziale Medien, Konten der zuständigen Gefahrenabwehrbehörde (Feuerwehr, Polizei, Krisenstab) oder Warn-Apps abrufen.
- Lautsprecherdurchsagen beachten
- Gebäude oder Fahrzeug erst nach Entwarnung verlassen
- Notrufnummern der Polizei oder Feuerwehr nur im Notfall – nicht für Auskünfte – benutzen

Oft verbleibt als einzige Maßnahme lediglich die schnellstmögliche Warnung der Bevölkerung, sodass sie sich selbst schützen kann: ***Geh rein, bleib drin, Radio an.***

Aber – im Fall einer Explosionsgefahr: ***Geh raus, bleib draußen, Strom aus.***

In Sicherheit bringen!

Die einzuleitenden Maßnahmen hängen ganz entscheidend von den Umständen des jeweiligen Einsatzfalles (Wetter, Geländebeschaffenheit, Bebauung, Umfang des Schadensfalles usw.) ab.

Als beste Lösung hat sich bei nicht explosionsgefährlichen Gasen herausgestellt, wenn an Ort und Stelle in den oberen Stockwerken von Gebäuden Schutz gesucht werden kann. Auch ein Kraftfahrzeug kann kurzzeitig als Zufluchtsort vor giftigen Dämpfen oder Gasen geeignet sein. In jedem Fall müssen Türen und Fenster dicht verschlossen und die Lüftung bzw. die Klimaanlage abgeschaltet sein. Es ist zu beachten, dass man sich nicht an Fenstern mit Blickkontakt zum Unfallort aufhalten soll, da dort bei einem möglichen Brand bzw. Explosion eine Gefährdung durch weggeschleuderte Glas- oder Metallsplitter droht.

Nur in Ausnahmefällen evakuieren!

Zur Vermeidung des Kontakts von Personen mit Schadstoffen ist in der Regel eine Evakuierung als letzter Schritt in Erwägung zu ziehen, da die Evakuierung ein Vorgang ist, der erhebliche Risiken für die zu evakuierenden Personen in sich birgt.

⚠ **Beachten Sie!**

Nur wenn keine geeigneten Schutzräume zur Verfügung stehen, z. B. bei Unfällen im freien Gelände,

oder

wenn eine erhebliche Brand- und/oder Explosionsgefahr besteht, ist unverzüglich mit der Evakuierung der betroffenen Personen zu beginnen.

Die ermittelten Distanzen müssen in jedem Fall den sich gegebenenfalls verändernden Randbedingungen angepasst werden; insbesondere muss die Windrichtung laufend kontrolliert werden und auf Änderungen ist entsprechend zu reagieren.

Tabelle 1: Maßnahmendistanzen bei Gefahrgutfreisetzung*)

		ABSCHÄTZEN						BERECHNEN		
		Maßnahmen bei kleiner Leckage (z.B. aus Fässern)			Maßnahmen bei großer Leckage (viele Fässer, IBC, Tanks)			Substanz	Grenzwerte zur Berechnung der Maßnahmendistanzen in MET	
UN-Nr.	Merkblatt	Allseits absperren	Gesundheitliche Beeinträchtigung in Windrichtung beachten		Allseits absperren	Gesundheitliche Beeinträchtigung in Windrichtung beachten		CAS-Nr.	PAC-2 ppm	Mass Factor
			tags	nachts		tags	nachts			
1001	175							74-86-2	230000	1
1005	125	30 m	100 m	200 m	Siehe Tabelle 3 (S. 252)			7664-41-7	160	1
1006	120							7440-37-1	230000	1
1008	125	30 m	200 m	700 m	400 m	2,4 km	4,7 km	7637-07-2	10	1
1009	126							7664-41-7	160	1
1011	115							106-97-8	17000	1
1013	120							124-38-9	40000	1
1016	119	30 m	100 m	200 m	200 m	1,2 km	3,9 km	630-08-0	83	1
1017	124	60 m	300 m	1,5 km	Siehe Tabelle 3 (S. 252)			7782-50-5	2	1
1018	126							75-45-6	2400	1
1020	126							76-15-3	5700	1
1021	126							2837-89-0	5000	0,1
1022	126							75-72-9	33000	1
1026	119	30 m	100 m	400 m	60 m	300 m	1,1 km	460-19-5	8,3	1
1027	115							75-19-4	930	1
1028	126							75-71-8	10000	1
1029	126							75-43-4	2300	1
1030	115							75-37-6	15000	0,1
1032	118							124-40-3	66	1
1033	115							115-10-6	3800	1
1035	115							74-84-0	230000	1
1037	115							75-00-3	5100	0,1
1038	115							74-85-1	6600	1
1040	119P	30 m	100 m	200 m	Siehe Tabelle 3 (S. 252)			75-21-8	45	0,1
1045	124	30 m	100 m	200 m	100 m	500 m	2,3 km	7782-41-4	5	1
1046	120							7440-59-7	230000	1
1048	125	30 m	100 m	200 m	150 m	1,0 km	3,2 km	10035-10-6	40	1
1049	115							1333-74-0	230000	1
1050	125	30 m	100 m	300 m	Siehe Tabelle 3 (S. 252)			7647-01-0	22	1
1051	117P	60 m	200 m	700 m	200 m	700 m	1,8 km	74-90-8	7,1	0,1

*) Nur in Ausnahmefällen evakuieren.

		ABSCHÄTZEN						BERECHNEN		
UN-Nr.	Merkblatt	Maßnahmen bei kleiner Leckage (z.B. aus Fässern)			Maßnahmen bei großer Leckage (viele Fässer, IBC, Tanks)			Substanz	Grenzwerte zur Berechnung der Maßnahmendistanzen in MET	
		Allseits absperren	Gesundheitliche Beeinträchtigung in Windrichtung beachten		Allseits absperren	Gesundheitliche Beeinträchtigung in Windrichtung beachten		CAS-Nr.	PAC-2 ppm	Mass Factor
			tags	nachts		tags	nachts			
1052	125	30 m	100 m	500 m	Siehe Tabelle 3 (S. 252)			7664-39-3	24	1
1053	117	30 m	100 m	500 m	400 m	2,4 km	6,3 km	7783-06-4	27	1
1055	115							115-11-7	2500	0,1
1060	116P							59355-75-8	2500	1
1061	118	30 m	100 m	200 m	200 m	600 m	2,1 km	74-89-5	64	1
1062	123	30 m	100 m	100 m	150 m	300 m	700 m	74-83-9	210	1
1063	115							74-87-3	910	1
1064	117	30 m	100 m	300 m	200 m	1,3 km	3,9 km	74-93-1	23	1
1065	120							7440-01-9	230000	1
1067	124	30 m	100 m	400 m	400 m	1,4 km	3,3 km			
1069	125	30 m	200 m	1,0 km	800 m	4,3 km	9,6 km	2696-92-6	0,15	1
1076	125	100 m	600 m	2,5 km	500 m	3,0 km	9,5 km	75-44-5	0,3	1
1077	115							115-07-1	2800	0,1
1079	125	100 m	600 m	2,6 km	Siehe Tabelle 3 (S. 252)			7446-09-5	0,75	1
1080	126							2551-62-4	33000	1
1081	116P							116-14-3	55	1
1082	119P	30 m	100 m	100 m	60 m	400 m	700 m	79-38-9	86	1
1083	118							75-50-3	120	1
1085	116P							593-60-2	430	0,1
1086	116P							75-01-4	1200	1
1089	129P							75-07-0	270	0,1
1090	127							67-64-1	3200	0,1
1092	131P	100 m	1,3 km	3,5 km	600 m	6,8 km	11,1 km	107-02-8	0,1	0,1
1093	131P	30 m	200 m	600 m	100 m	1,3 km	2,3 km	107-13-1	1,7	0,1
1098	131	30 m	200 m	300 m	60 m	800 m	1,2 km	107-18-6	1,7	0,1
1099	131P							106-95-6	4,6	0,1
1100	131P							107-05-1	54	0,1
1106	132							110-58-7	3,9	0,1
1108	128							109-67-1	450	0,1
1110	127							110-43-0	670	0,1
1114	130							71-43-2	800	0,1
1125	132							109-73-9	50	0,1

		ABSCHÄTZEN						BERECHNEN		
UN-Nr.	Merkblatt	Maßnahmen bei kleiner Leckage (z.B. aus Fässern)			Maßnahmen bei großer Leckage (viele Fässer, IBC, Tanks)			Substanz	Grenzwerte zur Berechnung der Maßnahmendistanzen in MET	
		Allseits absperren	Gesundheitliche Beeinträchtigung in Windrichtung beachten		Allseits absperren	Gesundheitliche Beeinträchtigung in Windrichtung beachten		CAS-Nr.	PAC-2 ppm	Mass Factor
			tags	nachts		tags	nachts			
1126	130							109-65-9	49	0,1
1128	129							592-84-7	51	0,1
1129	129P							123-72-8	430	0,1
1131	131							75-15-0	160	0,1
1134	130							108-90-7	150	0,1
1135	131	30 m	100 m	100 m	30 m	100 m	100 m	107-07-3	1,2	0,1
1143	131P	30 m	100 m	200 m	60 m	500 m	700 m	4170-30-3	4,4	0,1
1145	128							110-82-7	1700	0,1
1146	128							287-92-3	3800	0,1
1147	130							91-17-8	5,2	0,1
1148	129							123-42-2	350	0,1
1149	128							142-96-1	29	0,1
1154	132							109-89-7	330	0,1
1155	127							60-29-7	3200	0,1
1156	127							96-22-0	830	0,1
1157	128							108-83-8	330	0,1
1158	132							108-18-9	170	0,1
1159	127							108-20-3	1700	0,1
1160	132							124-40-3	66	0,1
1161	129							616-38-6	120	0,1
1162	155X	Bei Leckage in Wasser siehe Tabelle 2 (Seite 249)						75-78-5	11	0,1
1163	131	30 m	200 m	500 m	100 m	1,0 km	1,8 km	57-14-7	3	0,1
1164	130							75-18-3	1000	0,1
1165	127							123-91-1	320	0,1
1166	127							646-06-0	190	0,1
1170	127							64-17-5	3300	0,1
1171	127							110-80-5	1000	0,1
1172	129							111-15-9	420	0,1
1173	129							141-78-6	1700	0,1
1175	130							100-41-4	1100	0,1
1181	155							105-39-5	5,6	0,1
1182	155	30 m	200 m	300 m	60 m	600 m	900 m	541-41-3	1,6	0,1

		ABSCHÄTZEN						BERECHNEN		
UN-Nr.	Merkblatt	Maßnahmen bei kleiner Leckage (z.B. aus Fässern)			Maßnahmen bei großer Leckage (viele Fässer, IBC, Tanks)			Substanz	Grenzwerte zur Berechnung der Maßnahmendistanzen in MET	
		Allseits absperren	Gesundheitliche Beeinträchtigung in Windrichtung beachten		Allseits absperren	Gesundheitliche Beeinträchtigung in Windrichtung beachten		CAS-Nr.	PAC-2 ppm	Mass Factor
			tags	nachts		tags	nachts			
1184	131							107-06-2	200	0,1
1185	131P	30 m	200 m	500 m	200 m	1,0 km	1,8 km	151-56-4	4,6	0,1
1188	127							109-86-4	14	0,1
1189	129							110-49-6	670	0,1
1190	129							109-94-4	1300	0,1
1193	127							78-93-3	2700	0,1
1194	131							109-95-5	1,2	0,1
1195	129							105-37-3	69	0,1
1196	155X	Bei Leckage in Wasser siehe Tabelle 2 (Seite 249)						115-21-9	7,3	0,1
1198	132							50-00-0	14	1
1204	127							55-63-0	0,215	0,1
1207	130							66-25-1	14	0,1
1212	129							78-83-1	1300	0,1
1213	129							110-19-0	1300	0,1
1214	132							78-81-9	10	0,1
1218	130P							78-79-5	1000	0,1
1219	129							67-63-0	2000	0,1
1220	129							108-21-4	2700	0,1
1221	132							75-31-0	670	0,1
1222	130							1712-64-7	50	0,1
1229	129							141-79-7	830	0,1
1230	131							67-56-1	2100	0,1
1231	129							79-20-9	1700	0,1
1234	127							109-87-5	2500	0,1
1235	132							74-89-5	64	0,1
1238	155	30 m	200 m	500 m	150 m	1,2 km	2,2 km	79-22-1	2,2	0,1
1239	131	60 m	500 m	1,5 km	300 m	3,4 km	5,7 km	107-30-2	0,47	0,1
1242	139X	Bei Leckage in Wasser siehe Tabelle 2 (Seite 249)						75-54-7	11	0,1
1243	129							107-31-3	830	0,1
1244	131	30 m	300 m	600 m	150 m	1,5 km	2,2 km	60-34-4	0,9	0,1
1245	127							108-10-1	500	0,1
1247	129P							80-62-6	120	0,1

		ABSCHÄTZEN						BERECHNEN		
UN-Nr.	Merkblatt	Maßnahmen bei kleiner Leckage (z.B. aus Fässern)			Maßnahmen bei großer Leckage (viele Fässer, IBC, Tanks)			Substanz	Grenzwerte zur Berechnung der Maßnahmendistanzen in MET	
		Allseits absperren	Gesundheitliche Beeinträchtigung in Windrichtung beachten		Allseits absperren	Gesundheitliche Beeinträchtigung in Windrichtung beachten		CAS-Nr.	PAC-2 ppm	Mass Factor
			tags	nachts		tags	nachts			
1249	127							107-87-9	830	0,1
1250	155X	Bei Leckage in Wasser siehe Tabelle 2 (Seite 249)						75-79-6	7,3	0,1
1251	131P	100 m	300 m	700 m	800 m	1,7 km	2,8 km	78-94-4	1,2	0,1
1259	131	100 m	1,4 km	5,2 km	1,0 km	11,0+ km	11,0+ km	13463-39-3	0,036	0,1
1261	129							75-52-5	210	0,1
1274	129							71-23-8	670	0,1
1275	129P							123-38-6	260	0,1
1276	129							109-60-4	1300	0,1
1277	132							107-10-8	59	0,1
1279	130							78-87-5	220	0,1
1280	127P							75-56-9	290	0,1
1282	129							110-86-1	19	0,1
1289	132							124-41-4	30	0,01
1292	129							78-10-4	100	0,1
1294	130							108-88-3	560	0,1
1295	139X	Bei Leckage in Wasser siehe Tabelle 2 (Seite 249)						10025-78-2	7,3	0,1
1296	132							121-44-8	170	0,1
1297	132							75-50-3	120	0,1
1298	155X	Bei Leckage in Wasser siehe Tabelle 2 (Seite 249)						75-77-4	22	0,1
1299	128							8006-64-2	120	0,1
1301	129P							108-05-4	36	0,1
1302	127P							109-92-2	110	0,1
1303	130P							75-35-4	500	0,1
1305	155P	Bei Leckage in Wasser siehe Tabelle 2 (Seite 249)						75-94-5	7,3	0,1
1308	170							7440-67-7	22	0,01
1310	113							131-74-8	33	0,01
1320	113							25550-58-7	0,359	0,01
1326	170							7440-58-6	2,3	0,01
1328	133							100-97-0	110	0,01
1334	133							91-20-3	83	0,01
1338	133							7723-14-0	2,4	0,01
1340	139	Bei Leckage in Wasser siehe Tabelle 2 (Seite 249)						1314-80-3	14	0,01

Das „+" bedeutet, dass die Distanzen in Abhängigkeit von den atmosphärischen Bedingungen auch größer sein können.

		ABSCHÄTZEN						BERECHNEN		
		Maßnahmen bei kleiner Leckage (z.B. aus Fässern)			Maßnahmen bei großer Leckage (viele Fässer, IBC, Tanks)			Substanz	Grenzwerte zur Berechnung der Maßnahmendistanzen in MET	
UN-Nr.	Merkblatt	Allseits absperren	Gesundheitliche Beeinträchtigung in Windrichtung beachten		Allseits absperren	Gesundheitliche Beeinträchtigung in Windrichtung beachten		CAS-Nr.	PAC-2 ppm	Mass Factor
			tags	nachts		tags	nachts			
1344	113							88-89-1	1,8	0,01
1346	170							7440-21-3	87	0,01
1352	170							7440-32-6	170	0,01
1354	113							99-35-4	1,8	0,01
1356	113							118-96-7	1,8	0,01
1358	170							7440-67-7	22	0,01
1360	139X	Bei Leckage in Wasser siehe Tabelle 2 (Seite 249)						1305-99-3	1	0,01
1380	135	60 m	600 m	2,0 km	300 m	3,0 km	6,5 km	19624-22-7	0,14	0,1
1384	135	Bei Leckage in Wasser siehe Tabelle 2 (Seite 249)						7775-14-6	46	0,01
1385	135							1313-82-2	2,2	0,01
1394	138							1299-86-1	7,3	0,01
1397	139	Bei Leckage in Wasser siehe Tabelle 2 (Seite 249)						20859-73-8	2	0,1
1400	138							7440-39-3	7,5	0,01
1402	138							75-20-7	500	0,01
1403	138							156-62-7	1,7	0,01
1404	138							7789-78-8	75	0,01
1407	138X							7440-46-2	11	0,01
1410	138							16853-85-3	59	0,01
1411	138							16853-85-3	59	0,01
1414	138X							7580-67-8	0,308	0,01
1415	138X							7439-93-2	130	0,01
1417	138							68848-64-6	120	0,01
1418	138							7439-95-4	200	0,01
1423	138X							7440-17-7	12	0,01
1426	138							16940-66-2	3,4	0,01
1427	138							7646-69-7	13	0,01
1428	138X							7440-23-5	150	0,01
1431	138							124-41-4	30	0,01
1432	139	Bei Leckage in Wasser siehe Tabelle 2 (Seite 249)						12058-85-4	2	0,01
1437	138							7704-99-6	22	0,01
1438	140							13473-90-0	14	0,01
1439	141							7789-09-5	0,145	0,01

		ABSCHÄTZEN						BERECHNEN		
UN-Nr.	Merkblatt	Maßnahmen bei kleiner Leckage (z.B. aus Fässern)			Maßnahmen bei großer Leckage (viele Fässer, IBC, Tanks)			Substanz	Grenzwerte zur Berechnung der Maßnahmendistanzen in MET	
		Allseits absperren	Gesundheitliche Beeinträchtigung in Windrichtung beachten		Allseits absperren	Gesundheitliche Beeinträchtigung in Windrichtung beachten		CAS-Nr.	PAC-2 ppm	Mass Factor
			tags	nachts		tags	nachts			
1442	143							7790-98-9	29	0,01
1444	140							7727-54-0	2,4	0,01
1446	141							10022-31-8	33	0,01
1448	141							7787-36-2	2,2	0,01
1449	141							1304-29-6	7,4	0,01
1451	140							7789-18-6	9,9	0,01
1463	141							1333-82-0	0,0245	0,01
1469	141							10099-74-8	13	0,01
1470	141							13453-62-8	14	0,01
1475	140							10034-81-8	5,9	0,01
1484	140							7758-01-2	0,454	0,01
1485	140							3811-04-9	12	0,01
1486	140							7757-79-1	29	0,01
1488	140							7758-09-0	13	0,01
1489	140							7778-74-7	12	0,01
1490	140							7722-64-7	2,2	0,01
1492	140							7727-21-1	2,3	0,01
1493	140							7761-88-8	5,6	0,01
1494	140							7789-38-0	0,826	0,01
1495	140							7775-09-9	39	0,01
1496	143							7758-19-2	0,568	0,01
1498	140							7631-99-4	12	0,01
1500	141							7632-00-0	3	0,01
1503	140							10101-50-5	2,2	0,01
1504	144							1313-60-6	1,6	0,01
1505	140							7775-27-1	0,842	0,01
1507	140							10042-76-9	7,2	0,01
1510	143	30 m	200 m	300 m	30 m	400 m	700 m	509-14-8	0,52	0,1
1511	140							124-43-6	3,4	0,01
1514	140							7779-88-6	25	0,01
1541	156	Bei Leckage in Wasser siehe Tabelle 2 (Seite 249)						75-86-5	7,1	0,1
1545	131							57-06-7	2,7	0,1

		ABSCHÄTZEN						BERECHNEN		
UN-Nr.	Merkblatt	Maßnahmen bei kleiner Leckage (z.B. aus Fässern)			Maßnahmen bei großer Leckage (viele Fässer, IBC, Tanks)			Substanz	Grenzwerte zur Berechnung der Maßnahmendistanzen in MET	
		Allseits absperren	Gesundheitliche Beeinträchtigung in Windrichtung beachten		Allseits absperren	Gesundheitliche Beeinträchtigung in Windrichtung beachten		CAS-Nr.	PAC-2 ppm	Mass Factor
			tags	nachts		tags	nachts			
1547	153							62-53-3	12	0,1
1551	151							28300-74-5	1,4	0,01
1553	154							7778-39-4	5,5	0,01
1556	152	150 m	1,4 km	2,2 km	300 m	4,0 km	5,8 km			
1558	152							7440-38-2	5,5	0,01
1559	151							1303-28-2	0,851	0,01
1560	157	30 m	200 m	300 m	100 m	1,0 km	1,5 km	7784-34-1	1,3	0,1
1561	151							1327-53-3	0,371	0,01
1565	157							542-62-1	7,7	0,01
1567	134							7440-41-7	0,0678	0,01
1569	131	30 m	400 m	1,2 km	150 m	1,8 km	3,3 km	598-31-2	0,33	0,1
1570	151							357-57-3	0,198	0,01
1572	151							75-60-5	4,1	0,01
1573	151							7778-44-1	0,614	0,01
1575	157							592-01-8	3,5	0,01
1580	154	60 m	500 m	1,2 km	200 m	2,4 km	3,7 km			
1581	123	30 m	100 m	600 m	300 m	2,1 km	5,9 km			
1582	119	30 m	100 m	500 m	60 m	500 m	2,1 km			
1583	154	30 m	100 m	600 m	300 m	2,1 km	5,9 km			
1587	151							544-92-3	7,9	0,01
1589	125	300 m	1,9 km	6,6 km	1,0 km	11,0+ km	11,0+ km	506-77-4	0,05	1
1591	152							95-50-1	170	0,1
1593	160							75-09-2	560	0,1
1594	152							64-67-5	1,8	0,1
1595	156	30 m	100 m	100 m	60 m	200 m	700 m	77-78-1	0,12	0,1
1597	152							99-65-0	4,8	0,1
1599	153							25550-58-7	0,359	0,1
1603	155							105-36-2	1,9	0,1
1604	132							107-15-3	9,7	0,1
1605	154	30 m	100 m	100 m	30 m	100 m	200 m	106-93-4	24	0,1
1612	123	100 m	800 m	2,7 km	400 m	3,5 km	8,1 km			
1613	154	30 m	100 m	100 m	100 m	500 m	1,1 km			

Das „+“ bedeutet, dass die Distanzen in Abhängigkeit von den atmosphärischen Bedingungen auch größer sein können.

		ABSCHÄTZEN						BERECHNEN		
		Maßnahmen bei kleiner Leckage (z.B. aus Fässern)			Maßnahmen bei großer Leckage (viele Fässer, IBC, Tanks)			Substanz	Grenzwerte zur Berechnung der Maßnahmendistanzen in MET	
UN-Nr.	Merkblatt	Allseits absperren	Gesundheitliche Beeinträchtigung in Windrichtung beachten		Allseits absperren	Gesundheitliche Beeinträchtigung in Windrichtung beachten		CAS-Nr.	PAC-2 ppm	Mass Factor
			tags	nachts		tags	nachts			
1614	152	60 m	200 m	600 m	150 m	500 m	1,5 km			
1618	151							10031-13-7	2,7	0,01
1624	154							7487-94-7	0,108	0,01
1627	141							10415-75-5	0,0121	0,01
1629	151							1600-27-7	0,00491	0,01
1636	154							592-04-1	0,0126	0,01
1638	151							7774-29-0	0,0124	0,01
1639	151							12002-19-6	1,3	0,01
1641	151							21908-53-2	1,8	0,01
1645	151							7783-35-9	0,0124	0,01
1646	151							592-85-8	0,0123	0,01
1647	151	30 m	100 m	100 m	150 m	300 m	700 m			
1648	127							75-05-8	50	0,1
1649	152							78-00-2	0,302	0,1
1650	153							91-59-8	4,1	0,01
1651	153							86-88-4	1,2	0,01
1653	151							557-19-7	2,9	0,01
1654	151							54-11-5	0,527	0,1
1658	151							65-30-5	0,526	0,1
1660	124	30 m	100 m	600 m	100 m	600 m	2,2 km	10102-43-9	12	1
1662	152							98-95-3	20	0,1
1669	151							76-01-7	88	0,1
1670	157	30 m	300 m	400 m	100 m	800 m	1,3 km	594-42-3	0,3	0,1
1671	153							108-95-2	23	0,01
1672	151	30 m	200 m	200 m	60 m	500 m	700 m			
1674	151							62-38-4	1,6	0,01
1677	151							13464-36-3	5,4	0,01
1680	157	Bei Leckage in Wasser siehe Tabelle 2 (Seite 249)						151-50-8	7,1	0,01
1684	151							506-64-9	0,749	0,01
1685	151							13464-38-5	4,5	0,01
1686	154							7784-46-5	1,9	0,1
1687	153							26628-22-8	0,109	0,01

		ABSCHÄTZEN						BERECHNEN		
UN-Nr.	Merkblatt	Maßnahmen bei kleiner Leckage (z.B. aus Fässern)			Maßnahmen bei großer Leckage (viele Fässer, IBC, Tanks)			Substanz	Grenzwerte zur Berechnung der Maßnahmendistanzen in MET	
		Allseits absperren	Gesundheitliche Beeinträchtigung in Windrichtung beachten		Allseits absperren	Gesundheitliche Beeinträchtigung in Windrichtung beachten		CAS-Nr.	PAC-2 ppm	Mass Factor
			tags	nachts		tags	nachts			
1688	152							124-65-2	13	0,01
1689	157	Bei Leckage in Wasser siehe Tabelle 2 (Seite 249)						143-33-9	7	0,01
1690	154							7681-49-4	52	0,01
1692	151							57-24-9	0,0366	0,01
1694	159	30 m	100 m	400 m	100 m	500 m	2,6 km			
1695	131	30 m	100 m	200 m	60 m	400 m	600 m	78-95-5	4,4	0,1
1697	153	30 m	100 m	200 m	60 m	300 m	1,2 km			
1698	154	30 m	100 m	300 m	60 m	300 m	1,4 km	578-94-9	0,229	0,01
1699	151	30 m	200 m	800 m	300 m	1,9 km	7,5 km	712-48-1	0,036	0,1
1702	151							79-34-5	120	0,1
1704	153							3689-24-5	0,265	0,1
1710	160							79-01-6	450	0,1
1711	153							1300-73-8	25	0,1
1713	151							557-21-1	3,7	0,01
1714	139							1314-84-7	1	0,01
1715	137							108-24-7	15	0,1
1716	156	Bei Leckage in Wasser siehe Tabelle 2 (Seite 249)						506-96-7	1,8	0,1
1717	155X	Bei Leckage in Wasser siehe Tabelle 2 (Seite 249)						75-36-5	9,4	0,1
1722	155	100 m	300 m	800 m	400 m	1,5 km	2,4 km	2937-50-0	0,7	0,1
1724	155X	Bei Leckage in Wasser siehe Tabelle 2 (Seite 249)						107-37-9	7,3	0,1
1726	137	Bei Leckage in Wasser siehe Tabelle 2 (Seite 249)						7446-70-0	11	0,01
1727	154							1341-49-7	56	0,01
1728	156X	Bei Leckage in Wasser siehe Tabelle 2 (Seite 249)						107-72-2	7,3	0,1
1730	157X							7647-18-9	2,7	0,1
1731	157							7647-18-9	2,7	0,01
1732	157	Bei Leckage in Wasser siehe Tabelle 2 (Seite 249)						7783-70-2	2,6	0,1
1733	157							10025-91-9	2,7	0,01
1736	137							98-88-4	5	0,1
1737	156							100-39-0	0,643	0,1
1738	156							100-44-7	10	0,1
1739	137							501-53-1	0,97	0,1
1741	125	30 m	100 m	300 m	100 m	600 m	1,3 km	10294-34-5	2,1	0,1

		ABSCHÄTZEN						BERECHNEN		
UN-Nr.	Merkblatt	Maßnahmen bei kleiner Leckage (z.B. aus Fässern)			Maßnahmen bei großer Leckage (viele Fässer, IBC, Tanks)			Substanz	Grenzwerte zur Berechnung der Maßnahmendistanzen in MET	
		Allseits absperren	Gesundheitliche Beeinträchtigung in Windrichtung beachten		Allseits absperren	Gesundheitliche Beeinträchtigung in Windrichtung beachten		CAS-Nr.	PAC-2 ppm	Mass Factor
			tags	nachts		tags	nachts			
1744	154	60 m	800 m	2,4 km	400 m	4,2 km	7,6 km	7726-95-6	0,24	0,1
1745	144	100 m	900 m	2,7 km	500 m	5,7 km	10,8 km	7789-30-2	0,17	0,1
1746	144	30 m	100 m	200 m	30 m	300 m	500 m	7787-71-5	2	0,1
1747	155X	Bei Leckage in Wasser siehe Tabelle 2 (Seite 249)						7521-80-4	7,3	0,1
1748	140							7778-54-3	4,8	0,01
1749	124	30 m	200 m	1,1 km	300 m	1,4 km	3,7 km	7790-91-2	2	1
1750	153							79-11-8	6,6	0,1
1751	153							79-11-8	6,6	0,01
1752	156	30 m	300 m	600 m	100 m	1,2 km	1,9 km	79-04-9	1,6	0,1
1754	137X	30 m	100 m	100 m	30 m	300 m	300 m	7790-94-5	0,923	0,1
1756	154							7788-97-8	7,4	0,01
1757	154							7788-97-8	7,4	0,1
1764	153							79-43-6	18	0,1
1765	156X	Bei Leckage in Wasser siehe Tabelle 2 (Seite 249)						79-36-7	1,6	0,1
1766	156X	Bei Leckage in Wasser siehe Tabelle 2 (Seite 249)						27137-85-5	7,3	0,1
1767	155X	Bei Leckage in Wasser siehe Tabelle 2 (Seite 249)						1719-53-5	11	0,1
1769	156X	Bei Leckage in Wasser siehe Tabelle 2 (Seite 249)						80-10-4	11	0,1
1771	156X	Bei Leckage in Wasser siehe Tabelle 2 (Seite 249)						4484-72-4	7,3	0,1
1775	154							16872-11-0	27	0,1
1777	137	Bei Leckage in Wasser siehe Tabelle 2 (Seite 249)						7789-21-1	2,4	0,1
1778	154							16961-83-4	2,4	0,1
1779	153							64-18-6	25	0,1
1784	156X	Bei Leckage in Wasser siehe Tabelle 2 (Seite 249)						928-65-4	7,3	0,1
1787	154							10034-85-2	25	1
1788	154							10035-10-6	40	0,1
1789	157							7647-01-0	22	0,1
1790	157							7664-39-3	24	0,1
1791	154							7681-52-9	2	0,01
1794	154							7446-14-2	14	0,01
1798	157							8007-56-5	22	0,1
1799	156X	Bei Leckage in Wasser siehe Tabelle 2 (Seite 249)						5283-67-0	7,3	0,1
1800	156X	Bei Leckage in Wasser siehe Tabelle 2 (Seite 249)						112-04-9	7,3	0,1

		ABSCHÄTZEN						BERECHNEN		
UN-Nr.	Merkblatt	Maßnahmen bei kleiner Leckage (z.B. aus Fässern)			Maßnahmen bei großer Leckage (viele Fässer, IBC, Tanks)			Substanz	Grenzwerte zur Berechnung der Maßnahmendistanzen in MET	
		Allseits absperren	Gesundheitliche Beeinträchtigung in Windrichtung beachten		Allseits absperren	Gesundheitliche Beeinträchtigung in Windrichtung beachten		CAS-Nr.	PAC-2 ppm	Mass Factor
			tags	nachts		tags	nachts			
1801	156X	Bei Leckage in Wasser siehe Tabelle 2 (Seite 249)						5283-66-9	7,3	0,1
1802	157							7601-90-3	6,7	0,1
1803	153							98-67-9	17	0,1
1804	156X	Bei Leckage in Wasser siehe Tabelle 2 (Seite 249)						98-13-5	7,3	0,1
1805	154							7664-38-2	7,5	0,1
1806	137	Bei Leckage in Wasser siehe Tabelle 2 (Seite 249)						10026-13-8	2,3	0,01
1807	137							1314-56-3	1,7	0,01
1809	137	30 m	200 m	600 m	100 m	1,1 km	2,0 km	7719-12-2	2	0,1
1810	137X	30 m	300 m	600 m	100 m	1,1 km	1,8 km	10025-87-3	0,48	0,1
1811	154							7789-29-9	53	0,01
1812	154							7789-23-3	110	0,01
1813	154							1310-58-3	0,872	0,01
1814	154							1310-58-3	0,872	0,1
1815	155	Bei Leckage in Wasser siehe Tabelle 2 (Seite 249)						79-03-8	0,55	0,1
1816	155X	Bei Leckage in Wasser siehe Tabelle 2 (Seite 249)						141-57-1	7,3	0,1
1818	157X	Bei Leckage in Wasser siehe Tabelle 2 (Seite 249)						10026-04-7	5,5	0,1
1819	154							1302-42-7	60	0,1
1823	154							1310-73-2	3,1	0,01
1824	154							1310-73-2	3,1	0,1
1825	157							1313-59-3	2	0,01
1827	137X							7646-78-8	14	0,1
1828	137X	30 m	100 m	100 m	60 m	300 m	400 m			
1829	137X	60 m	400 m	1,0 km	300 m	2,9 km	6,3 km	7446-11-9	2,7	0,1
1830	137							7664-93-9	2,2	0,1
1831	137X	60 m	400 m	1,0 km	300 m	2,9 km	6,3 km	8014-95-7	1,2	0,1
1832	137							7664-93-9	2,2	0,1
1833	154							7782-99-2	0,75	0,1
1834	137X	30 m	200 m	400 m	60 m	800 m	1,5 km	7791-25-5	3,7	0,1
1835	153							75-59-2	0,0255	0,1
1836	137X	30 m	100 m	200 m	30 m	300 m	500 m	7719-09-7	2,4	0,1
1837	157X							3982-91-0	0,144	0,1
1838	137X	30 m	100 m	200 m	30 m	400 m	500 m	7550-45-0	1	0,1

		ABSCHÄTZEN						BERECHNEN		
UN-Nr.	Merkblatt	Maßnahmen bei kleiner Leckage (z.B. aus Fässern)			Maßnahmen bei großer Leckage (viele Fässer, IBC, Tanks)			Substanz	Grenzwerte zur Berechnung der Maßnahmendistanzen in MET	
		Allseits absperren	Gesundheitliche Beeinträchtigung in Windrichtung beachten		Allseits absperren	Gesundheitliche Beeinträchtigung in Windrichtung beachten		CAS-Nr.	PAC-2 ppm	Mass Factor
			tags	nachts		tags	nachts			
1839	153							76-03-9	16	0,01
1840	154							7646-85-7	140	0,1
1845	120							124-38-9	40000	0,01
1846	151							56-23-5	13	0,1
1848	153							79-09-4	28	0,1
1849	153							1313-82-2	2,2	0,01
1858	126							116-15-4	91	1
1859	125	30 m	200 m	800 m	100 m	500 m	1,8 km	7783-61-1	3,3	1
1860	116P							75-02-5	6200	1
1865	128							627-13-4	330	0,1
1868	134							17702-41-9	2	0,01
1871	170							7704-98-5	6,4	0,01
1872	140							1309-60-0	14	0,01
1873	143							7601-90-3	6,7	0,1
1884	157							1304-28-5	32	0,01
1885	153							92-87-5	1,3	0,01
1886	156							98-87-3	0,35	0,1
1887	160							74-97-5	830	0,1
1888	151							67-66-3	64	0,1
1889	157							506-68-3	10	0,01
1891	131							74-96-4	370	0,1
1892	151	150 m	1,5 km	2,2 km	400 m	5,1 km	6,4 km	598-14-1	0,00405	0,1
1897	160							127-18-4	230	0,1
1906	153							7664-93-9	2,2	0,1
1907	154							8006-28-8	-	0,01
1908	154							7758-29-4	6,6	0,01
1910	157							1305-78-8	18	0,01
1911	119	60 m	300 m	1,2 km	300 m	1,6 km	4,6 km	19287-45-7	1	1
1913	120							7440-01-9	230000	1
1914	130							590-01-2	69	0,1
1915	127							108-94-1	830	0,1
1916	152							111-44-4	26	0,1

		ABSCHÄTZEN						BERECHNEN		
		Maßnahmen bei kleiner Leckage (z.B. aus Fässern)			Maßnahmen bei großer Leckage (viele Fässer, IBC, Tanks)			Substanz	Grenzwerte zur Berechnung der Maßnahmendistanzen in MET	
UN-Nr.	Merkblatt	Allseits absperren	Gesundheitliche Beeinträchtigung in Windrichtung beachten		Allseits absperren	Gesundheitliche Beeinträchtigung in Windrichtung beachten		CAS-Nr.	PAC-2 ppm	Mass Factor
			tags	nachts		tags	nachts			
1917	129P							140-88-5	36	0,1
1918	130							98-82-8	300	0,1
1919	129P							96-33-3	170	0,1
1921	131P							75-55-8	12	0,1
1922	132							123-75-1	2,6	0,1
1928	138X							75-16-1	2,7	0,1
1932	135							7440-67-7	22	0,01
1938	156							79-08-3	0,0457	0,1
1940	153							68-11-1	33	0,1
1942	140							6484-52-2	22	0,01
1951	120							7440-37-1	230000	1
1953	119	150 m	1,0 km	3,9 km	1,0 km	6,2 km	10,5 km			
1955	123	100 m	1,0 km	3,9 km	1,0 km	6,2 km	10,5 km			
1957	115							7782-39-0	230000	1
1958	126							76-14-2	10000	1
1959	116P							75-38-7	5600	1
1961	115							74-84-0	230000	1
1962	116P							74-85-1	6600	1
1963	120							7440-59-7	230000	1
1966	115							1333-74-0	230000	1
1967	123	100 m	1,0 km	3,4 km	500 m	4,4 km	9,6 km			
1969	115							75-28-5	17000	1
1971	115							74-82-8	230000	1
1972	115							74-82-8	230000	1
1974	126							353-59-3	140	1
1975	124	30 m	100 m	600 m	100 m	600 m	2,2 km			
1976	126							115-25-3	4400	1
1977	120							7727-37-9	830000	1
1978	115							74-98-6	17000	1
1982	126							75-73-0	1000	1
1984	126							75-46-7	4900	1
1986	131							67-56-1	2100	0,1

UN-Nr.	Merkblatt	ABSCHÄTZEN						BERECHNEN		
		Maßnahmen bei kleiner Leckage (z.B. aus Fässern)			Maßnahmen bei großer Leckage (viele Fässer, IBC, Tanks)			Substanz	Grenzwerte zur Berechnung der Maßnahmendistanzen in MET	
		Allseits absperren	Gesundheitliche Beeinträchtigung in Windrichtung beachten		Allseits absperren	Gesundheitliche Beeinträchtigung in Windrichtung beachten		CAS-Nr.	PAC-2 ppm	Mass Factor
			tags	nachts		tags	nachts			
1990	171							100-52-7	9,9	0,1
1991	131P							126-99-8	67	0,1
1994	136	100 m	900 m	2,1 km	400 m	5,2 km	7,8 km	13463-40-6	0,06	0,1
2008	135							7440-67-7	22	0,01
2011	139	Bei Leckage in Wasser siehe Tabelle 2 (Seite 249)						12057-74-8	1	0,01
2012	139	Bei Leckage in Wasser siehe Tabelle 2 (Seite 249)						20770-41-6	2	0,01
2014	140							7722-84-1	50	0,1
2015	143							7722-84-1	50	0,1
2018	152							106-47-8	3,3	0,01
2021	153							95-57-8	4,8	0,1
2023	131P							106-89-8	24	0,1
2027	151							7784-46-5	1,9	0,01
2029	132							302-01-2	13	0,1
2030	153							302-01-2	13	0,1
2031	157							7697-37-2	24	0,1
2032	157	30 m	100 m	100 m	150 m	300 m	500 m	7697-37-2	24	0,1
2033	154							12136-45-7	0,519	0,01
2036	120							7440-63-3	230000	1
2038	152							25321-14-6	4,6	0,01
2044	115							463-82-1	33000	0,1
2045	130							78-84-2	140	0,1
2046	130							99-87-6	240	0,1
2048	130P							77-73-6	5	0,1
2049	130							25340-17-4	100	0,1
2050	128							107-39-1	2500	0,1
2051	132							108-01-0	12	0,1
2052	128							5989-27-5	67	0,1
2054	132							110-91-8	1300	0,1
2055	128P							100-42-5	130	0,1
2056	127							109-99-9	500	0,1
2073	125							1336-21-6	160	0,1
2074	153P							79-06-1	38	0,01

		ABSCHÄTZEN						BERECHNEN		
UN-Nr.	Merk-blatt	Maßnahmen bei kleiner Leckage (z.B. aus Fässern)			Maßnahmen bei großer Leckage (viele Fässer, IBC, Tanks)			Substanz	Grenzwerte zur Berechnung der Maßnahmendistanzen in MET	
		Allseits absperren	Gesundheitliche Beeinträchtigung in Windrichtung beachten		Allseits absperren	Gesundheitliche Beeinträchtigung in Windrichtung beachten		CAS-Nr.	PAC-2 ppm	Mass Factor
			tags	nachts		tags	nachts			
2075	153							75-87-6	7,2	0,1
2076	153							1319-77-3	25	0,1
2077	153							134-32-7	3,8	0,01
2078	156							584-84-9	0,083	0,1
2079	154							111-40-0	10	0,1
2186	125	30 m	100 m	300 m	Siehe Tabelle 3 (S. 252)			7647-01-0	22	1
2187	120							124-38-9	40000	1
2188	119	150 m	1,0 km	3,9 km	1,0 km	6,2 km	10,5 km	7784-42-1	0,17	1
2189	119	30 m	100 m	400 m	300 m	1,4 km	3,1 km	4109-96-0	11	1
2190	124	300 m	1,8 km	7,2 km	1,0 km	11,0+ km	11,0+ km	7783-41-7	0,083	1
2191	123	30 m	100 m	500 m	400 m	2,2 km	5,0 km	2699-79-8	21	1
2192	119	150 m	900 m	3,3 km	600 m	3,6 km	7,4 km	7782-65-2	0,17	1
2193	126							76-16-4	1100	1
2194	125	200 m	1,1 km	3,4 km	600 m	3,9 km	7,6 km	7783-79-1	0,087	1
2195	125	1,0 km	5,9 km	11,1 km	1,0 km	11,0+ km	11,0+ km	7783-80-4	0,0053	1
2196	125	30 m	200 m	800 m	150 m	800 m	2,7 km	7783-82-6	24	1
2197	125	30 m	100 m	300 m	150 m	1,0 km	2,7 km	10034-88-5	1,2	0,01
2198	125	30 m	200 m	1,0 km	200 m	1,1 km	3,5 km	7647-19-0	22	1
2199	119	60 m	300 m	1,1 km	400 m	1,3 km	3,7 km	7803-51-2	2	1
2200	116P							463-49-0	2500	1
2201	122							10024-97-2	10000	1
2202	117	300 m	1,7 km	6,0 km	1,0 km	11,0+ km	11,0+ km	7783-07-5	0,11	1
2203	116							7803-62-5	130	1
2204	119	30 m	100 m	300 m	300 m	1,5 km	3,6 km	463-58-1	55	1
2205	153							111-69-3	3,8	0,1
2208	140							7778-54-3	4,8	0,01
2209	153							50-00-0	14	0,1
2213	133							30525-89-4	4,1	0,01
2215	156							108-31-6	2	0,01
2218	132P							79-10-7	46	0,1
2222	128							100-66-3	4,1	0,1
2224	152							100-47-0	6,2	0,1

Das „+" bedeutet, dass die Distanzen in Abhängigkeit von den atmosphärischen Bedingungen auch größer sein können.

		ABSCHÄTZEN						BERECHNEN		
UN-Nr.	Merkblatt	Maßnahmen bei kleiner Leckage (z.B. aus Fässern)			Maßnahmen bei großer Leckage (viele Fässer, IBC, Tanks)			Substanz	Grenzwerte zur Berechnung der Maßnahmendistanzen in MET	
		Allseits absperren	Gesundheitliche Beeinträchtigung in Windrichtung beachten		Allseits absperren	Gesundheitliche Beeinträchtigung in Windrichtung beachten		CAS-Nr.	PAC-2 ppm	Mass Factor
			tags	nachts		tags	nachts			
2225	156							98-09-9	1,2	0,1
2226	156							98-07-7	0,088	0,1
2227	130P							97-88-1	36	0,1
2232	153	30 m	200 m	300 m	60 m	700 m	1,1 km	107-20-0	2,2	0,1
2234	130							88-16-4	7,2	0,1
2245	128							120-92-3	9,5	0,1
2247	128							124-18-5	73	0,1
2248	132							111-92-2	5	0,1
2249	131							542-88-1	0,044	0,1
2250	156							102-36-3	1,8	0,01
2252	127							110-71-4	140	0,1
2253	153							121-69-7	330	0,1
2256	130							110-83-8	1700	0,1
2257	138X							7440-09-7	16	0,01
2258	132							78-90-0	24	0,1
2259	153							112-24-3	14	0,1
2260	132							102-69-2	6,4	0,1
2262	156							79-44-7	1,5	0,1
2263	128							624-29-3	5600	0,1
2264	132							98-94-2	2,1	0,1
2265	129							68-12-2	91	0,1
2267	156							2524-03-0	0,487	0,1
2269	153							56-18-8	4,5	0,1
2270	132							75-04-7	49	0,1
2271	128							541-85-5	500	0,1
2277	130P							97-63-2	61	0,1
2278	128							592-76-7	1400	0,1
2279	151							87-68-3	3	0,1
2284	131							78-82-0	2	0,1
2285	155	30 m	200 m	200 m	60 m	500 m	600 m			
2290	156							4098-71-9	0,132	0,01
2294	153							100-61-8	17	0,1

		ABSCHÄTZEN						BERECHNEN		
UN-Nr.	Merkblatt	Maßnahmen bei kleiner Leckage (z.B. aus Fässern)			Maßnahmen bei großer Leckage (viele Fässer, IBC, Tanks)			Substanz	Grenzwerte zur Berechnung der Maßnahmendistanzen in MET	
		Allseits absperren	Gesundheitliche Beeinträchtigung in Windrichtung beachten		Allseits absperren	Gesundheitliche Beeinträchtigung in Windrichtung beachten		CAS-Nr.	PAC-2 ppm	Mass Factor
			tags	nachts		tags	nachts			
2296	128							108-87-2	1700	0,1
2298	128							96-37-7	160	0,1
2301	128							534-22-5	3,7	0,1
2302	127							110-12-3	69	0,1
2303	128							98-83-9	830	0,1
2304	133							91-20-3	83	0,01
2308	157X	Bei Leckage in Wasser siehe Tabelle 2 (Seite 249)						7782-78-7	2,5	0,1
2310	131							123-54-6	110	0,1
2312	153							108-95-2	23	0,01
2318	135							16721-80-5	0,419	0,01
2320	153							112-57-2	17	0,1
2321	153							120-82-1	5	0,1
2323	130							122-52-1	14	0,1
2325	129							108-67-8	360	0,1
2329	130							121-45-9	61	0,1
2330	128							1120-21-4	4,1	0,1
2331	154							7646-85-7	140	0,01
2333	131							591-87-7	4,6	0,1
2334	131	30 m	200 m	500 m	150 m	1,6 km	2,5 km	107-11-9	3,3	0,1
2336	131							1838-59-1	2	0,1
2337	131	30 m	100 m	100 m	30 m	300 m	400 m	108-98-5	0,53	0,1
2338	127							98-08-8	37	0,1
2341	130							107-82-4	66	0,1
2345	130							106-96-7	13	0,1
2346	127							431-03-8	15	0,1
2348	129P							141-32-2	130	0,1
2356	129							75-29-6	270	0,1
2357	132							108-91-8	8,6	0,1
2358	128P							629-20-9	230000	0,1
2361	132							110-96-3	1,6	0,1
2362	130							75-34-3	670	0,1
2363	129							75-08-1	120	0,1

		ABSCHÄTZEN						BERECHNEN		
UN-Nr.	Merk-blatt	Maßnahmen bei kleiner Leckage (z.B. aus Fässern)			Maßnahmen bei großer Leckage (viele Fässer, IBC, Tanks)			Substanz	Grenzwerte zur Berechnung der Maßnahmendistanzen in MET	
		Allseits absperren	Gesundheitliche Beeinträchtigung in Windrichtung beachten		Allseits absperren	Gesundheitliche Beeinträchtigung in Windrichtung beachten		CAS-Nr.	PAC-2 ppm	Mass Factor
			tags	nachts		tags	nachts			
2364	128							103-65-1	41	0,1
2366	128							105-58-8	140	0,1
2370	128							592-41-6	500	0,1
2372	129							110-18-9	35	0,1
2376	127							110-87-2	38	0,1
2380	127							78-62-6	31	0,1
2381	131							624-92-0	50	0,1
2382	131	30 m	200 m	300 m	60 m	800 m	1,3 km	540-73-8	3	0,1
2383	132							142-84-7	7,7	0,1
2387	130							462-06-6	84	0,1
2389	128							110-00-9	6,8	0,1
2396	131P							78-85-3	0,33	0,1
2397	127							563-80-4	660	0,1
2398	127							1634-04-4	570	0,1
2401	132							110-89-4	33	0,1
2402	130							107-03-9	0,5	0,1
2404	131							107-12-0	3	0,1
2407	155	30 m	100 m	200 m	60 m	500 m	900 m	108-23-6	3,3	0,1
2410	129							694-05-3	96	0,1
2411	131							109-74-0	1,2	0,1
2413	128							3087-37-4	28	0,01
2416	129							121-43-7	48	0,1
2417	125	100 m	700 m	2,5 km	600 m	3,8 km	8,2 km	353-50-4	0,28	1
2418	125	100 m	500 m	2,4 km	400 m	2,4 km	5,9 km	7783-60-0	0,1	1
2419	116							598-73-2	230	1
2420	125	100 m	700 m	2,7 km	1,0 km	11,0+ km	11,0+ km	684-16-2	0,2	1
2421	124	60 m	300 m	1,2 km	200 m	1,2 km	4,3 km	10544-73-7	12	1
2426	140							6484-52-2	22	0,1
2427	140							3811-04-9	12	0,1
2428	140							7775-09-9	39	0,1
2431	153							90-04-0	1,6	0,1
2432	153							91-66-7	2,3	0,1

Das „+“ bedeutet, dass die Distanzen in Abhängigkeit von den atmosphärischen Bedingungen auch größer sein können.

UN-Nr.	Merkblatt	ABSCHÄTZEN						BERECHNEN		
		Maßnahmen bei kleiner Leckage (z.B. aus Fässern)			Maßnahmen bei großer Leckage (viele Fässer, IBC, Tanks)			Substanz	Grenzwerte zur Berechnung der Maßnahmendistanzen in MET	
		Allseits absperren	Gesundheitliche Beeinträchtigung in Windrichtung beachten		Allseits absperren	Gesundheitliche Beeinträchtigung in Windrichtung beachten		CAS-Nr.	PAC-2 ppm	Mass Factor
			tags	nachts		tags	nachts			
2436	129							507-09-5	0,87	0,1
2437	156X	Bei Leckage in Wasser siehe Tabelle 2 (Seite 249)						149-74-6	11	0,1
2438	131	60 m	500 m	1,0 km	200 m	2,3 km	3,3 km	3282-30-2	0,16	0,1
2439	154							1333-83-1	55	0,01
2441	135							7705-07-9	2,1	0,1
2442	156X	30 m	200 m	300 m	60 m	700 m	1,1 km	76-02-8	0,605	0,1
2443	137							7727-18-6	0,17	0,1
2444	137X							7632-51-1	0,0241	0,1
2447	136							12185-10-3	0,18	0,01
2451	122							7783-54-2	530	1
2454	115							593-53-3	110	1
2456	130P							557-98-2	2300	0,1
2459	128							563-46-2	460	0,1
2460	128							513-35-9	46	0,1
2464	141							13597-99-4	0,00327	0,01
2468	140							87-90-1	0,07	0,01
2470	152							140-29-4	0,897	0,1
2471	154							20816-12-0	0,0084	0,01
2474	156	60 m	600 m	1,8 km	200 m	2,3 km	4,2 km			
2477	131	30 m	100 m	100 m	30 m	300 m	400 m	556-61-6	17	0,01
2478	155	60 m	800 m	1,8 km	400 m	4,7 km	7,0 km			
2480	155P	150 m	1,7 km	5,2 km	1,0 km	11,0+ km	11,0+ km	624-83-9	0,067	0,1
2481	155	150 m	2,0 km	5,3 km	1,0 km	11,0+ km	11,0+ km	109-90-0	0,034	0,1
2482	155P	100 m	1,3 km	2,8 km	600 m	7,8 km	10,7 km			
2483	155P	150 m	1,5 km	3,3 km	1,0 km	11,0 km	11,0+ km			
2484	155	60 m	800 m	1,8 km	400 m	4,7 km	7,0 km	1609-86-5	3	0,01
2485	155P	60 m	600 m	1,2 km	300 m	2,9 km	4,2 km	111-36-4	0,083	0,1
2486	155P	60 m	600 m	1,3 km	300 m	3,4 km	4,8 km			
2487	155	100 m	900 m	1,5 km	400 m	4,2 km	5,4 km	103-71-9	0,0096	0,1
2488	155	30 m	300 m	400 m	100 m	1,1 km	1,4 km	3173-53-3	0,034	0,01
2490	153							108-60-1	1,6	0,1
2491	153							141-43-5	170	0,1

Das „+“ bedeutet, dass die Distanzen in Abhängigkeit von den atmosphärischen Bedingungen auch größer sein können.

		ABSCHÄTZEN						BERECHNEN		
		Maßnahmen bei kleiner Leckage (z.B. aus Fässern)			Maßnahmen bei großer Leckage (viele Fässer, IBC, Tanks)			Substanz	Grenzwerte zur Berechnung der Maßnahmendistanzen in MET	
UN-Nr.	Merkblatt	Allseits absperren	Gesundheitliche Beeinträchtigung in Windrichtung beachten		Allseits absperren	Gesundheitliche Beeinträchtigung in Windrichtung beachten		CAS-Nr.	PAC-2 ppm	Mass Factor
			tags	nachts		tags	nachts			
2493	132							111-49-9	4,4	0,1
2496	156							123-62-6	15	0,1
2503	137							10026-11-6	23	0,01
2504	159							79-27-6	4,3	0,1
2505	154							12125-01-8	55	0,01
2506	154							7803-63-6	2,8	0,01
2507	154							16941-12-1	0,191	0,01
2508	156							10241-05-1	37	0,01
2509	154							7646-93-7	14	0,01
2514	130							108-86-1	12	0,1
2515	159							75-25-2	6,8	0,1
2517	115							75-68-3	15000	1
2521	131P	30 m	200 m	300 m	60 m	700 m	1,0 km	674-82-8	1	0,1
2525	156							95-92-1	2,2	0,1
2528	130							97-85-8	42	0,1
2529	132							79-31-2	2,4	0,1
2531	153P							79-41-4	61	0,1
2534	119	30 m	100 m	300 m	150 m	800 m	1,8 km	993-00-0	22	1
2535	132							109-02-4	14	0,1
2536	127							96-47-9	44	0,1
2542	153							102-82-9	0,54	0,1
2545	135							7440-58-6	2,3	0,01
2546	135							7440-32-6	170	0,01
2548	124	100 m	500 m	2,5 km	800 m	5,1 km	11,0+ km	13637-63-3	0,17	1
2552	151							684-16-2	0,2	0,1
2554	130P							563-47-3	8	0,1
2558	131							3132-64-7	2	0,1
2564	153							76-03-9	16	0,1
2567	154							131-52-2	0,204	0,01
2572	153							100-63-0	0,14	0,1
2578	157							1314-24-5	2,9	0,01
2579	153							110-85-0	8,9	0,01

Das „+“ bedeutet, dass die Distanzen in Abhängigkeit von den atmosphärischen Bedingungen auch größer sein können.

		ABSCHÄTZEN						BERECHNEN		
UN-Nr.	Merkblatt	Maßnahmen bei kleiner Leckage (z.B. aus Fässern)			Maßnahmen bei großer Leckage (viele Fässer, IBC, Tanks)			Substanz	Grenzwerte zur Berechnung der Maßnahmendistanzen in MET	
		Allseits absperren	Gesundheitliche Beeinträchtigung in Windrichtung beachten		Allseits absperren	Gesundheitliche Beeinträchtigung in Windrichtung beachten		CAS-Nr.	PAC-2 ppm	Mass Factor
			tags	nachts		tags	nachts			
2581	154							7446-70-0	11	0,1
2582	154							7705-08-0	2,3	0,1
2587	153							106-51-4	11	0,01
2591	120							7440-63-3	230000	1
2604	132							109-63-7	5	0,1
2605	155	30 m	200 m	200 m	60 m	700 m	900 m			
2606	155	30 m	200 m	300 m	60 m	700 m	1,1 km	681-84-5	0,91	0,1
2619	132							103-83-3	2,7	0,1
2622	131P							765-34-4	4,3	0,1
2629	151							62-74-8	0,122	0,01
2642	154							144-49-0	0,147	0,01
2643	153							96-32-2	0,121	0,1
2644	151	30 m	100 m	200 m	100 m	300 m	700 m	74-88-4	50	0,1
2646	151	30 m	100 m	100 m	30 m	300 m	300 m	77-47-4	0,55	0,1
2647	153							109-77-3	0,77	0,1
2649	153							534-07-6	0,052	0,01
2651	153							101-77-9	0,617	0,01
2655	151							16871-90-2	0,566	0,01
2656	154							91-22-5	2,9	0,1
2657	153							7488-56-4	0,786	0,01
2659	151							3926-62-3	17	0,01
2661	153							116-16-5	0,222	0,1
2664	160							74-95-3	32	0,1
2668	131	30 m	100 m	100 m	30 m	300 m	400 m	107-14-2	5	0,1
2670	157							108-77-0	0,597	0,01
2672	154							1336-21-6	160	0,1
2674	154							16893-85-9	18	0,01
2676	119	60 m	300 m	1,6 km	200 m	1,3 km	4,1 km	7803-52-3	1,5	1
2677	154							1310-82-3	4,5	0,01
2678	154							1310-82-3	4,5	0,01
2679	154							1310-65-2	1	0,1
2681	154							21351-79-1	3,1	0,1

		ABSCHÄTZEN						BERECHNEN		
		Maßnahmen bei kleiner Leckage (z.B. aus Fässern)			Maßnahmen bei großer Leckage (viele Fässer, IBC, Tanks)			Substanz	Grenzwerte zur Berechnung der Maßnahmendistanzen in MET	
UN-Nr.	Merkblatt	Allseits absperren	Gesundheitliche Beeinträchtigung in Windrichtung beachten		Allseits absperren	Gesundheitliche Beeinträchtigung in Windrichtung beachten		CAS-Nr.	PAC-2 ppm	Mass Factor
			tags	nachts		tags	nachts			
2682	157							21351-79-1	3,1	0,01
2683	132							12135-76-1	54	0,1
2684	132							104-78-9	3,4	0,1
2686	132							100-37-8	83	0,1
2689	153							96-24-2	0,89	0,1
2692	157X	30 m	100 m	200 m	30 m	200 m	400 m	10294-33-4	13	0,1
2699	154							76-05-1	16	0,1
2710	128							123-19-3	1700	0,1
2716	153							110-65-6	0,966	0,01
2720	141							13548-38-4	11	0,01
2722	140							7790-69-4	17	0,01
2724	140							10377-66-9	2,2	0,01
2725	140							13478-00-7	4,5	0,1
2726	140							17861-62-0	1,4	0,01
2727	141							10102-45-1	0,395	0,01
2728	140							13746-89-9	23	0,01
2729	152							118-74-1	1,2	0,01
2740	155	30 m	100 m	300 m	60 m	600 m	1,0 km	109-61-5	3,7	0,1
2742	155	30 m	200 m	200 m	60 m	500 m	700 m			
2743	155	30 m	100 m	100 m	30 m	300 m	400 m	592-34-7	2,2	0,1
2746	156							1885-14-9	0,19	0,1
2748	156							24468-13-1	0,97	0,1
2749	130							75-76-3	360	0,1
2750	153							96-23-1	0,89	0,1
2803	172							7440-55-3	120	0,01
2805	138							7580-67-8	0,308	0,01
2806	139	Bei Leckage in Wasser siehe Tabelle 2 (Seite 249)						26134-62-3	9,3	0,01
2809	172							7439-97-6	0,207	0,1
2810	153	60 m	400 m	1,3 km	200 m	2,3 km	5,1 km			
2811	154	60 m	200 m	1,1 km	200 m	1,2 km	5,1 km			
2812	154							1302-42-7	60	0,01
2815	153							140-31-8	13	0,1

		ABSCHÄTZEN						BERECHNEN		
UN-Nr.	Merkblatt	Maßnahmen bei kleiner Leckage (z.B. aus Fässern)			Maßnahmen bei großer Leckage (viele Fässer, IBC, Tanks)			Substanz	Grenzwerte zur Berechnung der Maßnahmendistanzen in MET	
		Allseits absperren	Gesundheitliche Beeinträchtigung in Windrichtung beachten		Allseits absperren	Gesundheitliche Beeinträchtigung in Windrichtung beachten		CAS-Nr.	PAC-2 ppm	Mass Factor
			tags	nachts		tags	nachts			
2817	154							1341-49-7	56	0,1
2821	153							108-95-2	23	0,1
2823	153							3724-65-0	9,4	0,01
2826	155	30 m	200 m	200 m	60 m	500 m	700 m			
2829	153							142-62-1	5,1	0,1
2831	160							71-55-6	600	0,1
2834	154							13598-36-2	3,9	0,01
2835	138							13770-96-2	5,9	0,01
2841	131							2050-92-2	0,45	0,1
2842	129							79-24-3	170	0,1
2845	135	30 m	300 m	700 m	100 m	1,4 km	2,3 km			
2849	153							627-30-5	20	0,1
2851	157							13319-75-0	6,8	0,1
2854	151							16919-19-0	18	0,01
2859	154							7803-55-6	0,023	0,01
2862	151							1314-62-1	0,941	0,01
2865	154							10039-54-0	4,6	0,01
2869	157							7705-07-9	2,1	0,1
2871	170							7440-36-0	2,6	0,01
2874	153							98-00-0	42	0,1
2876	153							108-46-3	28	0,01
2878	170							7440-32-6	170	0,01
2879	157X							7791-23-3	1,5	0,1
2880	140							7778-54-3	4,8	0,01
2901	124	100 m	500 m	1,8 km	1,0 km	5,7 km	11,0+ km	13863-41-7	0,83	0,01
2927	154	30 m	100 m	100 m	30 m	300 m	300 m			
2945	132							110-68-9	14	0,1
2948	153							98-16-8	0,668	0,1
2949	154							16721-80-5	0,419	0,01
2965	139	Bei Leckage in Wasser siehe Tabelle 2 (Seite 249)						353-42-4	6,2	0,1
2966	153							60-24-2	2,3	0,1
2967	154							5329-14-6	25	0,01

Das „+" bedeutet, dass die Distanzen in Abhängigkeit von den atmosphärischen Bedingungen auch größer sein können.

		ABSCHÄTZEN						BERECHNEN		
		Maßnahmen bei kleiner Leckage (z.B. aus Fässern)			Maßnahmen bei großer Leckage (viele Fässer, IBC, Tanks)			Substanz	Grenzwerte zur Berechnung der Maßnahmendistanzen in MET	
UN-Nr.	Merkblatt	Allseits absperren	Gesundheitliche Beeinträchtigung in Windrichtung beachten		Allseits absperren	Gesundheitliche Beeinträchtigung in Windrichtung beachten		CAS-Nr.	PAC-2 ppm	Mass Factor
			tags	nachts		tags	nachts			
2984	140							7722-84-1	50	0,1
3022	127P							106-88-7	140	0,1
3023	131	30 m	200 m	200 m	60 m	600 m	800 m			
3048	157	Bei Leckage in Wasser siehe Tabelle 2 (Seite 249)						20859-73-8	2	0,1
3055	154							929-06-6	23	0,1
3057	125	30 m	200 m	900 m	800 m	4,9 km	11,0+ km	354-32-5	0,29	0,1
3064	127							55-63-0	0,215	0,1
3079	131P	30 m	300 m	700 m	150 m	1,7 km	2,8 km	126-98-7	1	0,1
3083	124	30 m	200 m	1,1 km	1,0 km	5,5 km	10,9 km	7616-94-6	4	1
3092	129							107-98-2	160	0,1
3136	120							75-46-7	4900	1
3155	154							87-86-5	1,4	0,01
3159	126							811-97-2	13000	1
3160	119	150 m	1,0 km	3,9 km	1,0 km	6,2 km	10,5 km			
3162	123	150 m	1,0 km	3,9 km	1,0 km	6,2 km	10,5 km			
3246	156	30 m	200 m	300 m	60 m	700 m	1,0 km	124-63-0	0,21	0,1
3250	153							79-11-8	6,6	0,01
3252	115							75-10-5	6500	0,1
3254	135							998-40-3	3	0,1
3275	131	30 m	300 m	700 m	150 m	1,7 km	2,8 km			
3276	151	30 m	300 m	700 m	150 m	1,7 km	2,8 km			
3278	151	30 m	400 m	1,2 km	200 m	2,6 km	4,2 km			
3279	131	30 m	400 m	1,2 km	200 m	2,6 km	4,2 km			
3280	151	30 m	200 m	700 m	150 m	1,7 km	3,6 km			
3281	151	100 m	1,4 km	5,2 km	1,0 km	11,0+ km	11,0+ km			
3293	153							302-01-2	13	0,1
3294	131	30 m	100 m	200 m	150 m	700 m	2,0 km	74-90-8	7,1	0,1
3300	119P	30 m	100 m	200 m	150 m	700 m	2,0 km			
3303	124	100 m	500 m	2,5 km	800 m	5,1 km	11,0+ km			
3304	125	200 m	1,1 km	3,4 km	600 m	3,9 km	7,6 km			
3305	119	150 m	1,0 km	3,9 km	1,0 km	6,2 km	10,5 km			
3306	124	100 m	500 m	2,5 km	1,0 km	5,5 km	11,0+ km			

Das „+“ bedeutet, dass die Distanzen in Abhängigkeit von den atmosphärischen Bedingungen auch größer sein können.

		ABSCHÄTZEN						BERECHNEN		
UN-Nr.	Merkblatt	Maßnahmen bei kleiner Leckage (z.B. aus Fässern)			Maßnahmen bei großer Leckage (viele Fässer, IBC, Tanks)			Substanz	Grenzwerte zur Berechnung der Maßnahmendistanzen in MET	
		Allseits absperren	Gesundheitliche Beeinträchtigung in Windrichtung beachten		Allseits absperren	Gesundheitliche Beeinträchtigung in Windrichtung beachten		CAS-Nr.	PAC-2 ppm	Mass Factor
			tags	nachts		tags	nachts			
3307	124	100 m	500 m	2,5 km	800 m	5,1 km	11,0+ km			
3308	125	200 m	1,1 km	3,4 km	600 m	3,9 km	7,6 km			
3309	119	150 m	1,0 km	3,9 km	1,0 km	6,2 km	10,5 km			
3310	124	100 m	500 m	2,5 km	1,0 km	5,1 km	11,0+ km			
3318	125	30 m	100 m	200 m	150 m	800 m	2,0 km	1336-21-6	160	0,1
3319	125	30 m	100 m	200 m	150 m	800 m	2,0 km	1336-21-6	160	0,1
3344	113							78-11-5	4,3	0,01
3352	151							121-21-1	1,9	0,1
3355	119	150 m	1,0 km	3,9 km	1,0 km	6,2 km	10,5 km			
3364	113							88-89-1	1,8	0,01
3366	113							118-96-7	1,8	0,01
3367	113							99-35-4	1,8	0,01
3374	175							74-86-2	230000	1
3381	151	60 m	600 m	1,8 km	200 m	2,3 km	4,2 km			
3382	151	30 m	100 m	200 m	60 m	500 m	800 m			
3383	131	60 m	500 m	1,5 km	300 m	3,4 km	5,7 km			
3384	131	30 m	200 m	300 m	60 m	600 m	900 m			
3385	139	60 m	600 m	1,8 km	200 m	2,3 km	4,2 km			
3386	139	30 m	100 m	200 m	60 m	500 m	800 m			
3387	142	60 m	500 m	1,5 km	300 m	3,4 km	5,7 km			
3388	142	30 m	100 m	100 m	150 m	300 m	500 m			
3389	154	100 m	300 m	700 m	800 m	1,7 km	2,8 km			
3390	154	30 m	200 m	200 m	60 m	500 m	600 m			
3404	138X							11135-81-2	3,2	0,01
3411	153							91-59-8	4,1	0,1
3412	153							64-18-6	25	0,1
3413	157							151-50-8	7,1	0,1
3414	157							143-33-9	7	0,1
3415	154							7681-49-4	52	0,1
3418	151							95-80-7	3,3	0,1
3421	154							7789-29-9	53	0,1
3422	154							7789-23-3	110	0,1

Das „+“ bedeutet, dass die Distanzen in Abhängigkeit von den atmosphärischen Bedingungen auch größer sein können.

		ABSCHÄTZEN						BERECHNEN		
UN-Nr.	Merk-blatt	Maßnahmen bei kleiner Leckage (z.B. aus Fässern)			Maßnahmen bei großer Leckage (viele Fässer, IBC, Tanks)			Substanz	Grenzwerte zur Berechnung der Maßnahmendistanzen in MET	
		Allseits absperren	Gesundheitliche Beeinträchtigung in Windrichtung beachten		Allseits absperren	Gesundheitliche Beeinträchtigung in Windrichtung beachten		CAS-Nr.	PAC-2 ppm	Mass Factor
			tags	nachts		tags	nachts			
3423	153							75-59-2	0,0255	0,01
3425	156							79-08-3	0,0457	0,01
3426	153P							79-06-1	38	0,1
3441	153							97-00-7	2,2	0,01
3443	152							99-65-0	4,8	0,01
3445	151							65-30-5	0,526	0,01
3450	151							712-48-1	0,036	0,01
3451	153							106-49-0	8,2	0,1
3452	153							1300-73-8	25	0,01
3453	154							7664-38-2	7,5	0,01
3455	153							1319-77-3	25	0,01
3456	157X	Bei Leckage in Wasser siehe Tabelle 2 (Seite 249)						7782-78-7	2,5	0,01
3463	153							79-09-4	28	0,1
3468	115							1333-74-0	230000	1
3472	153							3724-65-0	9,4	0,1
3474	113							2592-95-2	40	0,01
3484	132							302-01-2	13	0,1
3485	140							7778-54-3	4,8	0,01
3486	140							7778-54-3	4,8	0,01
3488	131	60 m	500 m	1,5 km	300 m	3,4 km	5,7 km			
3489	131	30 m	200 m	300 m	60 m	600 m	900 m			
3490	155	60 m	500 m	1,5 km	300 m	3,4 km	5,7 km			
3491	155	30 m	200 m	300 m	60 m	600 m	900 m			
3492	131	60 m	500 m	1,5 km	300 m	3,4 km	5,7 km			
3493	131	30 m	200 m	300 m	60 m	600 m	900 m			
3494	131	30 m	100 m	200 m	60 m	500 m	800 m			
3495	154							7553-56-2	0,5	0,01
3507	166	Bei Leckage in Wasser siehe Tabelle 2 (Seite 249)						7783-81-5	0,667	0,01
3512	173	30 m	100 m	100 m	30 m	100 m	100 m			
3514	173	30 m	100 m	100 m	30 m	100 m	100 m			
3515	173	30 m	100 m	100 m	30 m	100 m	100 m			
3516	173	30 m	100 m	100 m	30 m	100 m	100 m			

		ABSCHÄTZEN						BERECHNEN		
UN-Nr.	Merkblatt	Maßnahmen bei kleiner Leckage (z.B. aus Fässern)			Maßnahmen bei großer Leckage (viele Fässer, IBC, Tanks)			Substanz	Grenzwerte zur Berechnung der Maßnahmendistanzen in MET	
		Allseits absperren	Gesundheitliche Beeinträchtigung in Windrichtung beachten		Allseits absperren	Gesundheitliche Beeinträchtigung in Windrichtung beachten		CAS-Nr.	PAC-2 ppm	Mass Factor
			tags	nachts		tags	nachts			
3517	173	30 m	100 m	100 m	30 m	100 m	100 m			
3518	173	30 m	100 m	100 m	30 m	100 m	100 m			
3519	173	30 m	100 m	100 m	30 m	100 m	100 m	7637-07-2	10	0,01
3520	173	30 m	100 m	100 m	30 m	100 m	100 m	7782-50-5	2	0,01
3521	173	30 m	100 m	100 m	30 m	100 m	100 m	7783-61-1	3,3	0,01
3522	173	30 m	100 m	100 m	30 m	100 m	100 m	7784-42-1	0,17	0,01
3523	173	30 m	100 m	100 m	30 m	100 m	100 m	7782-65-2	0,17	0,01
3524	173	30 m	100 m	100 m	30 m	100 m	100 m	7647-19-0	22	0,01
3525	173	30 m	100 m	100 m	30 m	100 m	100 m	7803-51-2	2	0,01
3526	173	30 m	100 m	100 m	30 m	100 m	100 m	7783-07-5	0,11	0,01
3539	123	30 m	300 m	1,1 km	300 m	1,4 km	3,7 km			
3550	151							21041-93-0	0,289	0,01
3560	153							75-59-2	0,0255	0,1

Tabelle 2: Warn- und Evakuierungsdistanzen bei Reaktion des Gefahrgutes mit Wasser*)

UN-Nr.	Merkblatt	Freigesetztes Atemgift bei Austritt des Produkts in Wasser (Seen, Flüsse, Löschwasser etc.)	Maßnahmen bei kleiner Leckage (z.B. aus Fässern)			Maßnahmen bei großer Leckage (viele Fässer, IBC Tanks)		
			Allseits absperren	Gesundheitliche Beeinträchtigung in Windrichtung beachten		Allseits absperren	Gesundheitliche Beeinträchtigung in Windrichtung beachten	
				tags	nachts		tags	nachts
1162	155X	HCl (Salzsäure)	30 m	100 m	100 m	30 m	400 m	1,2 km
1183	139X	HCl (Salzsäure)	30 m	100 m	100 m	60 m	500 m	1,5 km
1196	155X	HCl (Salzsäure)	30 m	100 m	500 m	150 m	1,8 km	3,7 km
1242	139X	HCl (Salzsäure)	30 m	100 m	100 m	60 m	500 m	1,7 km
1250	155X	HCl (Salzsäure)	30 m	100 m	100 m	60 m	600 m	1,9 km
1295	139X	HCl (Salzsäure)	30 m	100 m	100 m	60 m	500 m	1,5 km
1298	155X	HCl (Salzsäure)	30 m	100 m	100 m	30 m	400 m	1,0 km
1305	155P	HCl (Salzsäure)	30 m	100 m	100 m	30 m	400 m	1,3 km
1340	139	H_2S (Schwefelwasserstoff)	30 m	100 m	100 m	30 m	200 m	1,0 km
1360	139X	PH_3 (Phosphorwasserstoff)	30 m	100 m	400 m	200 m	800 m	2,7 km
1384	135	H_2S (Schwefelwasserstoff) SO_2 (Schwefeldioxid)	30 m	100 m	400 m	60 m	500 m	2,1 km
1390	139	NH_3(Ammoniak)	30 m	100 m	300 m	60 m	500 m	1,8 km
1397	139	PH_3 (Phosphorwasserstoff)	30 m	100 m	700 m	400 m	1,6 km	4,7 km
1419	139	PH_3 (Phosphorwasserstoff)	30 m	100 m	600 m	400 m	1,4 km	4,1 km
1432	139	PH_3 (Phosphorwasserstoff)	30 m	100 m	400 m	300 m	1,0 km	3,0 km
1541	156	HCN (Blausäure)	30 m	100 m	100 m	60 m	200 m	0,5 km
1680	157	HCN (Blausäure)	30 m	100 m	100 m	60 m	200 m	0,7 km
1689	157	HCN (Blausäure)	30 m	100 m	100 m	60 m	200 m	0,9 km
1716	156	HBr (Bromwasserstoff)	30 m	100 m	100 m	30 m	200 m	0,7 km
1717	155X	HCl (Salzsäure)	30 m	100 m	100 m	60 m	700 m	2,0 km
1724	155X	HCl (Salzsäure)	30 m	100 m	100 m	30 m	400 m	1,2 km
1725	137	HCN (Blausäure)	30 m	100 m	100 m	30 m	100 m	0,2 km
1726	137	HCl (Salzsäure)	30 m	100 m	100 m	30 m	400 m	1,5 km
1728	156X	HCl (Salzsäure)	30 m	100 m	100 m	30 m	400 m	1,2 km
1732	157	HF (Flusssäure)	30 m	100 m	300 m	100 m	800 m	3,0 km
1741	125	HCl (Salzsäure)	30 m	100 m	300 m	100 m	600 m	1,3 km
1745	144	HF (Flusssäure) Br_2 (Brom)	100 m	900 m	2,7 km	500 m	5,7 km	10,8 km
1746	144	HF (Flusssäure) Br_2 (Brom)	30 m	100 m	300 m	100 m	800 m	2,8 km
1747	155X	HCl (Salzsäure)	30 m	100 m	100 m	30 m	400 m	1,2 km

*) Diese Liste nur benutzen, falls Produkt in Wasser ausgetreten ist. Das „+“ bei den Distanzangaben bedeutet, dass der Abstand in Abhängigkeit von den atmosphärischen Bedingungen auch größer sein kann.

UN-Nr.	Merk-blatt	Freigesetztes Atemgift bei Austritt des Produkts in Wasser (Seen, Flüsse, Löschwasser etc.)	Maßnahmen bei kleiner Leckage (z.B. aus Fässern)			Maßnahmen bei großer Leckage (viele Fässer, IBC Tanks)		
			Allseits absperren	Gesundheitliche Beeinträchtigung in Windrichtung beachten		Allseits absperren	Gesundheitliche Beeinträchtigung in Windrichtung beachten	
				tags	nachts		tags	nachts
1752	156	HCl (Salzsäure)	30 m	300 m	600 m	100 m	1,2 km	1,9 km
1753	156X	HCl (Salzsäure)	30 m	100 m	100 m	30 m	200 m	0,5 km
1754	137X	HCl (Salzsäure)	30 m	100 m	100 m	60 m	500 m	1,7 km
1758	137X	HCl (Salzsäure)	30 m	100 m	100 m	30 m	100 m	0,3 km
1762	156X	HCl (Salzsäure)	30 m	100 m	100 m	30 m	200 m	0,8 km
1763	156X	HCl (Salzsäure)	30 m	100 m	100 m	30 m	200 m	0,8 km
1765	156X	HCl (Salzsäure)	30 m	100 m	100 m	30 m	100 m	0,5 km
1766	156X	HCl (Salzsäure)	30 m	100 m	100 m	30 m	400 m	1,4 km
1767	155X	HCl (Salzsäure)	30 m	100 m	100 m	30 m	200 m	0,6 km
1769	156X	HCl (Salzsäure)	30 m	100 m	100 m	30 m	200 m	0,7 km
1771	156X	HCl (Salzsäure)	30 m	100 m	100 m	30 m	300 m	0,8 km
1777	137	HF (Flusssäure)	30 m	100 m	100 m	30 m	100 m	0,3 km
1781	156X	HCl (Salzsäure)	30 m	100 m	100 m	30 m	100 m	0,3 km
1784	156X	HCl (Salzsäure)	30 m	100 m	100 m	30 m	300 m	0,9 km
1799	156X	HCl (Salzsäure)	30 m	100 m	100 m	30 m	300 m	1,0 km
1800	156X	HCl (Salzsäure)	30 m	100 m	100 m	30 m	300 m	0,9 km
1801	156X	HCl (Salzsäure)	30 m	100 m	100 m	30 m	300 m	1,0 km
1804	156X	HCl (Salzsäure)	30 m	100 m	100 m	30 m	300 m	1,0 km
1806	137	HCl (Salzsäure)	30 m	100 m	100 m	30 m	200 m	0,9 km
1808	137X	HBr (Bromwasserstoff)	30 m	100 m	100 m	30 m	300 m	1,1 km
1809	137	HCl (Salzsäure)	30 m	200 m	600 m	100 m	1,1 km	2,0 km
1810	137X	HCl (Salzsäure)	30 m	300 m	600 m	100 m	1,1 km	1,8 km
1815	155	HCl (Salzsäure)	30 m	100 m	100 m	30 m	100 m	0,3 km
1816	155X	HCl (Salzsäure)	30 m	100 m	100 m	30 m	400 m	1,3 km
1818	157X	HCl (Salzsäure)	30 m	100 m	100 m	60 m	600 m	2,0 km
1828	137X	HCl (Salzsäure) SO_2 (Schwefeldioxid) H_2S (Schwefelwasserstoff)	30 m	100 m	100 m	30 m	200 m	0,7 km
1834	137X	HCl (Salzsäure)	30 m	100 m	100 m	30 m	300 m	1,1 km
1836	137X	HCl (Salzsäure) SO_2 (Schwefeldioxid)	100 m	900 m	2,9 km	600 m	7,6 km	11,0+ km
1838	137X	HCl (Salzsäure)	30 m	100 m	100 m	30 m	300 m	1,2 km
1898	156	HI (Iodwasserstoffsäure) H_2S (Schwefelwasserstoff)	30 m	100 m	100 m	30 m	300 m	0,9 km

*) Diese Liste nur benutzen, falls Produkt in Wasser ausgetreten ist. Das „+" bei den Distanzangaben bedeutet, dass der Abstand in Abhängigkeit von den atmosphärischen Bedingungen auch größer sein kann.

UN-Nr.	Merkblatt	Freigesetztes Atemgift bei Austritt des Produkts in Wasser (Seen, Flüsse, Löschwasser etc.)	Maßnahmen bei kleiner Leckage (z.B. aus Fässern)			Maßnahmen bei großer Leckage (viele Fässer, IBC Tanks)		
			Allseits absperren	Gesundheitliche Beeinträchtigung in Windrichtung beachten		Allseits absperren	Gesundheitliche Beeinträchtigung in Windrichtung beachten	
				tags	nachts		tags	nachts
1923	135	H_2S (Schwefelwasserstoff) SO_2 (Schwefeldioxid)	30 m	100 m	400 m	60 m	500 m	2,1 km
1929	135	H_2S (Schwefelwasserstoff) SO_2 (Schwefeldioxid)	30 m	100 m	400 m	60 m	500 m	1,9 km
1931	171	H_2S (Schwefelwasserstoff) SO_2 (Schwefeldioxid)	30 m	100 m	400 m	60 m	500 m	1,9 km
2004	135	NH_3 (Ammoniak)	30 m	100 m	300 m	60 m	500 m	1,8 km
2011	139	PH_3 (Phosphorwasserstoff)	30 m	100 m	600 m	400 m	1,4 km	3,9 km
2012	139	PH_3 (Phosphorwasserstoff)	30 m	100 m	300 m	200 m	900 m	2,8 km
2013	139	PH_3 (Phosphorwasserstoff)	30 m	100 m	300 m	200 m	800 m	2,7 km
2308	157X	NO_2 (Stickstoffdioxid)	30 m	100 m	300 m	300 m	800 m	2,3 km
2353	155	HCl (Salzsäure)	30 m	100 m	100 m	30 m	200 m	0,5 km
2395	155	HCl (Salzsäure)	30 m	100 m	100 m	30 m	100 m	0,3 km
2434	156X	HCl (Salzsäure)	30 m	100 m	100 m	30 m	100 m	0,3 km
2435	156X	HCl (Salzsäure)	30 m	100 m	100 m	30 m	200 m	0,6 km
2437	156X	HCl (Salzsäure)	30 m	100 m	100 m	30 m	200 m	0,8 km
2495	144	HF (Flusssäure)	30 m	100 m	300 m	100 m	900 m	3,2 km
2691	137	HBr (Bromwasserstoff)	30 m	100 m	100 m	30 m	100 m	0,4 km
2692	157X	HBr (Bromwasserstoff)	30 m	100 m	200 m	30 m	200 m	0,4 km
2806	139	NH_3 (Ammoniak)	30 m	100 m	200 m	60 m	400 m	1,6 km
2965	139	HF (Flusssäure)	30 m	100 m	200 m	100 m	900 m	2,8 km
2977	166	HF (Flusssäure)	30 m	100 m	200 m	30 m	400 m	1,6 km
2978	166	HF (Flusssäure)	30 m	100 m	200 m	30 m	400 m	1,6 km
2985	155X	HCl (Salzsäure)	30 m	100 m	200 m	60 m	500 m	1,6 km
2986	155X	HCl (Salzsäure)	30 m	100 m	200 m	60 m	500 m	1,6 km
2987	156X	HCl (Salzsäure)	30 m	100 m	200 m	60 m	500 m	1,6 km
2988	139X	HCl (Salzsäure)	30 m	100 m	200 m	60 m	500 m	1,6 km
3048	157	PH_3 (Phosphorwasserstoff)	30 m	100 m	700 m	400 m	1,6 km	4,5 km
3361	156	HCl (Salzsäure)	30 m	100 m	200 m	60 m	500 m	1,6 km
3362	155	HCl (Salzsäure)	30 m	100 m	200 m	60 m	500 m	1,6 km
3456	157X	NO_2 (Stickstoffdioxid)	30 m	100 m	400 m	60 m	500 m	0,6 km
3507	166	HF (Flusssäure)	30 m	100 m	100 m	30 m	100 m	0,1 km

*) Diese Liste nur benutzen, falls Produkt in Wasser ausgetreten ist. Das „+" bei den Distanzangaben bedeutet, dass der Abstand in Abhängigkeit von den atmosphärischen Bedingungen auch größer sein kann.

Tabelle 3: Warn- und Evakuierungsdistanzen bei Gefahrgutfreisetzung großer Mengen häufig transportierter Substanzen[1)]

UN-Nr.	Merkblatt	Transportmittel	Sofort Allseits absperren	Gesundheitliche Beeinträchtigung in Windrichtung beachten					
				TAG			NACHT		
				Schwacher Wind <10 km/h	Mäßiger Wind 10-20 km/h	Starker Wind >20 km/h	Schwacher Wind <10 km/h	Mäßiger Wind 10-20 km/h	Starker Wind >20 km/h
1005	**125**			**AMMONIAK**					
		Eisenbahnkesselwagen	300 m	1,6 km	1,2 km	1,0 km	4,1 km	2,1 km	1,3 km
		Tankwagen (18 000 l)	150 m	800 m	500 m	400 m	1,8 km	700 m	600 m
		Landwirtschaftlicher Tankanhänger (6500 l)	60 m	500 m	300 m	300 m	1,4 km	300 m	300 m
		Mehrere Fässer (200 l)	30 m	300 m	200 m	100 m	700 m	300 m	200 m
1017	**124**			**CHLOR**					
		Eisenbahnkesselwagen	1000 m	9,6 km	6,3 km	5,1 km	11,0+ km	8,9 km	6,5 km
		Tankwagen (18 000 l)	600 m	5,6 km	3,3 km	2,5 km	6,4 km	4,7 km	3,8 km
		Mehrere IBC (1000 l)	300 m	1,9 km	1,3 km	1,0 km	3,5 km	2,3 km	1,3 km
		Mehrere Fässer (200 l) oder ein IBC (1000 l)	150 m	1,3 km	700 m	500 m	2,4 km	1,2 km	600 m
1040	**119P**			**ETHYLEN-OXID**					
		Eisenbahnkesselwagen	200 m	1,5 km	800 m	700 m	3,0 km	1,4 km	800 m
		Tankwagen (18 000 l)	100 m	900 m	500 m	400 m	2,0 km	700 m	400 m
		Mehrere Fässer (200 l) oder ein IBC (1000 l)	30 m	400 m	200 m	100 m	800 m	300 m	200 m
1050	**125**			**CHLOR-WASSERSTOFF, wasserfrei**					
2186	**125**			**CHLOR-WASSERSTOFF, tiefgekühlt, verflüssigt**					
		Eisenbahnkesselwagen	500 m	3,7 km	2,0 km	1,7 km	9,7 km	3,3 km	2,2 km
		Tankwagen (18 000 l)	200 m	1,5 km	800 m	600 m	3,7 km	1,5 km	800 m
		Mehrere IBC (1000 l)	30 m	400 m	200 m	100 m	1,0 km	300 m	100 m
		Mehrere Fässer (200 l) oder ein IBC (1000 l)	30 m	300 m	200 m	100 m	900 m	300 m	200 m

1) Das „+“ bedeutet, dass die Distanzen in Abhängigkeit von den atmosphärischen Bedingungen auch größer sein können.

UN-Nr.	Merkblatt	Transportmittel	Sofort Allseits absperren	Gesundheitliche Beeinträchtigung in Windrichtung beachten					
				TAG			NACHT		
				Schwacher Wind <10 km/h	Mäßiger Wind 10-20 km/h	Starker Wind >20 km/h	Schwacher Wind <10 km/h	Mäßiger Wind 10-20 km/h	Starker Wind >20 km/h
1052	**125**	**FLUOR-WASSERSTOFF, wasserfrei**							
		Eisenbahnkesselwagen	500 m	3,4 km	2,1 km	1,8 km	6,4 km	3,0 km	1,9 km
		Tankwagen (18 000 l)	200 m	2,0 km	1,0 km	900 m	3,6 km	1,5 km	900 m
		Mehrere Fässer (200 l) oder ein IBC (1000 l)	100 m	800 m	400 m	300 m	1,7 km	500 m	0,3 km
1079	**125**	**SCHWEFEL-DI-OXID**							
		Eisenbahnkesselwagen	1000 m	11,0+ km	11,0+ km	6,9 km	11,0+ km	11,0+ km	9,6 km
		Tankwagen (18 000 l)	1000 m	11,0+ km	6,0 km	5,0 km	11,0+ km	7,9 km	6,0 km
		Mehrere IBC (1000 l)	500 m	5,2 km	2,2 km	1,7 km	7,4 km	4,0 km	2,7 km
		Mehrere Fässer (200 l) oder ein IBC (1000 l)	200 m	3,1 km	1,5 km	1,1 km	5,6 km	2,4 km	1,5 km

1) Das „+“ bedeutet, dass die Distanzen in Abhängigkeit von den atmosphärischen Bedingungen auch größer sein können.

2. MET©: Modell für Effekte mit Toxischen Gasen[1)]

Copyright bei ***Prof. Dr. sc. nat. ETH Peter Bützer, 2024***
Consultant für Risikomanagement und Sicherheitsökonomie

Die Ausbreitung von Schadstoffwolken oder toxischen Gasen lässt sich grob gliedern:

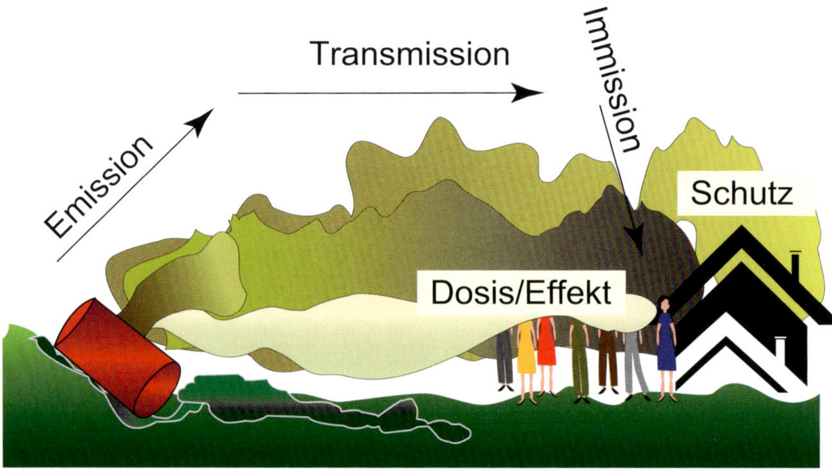

- Der ***Schadstoff*** ist charakterisiert durch Name, CAS-Nummer oder UN-Nummer.
- Die ***Emission*** beschreibt das Quellverhalten, den Austritt der toxischen Stoffe in die Luft. Sie wird entscheidend von den Substanzeigenschaften, der Substanzmenge und der Dynamik vorgegeben.
- Die ***Transmission*** ist der Transport der Schadstoffe mit der Luft und wird vor allem durch die Meteorologie bestimmt: Woher bläst der Wind? Windrichtung?
- Die ***Immission*** ist vor allem durch den Ort, das heißt die Distanz in Windrichtung von der Quelle dominiert. Unterschreitet die Schadstoff-Dosis der Wolke die Dosis des PAC-2-Wertes (Expositionszeit 60 Minuten), dann werden die weiteren Distanzen nicht mehr berücksichtigt (Abbruchkriterium).
- Die aufgenommene ***Dosis*** ergibt sich dann durch die Konzentration der Schadgase, die Dauer der Aufnahme, aber auch durch die Atemrate der Personen.
- Der mögliche ***Effekt*** kann aus der aufgenommenen Dosis im Vergleich mit den Wirkungen der PAC-2-Werte (Expositionszeit 60 Minuten) abgeschätzt werden. PAC-2-Werte sind die Schwelle zu schwerwiegenden, lang andauernden oder fluchtbehindernden Wirkungen. Der Empfindlichkeit von besonderen Personengruppen, wie Kleinkinder, Kranke, Alte etc. wird mit diesen Störfall-Beurteilungs-Grenzwerten Rechnung getragen.
- Der ***Schutz durch Häuser*** bei geschlossenen Türen und Fenstern und abgestellten Lüftungsanlagen (auch Heizungen) kann über die Luftaustauschrate und die Luftumwälzung grob erfasst werden.

Dieses Verhalten kann mit verschiedenen Annahmen und Vereinfachungen mit einem Modell erfasst werden. Das MET© zeigt eine Möglichkeit.

1) Die nachfolgend verwendeten fachspezifischen Begriffe werden im Glossar am Ende dieses Kapitels erläutert.

Ausbreitung von Schadstoffwolken

Die Ausbreitung der Wolke, die Transmission, erfolgt in Windrichtung mit einem Ausbreitungswinkel, der durch die meteorologische Ausbreitungsklasse bestimmt ist. Diese Wetterklassenbestimmung wird über einfache, leicht beobachtbare Kriterien vorgenommen.

Die Wolke wird mit zunehmender Distanz immer größer, das Volumen nimmt zu, die Konzentration nimmt ab.

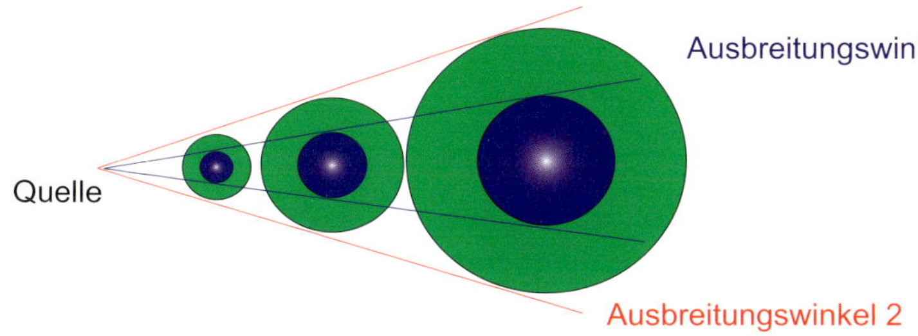

Je nach Ausbreitungsklasse ist der Ausbreitungswinkel in Windrichtung unterschiedlich groß. Für die Ausbreitungsklassen A und B muss mit einem Öffnungswinkel von 90°, für die Klassen C und D mit einem solchen von 60° und für die Klassen E bis G von 45° gerechnet werden.

Im Verlaufe des Ereignisses sind die Windrichtung und deren Änderungen laufend zu beobachten. Besonders im überbauten und bewachsenen oder topographisch komplexen Gebiet können Bodenwinde schon in wenigen Metern Höhe bezüglich Richtung und Stärke sehr unterschiedlich sein.

Auch die Ausbreitungsdistanzen können durch die natürliche Topographie wesentlich beeinflusst werden. Winde in Längsrichtung zu Tälern verlängern die Distanzen, in Querrichtung werden sie verkürzt.

Regen wäscht Gaswolken aus. Dadurch können lokal größere Konzentrationen entstehen, und es kann zu einer verzögerten Freisetzung aus dem Niederschlag kommen. Ansonsten verkürzt Regen im Allgemeinen die Gefahrendistanzen für Personen im Freien.

Die Konzentration kann aber nicht als Beurteilungskriterium verwendet werden, da eine kleine Konzentration, über lange Zeit, zu derselben Dosis führt wie eine große Konzentration während kurzer Zeit. Somit wird die Dosis berechnet. Der grundlegende Ansatz ist das Produkt aus Konzentration und Einwirkzeit, wobei aber noch die Atemrate und die Schwellkonzentration berücksichtigt werden.

Diese ist aber auch nicht ausreichend für eine Entscheidung, da die Toxizität, die Giftigkeit, des Gases auch eine Rolle spielt. Daher rechnet das MET© mit der Dosis, der Toxizität und der Empfindlichkeit der Leute die möglichen Effekte. Dort, wo die Dosis des PAC-2-Wertes (Expositionszeit 60 Minuten) unterschritten wird, ist die Grenze der Schadstoffwolke des MET© dargestellt.

Was heißt das? In einem Hallenbad ertragen nicht alle Leute die Chlor- oder Ozonkonzentrationen, die dort üblicherweise verwendet werden. Etwa 10 % aller Personen zeigen Reizungen – genau das ist die Grenze beim MET©.

Brandfall

Das vorliegende Modell unterscheidet zwischen zwei verschiedenen Brandarten:

Der erste Fall liegt vor, wenn in unmittelbarer Nähe der betrachteten Havarie ein Brand aufgetreten ist, der durch Wärmeabgabe noch auf den ausfließenden Stoff einwirkt. Die Gaswolke wird durch die einströmende Luft und die Thermik verdünnt. Diesem Fall wurde in den Entscheidungsdiagrammen bereits Rechnung getragen, indem dort im Brandfall die Ausbreitungsklasse um eine zurückgenommen ist.

Der zweite Fall liegt vor, wenn es zu einem **Vollbrand** kommt, wobei das Havariegut direkt in den Brand involviert ist (Flammen schlagen aus Fenstern, Türen oder aus dem Dach des Gebäudes oder Behältnisses heraus, in dem das Havarieobjekt untergebracht ist, oder das ganze Objekt im Freien ist von Flammen umgeben).

⚠ Beachten Sie:

In diesem Fall ist in den Entscheidungsdiagrammen die Option „Brand" zu wählen und dann von der so aufgefundenen Ausbreitungsklasse nochmals um eine zurückzugehen (z. B. ist statt der ermittelten Klasse E die Klasse D zu verwenden) (→ S. 265).

Tiefkalte Gase

Unter **tiefkalten Gasen** sollen in diesem Zusammenhang unter Druck verflüssigte oder gekühlte Gase verstanden werden, die bei Umgebungstemperatur austreten. Diese Gaswolken sind kompakter und stabiler.

⚠ Beachten Sie:

Bei der Freisetzung von tiefkalten (kryogenen) Gasen ist die ermittelte Ausbreitungsklasse um eine zu erhöhen (z. B. ist statt der ermittelten Klasse D die Klasse E zu verwenden) (→ S. 265).

Bestimmung der Ausbreitungsdistanzen

Meteorologische Voraussetzungen

Zur Bestimmung der **meteorologischen Voraussetzungen** und ggf. im **Brandfall** benutzt man das Entscheidungsschema (S. 265) und beantwortet an den Entscheidungspunkten die gestellten Fragen klar mit „**ja**" oder mit „**nein**".

START								
↓								
Wetterlage?								
↓								
Nebel?	→	**JA**	→	**Brand**	→	**JA**	→	**Benutze Tabelle E**
↓					→	**NEIN**	→	**Benutze Tabelle F**
NEIN								
↓								
Starker Wind?	→	**JA**	→	**Brand**	→	**JA**	→	**Benutze Tabelle C**
↓					→	**NEIN**	→	**Benutze Tabelle D**
NEIN								
↓								
Himmel mehr als 50 % bedeckt?	→	**JA**	→	**Brand**	→	**JA**	→	**Benutzer Tabelle C**
					→	**NEIN**	→	**Benutzer Tabelle D**

Darauf folgt man den entsprechenden Entscheidungslinien, bis man auf eine der Ausbreitungsklassen A bis G (je mit den Ausbreitungstabellen für ***„Personen im Freien"*** und für ***„Personen im Innern von Häusern"***) stößt. Jede Ausbreitungsklasse beschreibt die Ausbreitung von Gasen und Dämpfen für eine gegebene meteorologische Situation.

Freiwerdende Stoffmenge

Jetzt muss die am Ereignis beteiligte, **freiwerdende Stoffmenge** in kg anhand der „Menüvorschläge“ in der linken Spalte der zutreffenden Ausbreitungstabelle bestimmt werden. Dabei ist unterstellt, dass die abgeschätzte Menge spontan freigesetzt wird (sog. „Puff“) und nicht in einem zeitlich länger andauernden Prozess kontinuierlich aus einem Behältnis ausströmt.

Behälter-Volumina (Füllvolumen ca. 90 % → ungefähre Masse in Klammern)

40 m³ [32 t]

93 m³ [74 t] (Achsabstand beachten!)

32,5 m³ [26 t]

18 m³ [14 t]

18 m³ [14 t]

6500 l [5.200 kg]

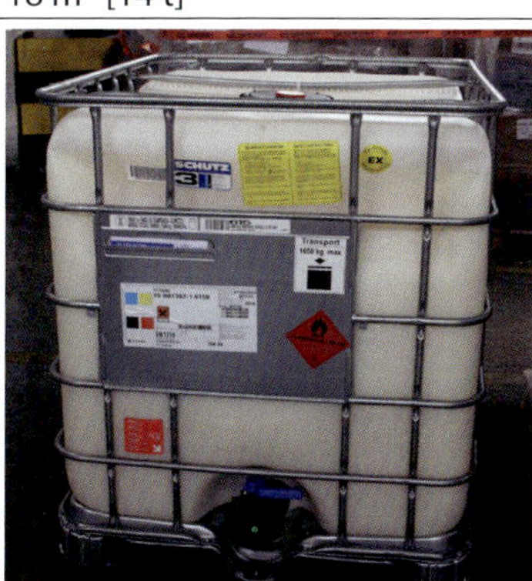

1000 l [800 kg]

200 l [160 kg]

Giftigkeit (Toxizität) des ausgetretenen Stoffes

Als nächster Schritt wird die **Giftigkeit (Toxizität) des ausgetretenen Stoffes** bestimmt, wie sie für die weiteren Kolonnen der Ausbreitungstabellen verlangt wird. Die Tabelle 1 wurde mit den CAS-Nummern zu den jeweiligen UN-Nummern, soweit möglich und eindeutig, ergänzt.

Von den einschlägigen Toxizitätsdaten in der Einheit [ppm] wird im Gefahrgut-Ersteinsatz nur der Störfallbeurteilungswert

PAC-2 (60 min) (*Protective Action Criteria*)

verwendet, welcher für die Berechnung aus der Spalte 10 der Tabelle 1: Warn- und Evakuierungsdistanzen (→ S. 221) entnommen werden kann für den Fall, dass der Stoff eindeutig einer UN-Nummer zuzuordnen ist. Weitere PAC-2-Werte können aus der PAC Chemical Database (https://edms3.energy.gov/pac/Search) über die CAS-Nr. gefunden werden.

Diese eindeutige Stoffnummer ist in den Sicherheitsdatenblättern, ggfls. den Beförderungspapieren oder durch die Auskunft des Lieferanten/Herstellers verfügbar.

⚠ **Beachten Sie:**

In jedem Fall gilt, je kleiner der Zahlenwert der Toxizitätswerte, desto größer die Distanzen.

Zur Berücksichtigung einer anderen Expositionszeit als 60 Minuten kann man den Toxizitätswert ermitteln durch:

Toxizitätswert × Stunden = PAC-2 / Expositionszeit in × Stunden.

Der Schnittpunkt der beiden Angaben freigesetzte Menge und Toxizität führt nun in der Ausbreitungstabelle direkt zur Distanzangabe vom Freisetzungspunkt aus, bei der noch 10 % der Bevölkerung mit gesundheitlichen Auswirkungen durch den freigesetzten Stoff reagieren können.

Ausbreitungsklasse: **D**
Personen im Freien

Ausbreitungswinkel: **60°**
Distanzen in Meter

Freigesetzte Menge Produkt in **kg**	4000	800	400	80	40	8	4	0,8	0,4	0,08	**PAC-2 ppm 60 Min**
10	20	20	30	60	80	150	200	380	490	900	
20	20	30	40	70	100	190	260	490	650	1150	
50	30	40	50	100	140	280	370	700	900	1550	
100	30	50	70	140	190	370	490	900	1150	1950	
200	40	60	90	180	250	480	650	1150	1450	2450	
500	60	90	130	270	370	700	900	1600	2000	3350	
1000	80	120	170	360	500	900	1200	2050	2550	4250	
2000	100	160	230	490	700	1200	1500	2600	3250	5400	
5000	140	240	340	750	1000	1650	2100	3550	4400	7300	
10000	180	320	460	950	1300	2100	2650	4500	5600	9250	
20000	230	440	650	1250	1700	2700	3400	5700	7050	11650	
50000	310	700	950	1800	2350	3700	4650	7750	9600	15850	

Bei Zwischenmengen des freigesetzten Stoffes, die nicht im „Menüplan" der linken Spalte aufgeführt sind, lassen sich die dazugehörigen Distanzen linear interpolieren. Anders verhält es sich bei Zwischenwerten der Giftigkeit. Hier sollte der zugehörige Distanzwert durch logarithmische Interpolation ermittelt werden. Eine lineare Interpolation führt hier zu konservativeren Werten, d. h. zu größeren Distanzen.

Mass Factor (Flüchtigkeit)

Bei Stoffen, welche einen Siedepunkt über 77 °C haben (Referenz Ethylacetat), kann sich in einer Stunde nur ein Teil der freigesetzten Menge gasförmig über die Luft verbreiten (Flüchtigkeit). Diese Flüchtigkeit wird mit dem sogenannten Mass Factor berücksichtigt, der angibt, welcher Anteil für die Berechnung relevant ist. Bei einem Mass Factor von 1 wird die gesamte involvierte Masse freigesetzt, bei einem Mass Factor von 0,1 hingegen tritt in 60 Minuten maximal ein Zehntel der involvierten Masse in die Schadstoffwolke über. Je tiefer die Temperatur ist, je kleiner ist der Mass Factor. Der Mass Factor kann aus der letzten Spalte der Tabelle 1: Warn- und Evakuierungsdistanzen (→ S. 221) entnommen werden.

Festkörper/Aerosole

Mit dem Aggregatszustand kann bestimmt werden, ob eine Substanz als feines Pulver (s) oder als Aerosol (l) freigesetzt werden kann.

Festkörper und Aerosole mit Partikeldurchmesser unter 2 µm verhalten sich bei idealer Freisetzung bei der Ausbreitung und der Aufnahme in den Körper wie Gase.

Pulver oder Aerosole mit einer durchschnittlichen Korngrößenverteilung und einem mittleren Partikeldurchmesser von ca. 10 µm können durch die Anteile an kleinen Partikeln auch wie Gase abgeschätzt werden, In diesem Fall ist die Bodenkontamination von Bedeutung, sie beträgt in der Distanz ca. 1/10 der ermittelten Ausbreitungsdistanz. Bei einem mittleren Durchmesser von 50 µm ist die aus den Tabellen ermittelte Ausbreitungs-Distanz der Schadstoff-Wolke mit dem Faktor 0.75 zu multiplizieren.

Maßnahmen nach Berechnung der Ausbreitungsdistanzen:

- Alarmierung der Bevölkerung mindestens bis zur berechneten Ausbreitungsdistanz für Personen im Freien:

  Türen und Fenster schließen, Lüftungen abstellen, wenn möglich obere Stockwerke aufsuchen, Radio hören, Mobiltelefon einschalten usw.

⚠ Beachten Sie:

Eine Risikoanalyse und Risikobeurteilung muss glaubwürdig sein. Bei allen Unsicherheiten und Vorbehalten sind wir bei einem Störfall zu raschen Reaktionen gezwungen; eine Gratwanderung:

- Ist man **zu** konservativ, dann verliert man die **Glaubwürdigkeit**, weil die Aussagen zu wenig mit der Realität übereinstimmen.
- Ist man zu **wenig** konservativ, zu risikofreudig, dann verliert man das **Vertrauen**, weil man die Verantwortung nicht ernst genug nimmt.

Möchten Sie die Leute wirklich schützen, dann beginnen Sie so rasch wie möglich mit Messungen – nur so erhalten Sie das wirkliche Bild. Und wenn dann die Werte genügend tief sind, heben Sie die Alarmierung auf, lassen Sie lüften – die Dosis wird so kleiner.

Überprüfung des Modells

Das vorliegende Modell wurde anhand von mehr als **200** Chemieereignissen, die in der Praxis vorgekommen und entsprechend dokumentiert sind, überprüft. Die dabei unter Verwendung dieser Dokumentation gefundenen Ausbreitungsdistanzen haben Resultate ergeben, die mit den beschriebenen effektiven Abläufen sehr gut übereinstimmen. MET© ist seit 1989 weit verbreitet bei Armeen, Feuerwehren, Ereignisorganen und der Industrie und hat sich bewährt und wird laufend verbessert. Einige Anwendungsbeispiele für MET© sind nachfolgend aufgeführt.

Anwendungsbeispiele

1. Freisetzung eines toxischen Gases

Ereignis:

Aus einem Druckgasbehälter treten 200 kg Chlorcyan (UN-Nr. 1589) aus, weil die Armatur durch einen Sturz abgeschlagen wurde. Das Ereignis hat sich beim Abladen von einem Lastwagen an der Laderampe abgespielt.

Es strömt eine Gaswolke aus, die sich auf das ländliche Wohnquartier in ca. 300 m Entfernung zu bewegt.

Umweltbedingungen:

Jahreszeit: Frühling (März)

Wetter: teilweise sonnig (Himmel zu 3/4 bedeckt); Wind ca. 20 km/h = 5,6 m/sec. (wie etwa beim Radfahren, dünne Äste bewegen sich); Temperatur etwa 5 °C

Tageszeit: 14.00 Uhr

Tabellenwahl:

- Ausbreitungsklasse **D**
- Ausbreitungswinkel **60°**

Eingangsdaten:

- Chlorcyan (UN-Nr. 1589); PAC-2-Wert: **0,052 ppm**; Mass Factor: **1**; freigesetzte Masse: 200 kg × 1 = **200 kg**

Ablesung der Distanzen:

Man wählt die Zeilen und Spalten, die den Eingangsdaten am nächsten liegen:

Ausbreitungsklasse: **D**
Personen im Freien

Ausbreitungswinkel: **60°**
Distanzen in Meter

Freigesetzte Menge Produkt in **kg**	4000	800	400	80	40	8	4	0,8	0,4	**0,08**	**PAC-2 ppm 60 Min**
200	40	60	90	180	250	480	650	1150	1450	**2450**	

***Ausbreitungsdistanz für Personen im Freien:* 2 450 m**

Ausbreitungsklasse: **D**
Personen im Inneren von Häusern

Ausbreitungswinkel: **60°**
Distanzen in Meter

Freigesetzte Menge Produkt in **kg**	4000	800	400	80	40	8	4	0,8	0,4	**0,08**	**PAC-2 ppm 60 Min**
200	20	20	20	20	30	50	70	190	290	**700**	

***Ausbreitungsdistanz für Personen im Freien:* 700 m**

2. Freisetzung aus einer Flüssigkeitslache

Ereignis:

Aus einem Behälter treten nach einem Unfall 800 kg Cyclohexylamin (UN-Nr. 2357) aus, weil ein Gabelstapler den Behälter ganz unten aufgerissen hat. Das Ereignis hat sich beim Abladen von einem Lastwagen an der Laderampe abgespielt.

Es bildet sich eine Flüssigkeitslache, deren Größe sich nicht rasch abschätzen lässt.

Umweltbedingungen:

Jahreszeit: Sommer (Juni)

Wetter: teilweise sonnig (Himmel zu 3/4 bedeckt); Wind ca. 20 km/h = 5.5 m/sec. (wie etwa beim Radfahren, dünne Äste bewegen sich); Temperatur etwa 20 °C

Tageszeit: 17.00 Uhr

Tabellenwahl:

- Ausbreitungsklasse **D**
- Ausbreitungswinkel **60°**

Eingangsdaten:

- Chlorhexylamin (UN-Nr. 2357); PAC-2-Wert: **8,6 ppm**; Mass Factor: **0,1**; freigesetzte Menge: 800 × 0,1 = **80 kg**

Ablesung der Distanzen:

Man wählt die Zeilen und Spalten, die den Eingangsdaten am nächsten liegen:

Ausbreitungsklasse: **D** — Ausbreitungswinkel: **60°**
Personen im Freien — Distanzen in Meter

Freigesetzte Menge Produkt in **kg**	4000	800	400	80	40	**8**	4	0,8	0,4	0,08	**PAC-2 ppm 60 Min**
50	30	40	50	100	140	**280**	370	700	900	1550	
100	30	50	70	140	190	**370**	490	900	1150	1950	

Man hat nun die Möglichkeit,

- den höheren, konservativen Wert von **370 m** für die weiteren Maßnahmen zu verwenden oder
- die der tatsächlich freigesetzten Masse entsprechende Distanz durch lineare Interpolation wie folgt abzuschätzen:
  - 100 kg entsprechen 370 m; 50 kg entsprechen 280 m; Differenz: 50 kg entsprechen 90 m
  - 10 kg entsprechen 18 m; 20 kg entsprechen 36 m
  - es sind 36 m aus der Spalte für 8 ppm abzuziehen; 370 m – 36 m = 334 m ≈ 330 m

Ausbreitungsdistanz für Personen im Freien: 330 m

Ausbreitungsklasse: **D** — Ausbreitungswinkel: **60°**
Personen im Inneren von Häusern — Distanzen in Meter

Freigesetzte Menge Produkt in **kg**	4000	800	400	80	40	**8**	4	0,8	0,4	0,08	**PAC-2 ppm 60 Min**
50	20	20	20	20	20	**40**	40	90	140	330	
100	20	20	20	20	30	**40**	50	130	190	470	

Ausbreitungsdistanz für Personen im Freien: 40 m

3. Freisetzung von toxischen Stoffen bei einem Brand

Ereignis:

In einem Lager mit 150 t Kunststoffverpackungen bricht ein Vollbrand aus. Etwa 10 % des Lagergutes besteht aus PVC (= ca. 15 t). Bei diesem Vollbrand ist Salzsäure zu erwarten und zwar maximal 2/3 der verbrennenden PVC-Masse (= ca. 10 t).

Umweltbedingungen:

Jahreszeit: Herbst (Oktober)

Wetter: neblig; Wind kaum spürbar; Temperatur etwa 2 °C

Tageszeit: 17.00 Uhr

Tabellenwahl:

- Ausbreitungsklasse E, Ausbreitungswinkel 45°
- Da es sich aber um einen Vollbrand handelt (Produkte im Feuer), soll die Ausbreitungsdistanz unter der **Ausbreitungsklasse D** abgelesen werden (Reduktion um 1 Klasse), Ausbreitungswinkel **60°**.

Eingangsdaten:

- Salzsäure (UN-Nr. 1050); PAC-2-Wert: **22 ppm**; Mass Factor: **1** (als Gas); freigesetzte Masse: 10 000 kg × 1 = **10 000 kg**

Ablesung der Distanzen:

Man wählt die Zeilen und Spalten, die den Eingangsdaten am nächsten liegen:

Ausbreitungsklasse: **D**
Personen im Freien

Ausbreitungswinkel: **60°**
Distanzen in Meter

Freigesetzte Menge Produkt in **kg**	4000	800	400	80	**40**	**8**	4	0,8	0,4	0,08	**PAC-2 ppm 60 Min**
10000	180	320	460	950	**1300**	**2100**	2650	4500	5600	9250	

Man hat nun die Möglichkeit,

- den höheren, konservativen Wert von **2 100 m** für die weiteren Maßnahmen zu verwenden oder
- die dem tatsächlich Toxizitätswert entsprechende Distanz durch lineare Interpolation der Toxizitätswerte wie folgt abzuschätzen (genauere logarithmische Interpolation ergibt leicht reduzierte Distanzen):
  - 8 ppm entsprechen 2 100 m; 40 ppm entsprechen 1 300 m; Differenz: 32 ppm entsprechen 800 m
  - 1 ppm entspricht 800 m/32 = 25 m
  - die Differenz 8 ppm zu 22 ppm beträgt 14 ppm
  - es sind 14 × 25 m = 350 m aus der Spalte für 8 ppm abzuziehen;
    2 100 m – 350 m = 1 750 m

***Ausbreitungsdistanz für Personen im Freien:* 1 750 m**

Ausbreitungsklasse: **D**
Personen im Inneren von Häusern

Ausbreitungswinkel: **60°**
Distanzen in Meter

Freigesetzte Menge Produkt in **kg**	4000	800	400	80	**40**	**8**	4	0,8	0,4	0,08	**PAC-2 ppm 60 Min**
10000	30	30	40	170	**180**	**450**	700	1700	2400	5050	

Man hat nun die Möglichkeit,

- den höheren, konservativen Wert von **450 m** für die weiteren Maßnahmen zu verwenden oder
- die dem tatsächlichen Toxizitätswert entsprechende Distanz durch lineare Interpolation der Toxizitätswerte wie folgt abzuschätzen (genauer wäre hier logarithmische Interpolation):
  - 8 ppm entsprechen 450 m; 40 ppm entsprechen 180 m; Differenz: 32 ppm entsprechen 270 m
  - 1 ppm entspricht 270 m/32 ungefähr 8 m
  - die Differenz 8 ppm zu 22 ppm beträgt 14 ppm
  - es sind 14 × 8 m ungefähr 110 m aus der Spalte für 8 ppm abzuziehen; 450 m – 110 m = 340 m

***Ausbreitungsdistanz für Personen im Inneren von Häusern:* 340 m**

4. Freisetzung eines „tiefkalten" Gases

Ereignis:

Ein Baugerüst ist eingestürzt. In einer großen Kühlanlage reißt die Hauptleitung. Es tritt Ammoniak, NH_3, aus. Die Anlage fasst 4 t dieses Kühlmittels.

Umweltbedingungen:

Jahreszeit: Winter (Februar)

Wetter: Himmel zu 4/5 bedeckt; Wind ca. 40 km/h = 11,1 m/sec; Temperatur etwa –5 °C

Tageszeit: 20.00 Uhr

Tabellenwahl:

- Ausbreitungsklasse D, Ausbreitungswinkel 60°; da aber Ammoniak ein „tiefkaltes" Gas ist, soll die Ausbreitungsdistanz unter der **Ausbreitungsklasse E** abgelesen werden (Erhöhung um 1 Klasse), Ausbreitungswinkel **45°**

Eingangsdaten:

- Ammoniak (UN-Nr. 1005); PAC-Wert: **160 ppm**; Mass Factor: **1** (als Gas)
- Masse: 4 000 kg × 1 = **4 000 kg**

Ablesung der Distanzen:

Man wählt die Zeilen und Spalten, die den Eingangsdaten am nächsten liegen:

Ausbreitungsklasse: **E**
Personen im Freien

Ausbreitungswinkel: **45°**
Distanzen in Meter

Freigesetzte Menge Produkt in **kg**	4000	800	**400**	**80**	40	8	4	0,8	0,4	0,08	**PAC-2 ppm 60 Min**
2000	160	240	**350**	**750**	1050	1800	2300	4000	5000	8300	
5000	220	360	**550**	**1100**	1500	2500	3200	5450	6800	11300	

Man hat nun die Möglichkeit,

- den höheren, konservativen Wert von **1 100 m** für die weiteren Maßnahmen zu verwenden oder in einem ***ersten Schritt*** die der tatsächlich freigesetzten Masse entsprechende Distanz durch lineare Interpolation wie folgt abzuschätzen:
  - für Pac-2 = 80 ppm:
    - 2 000 kg entsprechen 750 m; 5 000 kg entsprechen 1 100 m; Differenz: 3 000 kg entsprechen 350 m
    - 1 000 kg entsprechen ungefähr 115 m
    - Distanz für 4 000 kg demnach 750 m + 2 × 115 m = **980 m**
  - sowie für Pac-2 = 400 ppm:
    - 2 000 kg entsprechen 350 m; 5 000 kg entsprechen 550 m; Differenz: 3 000 kg entsprechen 200 m
    - 1 000 kg entsprechen ungefähr 65 m
    - Distanz für 4 000 kg demnach 350 m + 2 × 65 m = **480 m**

- in einem ***zweiten Schritt*** die dem tatsächlichen Toxizitätswert entsprechende Distanz durch lineare Interpolationen der Toxizitätswerte wie folgt abzuschätzen (genauere logarithmische Interpolation ergibt leicht reduzierte Distanzen):
  - 80 ppm entsprechen 980 m; 400 ppm entsprechen 480 m; Differenz: 320 ppm entsprechen 500 m
  - 1 ppm entspricht 500 m/320 = 1,56 m
  - die Differenz 80 ppm zu 160 ppm beträgt 80 ppm
  - es sind 80 × 1,56 m ~ 125 m vom interpolierten Wert für 8 ppm abzuziehen;
    980 m – 125 m = 865 m ≈ 870 m

Ausbreitungsdistanz für Personen im Freien: **870 m**

Ausbreitungsklasse: **E**
Personen im Inneren von Häusern

Ausbreitungswinkel: **45°**
Distanzen in Meter

Freigesetzte Menge Produkt in **kg**	4000	800	**400**	**80**	40	8	4	0,8	0,4	0,08	**PAC-2 ppm 60 Min**
2000	30	30	**30**	**90**	160	260	410	1100	1600	3500	
5000	30	30	**40**	**160**	220	450	750	1800	2600	5550	

Man hat nun die Möglichkeit,

- den höheren, konservativen Wert von **160 m** für die weiteren Maßnahmen zu verwenden oder in einem ***ersten Schritt*** die der tatsächlich freigesetzten Masse entsprechende Distanz durch lineare Interpolation wie folgt abzuschätzen:
  - für Pac-2 = 80 ppm:
    - 2 000 kg entsprechen 90 m; 5 000 kg entsprechen 160 m; Differenz: 3 000 kg entsprechen 70 m
    - 1 000 kg entsprechen ungefähr 23 m
    - Distanz für 4 000 kg demnach 90 m + 2 × 23 m = **136 m**
  - sowie für Pac-2 = 400 ppm:
    - 2 000 kg entsprechen 30 m; 5 000 kg entsprechen 40 m; Differenz: 3 000 kg entsprechen 10 m
    - 1 000 kg entsprechen ungefähr 3 m
    - Distanz für 4 000 kg demnach 30 m + 2 × 3 m = **36 m**
- in einem ***zweiten Schritt*** die dem tatsächlichen Toxizitätswert entsprechende Distanz durch lineare Interpolationen der Toxizitätswerte wie folgt abzuschätzen (genauere logarithmische Interpolation ergibt leicht reduzierte Distanzen):
  - 80 ppm entsprechen 136 m; 400 ppm entsprechen 36 m; Differenz: 320 ppm entsprechen 100 m
  - 1 ppm entspricht 100 m/320 = 0,31 m
  - die Differenz 80 ppm zu 160 ppm beträgt 80 ppm
  - es sind 80 × 0,31 m ~ 25 m vom interpolierten Wert für 8 ppm abzuziehen;
    136 m – 25 m = **111 m**

Ausbreitungsdistanz für Personen im Inneren von Hausern: **111 m**

MET©: Technischer Behelf für den Schutz bei C-Ereignissen

Die Entscheidungsschema zur Bestimmung der meteorologischen Voraussetzungen und ggf. im Brandfall befindet sich auf der nächsten Seite. Die klare Beantwortung an den Entscheidungspunkten der gestellten Fragen mit „ja" oder „nein" führt so zu den verschiedenen Tabellen der Ausbreitungsklassen A bis G. Die nähere Erläuterung befindet sich auf den Seiten S. 256 ff..

⚠ **Beachten Sie:**

- bei **Vollbrand** ist die Ausbreitungsklasse um **eine zu erniedrigen** und
- bei **tiefkalten Gasen** ist die Ausbreitungsklasse um **eine zu erhöhen**. Weitere Informationen hierzu auf S. 256.

Entscheidungsdiagramm

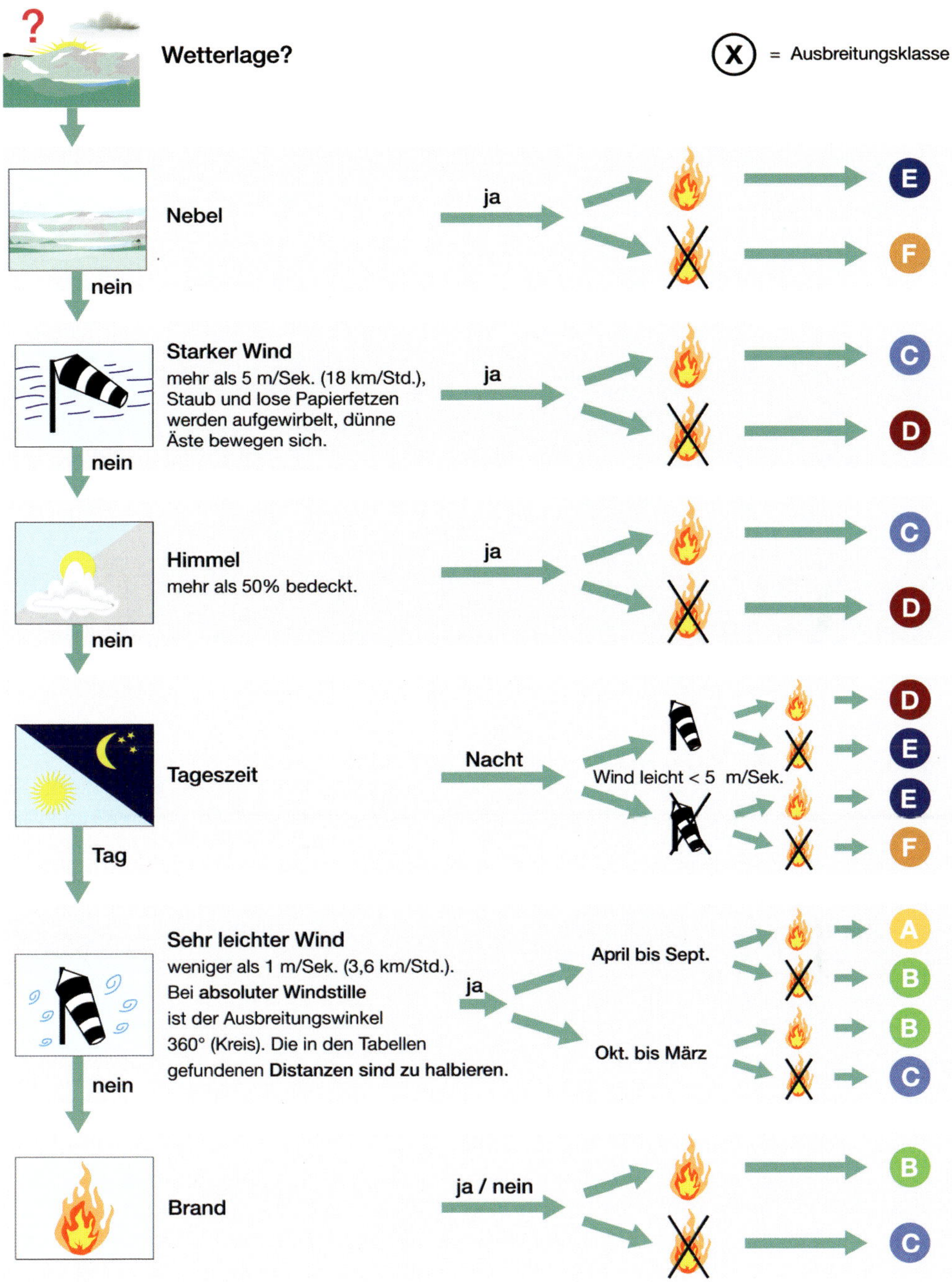

Bei intensivem Brand ist die ermittelte Klasse um eine zu erniedrigen! Beispiel: B → A

Bei tiefkalten Gasen ist die ermittelte Klasse um eine zu erhöhen! Beispiel: C → D

Ausbreitungstabelle: Klasse A

Personen im Freien

Ausbreitungswinkel: **90°**
Distanzen in Meter

Giftigkeit/Toxizität

Freigesetzte Menge Produkt in **kg**	4000	800	400	80	40	8	4	0,8	0,4	0,08	**PAC-2 ppm 60 Min**
10	20	20	20	20	20	30	40	80	100	170	
20	20	20	20	20	20	40	50	100	120	210	
50	20	20	20	20	30	60	70	130	170	290	
100	20	20	20	30	40	70	100	170	220	370	
200	20	20	20	40	50	100	120	220	280	470	
500	20	20	30	60	70	130	170	300	380	650	
1000	30	30	40	70	100	170	220	390	480	850	
2000	30	30	50	100	130	220	290	490	650	1050	
5000	30	50	70	140	190	310	390	700	850	1400	
10000	40	60	90	180	240	400	500	850	1100	1750	
20000	50	90	120	240	320	550	650	1100	1350	2200	
50000	60	130	180	340	450	700	900	1500	1850	3000	

Personen im Inneren von Häusern

Ausbreitungswinkel: **90°**
Distanzen in Meter

Giftigkeit/Toxizität

Freigesetzte Menge Produkt in **kg**	4000	800	400	80	40	8	4	0,8	0,4	0,08	**PAC-2 ppm 60 Min**
10	20	20	20	20	20	20	20	20	20	30	
20	20	20	20	20	20	20	20	20	20	40	
50	20	20	20	20	20	20	20	20	30	70	
100	20	20	20	20	20	20	20	30	40	90	
200	20	20	20	20	20	20	20	40	60	130	
500	20	20	20	20	20	20	30	60	90	210	
1000	30	30	30	30	30	30	40	90	140	300	
2000	30	30	30	30	30	40	50	140	200	430	
5000	30	30	30	30	30	60	90	220	320	700	
10000	30	30	30	40	40	90	140	320	450	1000	
20000	40	40	40	50	50	130	200	460	650	1350	
50000	40	40	40	60	90	230	330	750	1050	2050	

Ausbreitungstabelle: Klasse B

Personen im Freien

Ausbreitungswinkel: **90°**
Distanzen in Meter

Giftigkeit/Toxizität

Freigesetzte Menge Produkt in **kg**	4000	800	400	80	40	8	4	0,8	0,4	0,08	**PAC-2 ppm 60 Min**
10	20	20	20	20	30	50	60	120	160	270	
20	20	20	20	30	30	60	80	160	200	350	
50	20	20	20	40	50	90	120	220	280	470	
100	20	20	20	50	60	120	150	280	350	600	
200	20	20	30	60	80	150	200	360	450	800	
500	20	30	40	90	120	220	280	490	650	1050	
1000	30	40	60	120	160	280	360	650	800	1350	
2000	40	50	70	150	210	360	460	800	1000	1700	
5000	50	80	110	220	300	500	650	1100	1400	2300	
10000	60	100	150	300	390	650	850	1400	1750	2850	
20000	70	140	200	390	550	850	1050	1750	2200	3600	
50000	100	210	290	600	750	1150	1450	2400	3000	4900	

Personen im Innern von Häusern

Ausbreitungswinkel: **90°**
Distanzen in Meter

Giftigkeit/Toxizität

Freigesetzte Menge Produkt in **kg**	4000	800	400	80	40	8	4	0,8	0,4	0,08	**PAC-2 ppm 60 Min**
10	20	20	20	20	20	20	20	20	20	50	
20	20	20	20	20	20	20	20	20	30	70	
50	20	20	20	20	20	20	20	30	50	100	
100	20	20	20	20	20	20	20	40	60	150	
200	20	20	20	20	20	20	30	60	90	220	
500	20	20	20	20	20	30	40	100	150	350	
1000	30	30	30	30	30	40	60	150	220	490	
2000	30	30	30	30	40	60	90	220	320	700	
5000	30	30	30	40	50	90	150	360	550	1150	
10000	30	30	30	50	60	140	220	550	750	1600	
20000	40	40	40	70	80	220	320	750	1050	2200	
50000	40	40	40	100	140	370	550	1200	1650	3350	

Ausbreitungstabelle: Klasse C

Personen im Freien

Ausbreitungswinkel: **60°**
Distanzen in Meter

Giftigkeit/Toxizität

Freigesetzte Menge Produkt in **kg**	4000	800	400	80	40	8	4	0,8	0,4	0,08	**PAC-2 ppm 60 Min**
10	20	20	20	40	50	90	120	230	300	550	
20	20	20	20	50	60	120	160	300	390	700	
50	20	20	30	70	90	170	230	420	550	950	
100	20	30	40	90	120	230	300	550	700	1200	
200	30	40	50	110	160	300	390	700	900	1500	
500	40	60	80	170	230	420	550	1000	1250	2050	
1000	50	70	100	220	300	550	700	1250	1550	2600	
2000	60	100	140	300	400	750	950	1600	2000	3300	
5000	90	150	210	430	600	1000	1300	2150	2700	4450	
10000	110	200	280	600	800	1300	1600	2750	3400	5600	
20000	140	270	380	800	1050	1650	2050	3450	4300	7100	
50000	190	400	600	1100	1450	2250	2800	4700	5850	9600	

Personen im Innern von Häusern

Ausbreitungswinkel: **60°**
Distanzen in Meter

Giftigkeit/Toxizität

Freigesetzte Menge Produkt in **kg**	4000	800	400	80	40	8	4	0,8	0,4	0,08	**PAC-2 ppm 60 Min**
10	20	20	20	20	20	20	20	30	40	90	
20	20	20	20	20	20	20	20	40	50	120	
50	20	20	20	20	20	20	30	60	80	200	
100	20	20	20	20	20	30	30	80	120	290	
200	20	20	20	20	20	30	50	120	180	420	
500	20	20	20	20	30	50	70	200	290	700	
1000	30	30	30	30	40	70	110	290	430	1000	
2000	30	30	30	40	60	100	160	430	650	1400	
5000	30	30	30	70	90	180	280	750	1050	2200	
10000	30	30	30	100	110	270	420	1050	1450	3100	
20000	40	40	40	140	150	420	650	1500	2050	4300	
50000	40	40	80	190	280	750	1050	2350	3250	6600	

Ausbreitungstabelle: Klasse D

Personen im Freien

Ausbreitungswinkel: **60°**
Distanzen in Meter

Giftigkeit/Toxizität

Freigesetzte Menge Produkt in **kg**	4000	800	400	80	40	8	4	0,8	0,4	0,08	**PAC-2 ppm 60 Min**
10	20	20	30	60	80	150	200	380	490	900	
20	20	30	40	70	100	190	260	490	650	1150	
50	30	40	50	100	140	280	370	700	900	1550	
100	30	50	70	140	190	370	490	900	1150	1950	
200	40	60	90	180	250	480	650	1150	1450	2450	
500	60	90	130	270	370	700	900	1600	2000	3350	
1000	80	120	170	360	500	900	1200	2050	2550	4250	
2000	100	160	230	490	700	1200	1500	2600	3250	5400	
5000	140	240	340	750	1000	1650	2100	3550	4400	7300	
10000	180	320	460	950	1300	2100	2650	4500	5600	9250	
20000	230	440	650	1250	1700	2700	3400	5700	7050	11650	
50000	310	700	950	1800	2350	3700	4650	7750	9600	15850	

Personen im Innern von Häusern

Ausbreitungswinkel: **60°**
Distanzen in Meter

Giftigkeit/Toxizität

Freigesetzte Menge Produkt in **kg**	4000	800	400	80	40	8	4	0,8	0,4	0,08	**PAC-2 ppm 60 Min**
10	20	20	20	20	20	20	20	50	60	140	
20	20	20	20	20	20	30	30	60	90	200	
50	20	20	20	20	20	40	40	90	140	330	
100	20	20	20	20	30	40	50	130	190	470	
200	20	20	20	20	30	50	70	190	290	700	
500	20	20	20	30	50	80	120	320	480	1150	
1000	30	30	30	40	70	110	180	470	700	1600	
2000	30	30	30	60	100	170	270	700	1050	2300	
5000	30	30	30	110	140	290	460	1200	1700	3600	
10000	30	30	40	170	180	450	700	1700	2400	5050	
20000	40	40	60	230	240	700	1050	2450	3400	7050	
50000	40	60	130	310	460	1200	1750	3850	5350	10850	

Ausbreitungstabelle: Klasse E

Personen im Freien

Ausbreitungswinkel: **45°**
Distanzen in Meter

Giftigkeit/Toxizität

Freigesetzte Menge Produkt in **kg**	4000	800	400	80	40	8	4	0,8	0,4	0,08	**PAC-2 ppm 60 Min**
10	20	30	40	90	120	230	300	600	800	1350	
20	30	40	60	110	150	300	400	800	1000	1750	
50	40	60	80	160	220	430	600	1100	1400	2350	
100	50	70	100	210	290	600	750	1400	1750	3000	
200	60	90	130	280	390	750	1000	1800	2250	3800	
500	90	130	190	420	600	1100	1400	2450	3100	5200	
1000	120	180	260	600	800	1400	1800	3150	3950	6550	
2000	160	240	350	750	1050	1800	2300	4000	5000	8300	
5000	220	360	550	1100	1500	2500	3200	5450	6800	11300	
10000	280	500	750	1500	1950	3250	4100	6900	8650	14250	
20000	350	700	1000	1950	2600	4150	5200	8750	10900	18000	
50000	470	1050	1450	2800	3650	5700	7150	11950	14850	24450	

Personen im Innern von Häusern

Ausbreitungswinkel: **45°**
Distanzen in Meter

Giftigkeit/Toxizität

Freigesetzte Menge Produkt in **kg**	4000	800	400	80	40	8	4	0,8	0,4	0,08	**PAC-2 ppm 60 Min**
10	20	20	20	20	20	30	30	70	90	220	
20	20	20	20	20	20	40	40	90	130	310	
50	20	20	20	20	30	50	60	140	210	500	
100	20	20	20	20	40	60	80	200	300	750	
200	20	20	20	30	50	80	110	290	440	1100	
500	20	20	20	50	70	120	180	490	750	1750	
1000	30	30	30	70	110	170	270	750	1100	2450	
2000	30	30	30	90	160	260	410	1100	1600	3500	
5000	30	30	40	160	220	450	750	1800	2600	5550	
10000	30	30	60	250	280	700	1100	2600	3700	7800	
20000	40	40	100	350	370	1100	1600	3750	5250	10900	
50000	40	90	190	470	700	1850	2700	5950	8250	16750	

Ausbreitungstabelle: Klasse F

Personen im Freien

Ausbreitungswinkel: **45°**
Distanzen in Meter

Giftigkeit/Toxizität

Freigesetzte Menge Produkt in **kg**	4000	800	400	80	40	8	4	0,8	0,4	0,08	**PAC-2 ppm 60 Min**
10	30	40	50	110	150	290	390	750	1000	1750	
20	40	50	70	140	190	380	550	1000	1300	2250	
50	50	70	100	200	280	550	750	1400	1800	3050	
100	60	90	130	270	380	750	1000	1800	2300	3900	
200	80	120	170	360	500	1000	1300	2300	2900	4900	
500	110	170	250	550	750	1400	1800	3200	4000	6700	
1000	150	230	330	750	1000	1800	2350	4050	5100	8500	
2000	200	310	450	1000	1350	2350	3000	5150	6450	10750	
5000	280	470	700	1450	1950	3250	4150	7050	8800	14600	
10000	360	650	950	1900	2550	4200	5300	8950	11150	18450	
20000	450	900	1250	2500	3350	5350	6750	11350	14100	23300	
50000	650	1350	1900	3600	4700	7350	9250	15450	19200	31650	

Personen im Innern von Häusern

Ausbreitungswinkel: **45°**
Distanzen in Meter

Giftigkeit/Toxizität

Freigesetzte Menge Produkt in **kg**	4000	800	400	80	40	8	4	0,8	0,4	0,08	**PAC-2 ppm 60 Min**
10	20	20	20	20	20	40	40	90	120	280	
20	20	20	20	20	30	50	50	120	170	400	
50	20	20	20	20	40	70	80	180	270	650	
100	20	20	20	30	50	80	100	260	380	950	
200	20	20	20	40	60	100	140	380	600	1400	
500	20	20	20	60	90	150	230	650	950	2250	
1000	30	30	30	80	140	220	350	950	1400	3200	
2000	30	30	30	120	200	330	550	1400	2050	4550	
5000	30	30	50	210	280	600	950	2350	3350	7200	
10000	30	30	80	330	360	900	1400	3400	4750	10100	
20000	40	50	120	450	480	1400	2100	4850	6750	14100	
50000	40	110	250	650	950	2350	3450	7700	10650	21650	

Ausbreitungstabelle: Klasse G

Personen im Freien

Ausbreitungswinkel: **45°**
Distanzen in Meter

Giftigkeit/Toxizität

Freigesetzte Menge Produkt in **kg**	4000	800	400	80	40	8	4	0,8	0,4	0,08	**PAC-2 ppm 60 Min**
10	30	50	70	130	180	350	470	950	1200	2100	
20	40	60	80	170	240	470	650	1200	1550	2700	
50	60	80	120	250	340	700	900	1700	2150	3700	
100	70	110	150	330	460	900	1200	2150	2750	4700	
200	100	140	200	440	650	1200	1550	2800	3550	5950	
500	140	210	300	650	900	1700	2200	3850	4850	8150	
1000	180	280	400	900	1200	2200	2800	4900	6150	10300	
2000	240	380	550	1200	1600	2850	3650	6250	7850	13050	
5000	340	600	850	1750	2350	3950	5050	8550	10700	17750	
10000	430	800	1150	2300	3100	5050	6400	10850	13550	22400	
20000	550	1100	1550	3050	4050	6500	8150	13750	17100	28250	
50000	750	1600	2300	4350	5700	8950	11200	18750	23300	38400	

Personen im Innern von Häusern

Ausbreitungswinkel: **45°**
Distanzen in Meter

Giftigkeit/Toxizität

Freigesetzte Menge Produkt in **kg**	4000	800	400	80	40	8	4	0,8	0,4	0,08	**PAC-2 ppm 60 Min**
10	20	20	20	20	20	50	50	100	150	340	
20	20	20	20	20	30	60	60	140	200	480	
50	20	20	20	30	40	80	90	220	320	800	
100	20	20	20	40	50	100	120	310	470	1150	
200	20	20	20	50	70	120	170	460	700	1700	
500	20	20	20	70	110	180	280	800	1150	2700	
1000	30	30	30	100	160	270	420	1150	1700	3850	
2000	30	30	40	150	240	400	650	1700	2500	5500	
5000	30	30	60	250	340	700	1150	2850	4050	8700	
10000	30	40	90	400	430	1100	1700	4100	5750	12250	
20000	40	60	150	550	600	1700	2550	5900	8200	17100	
50000	40	130	300	750	1100	2850	4200	9350	12900	26300	

Glossar

ADR: Accord Européen Relatif au Transport International des Marchandises Dangereuses par route (Europäisches Übereinkommen über die internationale Beförderung gefährlicher Güter auf der Straße)

AEGL: Die AEGL-Werte (**A**cute **e**xposure **g**uideline **l**evels) sind toxikologisch begründete maximale Stoffkonzentrationen für unterschiedliche Expositionszeiträume (10 min, 30 min, 1 h, 4 h, 8 h) und es werden drei unterschiedliche so genannte Effekt-Schweregrade unterschieden:

- AEGL-1 spürbares Unwohlsein
- AEGL-2 schwerwiegende, lang andauernde oder fluchtbehindernde Wirkung
- AEGL-3 tödliche Wirkung

Für den Feuerwehreinsatz relevant sind die AEGL-2-Werte für 30 Minuten bis 4 Stunden. Die AEGL-2 Werte für eine Stunde sind in den PAC-2-Werten berücksichtigt.

AGW: Der (**A**rbeitsplatz**g**renz**w**ert – **M**aximale **A**rbeitsplatz**k**onzentration) ist die zeitlich gewichtete durchschnittliche Konzentration eines Stoffes in der Luft am Arbeitsplatz, bei der eine akute oder chronische Schädigung der Gesundheit der Beschäftigten nicht zu erwarten ist. Bei der Festlegung wird von einer in der Regel achtstündigen Exposition an fünf Tagen in der Woche während der Lebensarbeitszeit ausgegangen. Der Arbeitsplatzgrenzwert wird in mg/m^3 und ml/m^3 (ppm) angegeben.

Akute Toxizität:
Toxizität einer Einzeldosis – die schädliche Wirkung tritt bereits nach einmaliger Verabreichung der toxischen Substanz auf. Beobachtungszeitraum max. 2 Wochen, normal 5 Tage, Angabe z. B. LD(50).

Antidote:
Dies sind im engeren Sinn Stoffe, welche bereits resorbierte Gifte inaktivieren, d. h. entweder a) durch pharmakologische Effekte die Wirkung am Rezeptor oder Organsystem aufheben oder doch vermieden werden, oder b) durch direkte und indirekte chemische Reaktion den Giftstoff inaktivieren.

Atemrate:
Das pro Zeiteinheit eingeatmete Luftvolumen. Die Atemrate bei leichter Arbeit beträgt etwa 1.000 Liter pro Stunde oder 0,000'28 Kubikmeter pro Sekunde.

Ausbreitungsklasse:
Diese Klassierung teilt die für die Ausbreitung von Gasen wichtigen Merkmale des Wetters (Meteorologie) in Klassen A–G ein. Berücksichtigt werden: Jahreszeit, Tageszeit, Bedeckungsgrad des Himmels mit Wolken, Nebel, Windgeschwindigkeit.

Brandgase:
Die bei einem Brand gebildeten Gase, die z. T. sehr toxisch sein können wie CO, HCN, NOx etc.

CAS-Nr.:
Für jeden in der Chemical Abstracts Service-Datenbank (https://www.cas.org/cas-data/cas-registry) registrierten chemischen Stoff existiert eine eindeutige CAS-Registernummer. Sie dient dazu, chemische Verbindungen eindeutig zu identifizieren und Verwechslungen zu vermeiden. Jede CAS-Nummer besteht aus drei durch Bindestriche getrennten Zahlenblöcken und wird weltweit verwendet.
Die Angabe der CAS-Nummer im Sicherheitsdatenblatt, Abschnitt 3 ist für Gefahrstoffe obligatorisch.

Dosen:

LD(50) halbletale Dosis, die Hälfte der Versuchstiere sterben. LD(75) FD: *fatale dose* für Gifte. LD(99) die sicher tödliche Dosis. ED(50) (Dosis effectiva) Standard-Dosis für Effekt, Wirkung (erwünscht), WD(50) (Wirkungsdosis 50). Toleranzdosis: höchstzulässige Dosis.

Dosis-Wirkungs-Beziehung:

Beziehung zwischen aufgenommener Dosis und deren Wirkung. Die mathematische Beziehung kann durch die Dosis-Wirkungs-Kurve dargestellt werden. Letztlich hängt die Wirkung nicht von der Konzentration und nicht von der Dosis, sondern von der Konzentration der Wirkstoffmoleküle am Rezeptor ab.

Emission:

Ausstoß von Schadstoffen an der Quelle

ERPG-2:

Die maximale Schadstoffkonzentration in der Luft, bei der man davon ausgeht, dass bei Unterschreitung dieser Konzentration die meisten Personen bis zu 1 Stunde der Belastung ausgesetzt sein können, ohne irreversible oder ernsthafte Gesundheitsschäden zu erleiden oder solche Symptome zu entwickeln, die die Fähigkeit der Person zum Selbstschutz beeinträchtigen könnten.
Diese Werte sind in den PAC-2-Werten berücksichtigt.

Explosionsgrenzen:

(Zündgrenzen) die untere und obere Grenzkonzentration eines brennbaren Gases oder Dampfes in Mischung mit Luft (oder einem anderen, Sauerstoff enthaltenden Gas), zwischen denen das Gas-(Dampf-)Luft-Gemisch durch Erhitzen (Zündtemperatur) oder Funken zur Explosion gebracht werden kann.

Expositionszeit:

Zeit, während der die betroffenen Personen einer Einwirkung (Immission) ausgesetzt sind. Beim MET© entspricht diese Zeit der Durchgangszeit der Schadstoffwolke.

Flammpunkt:

Die niedrigste Temperatur (bezogen auf einen Druck von 1.013 mbar), bei der sich in einem geschlossenen oder offenen Tiegel aus der Flüssigkeit Dämpfe in solchen Mengen entwickeln, dass sich im Tiegel ein durch Fremdzündung entflammbares Dampf-Luft-Gemisch bildet.

Geruchsgrenze:

Die schwächste noch wahrnehmbare Duftkonzentration eines Stoffes ist als **Geruchsschwellenwert, Geruchsgrenze** (detection threshold) definiert, während die geringste Konzentration für die Identifikation als **Erkennungsschwellenwert** oder **Wahrnehmungsschwellenwert** (recognition threshold) bezeichnet wird. Zusätzlich kennt man die Unterscheidung von zwei Gerüchen, deren kleinste Konzentrationen als **Differenzschwellenwert** (difference threshold) bekannt ist.

hygroskopisch:

wasseranziehend (das Wasser der Luftfeuchtigkeit bindet fein verteilte Schwefelsäure, Ammoniakgas, Chlorwasserstoff etc. zu kleinen Tröpfchen)

IDLH: Immediately Dangerous to Life and Health. In der Mitte der siebziger Jahre wurden von der Arbeitsschutzbehörde (OSHA) und von dem Arbeitsschutzinstitut (NIOSH) der USA ein Konzept von Störfallreferenzwerten entwickelt, das bereits auf Überlegungen von 1944 zurückgeht. Dabei sollte es möglich sein, die Flucht zu ergreifen, falls das Atemschutzgerät ausfällt, ohne bei Stoffexposition von bis zu 30 Minuten lebensbedrohliche oder sonstige schwere Gesundheitseffekte zu erleiden. Die entsprechenden Werte wurden als IDLH-Werte bezeichnet und ursprünglich für 336 Stoffe berechnet.

Immission:
Substanzen am Ort ihres Einwirkens auf Mensch, Tier, Pflanze, Böden und Sachgüter.

Inhalation:
Aufnahme durch die Atemorgane, über die Lunge.

Kompartiment:
Abgeschlossener Teil für das betrachtete System, bei Wirkstoffen Teil des gesamten Verteilungsraumes, z. B. der Magen, Darm, Blut etc.

Konzentration:
Anzahl Teilchen pro Volumen. Bei einer chemischen Reaktion ist nicht die Masse der Teilchen, sondern deren Anzahl entscheidend, gleichgültig, ob die Masse nun klein oder groß ist. Deshalb werden die Konzentrationen in Mol pro Liter (mol/l) angegeben. Eine Lösung mit einer Konzentration von 1 mol/l enthält $6{,}023 \times 10^{23}$ Teilchen.

kryogen:
tiefkalt (z. B. Gase, die bei sehr tiefen Temperaturen als Flüssigkeiten transportiert oder gelagert werden)

Latenzzeit:
Der Zeitraum zwischen Giftzufuhr und feststellbarer Wirkung.

LC: (lethal concentration) die für Menschen innerhalb einer beliebigen Expositionszeit, für Tiere innerhalb längstens 8 Stunden tödlich wirkende Konzentration

LD(50):
Die im Tierversuch einmalig verabreichte Dosis, die bei der Hälfte der Tiere den Tod innert 5 Tagen verursacht. Die LD(50) ist abhängig von der Art der Verabreichung der Testsubstanz und der Tierart, z. B. LD(50) oral (Aufnahme via Mund), z. B. Ratte; LD(50) intravenös (Injektion in Vene), z. B. Hund; LD(50) intraperitoneal (Injektion in Bauchhöhle; LD(50) dermal (Aufnahme via Haut).

Luftaustauschrate:
Anzahl Luftwechsel pro Zeit. Ein Maß für die Dichtigkeit einer Gebäudehülle.

Luftumwälzung:
Die in einem Gebäude zirkulierende Luft, z. B. von einem Stockwerk ins andere.

MAK: maximale Arbeitsplatzkonzentration. Der Maximale Arbeitskonzentrationswert (MAK-Wert) ist diejenige Durchschnittskonzentration eines gas-, dampf- oder staubförmigen Arbeitsstoffes in der Luft, die nach derzeitiger Kenntnis in der Regel bei Einwirkung während der Arbeitszeit von 8 Stunden täglich und bis 42 Stunden pro Woche auch über längere Perioden bei der ganz stark überwiegenden Zahl der gesunden, am Arbeitsplatz Beschäftigten die Gesundheit nicht gefährdet. Besonders empfindliche oder in ihrer Gesundheit beeinträchtigte Personen können auch durch tiefere Konzentrationen gefährdet werden. MAK ppm = MAK ml/m^3 = 24.06 × MAK mg/m^3 / Molmasse MAK mg/m^3 = MAK ppm × Molmasse / 24.06. 24.06 l = Molvolumen bei 20 °C (293 K) und 760 Torr (1013.25 mbar, 101 325 Pa). Dem MAK-Wert im geschlossenen Raum steht der MIK-Wert im Freien gegenüber.

MEK: maximale Emissionskonzentration

Metabolismus:
Stoffwechsel

MIK: maximale Immissionskonzentration; MIK-Wert (Maximale Immissions-Konzentration) Die maximale Immissions-Konzentration ist diejenige Konzentration eines Luft verunreinigenden Stoffes, die bodennah im Freien außerhalb der Emissionsquelle für Mensch und Tier oder Pflanze bei dauernder Einwirkung als unbedenklich ist. Bei Stäuben wird der MIK-Wert als Niederschlag in g/m^2 pro Tag angegeben (Erste Näherung: MIK ≈ MAK/20).

Mol: (Symbol: mol): Das SI definiert die Grundeinheit Mol als die Stoffmenge eines Systems, die aus ebenso vielen Elementarindividuen besteht, wie 0,012 kg des Nuklids Kohlenstoff-12 Atome enthält. Wird das Mol verwendet, so müssen die Elementarindividuen bezeichnet werden. Diese können Atome, Moleküle, Ionen, Elektronen oder andere Teilchen resp. definierte Gruppen solcher Teilchen sein.

OEG: Obere Explosionsgrenze: Maximaler Volumenanteil des brennbaren Gases in % in Luft, welcher im Gemisch explosiv ist. Größere Volumenanteile sind nicht explosiv.

PAC (Protective Action Criteria) – Expositionszeit 60 Minuten:
Diese für die Notfallplanung bei Gefahrgutfreisetzungen benutzbaren Grenzwerte basieren auf den in der Reihenfolge ihrer Bedeutung nachstehend angegebenen Toxizitätswerten:

- Acute Exposure Guideline Level (AEGL)
- Emergency Response Planning Guideline (ERPG)
- Temporary Emergency Exposure Limit (TEEL)

Für den Einsatz sind die PAC-2 Werte von Bedeutung, da diese Grenzwerte beschreiben bei denen irreversible Gesundheitsschäden auftreten können.

Resorption:
(von lateinisch: resorbere = aufsaugen) Aufnahme von Nahrungsmitteln, Arzneimitteln und ähnlichen Stoffen in die Blut- und Lymphbahnen.

Schutz in Fahrzeugen:
Auch geschlossene Fahrzeuge können während kurzer Zeit einen gewissen Schutz vor toxischen Gasen bieten. Dazu müssen aber die Ventilation und Klimaanlage vollständig abgestellt und alle Zuluftöffnungen, Fenster und Türen geschlossen sein. Bei langen Zeiten verliert der Schutz der Fahrzeuge die Wirkung.

Schutz durch Häuser:
Im Innern eines Hauses ist ein wesentlicher Schutz vor toxischen Gaswolken erreichbar, wenn die Fenster und Türen geschlossen, die Lüftungen und Ventilationen sowie die Heizungen abgestellt sind. Bei sehr langen Zeiten verliert der Schutz der Häuser die Wirkung.

TC (toxic concentration):
Bei Gasen diejenige Konzentration, bei welcher für den Menschen irgendeine toxische Wirkung oder für Versuchstiere karzinogene, teratogene oder mutagene Effekte nachweisbar sind.

TD(50) (toxische Dosis 50):
Dosis für das Auftreten von Vergiftungssymptomen bei 50 % der Versuchsindividuen.

TEEL (Temporary Emergency Exposure Limits):
Werte sind vorläufige Werte für Substanzen, für welche noch keine ERPG-Werte validiert sind. Diese Toxizitätswerte sind in den PAC-2-Werten berücksichtigt.

toxisch:
giftig, nachgewiesenermaßen schädlich

Toxizität:
Aus dem griechischen abgeleitete Bezeichnung für Giftigkeit. Man unterscheidet *akute Toxizität: Giftigkeit bei einmaligem bzw. kurzfristigem zeitlich eng begrenztem Kontakt mit einem Giftstoff, subakute bzw. subchronische Toxizität: Bei wiederholter, meist 28 bzw. 90 d dauernder Belastung und chronischer Toxizität:* Bei Belastung über einen längeren Zeitraum (bis zu mehreren Jahren), der beim Versuchstier größer ist als die halbe durchschnittliche Lebenserwartung. Die Prüfung auf fruchtschädigende Wirkung ist gleichzeitig ein Test auf gentoxische oder teratogene Wirkung.

Transportkennzeichnung:

T	giftig
F	entzündbar
S	selbstentzündlich
C	ätzend
M	verschiedene Stoffe und Gegenstände
W	mit Wasser reagierend
O	oxidierend wirkend
P	Peroxid
D	nicht explosiver Zustand
SR	selbstzersetzlich
I	infektiös
R	radioaktiv

Transmission:

Ausbreitung und Transport von Schadstoffen durch Luft oder Wasser.

Tag/Nacht:

Tag: Eine halbe Stunde nach Sonnenaufgang bis eine halbe Stunde vor Sonnenuntergang.

UEG: Untere Explosionsgrenze: Minimaler Volumenanteil des brennbaren Gases in % in Luft, welcher im Gemisch explosiv ist. Kleinere Volumenanteile sind nicht explosiv.

Windrichtung:

Leitsatz: „Der Wind bläst aus Richtung …" Westwind heißt also, dass der Wind aus Richtung Westen bläst. Die Windrichtung ist auf der Höhe anzugeben, auf welcher die Wolke transportiert wird und in welcher die Windgeschwindigkeit angegeben wird. Die Windrichtung kann örtlich und zeitlich sehr stark schwanken, weshalb diese laufend über den ganzen Ausbreitungsbereich zu verfolgen ist.

VII. Pipeline-Leckagen

(Auszug aus „Handbuch – Bekämpfung von Zwischenfällen mit Pipelines"

© Föderaler Öffentlicher Dienst (FÖD) Inneres, Generaldirektion für Zivile Sicherheit (iBZ), Belgien)

Die Gaskatastrophe von Ghislenghien, Belgien, am 30. Juli 2004 hat nicht zuletzt durch die getöteten Feuerwehreinsatzkräfte verdeutlicht, dass der Bekämpfung von Pipeline-Leckagen oder -Bränden verstärkte Aufmerksamkeit gewidmet werden muss.

Im Nachgang zu diesem Unglück ist vom belgischen Innenministerium eine Arbeitsgruppe eingesetzt worden, der neben Vertretern der Feuerwehren auch Mitarbeiter der Pipelinebetreiber angehörten.

Diese hat einen Leitfaden entwickelt, der über vorbeugende und abwehrende Maßnahmen im Zusammenhang mit Pipelines informiert.

Die meisten Lecks an Pipelines werden durch Erdbewegungen und Ausschachtungsarbeiten verursacht. Der Schaden an den Rohrleitungen kann entweder ein Loch mit unterschiedlichem Durchmesser sein, oder es kann zu einem vollständigen Bruch der Leitung kommen. Nicht nur die Art des Lecks, sondern auch eine Reihe anderer Parameter sind ausschlaggebend für den weiteren Verlauf und die Schwere des Zwischenfalls:

- die Art des Gefahrstoffs
- die Menge dieses Stoffs, die pro Zeiteinheit freigesetzt wird
- die Umgebung der Leitung
- die Art der Leitung
- der Druck
- die Temperatur

Wesentliches Ergebnis der Arbeitsgruppe war die Entwicklung von Aktionskarten, die den Einsatzkräften Hinweise für die einzuhaltenden Sicherheitsabstände in Abhängigkeit vom Durchmesser der Pipeline, der Größe der Leckage (100 % des Durchmessers = vollständiger Bruch; 10 % des Durchmessers), den spezifischen Stoffeigenschaften sowie den Wirkungen bei Freisetzung mit und ohne Brand geben sollen.

Dabei wird das Einsatzgebiet in 3 Zonen wie folgt unterteilt:

Zone 1: Bereich mit einer hohen Wahrscheinlichkeit der Sterblichkeit; sie darf nur unter sehr außergewöhnlichen Umständen nach einer angemessenen Risikoabwägung und mit der erforderlichen Schutzkleidung betreten werden.

Zone 2: Zone darf nur die Feuerwehr betreten mit der erforderlichen Schutzkleidung und unter Beachtung der eigenen Sicherheit.

Zone 3: Nur die sich im Einsatz befindenden Hilfskräfte dürfen von außen hineingehen. Wer sich innerhalb der Zone befindet, darf dort bleiben. Personen, die aus innen gelegenen Bereichen evakuiert wurden, müssen mindestens außerhalb dieser Zone 3 gebracht werden.

Aktionskarte: Maßnahmen an Erdgaspipelines (> 14,7 bar)

Aufgrund der weiten Verbreitung von Erdgasleitungen ist insbesondere die „Aktionskarte Erdgas" von besonderer Bedeutung für die Einsatzkräfte.

Die einzuhaltenden Sicherheitsabstände unterscheiden sich je nachdem, ob sich das freigesetzte Gas bei Eintreffen der Einsatzkräfte bereits entzündet hat oder nicht.

Tab. 1 Entzündung des Gases (Fackelbrand)

	Sicherheitsabstände bei Brand für „durch Strukturen und Gebäude geschützte" Personen					
	Zone 1 Radius [m] House Burning Distance *)		**Zone 2 Radius [m]** 3 kW/m² nach 300 s		**Zone 3 Radius [m]**	
Leitungsdurchmesser [mm]	Größe der Leckage (Leitungsbruch)					
	100 %	10 %	100 %	10 %	100 %	10 %
100	30	5	60	11	100	50
200	60	7	140	24	200	50
300	80	10	220	37	300	50
400	110	12	290	49	400	100
500	130	15	360	64	500	100
600	140	16	430	78	600	100
700	160	19	500	92	700	150
800	180	21	570	106	800	150
900	190	23	640	121	900	150
1000	210	25	710	135	1000	150
1200	230	29	800	160	1200	200

*) House Burning Distance (HBD), in der die Gesamtzeit der Strahlung berücksichtigt ist, die eine Schutzstruktur in Brand setzen kann.

Maßnahmen:

Nie in die Zone 1 gehen!

Nur wenn es unbedingt notwendig ist, die Zone 2 betreten, und dies mit Einsatzkleidung, Atemschutz und Hitzeschutzkleidung für spezifische Maßnahmen wie

- Rettungen unter Berücksichtigung der eigenen Sicherheit und mit einer Mindestpersonalstärke,
- Maßnahmen zur Beherrschung des ausgetretenen Produktes (u. a. Hilfe beim Schließen des Absperrschiebers – die Feuerwehr tut dies nie selbst!).

Verzögerte Evakuierung

Evakuierung von Personen, die sich in Zone 2 befinden und durch ein Gebäude geschützt sind, werden dort belassen (die Evakuierung wird zurückgestellt, bis die Strahlungsintensität bedeutend geringer ist!)

Tab. 2 Noch keine Gasentzündung

	Sicherheitsabstände (noch keine Entzündung) für Hilfsdienste und für „nicht durch Strukturen geschützte" Personen					
	Zone 1 Radius [m] 10 kW/m² nach 30 s		**Zone 2 Radius [m]** 3 kW/m² nach 30 s		**Zone 3 Radius [m]**	
Leitungs-durchmesser [mm]	Größe der Leckage (Leitungsbruch)					
	100 %	10 %	100 %	10 %	100 %	10 %
100	30	6	90	11	100	50
200	100	11	210	24	200	50
300	150	16	320	37	300	50
400	200	21	430	49	400	100
500	240	27	520	64	500	100
600	290	33	610	78	600	100
700	340	39	700	92	700	150
800	380	45	780	106	800	150
900	430	51	870	121	900	150
1000	470	57	960	135	1000	150
1200	560	68	1130	160	1200	200

Maßnahmen:

In der Regel die Zone 1 nicht betreten, es sei denn mit Einsatzkleidung, Atemschutz und eventuell Hitzeschutzkleidung für Vorbeugende Evakuierungen und Maßnahmen zur Beherrschung des ausgetretenen Produktes (u. a. Hilfe beim Schließen des Absperrschiebers).

Vorbeugende Evakuierungen

Evakuierung aller Personen innerhalb der Zone 1 und der nicht durch Gebäude und Strukturen geschützten Personen in Zone 2, unter Beachtung der eigenen Sicherheit und mit einer Mindestpersonalstärke!

Verzögerte Evakuierung

Evakuierung von Personen, die durch ein Gebäude geschützt sind und sich entweder in Zone 1 außerhalb der HBD-Radien (siehe Tabelle „Entzündung des Gases") oder in Zone 2 befinden, werden dort belassen (die Evakuierung wird zurückgestellt, bis die Strahlungsintensität erheblich abgenommen hat!).

Risiken:

Folgende Risiken müssen die Einsatzkräfte im Fall eines Zwischenfalls mit einer Erdgaspipeline berücksichtigen:

- Hitze
- Lärm
- Druckwirkungen (spielen bei Gaswolkenbrand nur eine Rolle in geschlossenen Räumen)
- Schnittwirkung
- Erstickung
- Erfrierungen

Die Detonation einer freien Wolke gilt bei Erdgas als unwahrscheinlich.

Tab. 3 Übersicht der möglichen Szenarien bei Zwischenfällen an Pipelines

Kategorie	Szenario	Folgen/Schaden
Brennbares Gas unter Druck	Ausströmen ohne Entzündung	• gestörte Kommunikation • Gehörschaden • Lungenschaden • (mögliche Druckwirkung)
	Ausströmen mit direkter Entzündung: Fackelbrand mit Feuerball	• Brandwunden • sekundäre Brände
	Ausströmen mit verzögerter Entzündung: Gaswolke, Gasbrand und Fackelbrand	• Brandwunden • sekundäre Brände • Lungenschaden • (mögliche Druckwirkung)
Brennbares, zu Flüssigkeit verdichtetes Gas	Ausströmen ohne Entzündung	• Erfrierung • (mögliche Druckwirkung)
	Ausströmen mit direkter Entzündung: Fackelbrand mit Feuerball	• Brandwunden • sekundäre Brände
	Ausströmen mit verzögerter Entzündung: Flächenbrand, Gaswolke, Entzündung der Gaswolke	• Brandwunden • sekundäre Brände • Lungenschaden • mögliche Druckbelastung
Brennbare Flüssigkeit	Entstehung von Gaslachen	• Einsickern in den Boden • Verseuchung des Bodens und der Oberflächengewässer
	Entzündung von Dampf/Gaswolken, gefolgt von Flächenbrand	• Brandwunden • sekundäre Brände • Lungenschaden • mögliche Druckbelastung
Inertes Gas	Entstehung einer inerten Gaswolke	• Ersticken • verringerte Sauerstoffaufnahme • Verbrennungsmotoren können ausgehen
Toxisches Gas	Entstehung einer toxischen Gaswolke	• Vergiftungen • Korrosion
Toxische Flüssigkeit	Ausströmen mit Verdampfen	• Vergiftungen • Korrosion • Umweltverschmutzung
Sauerstoff	Entstehung einer Gaswolke	• stimuliert spontane Entzündung

VIII. Umgang mit den Gefahrgut-Informationsquellen

Der Deutsche Feuerwehrverband **(DFV)** und der internationale Feuerwehrverband **(CTIF)** haben ein Informationskonzept für den Gefahrguteinsatz verabschiedet, welches mittlerweile weltweit anerkannt ist.

Dieses Konzept sieht 4 zeitlich aufeinander abgestimmte Informationsstufen vor:

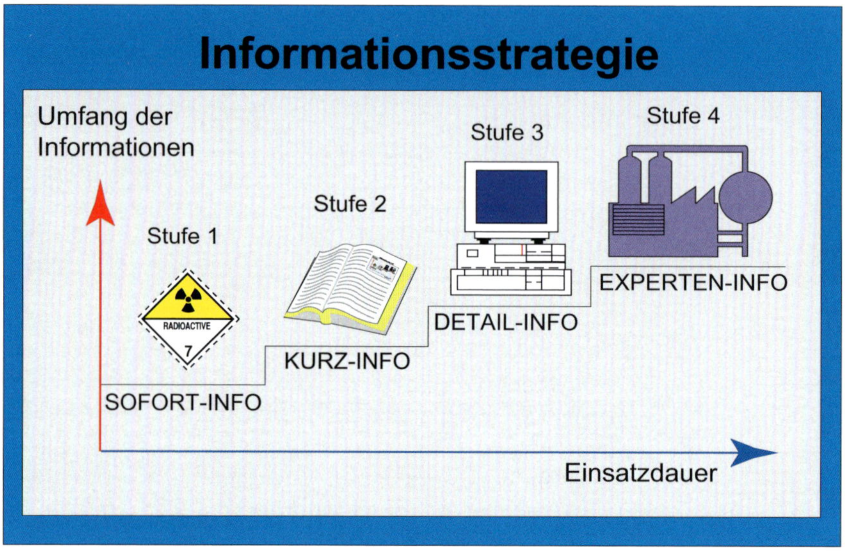

Stufe 1 (Sofortinformation)

Bei Stufe 1 stehen die Warnung und die schnelle und sichere Identifikation des Stoffes im Vordergrund und zwar durch

- orangefarbene Tafel,
- Gefahrzettel,
- Gefahrnummer,
- UN-Nummer.

Stufe 2 (Kurzinformation)

In Stufe 2 sind die Einsatzmerkblätter für qualifizierte Sofortmaßnahmen am Unfallort erforderlich. Die Unfallmerkblätter verlieren an Bedeutung, da sie nicht mehr speziell auf den transportierten Stoff bezogen und nur in der Sprache des Fahrers mitzuführen sind.

⚠ Zu beachten ist,

dass neben den Beförderungsdokumenten alle Informationsmittel der Stufe 1 und die Unfallmerkblätter am Transportmittel oder transportierten Gut zu finden sind, während die Einsatzmerkblätter in Handbuchform nach nordamerikanischem Vorbild, wie z. B. „Gefahrgut-Ersteinsatz", auf den Rettungsfahrzeugen mitzuführen sind.

Beide Stufen zusammen stellen ausreichende Informationsquellen an der Einsatzstelle dar.

Stufe 3 (Detailinformation)

Im rückwärtigen Bereich ist als Stufe 3 eine einheitliche EDV-fähige Datenbasis vorzuhalten, die der detaillierten stoffbezogenen Information der Einsatzkräfte mit Stoffdaten, Bewertungen und Handlungsanweisungen dient.

Es sind hier sowohl öffentliche (z. B. **GSA** – Gefahrstoffschnellauskunft des Umweltbundesamtes oder **IGS** – Informations- und Kommunikationssystem für gefährliche und umweltrelevante Stoffe des Landes Nordrhein-Westfalen) als auch private Datenbanken verfügbar.

Stufe 4 (Experteninformation)

Da die öffentliche Feuerwehr nicht in jedem Fall über die notwendige Kenntnis des Produkts und/oder technische Ausstattung verfügen kann, bedarf es der Stufe 4, die in Deutschland durch **TUIS** (Transport-Unfall-Informations- und Hilfeleistungssystem) und in Europa durch ICE (International Chemical Environment) Unterstützung von Fachleuten der Hersteller der transportierten chemischen Produkte bietet. Ebenso bietet die deutsche Flüssiggasindustrie mit dem Flüssiggas-Sicherheitsdienst (FSD) ein ähnliches System an.

Beim Gefahrguteinsatz steht an erster Stelle:

GEFAHREN ERKENNEN!

Es ist für den Einsatzerfolg entscheidend, dass Einsatzkräfte, die bei der Gefahrenabwehr bei Unfällen mit gefährlichen Stoffen und Gütern eingesetzt werden sollen, die nachstehend beschriebenen **Sofort-Informationen als für den Einsatz besonders wichtig** erkennen und entsprechend auch an ihre Führungsorganisation (Einsatzleiter, Leitstelle usw.) weitergeben können.

Aber auch der Ersthelfer, der nicht unmittelbar mit der Gefahrenabwehr betraut ist, sollte diese Informationen zum Eigenschutz nutzen.

1. **Nummer zur Kennzeichnung der Gefahr**
2. **Nummer zur Kennzeichnung des Stoffes = UN-Nr.**
3. **Gefahrzettel**
4. **Beförderungsdokumente**
5. **Schriftliche Weisungen (Unfallmerkblatt)**
6. **Sicherheitsdatenblatt**

Auf die Erläuterungen des amerikanischen Gefahrendiamanten und des englischen Hazchem-Systems wird hier bewusst verzichtet, weil es für die Anwendung dieses Buches ohne Bedeutung ist.

1. Nummer zur Kennzeichnung der Gefahr (obere Hälfte der orangefarbenen Tafel)

Die Nummer zur Kennzeichnung der Gefahr besteht aus zwei oder drei Ziffern und weist im Allgemeinen auf folgende Gefahren hin:

2 Entweichen von Gas durch Druck oder chemische Reaktion

3 Entzündbarkeit von flüssigen Stoffen (Dämpfen) und Gasen oder selbsterhitzungsfähiger flüssiger Stoff

4 Entzündbarkeit von festen Stoffen oder selbsterhitzungsfähiger fester Stoff

5 Oxidierende (brandfördernde) Wirkung

6 Giftigkeit oder Ansteckungsgefahr (Infektion)

7 Radioaktivität

8 Ätzwirkung

9 Gefahr einer spontanen heftigen Reaktion

Die Verdoppelung einer Ziffer weist auf die Zunahme der entsprechenden Gefahr hin.
Wenn die Gefahr eines Stoffes ausreichend durch eine einzige Ziffer angegeben werden kann, wird dieser Ziffer eine Null angefügt.
Wenn der Nummer zur Kennzeichnung der Gefahr der Buchstabe „X" vorangestellt ist, bedeutet dies, dass der Stoff in gefährlicher Weise mit Wasser reagiert. Bei solchen Stoffen darf Wasser nur im Einverständnis mit Sachverständigen verwendet werden.
Spontane heftige Reaktion im Sinne der Ziffer 9 umfasst eine sich aus dem Stoff ergebende Möglichkeit der Explosionsgefahr, einer gefährlichen Zerfalls- oder Polymerisationsreaktion unter Entwicklung beträchtlicher Wärme oder die Entwicklung von entzündbaren und/oder giftigen Gasen.
Die Bedeutung der Ziffernkombinationen befindet sich auf der nächsten Seite.

2. Nummer zur Kennzeichnung des Stoffes = UN-Nr. (untere Hälfte der orangefarbenen Tafel)

Die vierstellige Ziffer zur Kennzeichnung des Stoffes (kurz **UN-Nr.** oder UNO-Nummer) wurde und wird vom Expertenkomitee der Vereinten Nationen für gefährliche Güter einer Substanz zugeordnet, die öfter transportiert wird.
Die Ziffer dient der sicheren Identifizierung gefährlicher Substanzen, deren Schreibweise in den Weltsprachen und oft auch in den Landessprachen zu gefährlichen Verwechslungen führen kann. Sie ersetzt für Transportbelange außerdem die komplizierte Formel, die dem Nicht-Chemiker keine sichere Identifizierung eines Stoffes ermöglicht. Schreib- und Buchstabierfehler sollen mit der vierstelligen Ziffer weitgehend ausgeschlossen werden.

Weil die **UN-Nr.** unten auf der orangefarbenen Tafel steht, wird sie fälschlicherweise oft **U**nter-**N**ummer genannt.

⚠ **Beachten Sie!**

Die UN-Nr. führt in diesem Buch vom Verzeichnis auf den gelben Seiten zum Merkblatt!

Ziffernkombinationen mit besonderer Bedeutung

Die Ziffern haben nach ADR folgende Bedeutung:

20	erstickendes Gas oder Gas, das keine Zusatzgefahr aufweist
22	tiefgekühlt verflüssigtes Gas, erstickend
223	tiefgekühlt verflüssigtes Gas, entzündbar
225	tiefgekühlt verflüssigtes Gas, oxidierend (brandfördernd)
23	entzündbares Gas
238	entzündbares Gas, ätzend
239	entzündbares Gas, das spontan zu einer heftigen Reaktion führen kann
25	oxidierendes (brandförderndes) Gas
26	giftiges Gas
263	giftiges Gas, entzündbar
265	giftiges Gas, oxidierend (brandfördernd)
268	giftiges Gas, ätzend
28	ätzendes Gas
30	• entzündbarer flüssiger Stoff (Flammpunkt von 23 °C bis einschließlich 60 °C) oder • entzündbarer flüssiger Stoff oder fester Stoff in geschmolzenem Zustand mit einem Flammpunkt über 60 °C, auf oder über seinen Flammpunkt erwärmt, oder • selbsterhitzungsfähiger flüssiger Stoff
323	entzündbarer flüssiger Stoff, der mit Wasser reagiert und entzündbare Gase bildet
X323	entzündbarer flüssiger Stoff, der mit Wasser gefährlich reagiert*) und entzündbare Gase bildet
33	leicht entzündbarer flüssiger Stoff (Flammpunkt unter 23 °C)
333	pyrophorer flüssiger Stoff
X333	pyrophorer flüssiger Stoff, der mit Wasser gefährlich reagiert *)
336	leicht entzündbarer flüssiger Stoff, giftig
338	leicht entzündbarer flüssiger Stoff, ätzend
X338	leicht entzündbarer flüssiger Stoff, ätzend, der mit Wasser gefährlich reagiert*)
339	leicht entzündbarer flüssiger Stoff, der spontan zu einer heftigen Reaktion führen kann
36	entzündbarer flüssiger Stoff (Flammpunkt von 23 °C bis einschließlich 60 °C), schwach giftig, oder selbsterhitzungsfähiger flüssiger Stoff, giftig
362	entzündbarer flüssiger Stoff, giftig, der mit Wasser reagiert und entzündbare Gase bildet
X362	entzündbarer flüssiger Stoff, giftig, der mit Wasser gefährlich reagiert*) und entzündbare Gase bildet
368	entzündbarer flüssiger Stoff, giftig, ätzend
38	entzündbarer flüssiger Stoff (Flammpunkt von 23 °C bis einschließlich 60 °C), schwach ätzend, oder selbsterhitzungsfähiger flüssiger Stoff, ätzend
382	entzündbarer flüssiger Stoff, ätzend, der mit Wasser reagiert und entzündbare Gase bildet
X382	entzündbarer flüssiger Stoff, ätzend, der mit Wasser gefährlich reagiert*) und entzündbare Gase bildet
39	entzündbarer flüssiger Stoff, der spontan zu einer heftigen Reaktion führen kann
40	entzündbarer fester Stoff oder selbsterhitzungsfähiger Stoff oder selbstzersetzlicher Stoff oder polymerisierender Stoff
423	fester Stoff, der mit Wasser reagiert und entzündbare Gase bildet, oder entzündbarer fester Stoff, der mit Wasser reagiert und entzündbare Gase bildet, oder selbsterhitzungsfähiger fester Stoff, der mit Wasser reagiert und entzündbare Gase bildet

X423	fester Stoff, der mit Wasser gefährlich reagiert[*)] und entzündbare Gase bildet, oder entzündbarer fester Stoff, der mit Wasser gefährlich reagiert[*)] und entzündbare Gase bildet, oder selbsterhitzungsfähiger fester Stoff, der mit Wasser gefährlich reagiert[*)] und entzündbare Gase bildet
43	selbstentzündlicher (pyrophorer) fester Stoff
X432	selbstentzündlicher (pyrophorer) fester Stoff, der mit Wasser gefährlich reagiert[*)] und entzündbare Gase bildet
44	entzündbarer fester Stoff, der sich bei erhöhter Temperatur in geschmolzenem Zustand befindet
446	entzündbarer fester Stoff, giftig, der sich bei erhöhter Temperatur in geschmolzenem Zustand befindet
46	entzündbarer oder selbsterhitzungsfähiger fester Stoff, giftig
462	fester Stoff, giftig, der mit Wasser reagiert und entzündbare Gase bildet
X462	fester Stoff, der mit Wasser gefährlich reagiert[*)] und giftige Gase bildet
48	entzündbarer oder selbsterhitzungsfähiger fester Stoff, ätzend
482	fester Stoff, ätzend, der mit Wasser reagiert und entzündbare Gase bildet
X482	fester Stoff, der mit Wasser gefährlich reagiert[*)] und ätzende Gase bildet
50	oxidierender (brandfördernder) Stoff
539	entzündbares organisches Peroxid
55	stark oxidierender (brandfördernder) Stoff
556	stark oxidierender (brandfördernder) Stoff, giftig
558	stark oxidierender (brandfördernder) Stoff, ätzend
559	stark oxidierender (brandfördernder) Stoff, der spontan zu einer heftigen Reaktion führen
56	oxidierender (brandfördernder) Stoff, giftig
568	oxidierender (brandfördernder) Stoff, giftig, ätzend
58	oxidierender (brandfördernder) Stoff, ätzend
59	oxidierender (brandfördernder) Stoff, der spontan zu einer heftigen Reaktion führen kann
60	giftiger oder schwach giftiger Stoff
606	ansteckungsgefährlicher Stoff
623	giftiger flüssiger Stoff, der mit Wasser reagiert und entzündbare Gase bildet
63	giftiger Stoff, entzündbar (Flammpunkt von 23 °C bis einschließlich 60 °C)
638	giftiger Stoff, entzündbar (Flammpunkt von 23 °C bis einschließlich 60 °C), ätzend
639	giftiger Stoff, entzündbar (Flammpunkt nicht über 60 °C), der spontan zu einer heftigen Reaktion führen kann
64	giftiger fester Stoff, entzündbar oder selbsterhitzungsfähig
642	giftiger fester Stoff, der mit Wasser reagiert und entzündbare Gase bildet
65	giftiger Stoff, oxidierend (brandfördernd)
66	sehr giftiger Stoff
663	sehr giftiger Stoff, entzündbar (Flammpunkt nicht über 60 °C)
664	sehr giftiger fester Stoff, entzündbar oder selbsterhitzungsfähig
665	sehr giftiger Stoff, oxidierend (brandfördernd)
668	sehr giftiger Stoff, ätzend
X668	sehr giftiger Stoff, ätzend, der mit Wasser gefährlich reagiert[*)]
669	sehr giftiger Stoff, der spontan zu einer heftigen Reaktion führen kann
68	giftiger Stoff, ätzend
69	giftiger oder schwach giftiger Stoff, der spontan zu einer heftigen Reaktion führen kann
70	radioaktiver Stoff
768	radioaktiver Stoff, giftig, ätzend

78	radioaktiver Stoff, ätzend
80	ätzender oder schwach ätzender Stoff
X80	ätzender oder schwach ätzender Stoff, der mit Wasser gefährlich reagiert*)
823	ätzender flüssiger Stoff, der mit Wasser reagiert und entzündbare Gase bildet
83	ätzender oder schwach ätzender Stoff, entzündbar (Flammpunkt von 23 °C bis einschließlich 60 °C)
X83	ätzender oder schwach ätzender Stoff, entzündbar (Flammpunkt von 23 °C bis einschließlich 60 °C), der mit Wasser gefährlich reagiert*)
836	ätzender oder schwach ätzender Stoff, entzündbar (Flammpunkt von 23 °C bis einschließlich 60 °C) und giftig
839	ätzender oder schwach ätzender Stoff, entzündbar (Flammpunkt von 23 °C bis einschließlich 60 °C), der spontan zu einer heftigen Reaktion führen kann
X839	ätzender oder schwach ätzender Stoff, entzündbar (Flammpunkt von 23 °C bis einschließlich 60 °C), der spontan zu einer heftigen Reaktion führen kann und der mit Wasser gefährlich reagiert*)
84	ätzender fester Stoff, entzündbar oder selbsterhitzungsfähig
842	ätzender fester Stoff, der mit Wasser reagiert und entzündbare Gase bildet
85	ätzender oder schwach ätzender Stoff, oxidierend (brandfördernd)
856	ätzender oder schwach ätzender Stoff, oxidierend (brandfördernd) und giftig
86	ätzender oder schwach ätzender Stoff, giftig
88	stark ätzender Stoff
X88	stark ätzender Stoff, der mit Wasser gefährlich reagiert*)
883	stark ätzender Stoff, entzündbar (Flammpunkt von 23 °C bis einschließlich 60 °C)
884	stark ätzender fester Stoff, entzündbar oder selbsterhitzungsfähig
885	stark ätzender Stoff, oxidierend (brandfördernd)
886	stark ätzender Stoff, giftig
X886	stark ätzender Stoff, giftig, der mit Wasser gefährlich reagiert*)
89	ätzender oder schwach ätzender Stoff, der spontan zu einer heftigen Reaktion führen kann
90	umweltgefährdender Stoff; verschiedene gefährliche Stoffe
99	verschiedene gefährliche Stoffe in erwärmtem Zustand

*) Wasser darf nur im Einverständnis mit Sachverständigen verwendet werden.

3. Gefahrzettel und andere Gefahrgut-Kennzeichnungen sortiert nach Klassen im Überblick

Nicht alle zur Schadensbekämpfung eingesetzten Kräfte können zu jedem Zeitpunkt des Einsatzes auf detaillierte schriftliche Informationen zurückgreifen. Hier sind die Gefahrzettel ein besonders geeignetes Mittel zum Erkennen der Gefahr. Die Einsatzkräfte müssen auch unter schwierigen Bedingungen, z. B. in einer verrauchten Lagerhalle, in der Lage sein, die vorgefundene Gefahrgutinformation **präzise** zu beschreiben und in einer **Rückmeldung** zu formulieren.

Hierdurch wird der Einsatzleitung außerhalb des unmittelbaren Gefahrenbereichs eine Bewertung der Lage ermöglicht.

Diese Rückmeldung soll immer in der Reihenfolge:

Form mit Position, Farbe, Beschreibung des Piktogramms

erfolgen.

Beachten Sie!

Sobald bei der Erkundung einer Einsatzstelle eine Bezettelung von Fahrzeugen, Containern oder Verpackungen mit auf der Spitze stehenden Quadraten vorgefunden wird, ist von einem Einsatz mit Gefahrgut auszugehen.

Folgende Gefahrgut-Piktogramme sollten Sie sich besonders einprägen:

	**Explodierende Bombe**
	**Gasflasche**
	**Flamme**
	**Flamme über einem Kreis**
	**Totenkopf mit gekreuzten Gebeinen**
	**Reagenzgläser, aus denen Tropfen auf eine Platte und auf eine Hand fallen**
	**Flügelrad**
	**4 überlagerte Ringe**

In der nachfolgenden Übersicht, die als Arbeitsgrundlage für den Übungsdienst gedacht ist, sind rechts neben den Symbolen Texte für die Rückmeldung formuliert.

Klasse 1 – Explosive Stoffe und Gegenstände mit Explosivstoff

Orangefarbene Tafel

Rechteck auf Kante stehend, orange, zusätzlich trägt das Fahrzeug an den Seiten und an der Rückseite je einen Großzettel

Gefahrzettel/Großzettel

Klassen 1.1, 1.2, 1.3

Quadrat auf Spitze stehend, orange, Explosion einer schwarzen Bombe evtl. mit Aufschrift: EXPLOSIVE
Ziffer 1 in der unteren Ecke

Klassen 1.4, 1.5, 1.6

Quadrat auf Spitze stehend, orange, mit Ziffer 1.4, 1,5 und 1,6

Gefahrenkennzeichen/Symbole

Versandstücke/Gefahrstoffe

Quadrat auf Spitze stehend, weiß mit rotem Rand, Explosion einer schwarzen Bombe

Eisenbahn

Wagen mit explosionsgefährlichen Stoffen, Nebenzettel mit 1 Dreieck, rot, schwarzes Ausrufezeichen **und** Gefahrzettel wie oben

Wagen mit explosionsgefährlichen Stoffen, Nebenzettel mit 3 Dreiecken, rot, schwarze Ausrufezeichen **und** Gefahrzettel wie oben

Binnenschiffe

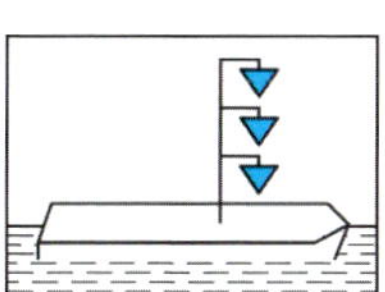

am Tag:
drei blaue Kegel
Spitze nach unten

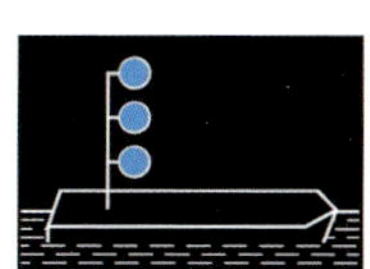

bei Nacht:
drei blaue Lichter

Bundeswehr und NATO

Munitionsbrandklasse 1

Achteck auf Kante stehend, orange,
mit schwarzer „1“

Munitionsbrandklasse 2

Andreaskreuz, orange,
mit schwarzer „2“

Munitionsbrandklasse 3

Dreieck auf Spitze stehend, orange,
mit schwarzer „3“

Munitionsbrandklasse 4

Quadrat auf Spitze stehend, orange,
mit schwarzer „4“

Klasse 2 – Gasförmige Stoffe

Orangefarbene Tafel

Rechteck auf Kante stehend, orange,
die obere Zahl beginnt mit einer „2“

Gefahrzettel/Großzettel

Nicht entzündbare/nicht giftige Gase

Quadrat auf Spitze stehend,
grün,
Gasflasche,
Zahl „2“ in der unteren Ecke

Entzündbare Gase

Quadrat auf Spitze stehend,
rot, Flamme,
evtl. Aufschrift „FLAMMABLE GAS“,
Ziffer „2“ in der unteren Ecke

Giftige Gase

Quadrat auf Spitze stehend,
weiß,
Totenkopf mit gekreuzten Gebeinen,
evtl. mit Aufschrift „TOXIC GAS“,
Zahl „2“ in der unteren Ecke

Entzündend wirkende Gase

Quadrat auf Spitze stehend,
gelb,
schwarze Flamme über einem Kreis

Ätzend wirkende Gase

Quadrat auf Spitze stehend, schwarz-weiß,
Reagenzgläser, aus denen Tropfen auf eine Platte und auf eine Hand herabfallen

Gefahrenkennzeichen/Symbole

Versandstücke/Gefahrstoffe

Quadrat auf Spitze stehend,
weiß mit rotem Rand,
schwarze Gasflasche

Gasflaschen – Camping

Dreieck, auf Kante stehend,
gelb mit schwarzem Rand,
schwarze Flamme

Eisenbahn

Verflüssigte Gase

allseitig um den Tank herumführender Streifen in Höhe der Tankachse, orange

Kesselwagen und Wagen mit Tankcontainer

Bei bestimmten besonders gefährlichen Stoffen,
Nebenzettel mit 1 Dreieck, rot,
schwarzes Ausrufzeichen

Bei bestimmten besonders gefährlichen Stoffen,
Nebenzettel mit 3 Dreiecken, rot,
schwarze Ausrufzeichen

Binnenschiffe – bei Beförderung von Ammoniak und anderen gleichgestellten Gütern

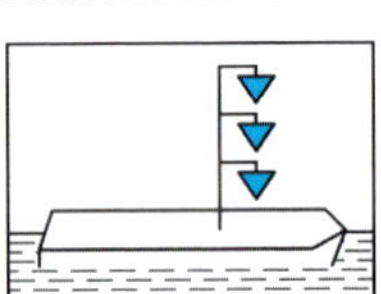

am Tag:
drei blaue Kegel,
Spitze nach unten

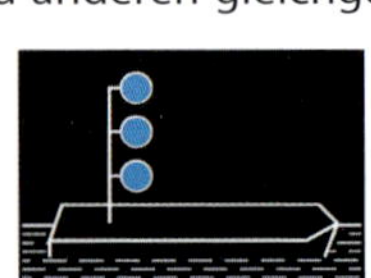

bei Nacht:
drei blaue Lichter

Klasse 3 – Entzündbare flüssige Stoffe

Orangefarbene Tafel

Rechteck auf Kante stehend, orange,
die obere Zahl beginnt mit einer „3“

Gefahrzettel/Großzettel

Quadrat auf Spitze stehend, rot,
weiße oder schwarze Flamme,
evtl. mit Aufschrift „FLAMMABLE LIQUID“,
Ziffer „3“ in der unteren Ecke

Gefahrenkennzeichen/Symbole

Versandstücke/Gefahrstoffe

Quadrat auf Spitze stehend,
weiß mit rotem Rand, schwarze Flamme

Binnenschiffe – bei Beförderung bestimmter feuergefährlicher Stoffe

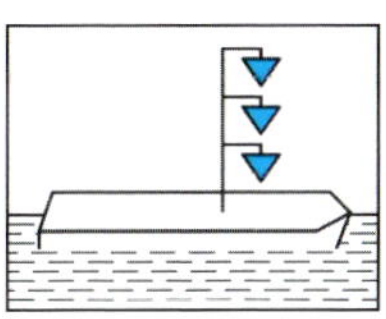

am Tag:
blauer Kegel
Spitze nach unten

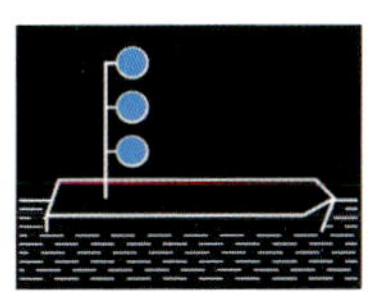

bei Nacht:
blaues Licht

Klasse 4 – Entzündbare feste Stoffe

Orangefarbene Tafel

Klasse 4.1 und 4.2

Rechteck auf Kante stehend,
orange,
die obere Zahl beginnt mit einer „4“

Klasse 4.3

Rechteck auf Kante stehend,
orange,
die obere Zahl beginnt mit einer „4“,
davor steht ein **„X“**

Klasse 4.3 (flüssige Stoffe)

Rechteck auf Kante stehend,
orange,
die obere Zahl beginnt mit einer „3“,
davor steht ein **„X“**

Gefahrzettel/Großzettel

Entzündbare feste Stoffe, selbstzersetzliche Stoffe, polymerisierende Stoffe

Quadrat auf Spitze stehend,
gleich breite senkrechte rote und weiße Streifen,
schwarze Flamme,
Ziffer „4“ in der unteren Ecke

Selbstentzündliche Stoffe

Quadrat auf Spitze stehend,
schwarze Flamme auf weißem Grund,
untere Hälfte des Zettels rot,
Ziffer „4“ in der unteren Ecke

Stoffe, die in Berührung mit Wasser entzündbare Gase entwickeln

Quadrat auf Spitze stehend, blau,
weiße oder schwarze Flamme,
Ziffer „4“ in der unteren Ecke

Gefahrenkennzeichen/Symbole

Versandstücke/Gefahrstoffe

Quadrat auf Spitze stehend,
weiß mit rotem Rand,
schwarze Flamme

Klasse 5 – Entzündend (oxidierend) wirkende Stoffe

Orangefarbene Tafel

Entzündend wirkender Stoff

Rechteck auf Kante stehend,
orange,
die obere Zahl beginnt mit einer „5“.

Organische Peroxide

Rechteck auf Kante stehend,
orange,
die obere Zahl lautet „539“.

Gefahrzettel/Großzettel

Explosionsgefährlich

Quadrat auf Spitze stehend,
orange,
Explosion einer schwarzen Bombe

Entzündend wirkender Stoff

Quadrat auf Spitze stehend, gelb
schwarze Flamme über einem Kreis,
evtl. mit Aufschrift „OXIDIZER“,
Ziffer „5.1“ in der unteren Ecke

Organische Peroxide

Quadrat auf Spitze stehend,
gelb,
obere Hälfte rot,
schwarze oder weiße Flamme,
Ziffer „5.2“ in der unteren Ecke

Quadrat auf Spitze stehend, gelb
schwarze Flamme über einem Kreis,
evtl. mit Aufschrift „ORGANIC PEROXIDE“,
Ziffer „5.2“ in der unteren Ecke

Gefahrenkennzeichen/Symbole

Versandstücke/Gefahrstoffe

Quadrat auf Spitze stehend,
weiß mit rotem Rand,
schwarze Flamme über einem Kreis

Klasse 6 – Giftige und ansteckungsgefährliche Stoffe

Orangefarbene Tafel

Giftige Stoffe
Rechteck auf Kante stehend,
orange,
die obere Zahl beginnt mit einer „6“.

Ansteckungsgefährliche Stoffe
Rechteck auf Kante stehend,
orange,
die obere Zahl lautet „606“.

Gefahrzettel/Großzettel

Giftige Stoffe

Quadrat auf Spitze stehend,
weiß,
Totenkopf mit gekreuzten Gebeinen,
evtl. mit Aufschrift „POISON“,
Ziffer „6.1“ in der unteren Ecke

Ansteckungsgefährliche Stoffe

Quadrat auf Spitze stehend,
weiß,
4 überlagerte Ringe,
evtl. mit Aufschrift
„INFECTIOUS SUBSTANCE“,
Ziffer „6.2“ in der unteren Ecke

Gefahrenkennzeichen/Symbole

Versandstücke/Gefahrstoffe

Quadrat auf Spitze stehend,
weiß mit rotem Rand,
schwarzes Ausrufezeichen

Quadrat auf Spitze stehend,
weiß mit rotem Rand,
schwarze Silhouette einer Person

Klasse 7 – Radioaktive Stoffe

Orangefarbene Tafel

Rechteck auf Kante stehend, orange,
die obere Zahl beginnt mit einer „7“,
zusätzlich zur orangefarbenen Tafel führt das Fahrzeug an der Vorder- und Rückseite den Großzettel

Gefahrzettel/Großzettel

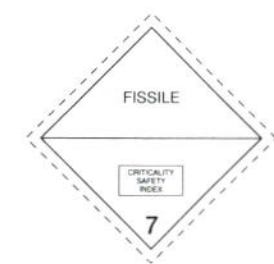

Quadrat auf Spitze stehend,
schwarzes Flügelrad auf gelbem oder weißem Grund,
untere Hälfte weiß
Aufschrift: „RADIOACTIVE“
mit einem, zwei oder drei senkrechten roten Streifen und Zusatzbeschriftung

Quadrat auf Spitze stehend, weiß,
Aufschrift „FISSILE“
und Zusatzbeschriftung

Klasse 8 – Ätzende Stoffe

Orangefarbene Tafel

Rechteck auf Kante stehend, orange,
die obere Zahl beginnt mit einer „8"

Gefahrzettel/Großzettel

Quadrat auf Spitze stehend, schwarz-weiß,
Reagenzgläser, aus denen Tropfen auf eine Platte und auf eine Hand herabfallen,
Ziffer 8 in der unteren Ecke

Gefahrenkennzeichen/Symbole
Versandstücke/Gefahrstoffe

Quadrat auf Spitze stehend,
weiß mit rotem Rand,
Reagenzgläser, aus denen Tropfen auf eine Platte und auf eine Hand herabfallen

Klasse 9 – Verschiedene gefährliche Stoffe und Gegenstände

Orangefarbene Tafel

Rechteck auf Kante stehend,
orange,
die obere Zahl lautet „90“

Rechteck auf Kante stehend,
orange,
die obere Zahl lautet „99“

Gefahrzettel/Großzettel

Quadrat auf Spitze stehend,
gleich breite, senkrechte schwarze und weiße Streifen bis zur Mitte,
untere Hälfte weiß,
Ziffer „9“ in der unteren Ecke

Quadrat auf Spitze stehend,
gleich breite, senkrechte schwarze und weiße Streifen bis zur Mitte,
untere Hälfte schwarze Batterien auf weißem Grund
Ziffer 9 in der unteren Ecke

Gefahrenkennzeichen/Symbole

Versandstücke/Gefahrstoffe

Quadrat auf Spitze stehend
weiß mit rotem Rand,
schwarzer Baum und weißer Fisch

Beförderung in erwärmtem Zustand

Dreieck auf Kante stehend, weiß mit rotem Rand,
rotes Thermometer

Kennzeichen für umweltgefährdende Stoffe

Quadrat auf Spitze stehend,
schwarzer Rand,
schwarzer Baum + weißer Fisch

Kennzeichnung von in begrenzten Mengen beförderten gefährlichen Gütern

für Land- und Seetransport
Quadrat auf Spitze stehend,
weiß, obere und untere Ecke
schwarz

für den Zulauf zum Luftverkehr
Quadrat auf Spitze stehend,
weiß, obere und untere Ecke
schwarz
Buchstabe Y

4. Beförderungspapiere

Formular für die multimodale Beförderung gefährlicher Güter

1. Absender Absender AG Absenderstraße 12 12345 Absenderdorf Germany	2. Nummer des Beförderungspapiers 3. Seite 1 von 1............... Seiten 4. Referenznummer des Beförderers 5. Referenznummer des Spediteurs
6. Empfänger	7. Beförderer (vom Beförderer auszufüllen) Carrier-Spediton
8. Diese Sendung entspricht den vorgeschriebenen Grenzwerten für (nicht Zutreffendes streichen) PASSAGIER- UND FRACHTFLUGZEUG / NUR FRACHTFLUGZEUG	**ERKLÄRUNG DES ABSENDERS** Hiermit erkläre ich, dass der Inhalt dieser Sendung vollständig und genau durch die unten angegebene offizielle Benennung für die Beförderung beschrieben und richtig klassifiziert, verpackt, gekennzeichnet, bezettelt und mit Großzetteln (Placards) versehen ist und sich nach den anwendbaren internationalen und nationalen Vorschriften in jeder Hinsicht in einem für die Beförderung geeigneten Zustand befindet. 9. Zusätzliche Informationen für die Handhabung
10. Schiff / Flugnummer und Datum 11. Hafen / Ladestelle	
12. Hafen / Entladestelle 13. Bestimmungsort	

14. Kennzeichen für die Beförderung	* Anzahl und Art der Versandstücke; Beschreibung der Güter	(kg) Bruttomasse	Nettomasse	Rauminhalt (m^3)
4711/1-50 London	50 drums UN 1092, Acrolein, stabilized, class 6.1 (3), PG I, (-26 °C) Marine pollutant EmS F-E, S-D	10.500 kg	10.000 kg	
5812/1-30	30 drums	6.300 kg	6.000 kg	

* FÜR GEFÄHRLICHE GÜTER: Es ist anzugeben: UN-Nummer, offizielle Benennung für die Beförderung, Gefahrenklasse, Verpackungsgruppe (soweit vorhanden) und alle sonstigen Informationsbestandteile, die durch geltende nationale oder internationale Regelwerke vorgeschrieben werden.

15. Kennzeichnungsnummer des Containers/ Zulassungsnummer des Fahrzeugs	16. Siegelnummer(n)	17. Abmessungen und Typ des Containers/Fahrzeugs	18. Tara (kg)	19. Bruttogesamtmasse (einschließlich Tara) (kg)
ABCD123456-1		20'-Container	2.500 kg	19.300 kg

CONTAINER-/FAHRZEUG-PACKZERTIFIKAT
Hiermit erkläre ich, dass die oben beschriebenen Güter in den oben angegebenen Container / in das oben angegebene Fahrzeug gemäß den geltenden Vorschriften verpackt / verladen wurden.**
FÜR JEDE LADUNG IN CONTAINERN / FAHRZEUGEN VON DER FÜR DAS PACKEN / VERLADEN VERANTWORTLICHEN PERSON ZU VERVOLLSTÄNDIGEN UND ZU UNTERZEICHNEN

21. EMPFANGSBESTÄTIGUNG
Die oben bezeichnete Anzahl Versandstücke / Container / Anhänger in scheinbar gutem Zustand erhalten, mit Ausnahme von:

20. Name der Firma Absender AG	Name des Frachtführers Carrier-Spedition	22. Name der Firma (DES ABSENDERS, DER DIESES DOKUMENT VORBEREITET) Absender AG
Name und Funktion des Erklärenden Meier, Verlademeister	Zulassungsnummer des Fahrzeugs	Name und Funktion des Erklärenden Meier, Verlademeister
Ort und Datum Absenderdorf, 1.8.2009	Unterschrift und Datum	Ort und Datum Absenderdorf, 1.8.2009
Unterschrift des Erklärenden	UNTERSCHRIFT DES FAHRZEUGFÜHRERS	Unterschrift des Erklärenden

** Siehe Abschnitt 5.4.2

Absender –Name und Postanschrift	Versandort 62345 Frankfurt	**Beförderungspapier**
Edwin Absender Wegstr. 10 62345 Frankfurt	Beladestelle	**Nr.** ______
		Entfernung ______ km
Empfänger –Name und Postanschrift	Bestimmungsort 21234 Hamburg	
Hermann Empfänger Ankunftstr. 1 21234 Hamburg	Entladestelle	Ordnungs-Nr. der Genehmigung
		Amtl. Kennzeichen / Nutzlast
		Lkw
Grenzübergang:	Weitere Beladestellen	Anh.
Erklärungen, Vereinbarungen (ggf. Hinweis auf Spezialfahrzeuge) Beförderung unterliegt § 35 GGVSEB		Lkw
		Anh.
	Weitere Entladestellen	Fahrzeugführer
		Begleiter
		Fahrtenbuch Nr.

Anzahl, Art, Verpackung	Zeichen, Nr.	Bezeichnung der Sendung Benennung des Gutes	Güterart-Nr.	Volumen, Brutto- od. Nettomasse
1 Tank		UN 1541 Acetoncyanhydrin stabilisiert,		18.000
		6.1, VG I, (C/D)		

BELADUNG
Fahrzeug bereitgestellt Tag Stunde

Beladung beendet Tag Stunde

ENTLADUNG
Fahrzeug bereitgestellt Tag Stunde

Entladung beendet Tag Stunde

Freivermerk	Nachnahme Euro

Vorbehalt des Frachtführers bei Übernahme der Ware:

Reklamationen des Empfängers:

Soweit nichts anderes vereinbart, gelten für diese Beförderung die Vertragsbestimmungen für die Güterkraftverkehrs- und Logistikunternehmen (VBGL).	Besondere Vereinbarungen:

Paletten beim Absender			Paletten beim Empfänger		
Art	abgegeben	erhalten	Art	abgegeben	erhalten
Euro-Palette			Euro-Palette		
Gitterbox-Palette			Gitterbox-Palette		
Einweg-Palette			Einweg-Palette		
Industrie-Palette			Industrie-Palette		

Ort und Tag der Ausstellung	Empfang der Sendung bescheinigt	Gut und Beförderungspapier übernommen
______, den ______	______, den ______	______, den ______
Unterschrift des Absenders	Unterschrift (und Stempel) des Empfängers	Unterschrift des Unternehmers

SCHRIFTLICHE WEISUNGEN GEMÄSS ADR

Maßnahmen bei einem Unfall oder Notfall

Bei einem Unfall oder Notfall, der sich während der Beförderung ereignen kann, müssen die Mitglieder der Fahrzeugbesatzung folgende Maßnahmen ergreifen, sofern diese sicher und praktisch durchgeführt werden können:

- Bremssystem betätigen, Motor abstellen und Batterie durch Bedienung des gegebenenfalls vorhandenen Hauptschalters trennen;
- Zündquellen vermeiden, insbesondere nicht rauchen oder elektronische Zigaretten oder ähnliche Geräte verwenden und keine elektrische Ausrüstung einschalten;
- die entsprechenden Einsatzkräfte verständigen und dabei soviel Informationen wie möglich über den Unfall oder Zwischenfall und die betroffenen Stoffe liefern;
- Warnweste anlegen und selbststehende Warnzeichen an geeigneter Stelle aufstellen;
- Beförderungspapiere für die Ankunft der Einsatzkräfte bereit halten;
- nicht in ausgelaufene Stoffe treten oder diese berühren und das Einatmen von Dunst, Rauch, Staub und Dämpfen durch Aufhalten auf der dem Wind zugewandten Seite vermeiden;
- sofern dies gefahrlos möglich ist, Feuerlöscher verwenden, um kleine Brände/Entstehungsbrände an Reifen, Bremsen und im Motorraum zu bekämpfen;
- Brände in Ladeabteilen dürfen nicht von Mitgliedern der Fahrzeugbesatzung bekämpft werden;
- sofern dies gefahrlos möglich ist, Bordausrüstung verwenden, um das Eintreten von Stoffen in Gewässer oder in die Kanalisation zu verhindern und um ausgetretene Stoffe einzudämmen;
- sich aus der unmittelbaren Umgebung des Unfalls oder Notfalls entfernen, andere Personen auffordern, sich zu entfernen, und die Weisungen der Einsatzkräfte befolgen;
- kontaminierte Kleidung und gebrauchte kontaminierte Schutzausrüstung ausziehen und sicher entsorgen.

Zusätzliche Hinweise für die Mitglieder der Fahrzeugbesatzung über die Gefahreneigenschaften von gefährlichen Gütern nach Klassen und über die in Abhängigkeit von den vorherrschenden Umständen zu ergreifenden Maßnahmen		
Gefahrzettel und Großzettel (Placards)	**Gefahreneigenschaften**	**Zusätzliche Hinweise**
(1)	**(2)**	**(3)**
Explosive Stoffe und Gegenstände mit Explosivstoff  1 1.5 1.6	Kann eine Reihe von Eigenschaften und Auswirkungen wie Massendetonation, Splitterwirkung, starker Brand/Wärmefluss, Bildung von hellem Licht, Lärm oder Rauch haben. Schlagempfindlich und/oder stoßempfindlich und/oder wärmeempfindlich.	Schutz abseits von Fenstern suchen.
Explosive Stoffe und Gegenstände mit Explosivstoff  1.4	Leichte Explosions- und Brandgefahr.	Schutz suchen.
Entzündbare Gase  2.1	Brandgefahr. Explosionsgefahr. Kann unter Druck stehen. Erstickungsgefahr. Kann Verbrennungen und/oder Erfrierungen hervorrufen. Umschließungen können unter Hitzeeinwirkung bersten.	Schutz suchen. Nicht in tief liegenden Bereichen aufhalten.
Nicht entzündbare, nicht giftige Gase 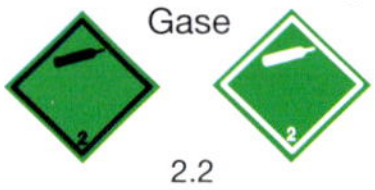 2.2	Erstickungsgefahr. Kann unter Druck stehen. Kann Erfrierungen hervorrufen. Umschließungen können unter Hitzeeinwirkung bersten.	Schutz suchen. Nicht in tief liegenden Bereichen aufhalten.
Giftige Gase  2.3	Vergiftungsgefahr. Kann unter Druck stehen. Kann Verbrennungen und/oder Erfrierungen hervorrufen. Umschließungen können unter Hitzeeinwirkung bersten.	Notfallfluchtmaske verwenden. Schutz suchen. Nicht in tief liegenden Bereichen aufhalten.
Entzündbare flüssige Stoffe  3	Brandgefahr. Explosionsgefahr. Umschließungen können unter Hitzeeinwirkung bersten.	Schutz suchen. Nicht in tief liegenden Bereichen aufhalten.
Entzündbare feste Stoffe, selbstzersetzliche Stoffe, polymerisierende Stoffe und desensibilisierte explosive feste Stoffe  4.1	Brandgefahr. Entzündbar oder brennbar, kann sich bei Hitze, Funken oder Flammen entzünden. Kann selbstzersetzliche Stoffe enthalten, die unter Einwirkung von Hitze, bei Kontakt mit anderen Stoffen (wie Säuren, Schwermetallverbindungen oder Aminen), bei Reibung oder Stößen zu exothermer Zersetzung neigen. Dies kann zur Bildung gesundheitsgefährdender und entzündbarer Gase oder Dämpfe oder zur Selbstentzündung führen. Umschließungen können unter Hitzeeinwirkung bersten. Explosionsgefahr desensibilisierter explosiver Stoffe bei Verlust des Desensibilisierungsmittels.	
Selbstentzündliche Stoffe  4.2	Brandgefahr durch Selbstentzündung bei Beschädigung von Versandstücken oder Austritt von Füllgut. Kann heftig mit Wasser reagieren.	
Stoffe, die in Berührung mit Wasser entzündbare Gase entwickeln 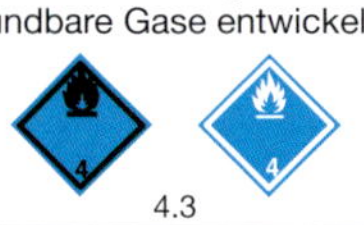 4.3	Bei Kontakt mit Wasser Brand- und Explosionsgefahr.	Ausgetretene Stoffe sollten durch Abdecken trocken gehalten werden.

Zusätzliche Hinweise für die Mitglieder der Fahrzeugbesatzung über die Gefahreneigenschaften von gefährlichen Gütern nach Klassen und über die in Abhängigkeit von den vorherrschenden Umständen zu ergreifenden Maßnahmen		
Gefahrzettel und Großzettel (Placards)	**Gefahreneigenschaften**	**Zusätzliche Hinweise**
(1)	**(2)**	**(3)**
Entzündend (oxidierend) wirkende Stoffe  5.1	Gefahr heftiger Reaktion, Entzündung und Explosion bei Berührung mit brennbaren oder entzündbaren Stoffen.	Vermischen mit entzündbaren oder brennbaren Stoffen (z.B. Sägespäne) vermeiden.
Organische Peroxide  5.2	Gefahr exothermer Zersetzung bei erhöhten Temperaturen, bei Kontakt mit anderen Stoffen (wie Säuren, Schwermetallverbindungen oder Aminen), Reibung oder Stößen. Dies kann zur Bildung gesundheitsgefährdender und entzündbarer Gase oder Dämpfe oder zur Selbstentzündung führen.	Vermischen mit entzündbaren oder brennbaren Stoffen (z.B. Sägespäne) vermeiden.
Giftige Stoffe  6.1	Gefahr der Vergiftung beim Einatmen, bei Berührung mit der Haut oder bei Einnahme. Gefahr für Gewässer oder Kanalisation.	Notfallfluchtmaske verwenden.
Ansteckungsgefährliche Stoffe  6.2	Ansteckungsgefahr. Kann bei Menschen oder Tieren schwere Krankheiten hervorrufen. Gefahr für Gewässer oder Kanalisation.	
Radioaktive Stoffe 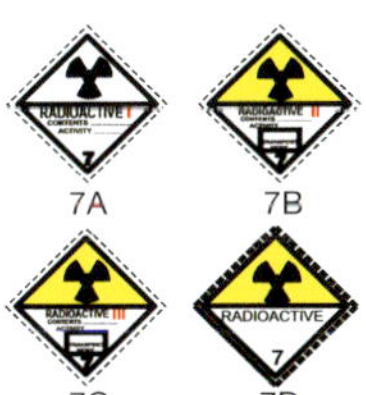 7A 7B 7C 7D	Gefahr der Aufnahme und der äußeren Bestrahlung.	Expositionszeit beschränken.
Spaltbare Stoffe  7E	Gefahr nuklearer Kettenreaktion.	
Ätzende Stoffe  8	Verätzungsgefahr. Kann untereinander, mit Wasser und mit anderen Stoffen heftig reagieren. Ausgetretener Stoff kann ätzende Dämpfe entwickeln. Gefahr für Gewässer oder Kanalisation.	
Verschiedene gefährliche Stoffe und Gegenstände 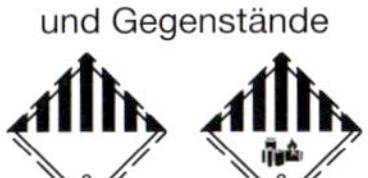 9 9A	Verbrennungsgefahr. Brandgefahr. Explosionsgefahr. Gefahr für Gewässer oder Kanalisation.	

Bem. 1. Bei gefährlichen Gütern mit mehrfachen Gefahren und bei Zusammenladungen muss jede anwendbare Eintragung beachtet werden.

2. Die in der Spalte 3 der Tabelle angegebenen zusätzlichen Hinweise können angepasst werden, um die Klassen der zu befördernden gefährlichen Güter und die Beförderungsmittel wiederzugeben.

Zusätzliche Hinweise für die Mitglieder der Fahrzeugbesatzung über die Gefahreneigenschaften von gefährlichen Gütern, die durch Kennzeichen angegeben sind, und über die in Abhängigkeit von den vorherrschenden Umständen zu ergreifenden Maßnahmen		
Kennzeichen	**Gefahreneigenschaften**	**Zusätzliche Hinweise**
(1)	**(2)**	**(3)**
 Umweltgefährdende Stoffe	Gefahr für Gewässer oder Kanalisation.	
 Erwärmte Stoffe	Gefahr von Verbrennungen durch Hitze.	Berührung heißer Teile der Beförderungseinheit und des ausgetretenen Stoffes vermeiden.

Ausrüstung für den persönlichen und allgemeinen Schutz für die Durchführung allgemeiner und gefahrenspezifischer Notfallmaßnahmen, die sich gemäß Abschnitt 8.1.5 des ADR an Bord der Beförderungseinheit befinden muss

Die folgende Ausrüstung muss sich an Bord der Beförderungseinheit befinden:

- ein Unterlegkeil je Fahrzeug, dessen Abmessungen der höchstzulässigen Gesamtmasse des Fahrzeugs und dem Durchmesser der Räder angepasst sein müssen;
- zwei selbststehende Warnzeichen;
- Augenspülflüssigkeit [a] und

für jedes Mitglied der Fahrzeugbesatzung

- eine Warnweste;
- ein tragbares Beleuchtungsgerät;
- ein Paar Schutzhandschuhe und
- eine Augenschutzausrüstung.

Für bestimmte Klassen vorgeschriebene zusätzliche Ausrüstung:

- an Bord von Beförderungseinheiten für die Gefahrzettel-Nummer 2.3 oder 6.1 muss sich für jedes Mitglied der Fahrzeugbesatzung eine Notfallfluchtmaske befinden;
- eine Schaufel [b];
- eine Kanalabdeckung [b];
- ein Auffangbehälter [b].

---

[a] Nicht erforderlich für Gefahrzettel der Muster 1, 1.4, 1.5, 1.6, 2.1, 2.2 und 2.3.

[b] Nur für feste und flüssige Stoffe mit Gefahrzettel-Nummer 3, 4.1, 4.3, 8 oder 9 vorgeschrieben.

6. Sicherheitsdatenblatt (Auszug)

SICHERHEITSDATENBLATT — Version 1.0

gemäß Verordnung (EG) Nr. 1907/2006 — überarbeitet am 01.01.2024

Druckdatum 01.02.2024

ABSCHNITT 1: Bezeichnung des Stoffs beziehungsweise des Gemischs und des Unternehmens

1.1 Produktidentifikatoren

Produktname	:	Methylacrylat zur Synthese
Produktnummer	:	6.00844
Artikelnummer	:	600844
Marke	:	Chemiegut
INDEX-Nr.	:	123-045-000
REACH Nr.	:	Eine Registriernummer für diesen Stoff ist nicht vorhanden, da der Stoff oder seine Verwendung von der Registrierung ausgenommen ist, die jährliche Tonnage keine Registrierung erfordert oder die Registrierung für einen späteren Zeitpunkt vorgesehen ist.
CAS-Nr.	:	96-33-3

1.2 Relevante identifizierte Verwendungen des Stoffs oder Gemischs und Verwendungen, von denen abgeraten wird

Identifizierte Verwendungen	:	Synthesechemikalie

1.3 Einzelheiten zum Lieferanten, der das Sicherheitsdatenblatt bereitstellt

Firma	:	Chemiefabrik Produktionsstr. 250 D-1234 CHEMIESTADT
Telefon	:	+49 (0)1234 12-0
Fax	:	+49 (0)1234 12-9999

1.4 Notrufnummer

Notfall-Telefon-Nummer	:	TUIS: +49 (0)621 60-43 333

ABSCHNITT 2: Mögliche Gefahren

2.1 Einstufung des Stoffs oder Gemischs

Einstufung gemäß Verordnung (EG) Nr. 1272/2008

Entzündbare Flüssigkeiten (Kategorie 2), H225

ABSCHNITT 3: Zusammensetzung/Angaben zu Bestandteilen

3.1 Stoffe

Formel	:	$C_4H_6O_2$
Molekulargewicht	:	86,09 g/mol
CAS-Nr.	:	96-33-3
EG-Nr.	:	202-500-6

IX. Was ist T U I S ?

TUIS ***(https://www.vci.de/vci/downloads-vci/publikation/broschueren-und-faltblaetter/tuis-flyer-2022-doppelseiten.pdf)***

- bedeutet **T**ransport- und **U**nfall-**I**nformations- und Hilfeleistungs-**S**ystem,
- ist eine Einrichtung der Chemischen Industrie für die Gefahrenbeseitigung bei Transportunfällen mit chemischen Produkten,
- vermittelt die Sachkenntnis und die technischen Hilfsmittel der Chemischen Industrie, um bei Schadensfällen Menschen, Umwelt und Sachwerte schützen zu helfen. Dies geschieht durch sachgerechte Beratung der öffentlichen Dienste bei der Schadensbekämpfung und gegebenenfalls auch durch aktive Hilfe am Schadensort,
- wird ausschließlich auf Anforderung der hierzu autorisierten Behörden aktiv: Regierungspräsidium, Polizei und Wasserschutzpolizei, Feuerwehr, Katastrophenschutzamt, Deutsche Bahn

  in Österreich: Bezirkshauptmannschaft, Feuerwehren, Gendarmerie und Polizei, Bundesbahnen,
- unterhält bei verschiedenen Werkfeuerwehren ständig besetzte Anlaufstellen, die im Bedarfsfall sachkundigen Rat und Hilfe vermitteln und
- steht ungeachtet der Zuständigkeit für spezielle Produkte über folgende Rufnummern rund um die Uhr zur Verfügung.

Internationaler Vermittlungs-Hilferuf: (auch **TUIS**-Zentrale für Österreich)	BASF AG, Ludwigshafen **Tel.: 0621 60-43333**

In der Praxis hat es sich bewährt, besonders gute Kontakte zu bestimmten in der Region ansässigen **TUIS**-Mitgliedsfirmen aufzubauen, die dann in allen Einsatzfällen als regionaler **TUIS**-Partner ansprechbar sind. Welche Spezialisten oder Werkfeuerwehren der chemischen Industrie die nächst erreichbaren Helfer wären, sind im Internet abrufbar: https://www.vci.de/vci/downloads-vci/tuis-werkfeuerwehren-standorte.pdf

Regionale TUIS-Zentren:

• Berlin, Mecklenburg-Vorpommern:	Bayer AG, Berlin **Tel.: 030 468-14208**
• Brandenburg:	BASF Schwarzheide **Tel.: 035752 6-2112**
• Sachsen, Sachsen-Anhalt, Thüringen:	InfraLeuna, Leuna **Tel.: 03461 43-4333**
• Bremen, Hamburg, Niedersachsen, Schleswig-Holstein:	Dow Deutschland Anlagengesellschaft mbH, Stade **Tel.: 04141 3679**
• Nordrhein-Westfalen:	Currenta GmbH & Co. OHG, Leverkusen **Tel.: 0214 260599300** Evonik Industries AG, Chemiepark Marl **Tel.: 02365 492232** Henkel AG & Co. KGaA, Düsseldorf **Tel.: 0211 7973350**

- Baden-Württemberg, Rheinland-Pfalz, Saarland: BASF, Ludwigshafen
  Tel.: 0621 60-43333
- Hessen: Infraserv GmbH & Co. Höchst KG, Frankfurt am Main
  Tel.: 069 3056418
  Merck KGaA, Darmstadt
  Tel.: 06151 722440
- Bayern: Wacker Chemie AG, Burghausen
  Tel.: 08677 83-2222
  InfraServ GmbH & Co. Gendorf KG, Burgkirchen an der Alz
  Tel.: 08679 72222

Tragen Sie hier Ihren regionalen **TUIS**-Partner ein:

.... Tel.: ....

TUIS-Datenbank

https://www.vci.de/themen/logistik-verkehr/tuis/so-nutzt-man-die-abfrage-der-tuis-datenbank-richtig-hinweise-zur-benutzung-von-tuis-online.jsp

Die TUIS-Datenbank für öffentliche Gefahrenabwehrkräfte ist für die Desktop- wie für die Mobilnutzung geeignet und jederzeit online unter www.tuis.org abfragbar. Feuerwehr oder Polizei können auf der TUIS-Homepage schnell finden, wo Spezialisten oder Werkfeuerwehren des TUIS-Netzwerkes erreichbar sind.

Es gibt verschiedene Möglichkeiten, Suchen in der TUIS-Online-Datenbank durchzuführen:

Suche nach nächstgelegener Hilfe

Durch Eingabe der Postleitzahl oder des Ortsnamens des Unfallortes wird die TUIS-Online-Datenbank so durchsucht, dass die nächstgelegene Hilfsmöglichkeit zuerst angezeigt wird. Innerhalb der Trefferliste wird zuerst die Hilfeleistungsstufe 3 angezeigt.

Suche nach Gefahrstoff

Durch Eingabe einer UN-Nummer oder Teilen davon beziehungsweise über die Eingabe des Namens der freigesetzten Chemikalie kann die TUIS-Online-Datenbank nach Hilfe für diesen Stoff durchsucht werden. Je nach Stoff werden mehr oder weniger Helfer angezeigt.

Kombinierte Suche

Die Suche nach nächstgelegener Hilfe und nach einem Gefahrstoff kann kombiniert werden. Die Trefferlisten sind selbsterklärend und führen zu der Visitenkarte der jeweiligen Werkfeuerwehr oder des Spezialisten.

X. Flüssiggas-Sicherheitsdienst (FSD)

Der Flüssiggas-Sicherheitsdienst (FSD) des Deutschen Verbandes für Flüssiggas e. V. (DVFG) bietet an 365 Tagen eine 24-stündige Erreichbarkeit an unter

Tel.: 0 69/75909153.

Der FSD unterstützt bei Unfällen mit Flüssiggasen:

- bei der Lagerung und beim Umschlag in ortsfeste und ortsbewegliche Behälter (z. B. Lagerbehälter, Flaschen),
- beim Transport in Eisenbahnkesselwagen, Straßentankwagen und Flaschenlastkraftwagen.

Der FSD bietet folgende Hilfeleistungen an:

- Fernberatung durch Telefon,
- Beratung vor Ort durch qualifizierte Personen (Sachverständige und Sachkundige),
- Hilfeleistung durch Einsatz von technischem Gerät vor Ort, z. B. durch
  - Flüssiggastankwagen mit Kompressor und Pumpe,
  - Montagefahrzeuge,
  - Abdichten von Gasleitungen,
  - Umpumpen oder Leerpumpen von ortsfesten Flüssiggasbehältern oder Flüssiggas-Transportfahrzeugen,
  - gefahrloses Abfackeln von Flüssiggas.

Fragen zur Bergung havarierter Flüssiggas-Tankkraftwagen, die sich den Einsatzkräften und weiteren Beteiligten bei Unfällen stellen, werden in einem Flyer des DVFG behandelt. Diese Information ist abrufbar unter **https://www.dvfg.de/fileadmin/user_upload/downloads/broschueren-flyer/dvfg-flyer-bergung-tkw.pdf**

XI. Liste der Giftnotrufzentralen und Giftinformationszentren in Deutschland, Österreich und Schweiz

https://www.bvl.bund.de/DE/Arbeitsbereiche/01_Lebensmittel/03_Verbraucher/09_InfektionenIntoxikationen/02_Giftnotrufzentralen/lm_LMVergiftung_giftnotrufzentralen_node.html

Die acht offiziell nach § 16e Chemikaliengesetz benannten Giftinformationszentren (GIZ) der deutschen Bundesländer werden als toxikologische 24-Stunden-Informationsdienste (Giftnotrufe) bezeichnet und können sowohl von Ärztinnen und Ärzten als auch von der Bevölkerung in Anspruch genommen werden.

Standort und Name	Telefon	Internet
Berlin: Giftnotruf Berlin Giftnotruf der Charité Universitätsmedizin, Berlin	+ 49 (0)30 **19240** (Notfall)	https://giftnotruf.charite.de
Bonn: Informationszentrale gegen Vergiftungen Universitätsklinikum, Bonn	+ 49 (0)228 **19240**	http://gizbonn.de
Erfurt: Giftnotruf Erfurt Gemeinsames Giftinformationszentrum der Länder Mecklenburg-Vorpommern, Sachsen, Sachsen-Anhalt und Thüringen	+ 49 (0)361 **730730**	http://www.ggiz-erfurt.de
Freiburg: Vergiftungs-Informations-Zentrale Universitätsklinikum Freiburg	+ 49 0)761 **19240**	https://www.uniklinik-freiburg.de/giftberatung.html
Göttingen: Giftinformationszentrum-Nord der Länder Bremen, Hamburg, Niedersachsen und Schleswig-Holstein Universitätsmedizin Göttingen - Georg-August-Universität	+ 49 (0)551 **19240**	https://puck.giz-nord.de/cms/
Mainz: Giftinformationszentrum Rheinland-Pfalz/Hessen Universitätsmedizin der Johannes Gutenberg-Universität Mainz	+ 49 (0)6131 **19240**	https://www.unimedizin-mainz.de/giz/uebersicht.html
München: Giftnotruf München Klinikum rechts der Isar der Technischen Universität München	+ 49 (0)89 **19240**	https://www.toxinfo.med.tum.de/node/380
Österreich, Wien: Vergiftungsinformationszentrale Gesundheit Österreich GmbH	+43 (0)140 643 43 (Notruf)	https://goeg.at/Vergiftungsinformation
Schweiz, Zürich: Schweizerisches Toxikologisches Informationszentrum (STIZ)	+41 (0) 442 515 151 (Notruf)	https://www.toxinfo.ch

XII. Einsatzhinweise

Einsatzhygiene

Bei jedem Einsatz ist neben der Verwendung der in den Merkblättern angegebenen Schutzausrüstung auch die Einsatzhygiene zu beachten. **Nicht Essen, Rauchen und Trinken!** Auch Zigaretten in Schachteln nicht mit in den Gefahrenbereich nehmen, diese können u. U. Schadstoffe binden und später beim Rauchen wieder abgeben. Mit offenen Wunden oder Hautkrankheiten keine Arbeiten mit Kontaminationsgefahr ausführen. **Einsatzzeit begrenzen!** Dies gilt insbesondere, wenn zur Menschenrettung nur mit der Feuerschutzkleidung und dem Atemschutzgerät vorgegangen werden kann.

Brände

Die Bekämpfung eines Brandes in der Entstehungsphase erfordert immer den geringsten Löschmitteleinsatz und vermindert den Schaden für die Umwelt. Aus diesem Grund ist in diesem Buch in der Regel bei den Empfehlungen für „FEUER KLEIN" jedes geeignete Löschmittel angegeben, auch wenn es auf den Stoff bezogen immer ein besonders gut geeignetes Löschmittel gibt.

Haben die Brände schon größeren Umfang erreicht, muss die Auswahl des geeigneten Löschmittels mit Bedacht erfolgen, da in jedem Einzelfall die unterschiedlichsten Faktoren eine Rolle spielen können.

Wasser ist üblicherweise das am leichtesten verfügbare und in den meisten Fällen anwendbare Löschmittel. Man muss sich bewusst sein, dass Wasser bei der Brandbekämpfung einiger Stoffe nur von geringer Wirkung sein kann – viel hängt von der Art der Anwendung ab. So ist beim jetzigen Stand der technischen Ausrüstung von Löschfahrzeugen der Einsatz von **Wassernebel** überwiegend nur in stationären Anlagen möglich.

Das Löschen von Flüssigkeitsbränden erfolgt üblicherweise durch das Aufbringen eines Schaumteppichs. Die Wirksamkeit hängt hierbei von der Wahl des adäquaten Schaummittels, der Zumischung und dem Aufrechterhalten einer wirksamen Abdeckung ab. Je nach Art der brennbaren Flüssigkeiten wird in den Merkblättern die Anwendung von **alkoholbeständigem** bzw. **„normalem" Schaummittel** empfohlen. Es ist nicht möglich, ein bestimmtes Schaummittel für diejenigen entzündbaren Flüssigkeiten zu empfehlen, die zusätzlich noch ätzende oder giftige Eigenschaften aufweisen; jedoch hat sich hier in vielen Fällen alkoholbeständiges Schaummittel bewährt. Sollte kein alkoholbeständiges Schaummittel verfügbar sein, so kann auch eine erhöhte Menge von normalem Schaummittel unter Beachtung der hohen Zerfallsrate eingesetzt werden.

Es muss betont werden, dass die letztendliche Entscheidung über das effektivste Löschmittel dem Feuerwehr-Einsatzleiter vorbehalten bleibt. Diese Entscheidung ist immer vom Schadensort, von Art und Umfang des Brandes sowie den verfügbaren Löschmitteln und Löschgeräten abhängig.

Kühlen

Eine wichtige Einsatzmaßnahme besteht in der Kühlung von Flüssiggasbehältern – vorzugsweise mit Wasserwerfern – aus der Deckung heraus zur Verhinderung eines BLEVE (Boiled Liquid Expansion Vapour Explosion). Ein BLEVE tritt auf, wenn ein mit Brand beaufschlagter Behälter seinem Innendruck nicht mehr standhält und es dadurch zu einem Behälterversagen mit einer explosionsartigen Produktfreigabe mit Durchzündung kommt.

Die hierbei auftretenden Gefahren sind

- Brand
  - Wenn die freigesetzte Substanz entzündet wird, entsteht sofort ein Feuerball
- Wärmestrahlung
  - wirkt bis zu einem Abstand von etwa dem 4-fachen des Radius eines Feuerballs
  - Verbrennungen der ungeschützten Haut sind nach kürzester Einwirkzeit möglich
- Druckwelle
  - wird durch die plötzliche Freisetzung des unter Druck stehenden Gases verursacht
  - für einen im Freien auftretende BLEVE kann die Druckwelle in einem Abstand bis zum Vierfachen des Radius eines Feuerballs Fensterglas zerbrechen und Gebäude beschädigen
- Splitterwirkung, Trümmerwurf
  - Metallteile können über große Entfernungen geschleudert werden und zu erheblichen, teilweise tödlichen Verletzungen führen

Mit zunehmendem Abstand vom betroffenen Behälter wird die Gefährdung geringer, sodass die Einhaltung von ausreichendem Sicherheitsabstand von erheblicher Bedeutung ist.

Zur Verhinderung des Behälterversagens sind je nach Größe des Behälters teilweise erhebliche Mengen an Wasser zur Kühlung erforderlich.
Die Kühlwasserrate in l/min wird als das Fünffache der Wurzel aus dem Behältervolumen in Liter abgeschätzt. Wenn diese Wassermengen nicht verfügbar sind oder nicht in der erforderlichen Rate aufgebracht werden können, sind alle Einsatzkräfte aus dem Gefahrenbereich zurückzuziehen.

Flüssiggas enthalten in	**Volumen**	**Durchmesser des Feuerballs**	**Kühlwasserrate**	**Innere Absperrgrenze *)**	**Äußere Absperrgrenze**
kleiner Gasflasche	20 Liter	12 m	15 l/min	50 m	100 m
großer Gasflasche	100 Liter	25 m	50 l/min	100 m	200 m
Haustank	2 000 Liter	50 m	250 l/min	200 m	400 m
LkW-Aufsetztank	7 500 Liter	100 m	450 l/min	400 m	800 m
Transportauflieger	38 000 Liter	150 m	1 000 l/min	600 m	1 200 m
Eisenbahnkesselwagen	110 000 Liter	200 m	1 600 l/min	800 m	1 600 m

* Für Einsatzkräfte unter Hitzeschutzkleidung gilt der hälftige Sicherheitsabstand der inneren Absperrgrenze, welcher zum Instellungbringen von Wasserwerfern und Monitoren kurzzeitig unterschritten werden kann.

Niederschlagen von Dämpfen

Bei Unfällen mit wasserunverträglichen Chemikalien muss bei der Schadensbekämpfung mit besonderer Vorsicht vorgegangen werden. Es ist unbedingt notwendig, sich sachverständigen Rates zu versichern, bevor man große Leckagen mit Wasser beregnet, um z. B. die Brandgefahr bei der Freisetzung von entzündbaren Dämpfen zu mindern.

Wenn **Wasser zum Verdünnen** ausgelaufener Flüssigkeiten und **zum Niederschlagen von Dämpfen oder Aerosolen** benutzt wird, ist **Vorsicht** geboten – es gibt einige Stoffe, die mit Wasser heftig bis explosionsartig reagieren. In diesem Fall sollte man im Zweifelsfall den Brand solange nicht löschen, bis fachkundiger Rat verfügbar ist. In den betreffenden Merkblättern wird jeweils ausdrücklich vor dem Gebrauch von Wasser gewarnt. Bei diesen Materialien ist aus folgenden Gründen unbedingt das Urteil eines Sachkundigen notwendig:

1. Wenn Wasser in aufgeplatzte oder undichte Behälter gelangt, so kann dies zum Behälterzerknall führen;
2. Wasser kann trotzdem notwendig sein, um benachbarte Behälter zu kühlen und damit die Brandausbreitung zu verhindern;
3. Wasser kann in manchen Fällen auch bei mit Wasser heftig reagierenden Stoffen zum gewünschten Erfolg führen, **aber nur dann,** wenn so viel Wasser zur Verfügung steht, dass man fluten kann;
4. es ist möglich, dass nach der Reaktion des gefährlichen Stoffes mit Wasser das Reaktionsprodukt giftiger, ätzender oder sonst wie gefährlicher sein kann als das Ausgangsprodukt.

In der Regel ist es hier besser, geeignetes Schaummittel zu verwenden, das dann allerdings auch in ausreichender Menge zur Verfügung stehen muss. **Die Frage des ausreichenden Schaummittelvorrats sollte im Rahmen der Vorbeugenden Schadensabwehr mit der einschlägigen Industrie, ortsansässigen Chemikalienlieferanten oder in Zusammenarbeit mit Stützpunkt-, Nachbar- oder Berufsfeuerwehren geklärt werden.**

In vielen Fällen soll mit Sprühstrahl eine freigesetzte Schadstoffwolke niedergehalten und damit eine Schadensausweitung vermieden werden. Man muss sich aber dessen bewusst sein, dass damit bei vielen Stoffen die Brandgefahr vor allem in geschlossenen Bereichen, wie z. B. Lagerhallen, nicht beseitigt sein muss. Sicherheit bezüglich der notwendigen Maßnahmen kann man nur durch stoffspezifische Informationen, am besten durch den Hersteller, erlangen. Ständige Beurteilung der Lage auch durch Messen der explosiblen Gemische ist notwendig.

Greifen Sie in solchen Fällen für weitere Beratung auf TUIS zurück.

Leckagen

Beim Abdichten von Behältern und bei der Aufnahme von freigewordenem Produkt steht immer die Frage nach dem geeigneten Material im Vordergrund. Die auf den genormten Gefahrgutfahrzeugen mitgeführte Ausrüstung in Edelstahl- bzw. Kunststoffausführung wird den stoffspezifischen Anforderungen gerecht. **Ist man sich nicht sicher, ob Edelstahl- oder Kunststoffbehälter gegenüber dem aufzunehmenden Produkt beständig sind, so empfiehlt es sich, beides kombiniert einzusetzen, d. h. in den Edelstahlbehälter einen Kunststoffsack, z. B. aus Viton®, einzuhängen – das funktioniert immer. Entweder hält der Sack oder der Behälter.**

Gleiches gilt für die einzusetzenden Bindemittel. **Wenn das angemessene Bindemittel nicht mit Sicherheit zuzuordnen ist, sollten Chemikalienbinder eingesetzt werden, die mit keinem Produkt gefährlich reagieren.** Kostengesichtspunkte müssen hier unbedingt hinter Sicherheitsaspekten zurückstehen!

Bei der einzusetzenden Schutzkleidung gilt in jedem Fall, dass der Kontakt mit dem Produkt möglichst einzugrenzen ist – auch ein gasdichter Vollschutzanzug ist kein Chemikalien-Badeanzug. Es gibt jedoch stoffspezifisch unterschiedlich gut geeignete Materialien, deshalb sind die mitgelieferten Beständigkeitslisten, Informationen aus Datenbanken, wie z. B. in **IGS,** oder von **TUIS** zu beachten.

Aufräumarbeiten

Als Ersthelfer bei einem Gefahrgutunfall ist es unerlässlich, so schnell wie möglich umfassende Kenntnis über den Stoff und die von ihm ausgehenden Gefahren zu erlangen. Dies gilt auch für die Schadensbeseitigung, nachdem die unmittelbare Gefahr für Menschen und Umgebung gebannt ist. **Dieses Handbuch kann nicht die vielfältigen Fragen beantworten, die bei der Schadensbeseitigung auftreten können.** Hier ist unbedingt sachverständiger Rat notwendig.

Dekontamination

Die Dekontamination ist Bestandteil jedes Gefahrguteinsatzes und muss, insbesondere hinsichtlich der Behandlung von verletzten und/oder kontaminierten Personen, unter Beachtung der vfdb-Richtlinie 10/04 regelmäßig eingeübt und mit Polizei und Rettungsdienst abgestimmt werden.

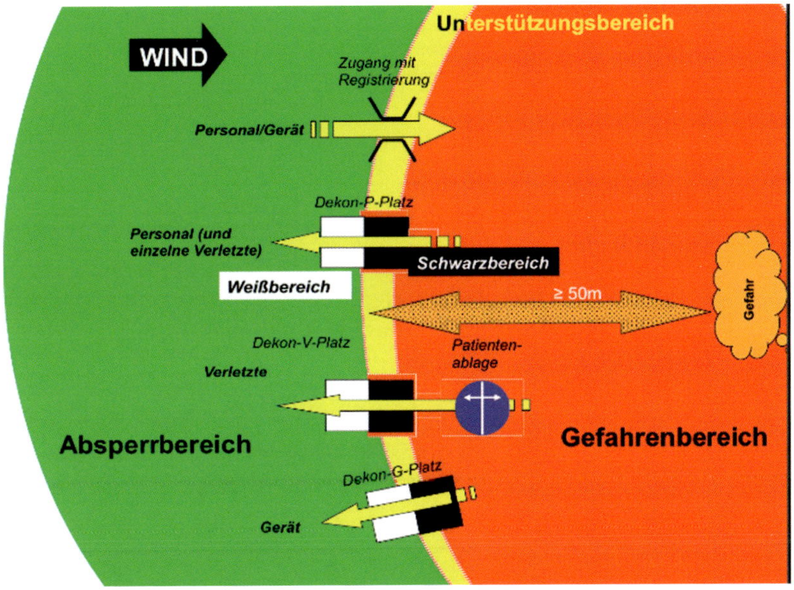

Grafik basierend auf einer Vorlage von A. Bräutigam, FW Düsseldorf

Wegen der begrenzten Einsatzdauer des unter Chemikalienschutzanzügen vorgehenden Trupps (max. 20 Minuten), ist auf der windzugewandten Seite unverzüglich mit dem Aufbau eines Dekontaminationskorridors zu beginnen, in dem die Einsatzkräfte und eventuell kontaminierte Personen aus dem Gefahrenbereich (rot) über den Unterstützungsbereich (gelb) nach der Dekontamination in den sicheren Absperrbereich (grün) gelangen können.

Auch das Dekontaminationspersonal ist mit geeignetem Atem- und Körperschutz auszustatten.

In jedem Fall ist sofort bei Beginn der Arbeiten im Gefahrenbereich die Notdekontamination von Personen und Einsatzkräften sicherzustellen. Ein am Löschfahrzeug ausgelegtes einsatzbereites Strahlrohr (Wasser am Rohr) ist hier ausreichend und kann z. B. bei Beschädigung der Schutzausrüstung sofort eingesetzt werden.

Grobreinigung der Schutzkleidung

Nur das Abbürsten der Schutzkleidung unter fließendem Wasser mit ausgebreiteten Armen und Beinen ist wirksam, das bloße Abspritzen mit Wasser zeigt keine ausreichende Wirkung.

Je nach Produkt können unterschiedliche Reinigungszusätze wie Seifen, Spülmittel oder auch Desinfektionsmittel verwendet werden. Das Referat 10 der vfdb empfiehlt in der Richtlinie 10/04 folgende Reinigungsmittel vorzuhalten:

Stoffart	Reinigungszusatz	Mengenvorschlag
Benzine; Mineralöle	handelsübliche Flüssigseifen, Spülmittel, Ölvlies, Putzwolle	5 l Kanister bzw. 1 Packen
Biologische; infektiöse Stoffe	Desinfektionsmittel	1–2 handelsübliche Pumpsprays (z. B. aus dem Rettungsdienst) Einwirkzeit und Anwendungsgebiet (Flächen, Haut, Wunden) beachten!
Fette; höher viskose, nicht wasserlösliche Stoffe	Kaltreiniger (in Wasser gelöst), Seife, Schmierseife, Spülmittel	1–2 Liter Behälter
Laugen	Wasser	Mit viel Wasser verdünnen.
Säuren	Wasser	Mit viel Wasser verdünnen. Vorsichtig zugeben.

Ablegen der Kleidung

Das Ablegen der (Schutz-)Kleidung und der Sicherung derselben in Plastiksäcken ist in der Regel mit vertretbarem organisatorischem Aufwand durchführbar und zudem die wirksamste und auch bei einer Vielzahl von Personen durchführbare Maßnahme.

Grob dekontaminierte Ausrüstung nur im Laderaum von Fahrzeugen transportieren!

Kann eine Kontamination von Personen oder Einsatzkräften auch nach Ablegen der Kleidung nicht ausgeschlossen werden, so ist eine gründliche Körperreinigung durchzuführen.

⚠ **Beachten Sie!**

Anfangs nicht heiß duschen, da der Schadstoff durch die dann weiter geöffneten Poren eindringen könnte.

Bei Inkorporationsverdacht (Schadstoffaufnahme in den Körper) in jedem Fall einen Arzt hinzuziehen!

Die Reinigungsflüssigkeit ist aufzufangen und durch Fachfirmen zu entsorgen.

XIII. Terroristische Anschläge mit chemischen, biologischen oder radioaktiven Stoffen

Terroristische Anschläge unter Verwendung von gefährlichen Stoffen, z. B. so genannter „Schmutziger Bomben“, stellen die Einsatzkräfte vor bisher unbekannte Herausforderungen.

Während es bei einem Transportunfall relativ leicht festzustellen ist, ob und welche Substanz im Unfallgeschehen eine Rolle spielt, ist dies bei einem terroristischen Anschlag ungleich schwieriger, wenn nicht gar wegen unzureichender technischer Ausstattung und Ausbildung unmöglich.

Überdies hat die Mehrzahl der zurückliegenden Anschläge gezeigt, dass der Verlust möglichst vieler Menschenleben das hervorstechende Ziel solcher Terrorakte ist. Somit können auch die Einsatzkräfte gewollte Opfer solcher Aktionen werden und durch einen zweiten Schlag, z. B. über Zeitzünder oder GSM-Signale (Handy) ausgelöst, getroffen werden.

Es besteht bei einem vermuteten zweiten Schlag mit explosiven Objekten absolutes Handy-Verbot im Umkreis von 100 Metern; besondere Sicherheitsabstände sind zu beachten.

Sprengstoff enthalten in	Masse des Sprengstoffs (TNT-Äquivalent)	Sicherheitsabstand in Gebäuden	Sicherheitsabstand außerhalb von Gebäuden
Rohrbombe	2 kg	20 m	250 m *)
Gürtel	4 kg	25 m	325 m *)
Weste	10 kg	35 m	425 m *)
Aktenkoffer	25 kg	50 m	550 m *)
PKW Compact	200 kg	100 m	450 m
PKW	500 kg	125 m	525 m
Kleinbus	1 800 kg	200 m	800 m
Lieferwagen	4 500 kg	250 m	1 100 m
Möbelwagen	13 500 kg	375 m	2 000 m
Transportauflieger	27 000 kg	475 m	2 100 m

Flüssiggas enthalten in ...	Volumen	Durchmesser des Feuerballs	Sicherheitsabstand
kleiner Gasflasche	20 Liter	12 m	50 m
großer Gasflasche	100 Liter	25 m	100 m
Haustank	2 000 Liter	50 m	200 m
LKW-Aufsetztank	7 500 Liter	100 m	400 m
Transportauflieger	38 000 Liter	150 m	600 m

*) wegen der zu erwartenden Splitterwirkung sind die Sicherheitsabstände größer als bei der gleichen Sprengstoffmenge in PKW

Aufgrund der Ausstattung und Ausbildung der Feuerwehren für den Einsatz bei einer durch Unfall bedingten Freisetzung oder eines Brandes von gefährlichen Stoffen sind die Feuerwehren prädestiniert, um auch in solchen Fällen vor Ort eingesetzt zu werden. Sowohl Einsatztaktik als auch die notwendige Schutzausrüstung sind vom Grundsatz her einem „normalen“ CBRN-Einsatz vergleichbar, hinzu kommt allerdings die Risikobewertung einer „terroristischen Einsatzstelle“.

Als Vorbereitung ist es überdies unerlässlich, dass Einsatzabläufe für einen Massenanfall von Verletzten zwischen den verschiedenen zuständigen Organisationen abgestimmt und eingeübt sind.

Um die Gefahr für die Einsatzkräfte und/oder die betroffene Bevölkerung zu minimieren, kommt es darauf an, solche Szenarien möglichst schnell zu erkennen und die auch bei Transportunfällen bewährten Maßnahmen (GAMS-Regel und Dekontamination) einzuleiten.

Erkennen

Chemische, biologische und radioaktive Substanzen können auf vielfältige Weise in die Atemluft, das Trinkwasser oder auf häufig benutzte Flächen und Gegenstände eingebracht werden. Hierzu können nicht nur selbst gebastelte Bomben oder Silvesterkracher dienen, sondern auch gänzlich unverdächtige Behältnisse, wie z. B. eine Gartenspritze.

Während beim Einsatz von **chemischen Substanzen** medizinische Symptome schnell eintreten (Minuten bis Stunden) und leicht erkennbare Anzeichen (farbige Lachen, totes Laub, scharfer Geruch, tote Insekten und Tiere) vorliegen, sind die Auswirkungen der Verwendung von **biologischen Substanzen** erst in Stunden oder Tagen zu spüren. Wegen dieser verspätet einsetzenden Wirkung kann das gefährdete Gebiet sehr groß sein, weil die Kontamination unwissentlich verschleppt worden sein kann. Die Auswirkungen der Verwendung von **radioaktiven Substanzen** werden – wenn überhaupt – erst Tage bis Wochen später sichtbar.

Spezielle Gerätschaften sind notwendig, um die Ausdehnung des betroffenen Gebiets und die potenziellen gesundheitlichen Gefahren abschätzen zu können. Sollte eine so genannte „Schmutzige Bombe" verwendet werden, so wird eine Kontamination des unmittelbaren Schadensortes vorliegen. Oft sind jedoch die Angst- und Panikreaktionen der betroffenen Bevölkerung sowie die umfangreichen Dekontaminationsarbeiten gegenüber der radioaktiven Belastung schwerwiegender.

Anzeichen für die Verwendung chemischer Substanzen

- Zahlreiche tote Wild- und Haustiere (klein und groß), Vögel und Fische im gleichen Bereich;
- keine Insektenaktivität;
- unerklärliche Gerüche, die in keinem Zusammenhang mit der Umgebung stehen;
- Massenanfall von Verletzten;
- die meisten Verletzten befinden sich in Windrichtung oder in der Nähe von Klimaanlagen;
- vermehrt auftretende Blasen oder Hautausschläge;
- ungewöhnliche flüssige Tröpfchen;
- unübliches Erscheinungsbild der Gegend (abgestorbene oder verwelkte Pflanzen);
- tief liegende Nebelschwaden;
- ungewöhnlicher metallischer Abfall bzw. Behältnisse mit flüssigem Inhalt.

Anzeichen für die Verwendung biologischer Substanzen

- Unüblich hohe Zahl von kranken Personen oder Tieren;
- Verbreitung von ungewöhnlichen Sprays, Duftstoffen oder Aerosolen;
- Vielzahl von umherliegenden Spraydosen oder Sprüheinrichtungen.

Anzeichen für die Verwendung radioaktiver Substanzen

- Symbol für Radioaktivität (Propeller);
- ungewöhnlicher metallischer Abfall oder Bruchstücke;
- Wärme abstrahlendes Material ohne extreme Wärmezufuhr;
- ungewöhnliche Häufung von kranken Personen oder Tieren.

CBRN-Erkundung

(Quelle: www.bkk.bund.de)

Das Bundesamt für Bevölkerungsschutz und Katastrophenhilfe (BBK) hat zum Schutz der Bevölkerung vor den Auswirkungen von Gefahren durch radioaktive, biologische oder chemische Stoffe (allgemein als CBRN-Gefahren bezeichnet) verschiedene Projekte realisiert.

Kommt es zu einer großflächigen Ausbreitung von CBRN-Stoffen, ist eine schnelle und effektive Lageerkundung notwendig. Hierauf aufbauend können die notwendigen Maßnahmen zum Schutz der Bevölkerung eingeleitet werden.

Wenn bei einem Ereignis gefährliche Substanzen freigesetzt werden, sind in erster Linie die Gefahrgutzüge der Feuerwehren für die Lagebewältigung zuständig. Hierzu werden die vom BBK für die Länder bereitgestellten CBRN-Erkundungswagen oder die Gerätewagen Dekontamination Personal (GW Dekon P) eingesetzt.

CBRN-Erkundungskraftwagen

Dieses in Deutschland in einer Stückzahl von zukünftig 518 Einheiten durch das BBK bereitgestellte Fahrzeug ist zum Messen, Spüren und Melden radioaktiver und chemischer Kontaminationen und Quellen sowie dem Kennzeichnen und Überwachen kontaminierter Bereiche geeignet

Neben einer Grundausstattung an persönlicher Schutzbekleidung, Probennahmematerial, einem Satellitenortungssystem und Kommunikationsmöglichkeiten besteht die hauptsächliche Ausstattung aus den messtechnischen Komponenten:

- Photoionisationsdetektor (PID)
- Ionenmobilitätsspektrometer (IMS)
- leistungsstarke X-Sonde zur Dosisleistungsmessung

Da mit diesen Geräten in einfachen Fällen zumindest eine Eingrenzung von Stoffgruppen und eine größenordnungsmäßige Bestimmung der Konzentration möglich ist, ist eine großflächige Aufklärung bei der Freisetzung von Radioaktivität sowie eine Detektion der gängigen chemischen Kampfstoffe bzw. einer Vielzahl von Industriechemikalien möglich.

Analytische Task Force (ATF-CBRN)

Neben der Menschenrettung und der Beseitigung der akuten Gefahrenquelle – z. B. durch Abdichten eines Lecks in einem umgestürzten Gefahrguttransporter – ist es wichtig, schnell genaue Informationen über die Art der gefährlichen Substanzen zu erhalten.

Um die Einsatzleiter der Feuerwehren optimal unterstützen zu können, wurde in Deutschland die so genannte Analytische Task Force CBRN (ATF-CBRN) eingerichtet, welche aus besonders für die Bewältigung von CBRN-Lagen ausgebildeten Einsatzkräften und spezieller Messtechnik besteht.

Leistungsspektrum

Aktuell sind seit Mai 2021 acht Standorte mit folgenden Fähigkeiten aktiv:

- Feuerwehr Hamburg (CRN)
- Feuerwehr Dortmund (CRN)
- Feuerwehr Essen (B)
- Feuerwehr Köln (CRN)
- Feuerwehr Leipzig (CRN)
- Feuerwehr Mannheim (CRN)
- Feuerwehr München (CBRN)
- Landeskriminalamt Berlin (CBRN)

Die Standorte Essen, Dortmund und Köln bilden gemeinsam die ATF NRW mit der Aufgabenstellung CBRN. Die Fähigkeiten im Bereich Biologie der ATF sind somit deutschlandweit verfügbar.

Innerhalb eines Einsatzradius von circa 250 km um den jeweiligen Standort soll die ATF innerhalb von etwa drei Stunden nach Alarmierung Hilfe leisten können. Diese kurze Reaktionszeit im Vergleich zu anderen in Deutschland verfügbaren CBRN-Spezialkräften stellt eine der besonderen Fähigkeiten der ATF dar.

Darüber hinaus bilden die acht ATF-Standorte personell und ausstattungstechnisch das deutsche Modul für den European Civil Protection Pool (ECPP).

Jede Art von Einsatz, ob chemisch, biologisch oder radiologisch, hat bestimmte Eigenarten. Die ATF-Einsatzkräfte wissen, wie sie auf die jeweilige Eigenart reagieren müssen.

- Bei der Freisetzung von Chemikalien ist vor allem der Umfang der möglichen Stoffe besonders.
  - Zwischen 20.000 und 30.000 Chemikalien werden in größerem Umfang hergestellt und auch transportiert, insgesamt gibt es viele Millionen bekannter chemischer Verbindungen.
  - Die ATF ist mit hochspezialisierter Mess- und Analysentechnik ausgestattet, wie sie auch in chemischen Laboren verwendet wird.
  - Die ATF unterstützt die Einsatzleitung mit qualifizierten Analysen unbekannter Substanzen und Gemische.
- Biologische Gefahrenlagen erfordern das Zusammenwirken der für die Gefahrenabwehr zuständigen Institutionen, wie Feuerwehr oder Polizei, auf der einen und die für den Gesundheitsschutz zuständigen Einrichtungen auf der anderen Seite (Öffentlicher Gesundheits-Dienst – kurz: ÖGD).
  - Die ATF dient als fachkundiger Vermittler zwischen der Einsatzleitung und dem ÖGD.
  - Aufgabenschwerpunkte der ATF B sind die Probenahme und die Beratung der Einsatzleitung bei der Gefährdungsbeurteilung vor Ort. Darüber hinaus soll eine B-Detektionsfähigkeit aufgebaut und weiterentwickelt werden, so dass durch die ATF B vor Ort eine vorläufige Detektion von bestimmten biologischen Agenzien im Rahmen der gerätetechnischen Möglichkeiten durchgeführt werden kann
  - Sachverstand stellen die Standorte mit B-Fähigkeit durch Zusammenarbeit mit Fachinstitutionen sicher.

- Bei radiologischen Ereignissen müssen die von ionisierender Strahlung betroffenen Gebiete und die freigesetzten Radionuklide zügig ermittelt werden.
  - Die ATF unterstützt die Einsatzleitung durch Beratung und eine vorläufige Nuklididentifizierung.
  - Darüber hinaus begleitet sie auch die Maßnahmen der für den Strahlenschutz zuständigen Behörden.

⚠ **Beachten Sie!**

Dieses Handbuch gehört jederzeit griffbereit in Ihr Einsatzfahrzeug.

- **Sie sollten den Gebrauch dieses Handbuchs einüben, bevor Sie es im Ernstfall benötigen.**
- **Beachten Sie auch die Hinweise zum Umgang mit den Gefahrgutinformationsquellen am Ende des Buches.**

Unfallstelle immer mit dem Wind anfahren. Kontakt mit ausgetretenem Produkt, Gasen, Dämpfen oder Rauch vermeiden. Einsatzzeit begrenzen.

Das „Emergency Response Guidebook – A guidebook intended for use by first responders during the initial phase of a transportation incident involving hazardous materials / dangerous goods" ist von Transport Canada, dem U.S. Departement of Transportation sowie dem Secretariat of Communications and Transport Mexico erarbeitet worden und wird von U.S. DOT's Pipeline and Hazardous Materials Administration (PHMSA), Outreach, Engagement and Grants Division herausgegeben ERG 2024.

In Kanada, den USA, Mexiko und Argentinien sind seit der ersten Drucklegungrund 16.000.000 Exemplare und im deutschsprachigen Raum bereits mehr als 100.000 Exemplare im Einsatz.